Die Berechnung von rotierenden Scheiben und Schalen

Von

Dr.-Ing. **Kurt Löffler**

Leiter der Abteilung Triebwerksdynamik
der Daimler-Benz A.G. Stuttgart

Mit 92 Abbildungen und 4 Kurvenblättern im Text
sowie 4 Anlagen in einer Tasche

Springer-Verlag
Berlin/Göttingen/Heidelberg
1961

ISBN-13: 978-3-642-92821-5 e-ISBN-13: 978-3-642-92820-8
DOI: 10.1007/978-3-642-92820-8

Softcover reprint of the hardcover 1st edition 1961

Vorwort

Das vorliegende Buch entstand aus dem Wunsch, die Lücken, die in den Verfahren zur Berechnung von rotierenden Scheiben bestehen, auszufüllen. Zwar finden sich in der Literatur sehr viele Arbeiten, in welchen Teilgebiete behandelt werden; jedoch fehlt eine zusammenfassende Darstellung, in der die Verbindung der einzelnen Zweige hergestellt wird. Es wurde daher versucht, eine möglichst vollständige Zusammenstellung zu vermitteln, zu welcher der Verfasser die durch langjährige Erfahrungen gewonnenen Erkenntnisse beitragen konnte, die insbesondere die in der Praxis vorkommenden Scheibenformen betreffen, die sich nicht den in den Lehrbüchern behandelten angleichen. Die Arbeiten auf diesem Gebiet führten ganz von selbst von der rotierenden Scheibe zum Problem der rotierenden Schale, über welches sich nur ganz spärliche Veröffentlichungen finden, weshalb dieses erstmalig und in einer für den in der Praxis tätigen Ingenieur gedachten Form behandelt werden sollte.

Der Leser wird an zahlreichen Stellen Gedanken finden, die auf Arbeiten von Prof. R. Grammel aufbauen, der die grundlegenden Untersuchungen für viele neuzeitliche Rechenverfahren durchgeführt hat. Darin möge die besondere Wertschätzung meinem früheren Lehrer gegenüber zum Ausdruck kommen.

An dieser Stelle möchte ich den Herren Dr. W. Burkhardt, J. Holzapfel und Dr. B. Jäger meinen aufrichtigen Dank für ihre Mitarbeit bei der Entwicklung der neuen Rechenverfahren aussprechen.

Außerdem danke ich der Firma Daimler-Benz, Stuttgart-Untertürkheim, und insbesondere den Herren Dr. Scherenberg und Dr. Eckert für ihre Unterstützung und für ihr Einverständnis zu der Herausgabe dieses Buches.

Stuttgart, im September 1960

Kurt Löffler

Inhaltsverzeichnis

In der Tasche am Schluß des Buches:

Formelzeichen, die im Text nicht erläutert werden

E	Elastizitätsmodul	g	Erdbeschleunigung
G	Schubmodul	l	längs
J	Flächenträgheitsmoment	r	radial
M	Moment	n	Drehzahl
P, Q	Kraft	w	Widerstandsmoment
α	Längenausdehnungskoeffizient	σ	Spannung
γ	spezifisches Gewicht	σ^b	Biegespannung
δ	Schalenwinkel	τ	Schubspannung
ε	Dehnung	φ	Umfangswinkel
ϑ	Temperatur	ω	Kreisfrequenz der Drehzahl
$\nu = \frac{1}{m}$	Querdehnzahl		

Indizes

0	Innenrand
i	an der Stelle i
a	Außenrand

Große Frakturbuchstaben ($\mathfrak{S}$) sind Matrizen, kleine ($\mathfrak{z}$) sind Vektoren.

Einleitung

Scheiben und Schalen definieren wir allgemein als rotationssymmetrische Körper mit schlankem Profil. Besitzt dieser Körper eine Symmetrieebene senkrecht zu seiner Achse, so bezeichnen wir ihn als Scheibe, im anderen Fall als Schale. Solche Gebilde dienen meistens zur Halterung von irgendwelchen umlaufenden Teilen (Schaufeln) und müssen deren Fliehkräfte aufnehmen. Durch die Rotation treten außerdem auch innerhalb des Haltekörpers Kräfte und Momente auf, die von dessen eigenen Massen herrühren, und auch solche, die von Druckunterschieden zwischen beiden Seiten des als umlaufende Trennwand wirkenden Gebildes erzeugt werden. Die Trennung zweier Druckkammern kann gelegentlich auch der ausschließliche Zweck eines derartigen rotierenden Gebildes sein.

Die gesamte Belastung ruft in dem Haltekörper Spannungen in radialer und in tangentialer Richtung hervor, und außerdem treten Schubspannungen senkrecht zur Mittelfläche des Profils auf; herrscht zwischen Innen- und Außenrand ein Temperaturunterschied, so entstehen zusätzlich noch Wärmespannungen. Die Gesamtheit dieser Beanspruchung muß der Werkstoff, aus dem der Körper hergestellt ist, ertragen.

Die Randbelastung wird nicht nur von den Schaufeln hervorgerufen, sondern auch von allen zu deren Halterung notwendigen Teilen am Rand der Scheibe oder der Schale. Wegen der axialen Erstreckung der Schaufeln und ihrer Befestigungsglieder ist am Außenrand ein Kranz erforderlich, der je nach Art der Schaufelbefestigung mit tangentialen Unterbrechungen (Nuten) versehen oder auch ringsum geschlossen sein kann. In beiden Fällen üben die Kranzteile Kräfte auf die weiter innen liegenden Zonen aus; beim geschlossenen Kranz ist dies durch seine erhebliche Breite bedingt, was zur Folge hat, daß ein Teil der Fliehkraft, den die Tangentialspannungen des Kranzes nicht selbst aufnehmen, von dem dünneren Teil der Scheibe bzw. der Schale getragen werden muß.

Zur Berechnung der Spannungsverteilung in rotierenden (ebenen) Scheiben beliebiger Form verfügen wir über eine Reihe von Verfahren, die sich auf die Differentialgleichungen für die Radial- und Tangentialspannungen von Ringscheiben stützen. Ebenso ist es möglich, auch die Profilform für eine gewünschte Spannungsverteilung zu ermitteln (Umkehrproblem). In der Praxis wird von dieser Möglichkeit seltener Gebrauch gemacht, weil nicht jeder beliebige Spannungsverlauf entlang dem Scheibenradius, der nach den Erfordernissen des Werkstoffes und der Arbeitstemperatur festgelegt wird, zu einer praktisch oder physikalisch möglichen Profilform führt. Außerdem werden die Scheiben gewöhnlich mit irgendwelchen Anhängseln in axialer Richtung versehen, die der Zentrierung oder der Lagerung dienen, die in jedem Fall eine besondere rechnerische Behandlung erfordern und im Umkehrproblem nicht einbezogen werden können. Trotzdem ist dieses unter Einhaltung bestimmter Voraussetzungen erfolgreich anwendbar, dann nämlich, wenn man sich damit begnügt, nur die größten Spannungen vorzuschreiben oder aber sich an eine mögliche Spannungsverteilung zu halten, für die das Profil der Scheibe von vornherein festliegt, so daß eine eigentliche Berechnung überflüssig wird.

Bei allen bisher angewandten Rechenverfahren werden die Scheiben als dünne, glatte und ebene Körper betrachtet. Dies mag bei den im Dampfturbinenbau gebräuchlichen Scheibenformen, für die die Verfahren ursprünglich auch entwickelt worden sind, ausreichend genaue Ergebnisse bringen. Im neuzeitlichen Verdichter- und Gasturbinenbau kommen jedoch Scheibengebilde vor, die man nicht mehr mit gutem Gewissen als Scheiben bezeichnen darf, weil sie weit aus der Ebene heraustretende Teile haben. Oft handelt es sich um unsymmetrische, radiale Schaufelräder oder um sogenannte Trommelläufer, deren tragende Teile Scheiben sind. Auch bedingen allein schon der Antrieb und die Lagerung stets besondere konstruktive Vorkehrungen, die dem ganzen Gebilde eine Form geben, die von der ebenen Scheibe ganz erheblich abweichen kann.

Bei den genannten Formen werden die axial auskragenden Flansche und Ringe oft fälschlicherweise in ihrer ganzen Breite zur Scheibe gerechnet, als ob insbesondere die radialen Spannungen in jene Ringe hineinwanderten, was wegen der radialspannungsfreien zylindrischen Ränder nicht möglich ist; dabei wird also der Kraftfluß in diesem Körper nicht beachtet, der in solchen Fällen radial und tangential verschiedenartig berücksichtigt werden muß.

Ferner wurden bisher Bohrungen, die ja eine Unterbrechung der Tangentialspannungen bedingen, nicht einbezogen. Es ist aber nicht einleuchtend, daß man zwar eine Bohrung in Scheibenmitte immer berücksichtigt, weil dies bei jedem Rechenverfahren gewissermaßen von selbst abfällt, an beliebigem Radius ringförmig verteilte Bohrungen aber entweder unrichtig, z. B. durch entsprechende Einengung der Scheibe in der Lochkreiszone, oder auch gar nicht berücksichtigt werden.

Die Einbeziehung solcher konstruktiven Besonderheiten wird in dem vorliegenden Buch erstmalig behandelt. Die räumlichen Scheibengebilde sind nämlich der Rechnung zugänglich, wenn man sie in ebene Scheiben und axial ausgedehnte, zylindrische Ringe aufspaltet, so daß der Einfluß der letzteren auf die Scheibe als statisch unbestimmtes Problem behandelt werden kann.

Sind aber in den Gebilden kegelig verlaufende Teile enthalten, so müssen sie als Schalen behandelt werden. Im Verdichter- und Gasturbinenbau findet man die rotierende Schale sehr häufig in Form von Radialverdichtern und -turbinen, die einen beliebigen unsymmetrischen Profilverlauf haben und zudem radial und axial sich weit erstreckende Schaufeln besitzen. Für die praktische Berechnung solcher Körper ist bisher sehr wenig bekannt geworden; sie ist wegen der gleichzeitig auftretenden und gegenseitig sich beeinflussenden Zug- und Biegespannungen wesentlich schwieriger und umständlicher als diejenige der Scheibe. In vorliegendem Buche soll nun dem in der Praxis tätigen Ingenieur die Furcht vor den komplizierten Differentialgleichungen für die Schale genommen werden; die Darstellung der Berechnung von rotierenden Schalen mit beliebigem Profil und allen denkbaren konstruktiven Anhängseln durch leicht verständliche Verfahren unter Anwendung der Technik bekannter Rechenmethoden ist das gesteckte Endziel dieses Buches.

Ob der einzelne zur Durchführung der Rechnung sich der Tischrechenmaschine oder des Rechenschiebers bedienen oder ob er an Hand eines Programms einen Rechenautomaten für sich arbeiten lassen will, sei ihm freigestellt. Es liegt aber außerhalb des Rahmens dieses Buches, die erforderlichen Programme aufzustellen; es sollen aber an geeigneten Stellen entsprechende Empfehlungen zur Programmierung abgegeben werden.

A. Die rotierende Scheibe

Als Scheibe definieren wir ein kreisrundes Gebilde, dessen Mittelfläche eine Ebene ist, die als Symmetrieebene der Scheibe bezeichnet wird. Das Profil der Scheibe ist schlank, d. h. die Dicke ist klein gegenüber dem größten Radius.

Allen Betrachtungen, die hier angestellt werden, wird die Annahme zugrunde gelegt, daß die in der Scheibe herrschenden Spannungen über die Dicke der Scheibe unveränderlich sind, und daß keine Schubspannungen in radialer Richtung vorherrschen. Solange eine Scheibe nicht allzu dick ist, liefert die durch die getroffene Annahme entstehende Näherung ausreichend genaue Ergebnisse, auch bei Scheiben mit beliebigem Profil. Wendet man die Verfahren zur Ermittlung der Spannungen auf sehr dicke Scheiben an, die auch große Dickenänderungen aufweisen, so muß man sich darüber im klaren sein, daß die Näherung weniger genau wird. Es ist aber immer noch besser, sich in diesem Fall mit weniger genauen Ergebnissen zu begnügen, als zu versuchen, eine schwierige und umständliche Lösung zu finden, die eine bessere Näherung liefert.

Weiterhin wird vorausgesetzt, daß alle Belastungen der Scheibe kreissymmetrisch sind, d. h., daß sie sich nur mit dem Radius r verändern. Und schließlich sollen die Betrachtungen zunächst im Rahmen der klassischen Elastizitätstheorie gelten, so daß die Spannungen den Dehnungen proportional sind und die Querschnitte ihre Form nicht verändern und eben bleiben.

I. Die Differentialgleichungen der Scheibe

Als Ergebnis einer Scheibenberechnung erwarten wir die Kenntnis der Radialspannungen σ_r und der Tangentialspannungen σ_φ. Zur Aufstellung der Lösungsgleichungen benötigen wir daher zwei Bedingungen; hierfür verwenden wir einmal die Gleichgewichtsbedingung für die Kräfte in radialer Richtung und zum anderen die Beziehungen, die durch das Hookesche Gesetz gegeben sind.

1. Das Gleichgewicht der Kräfte

Wir schneiden aus der Scheibe ein Element nach Abb. 1 heraus und ermitteln die Kräfte, die an diesem angreifen. Für das Gleichgewicht der Kräfte in radialer Richtung erhalten wir mit den Bezeichnungen von Abb. 1 folgende Gleichung:

$$d(\sigma_r\, y\, r\, d\varphi) - \sigma_\varphi\, y\, dr\, d\varphi + \\ + \frac{\gamma}{g}\,\omega^2 r^2 y\, d\varphi\, dr = 0,$$

woraus wir die erste Differentialgleichung

$$\frac{d}{dr}(r\, y\, \sigma_r) - y\, \sigma_\varphi + \\ + \frac{\gamma}{g}\,\omega^2 r^2 y = 0 \quad (1)$$

erhalten. Bei der Aufstellung der Kräfte wurde die Zunahme $d\sigma_\varphi$ der Tangentialspannung gegenüber dieser selbst vernachlässigt, also innerhalb des Scheibenelementes konstante Tangentialspannung angenommen.

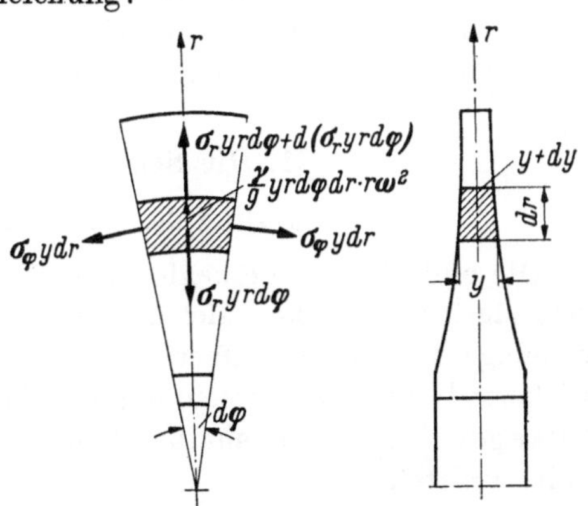

Abb. 1. Kräfte am Scheibenelement (nach BIEZENO-GRAMMEL)

2. Die Spannungs-Dehnungs-Beziehungen

Diese Beziehungen sind allgemein bekannt, so daß wir sie sofort anschreiben können; wir fügen den Dehnungen ε in radialer und in tangentialer Richtung aber gleich die durch die (auf die kalte Scheibe bezogene) Übertemperatur ϑ des Scheibenelementes entstehende Wärmedehnung $\alpha\,\vartheta$ hinzu und erhalten:

$$\begin{aligned} \varepsilon_r &= \frac{du}{dr} = \frac{1}{E}(\sigma_r - \nu\,\sigma_\varphi) + \alpha\,\vartheta, \\ \varepsilon_\varphi &= \frac{u}{r} = \frac{1}{E}(\sigma_\varphi - \nu\,\sigma_r) + \alpha\,\vartheta. \end{aligned} \qquad (2)$$

Aus diesen Gleichungen läßt sich die Umfangsdehnung u entfernen, indem man aus der zweiten Gleichung $\frac{du}{dr}$ bestimmt und in die erste einsetzt. Dies führt zu

$$\nu\, r\,\frac{d\sigma_r}{dr} - r\,\frac{d\sigma_\varphi}{dr} + (1+\nu)(\sigma_r - \sigma_\varphi) - r\,E\,\frac{d(\alpha\,\vartheta)}{dr} = 0. \qquad (3)$$

Mit den Gln. (1) und (3) ist das Problem beschrieben, sie beherrschen die beiden Spannungen σ_r und σ_φ, und die zweite der Gln. (2) liefert die radiale Verschiebung

$$u = \frac{r}{E}(\sigma_\varphi - \nu\,\sigma_r) + \alpha\,\vartheta\, r, \qquad (2\text{a})$$

wenn die Spannungen bekannt sind. Die Differentialgleichungen sind für eine Scheibe mit beliebiger, nicht mathematisch auszudrückender

Profilform nicht geschlossen lösbar. Wir wenden uns deshalb zunächst einigen Profilformen zu, für die eine Lösung gefunden werden kann, um, darauf aufbauend, die Verfahren darzustellen, die die Berechnung von Scheiben mit beliebigem Profil ermöglichen.

II. Die Scheibe gleicher Dicke

1. Lösung der Differentialgleichungen

Die einfachste Scheibenform ist die mit entlang ihrem Radius unveränderlicher Dicke. Mehrere Rechenverfahren für Scheiben mit beliebiger Profilform stützen sich auf die Lösung für die Scheibe gleicher Dicke, indem zur Durchrechnung eine Aufteilung in Teilscheiben gleicher Dicke gewählt wird. Deshalb wollen wir als erstes die Lösung für diesen Fall ermitteln.

Bei der Scheibe gleicher Dicke ist $y =$ konstant; damit erhält die Differentialgleichung (1) die einfachere Form:

$$r\frac{d\sigma_r}{dr} + \sigma_r - \sigma_\varphi + \frac{\gamma}{g}\omega^2 r^2 = 0\,, \tag{1a}$$

während Gl. (3) unverändert bleibt:

$$\nu r\frac{d\sigma_r}{dr} - r\frac{d\sigma_\varphi}{dr} + (1+\nu)(\sigma_r - \sigma_\varphi) - rE\frac{d(\alpha\vartheta)}{dr} = 0\,. \tag{3}$$

Um diese Gleichungen geschlossen lösen zu können, muß man für das Endglied von Gl. (3) einen mathematisch definierten Ansatz für den Temperaturverlauf wählen. Der einfachste Fall wäre eine mit dem Radius linear anwachsende Temperatur, so daß $\frac{d\vartheta}{dr} =$ konstant wird. Dieser Verlauf tritt in Wirklichkeit wohl selten auf; Messungen an Turbinen ergaben, daß bei gekühlten Scheiben die Temperatur mit einer Potenz von r ansteigt, wobei

$$\vartheta = C r^4$$

einen brauchbaren Verlauf liefert. Da im Laufe dieser Betrachtungen verschiedene Potenzgesetze erörtert werden, sei hier allgemein

$$\vartheta = C r^n \tag{4}$$

angenommen, worin die Konstante C aus der Randbedingung $\vartheta = \vartheta_a$ für $r = r_a$ gewonnen wird. Das Endglied von Gl. (3) wird dann, wenn wir die Größen E und α vorläufig als konstant betrachten,

$$-E\alpha r\frac{d\vartheta}{dr} = -E\alpha n\vartheta_a\frac{r^n}{r_a^n}\,.$$

Die beiden Differentialgleichungen (1a) und (3), die sowohl σ_r und σ_φ als auch deren Differentialquotienten enthalten, können in eine einzige überführt werden, wenn man aus Gl. (1a) σ_φ und $\frac{d\sigma_\varphi}{dr}$ ermittelt und in Gl. (3) einsetzt. Man erhält dadurch

$$\sigma_\varphi = r\frac{d\sigma_r}{dr} + \sigma_r + \frac{\gamma}{g}\omega^2 r^2 \tag{5}$$

und

$$\frac{d\sigma_\varphi}{dr} = r\frac{d^2\sigma_r}{dr^2} + 2\frac{d\sigma_r}{dr} + 2\frac{\gamma}{g}\omega^2 r,$$

was zu der neuen Differentialgleichung

$$r\frac{d^2\sigma_r}{dr^2} + 3\frac{d\sigma_r}{dr} + (3+\nu)\frac{\gamma}{g}\omega^2 r - E\alpha n\vartheta_a\frac{r^n}{r_a^n} = 0 \tag{6}$$

führt, die nur die Radialspannung σ_r enthält. Hat man hierfür eine Lösung gefunden, so liefert Gl. (5) die zugehörige Tangentialspannungsfunktion.

Zur Lösung von Gl. (6) verwenden wir den Ansatz

$$\sigma_r = A_1 r^{\varrho_1} + A_2 r^{\varrho_2} + a r^2 + c r^n, \tag{7}$$

woraus sich

$$\frac{d\sigma_r}{dr} = \varrho_1 A_1 r^{\varrho_1 - 1} + \varrho_2 A_2 r^{\varrho_2 - 1} + 2ar + n c r^{n-1}$$

und

$$\frac{d^2\sigma_r}{dr^2} = \varrho_1(\varrho_1 - 1) A_1 r^{\varrho_1 - 2} + \varrho_2(\varrho_2 - 1) A_2 r^{\varrho_2 - 2} + 2a + n(n-1) c r^{n-2}$$

ergibt. Setzt man diese beiden Ausdrücke in Gl. (6) ein, so erhält man

$$\begin{aligned}\varrho_1(\varrho_1 - 1) A_1 r^{\varrho_1} + \varrho_2(\varrho_2 - 1) A_2 r^{\varrho_2} + 2a r^2 + n(n-1) c r^n +& \\ + 3\varrho_1 A_1 r^{\varrho_1} + 3\varrho_2 A_2 r^{\varrho_2} + 6a r^2 + 3n c r^n +& \\ + (3+\nu)\frac{\gamma}{g}\omega^2 r^2 + E\alpha\vartheta_a\frac{r^n}{r_a^n} = 0\,.&\end{aligned} \tag{8}$$

Durch Koeffizientenvergleich ergeben sich daraus nachstehende Beziehungen:

$$\varrho_1^2 - \varrho_1 + 3\varrho_1 = 0 \quad \text{und} \quad \varrho_2^2 - \varrho_2 + 3\varrho_2 = 0,$$

hieraus:

$$\begin{aligned}\varrho_{11} &= -2, & \varrho_{21} &= -2,\\ \varrho_{12} &= 0, & \varrho_{22} &= 0;\end{aligned} \tag{9}$$

und ferner

$$2a + 6a + (3+\nu)\frac{\gamma}{g}\omega^2 = 0,$$

woraus sich

$$a = -\frac{3+\nu}{8}\frac{\gamma}{g}\omega^2 \tag{10}$$

ergibt; schließlich erhalten wir noch

$$n(n-1)c + 3nc + E\alpha\vartheta_a n\frac{1}{r_a^n},$$

woraus die Integrationskonstante

$$c = -\frac{E\,\alpha\,\vartheta_a}{(n+2)\,r_a^n} \tag{11}$$

gewonnen wird.

Aus den ermittelten Werten für die Exponenten ϱ_1 und ϱ_2 stehen uns mehrere Kombinationen zur Verfügung, von denen nur eine für die allgemeine Lösung verwendbar sein kann. Betrachten wir zunächst

$$\varrho_{11} = 0, \qquad \varrho_{22} = -2.$$

Diese Werte führen, in Gl. (7) eingesetzt, zu

$$\sigma_r = A_1 + A_2\,r^{-2} - \frac{3+\nu}{8}\,\frac{\gamma}{g}\,\omega^2 r^2 - \frac{E\,\alpha\,\vartheta_a}{n+2}\left(\frac{r}{r_a}\right)^n, \tag{12}$$

und mit

$$\frac{d\sigma_r}{dr} = -2A_2\,r^{-3} - \frac{3+\nu}{4}\,\frac{\gamma}{g}\,\omega^2 r - \frac{n}{n+2}\,E\,\alpha\,\vartheta_a\,\frac{r^{n-1}}{r_a^n}$$

in Gl. (5) auf

$$\sigma_\varphi = A_1 - A_2\,r^{-2} - \frac{1+3\nu}{8}\,\frac{\gamma}{g}\,\omega^2 r^2 - \frac{n+1}{n+2}\,E\,\alpha\,\vartheta_a\left(\frac{r}{r_a}\right)^n. \tag{13}$$

Das Wertepaar $\varrho_{11} = 0$, $\varrho_{21} = 0$, führt auf Gleichungen von der Form

$$\begin{aligned} \sigma_r &= A_1 + A_2 + a\,r^2 + c\,r^n, \\ \sigma_\varphi &= A_1 - A_2 + b\,r^2 + d\,r^n, \end{aligned} \tag{14}$$

während die Werte $\varrho_{12} = -2$, $\varrho_{22} = -2$ auf

$$\begin{aligned} \sigma_r &= \frac{A_1 + A_2}{r^2} + a\,r^2 + c\,r^n, \\ \sigma_\varphi &= \frac{A_1 - A_2}{r^2} + b\,r^2 + d\,r^n \end{aligned} \tag{15}$$

führen. Die letzte Möglichkeit, $\varrho_{12} = -2$, $\varrho_{21} = 0$ führt zum gleichen Ergebnis wie die erste, Gl. (12) und (13). Durch einfache Überlegungen erkennt man rasch, daß die Lösungen (14) und (15) keine allgemeine Lösungen sein können. Aus Gl. (14) erhält man nämlich für den Radius $r = 0$ die Spannungen

$$\sigma_{r_0} = A_1 + A_2,$$

$$\sigma_{\varphi_0} = A_1 - A_2,$$

d. h. beide Spannungen sind von 0 verschieden; daraus läßt sich schließen, daß die Lösung nur für eine Scheibe ohne Mittelbohrung Gültigkeit hat. Die Lösungen (15) führen dagegen mit $r = 0$ auf unendlich große Spannungen, so daß diese Lösung den Fall $r = 0$ ausschließt, d. h. sie gilt nur für den Fall einer Scheibe mit Bohrung im Zentrum. Beide Lösungen sind partikulär und sind in der Lösung Gl. (12)

und (13) enthalten, die somit als allgemeine Lösung betrachtet werden darf.

Die Konstanten A_1 und A_2 ergeben sich aus den Randbedingungen; am Außenrand der Scheibe, $r = r_a$, ist $\sigma_r = \sigma_a$, d. h. gleich der stets bekannten Randbelastung durch die Schaufelfliehkräfte. Bei Scheiben mit Mittelbohrung ist die Radialspannung am Innenrand gleich einer evtl. vorhandenen Schrumpfspannung oder auch gleich Null. Bei Vollscheiben ist σ_{r_0} nicht bekannt, man erhält aber aus den Gln. (12) und (13) für $r = 0$ eine Bedingung für σ_{r_0} und σ_{φ_0}. Multipliziert man diese Gleichungen zunächst mit r^2 durch und setzt dann $r = 0$, so ergibt sich $A_2 = 0$; damit erhält man aus den Gln. (12) und (13) für $r = 0$

$$\sigma_{r_0} = A_1 \quad \text{und} \quad \sigma_{\varphi_0} = A_1,$$

also

$$\sigma_{r_0} = \sigma_{\varphi_0}, \tag{16}$$

welche Bedingung man bei der Berechnung aller Vollscheiben benötigt.

Es ist nun zweckmäßig, die beiden Gleichungen (12) und (13) für Fliehkraft und für Wärmebelastung getrennt zu behandeln, indem man entweder $\omega = 0$ oder $\vartheta_a = 0$ setzt, d. h. jeweils eines der beiden Störglieder wegläßt und die Spannungszustände später einander überlagert.

2. Fliehspannungen allein, $\vartheta_a = 0$

a) Vollscheibe. Die Randbedingungen sind: für $r = 0$ $\sigma_r = \sigma_\varphi$ und für $r = r_a$ $\sigma_r = \sigma_a$.

Damit liefern die Gln. (12) und (13) die Konstanten

$$A_1 = \sigma_a + \frac{3+\nu}{8} \frac{\gamma}{g} \omega^2 r_a^2,$$

$$A_2 = 0,$$

und die Lösung geht in die Form

$$\sigma_r = \sigma_a + \frac{3+\nu}{8} \frac{\gamma}{g} \omega^2 (r_a^2 - r^2), \tag{17}$$

$$\sigma_\varphi = \sigma_a + \frac{1}{8} \frac{\gamma}{g} \omega^2 [(3+\nu) r_a^2 - (1 - 3\nu) r^2] \tag{18}$$

über. Führt man hier den dimensionslosen Radius $\varrho = \frac{r}{r_a}$ ein, so erhält die Lösung die Form:

$$\sigma_r = \sigma_a + \frac{3+\nu}{8} \frac{\gamma}{g} \omega^2 r_a^2 (1 - \varrho^2), \tag{19}$$

$$\sigma_\varphi = \sigma_a + \frac{3+\nu}{8} \frac{\gamma}{g} \omega^2 r_a^2 \left(1 - \frac{1+3\nu}{3+\nu} \varrho^2\right), \tag{20}$$

mit dem Größtwert im Mittelpunkt ($\varrho = 0$):

$$\sigma_{r_0} = \sigma_{\varphi_0} = \sigma_a + \frac{3+\nu}{8} \frac{\gamma}{g} \omega^2 r_a^2. \tag{20a}$$

Diese Funktionen sind in Abb. 2, mit „Vollscheibe" bezeichnet, in Abhängigkeit der Größe ϱ dargestellt, wobei der Randwert σ_a nicht einbezogen ist.

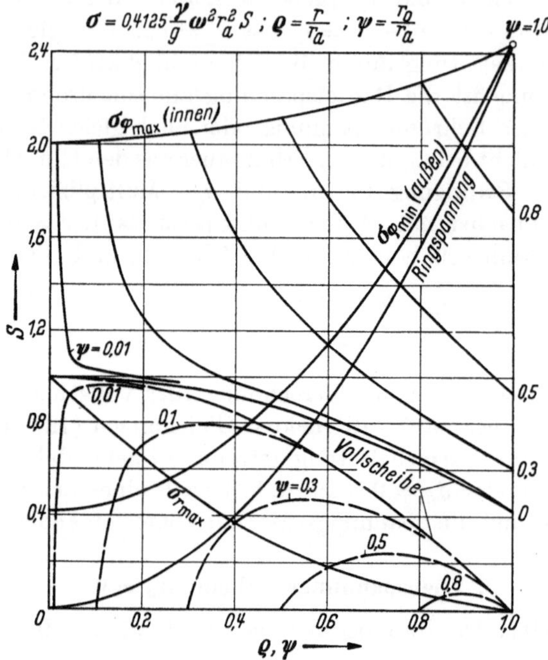

Abb. 2. Spannungsverteilung in der rotierenden Scheibe gleicher Dicke ohne Randlast $\sigma_{r_{\max}}$ bei $S = (1-\psi)^2$, $\varrho = \sqrt{\psi}$.

b) Scheibe mit Mittelbohrung. Die Randbedingungen sind: für $r = r_0$ $\sigma_r = \sigma_0$, für $r = r_a$ $\sigma_r = \sigma_a$. Aus den Gln. (12) und (13) erhält man damit die beiden Konstanten

$$A_1 = \frac{r_a^2}{r_a^2 - r_0^2}\,\sigma_a - \frac{r_0^2}{r_a^2 - r_0^2}\,\sigma_0 + \frac{3+\nu}{8}\,\frac{\gamma}{g}\,\omega^2 (r_a^2 - r_0^2)\,,$$

$$A_2 = \frac{r_a^2\, r_0^2}{r_a^2 - r^2}\,(\sigma_0 - \sigma_a) + \frac{3+\nu}{8}\,\frac{\gamma}{g}\,\omega^2 r_a^2 r^2\,,$$

mit welchen jene Gleichungen übergehen in

$$\sigma_r = \frac{1}{r_a^2 - r_0^2}\left[r_a^2\sigma_a - r_0^2\sigma_0 - (\sigma_a - \sigma_0)\,\frac{r_a^2 r_0^2}{r^2}\right] + \\ + \frac{3+\nu}{8}\,\frac{\gamma}{g}\,\omega^2\left(r_a^2 + r_0^2 - \frac{r_a^2 r_0^2}{r^2} - r^2\right), \tag{21}$$

$$\sigma_\varphi = \frac{1}{r_a^2 - r_0^2}\left[r_a^2\sigma_a - r_0^2\sigma_0 + (\sigma_a - \sigma_0)\,\frac{r_a^2 r_0^2}{r^2}\right] + \\ + \frac{3+\nu}{8}\,\frac{\gamma}{g}\,\omega^2\left(r_a^2 + r_0^2 + \frac{r_a^2 r_0^2}{r^2} - \frac{1+3\nu}{3+\nu}\,r^2\right). \tag{22}$$

Mit den dimensionslosen Größen $\psi = \frac{r_0}{r_a}$ und $\varrho = \frac{r}{r_a}$ erhält man schließlich die Lösung in der Form:

$$\sigma_r = \frac{1}{1-\psi^2}\left[\left(1-\frac{\psi^2}{\varrho^2}\right)\sigma_a - \psi^2\left(1-\frac{1}{\varrho^2}\right)\sigma_0\right] + \\ + \frac{3+\nu}{8}\,\frac{\gamma}{g}\,\omega^2 r_a^2\left(1+\psi^2-\frac{\psi^2}{\varrho^2}-\varrho^2\right), \qquad (23)$$

$$\sigma_\varphi = \frac{1}{1-\psi^2}\left[\left(1+\frac{\psi^2}{\varrho^2}\right)\sigma_a - \psi^2\left(1+\frac{1}{\varrho^2}\right)\sigma_0\right] + \\ + \frac{3+\nu}{8}\,\frac{\gamma}{g}\,\omega^2 r_a^2\left(1+\psi^2+\frac{\psi^2}{\varrho^2}-\frac{1+3\nu}{3+\nu}\,\varrho^2\right). \qquad (24)$$

Die einzelnen Glieder dieser Spannungsgleichungen lassen sich in Funktion des dimensionslosen Radius ϱ, mit ψ als Parameter, darstellen. Der von den Randspannungen abhängige Anteil soll zu diesem Zweck noch etwas umgeformt werden; aus den Ausdrücken

$$\sigma_{r(a)} = \frac{1-\frac{\psi^2}{\varrho^2}}{1-\psi^2}\,\sigma_a,$$

$$\sigma_{r(0)} = \frac{-\psi^2\left(1-\frac{1}{\varrho^2}\right)}{1-\psi^2}\,\sigma_0$$

erhält man

$$\frac{\sigma_{r(0)}}{\sigma_0} = 1 - \frac{\sigma_{r(a)}}{\sigma_a},$$

und analog

$$\frac{\sigma_{\varphi(0)}}{\sigma_0} = 1 - \frac{\sigma_{\varphi(a)}}{\sigma_a}.$$

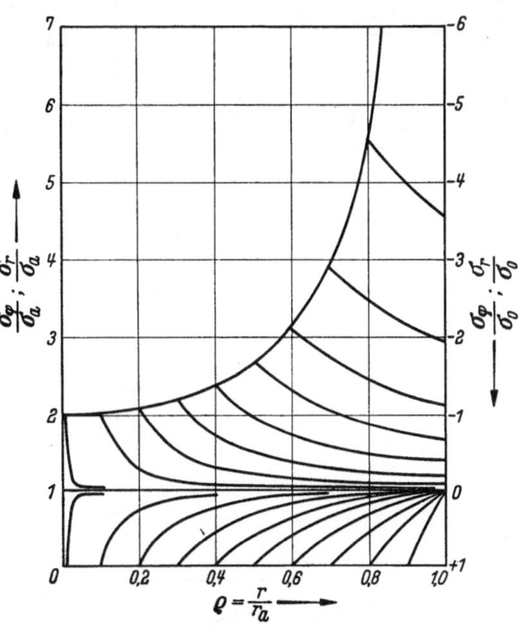

Abb. 3. Spannungsverteilung in der ruhenden Scheibe gleicher Dicke mit Randlast

Der Verlauf der Spannungen, die von einer Außenlast erzeugt werden, unterscheidet sich von demjenigen, der von einer Innenlast herrührt, nur durch die Zahl 1; die beiden Funktionen können daher zusammengefaßt und mit verschiedenen Ordinaten versehen dargestellt werden. Sie sind in Abb. 3 wiedergegeben.

Für die Scheibe gleicher Dicke ohne Randlast erhält man mit der konstanten Größe

$$K = \frac{3+\nu}{8}\,\frac{\gamma}{g}\,\omega^2 r_a^2$$

zwei Spannungsfunktionen S, die in Abb. 2 mit denjenigen der Vollscheibe dargestellt sind. Die gesamte Spannung ergibt sich durch Überlagerung der aus den Randlasten und der aus der Fliehkraft stammenden Spannungen.

Aus diesen Darstellungen läßt sich für andere Profilformen, die nicht allzusehr von der Scheibe gleicher Dicke abweichen, die Größenordnung der zu erwartenden Spannungen rasch abschätzen. Insbesondere erkennt man die große Spannungsspitze der Tangentialspannungen am Innenrand einer gebohrten Scheibe; dort ist die Spannung bei kleiner Bohrung doppelt so groß wie bei der ungebohrten Scheibe. Bei sehr großen Bohrungen steigt die Tangentialspannung bis auf den $\left(3-\frac{1+3\nu}{3+\nu}\right)=2{,}424$ fachen Wert, der, mit der Konstanten K multipliziert, auf die Formel für die Ringspannung

$$\sigma_\varphi = \frac{\gamma}{g}\,\omega^2\,r^2 = \frac{\gamma}{g}\,v^2 \qquad (25)$$

führt.

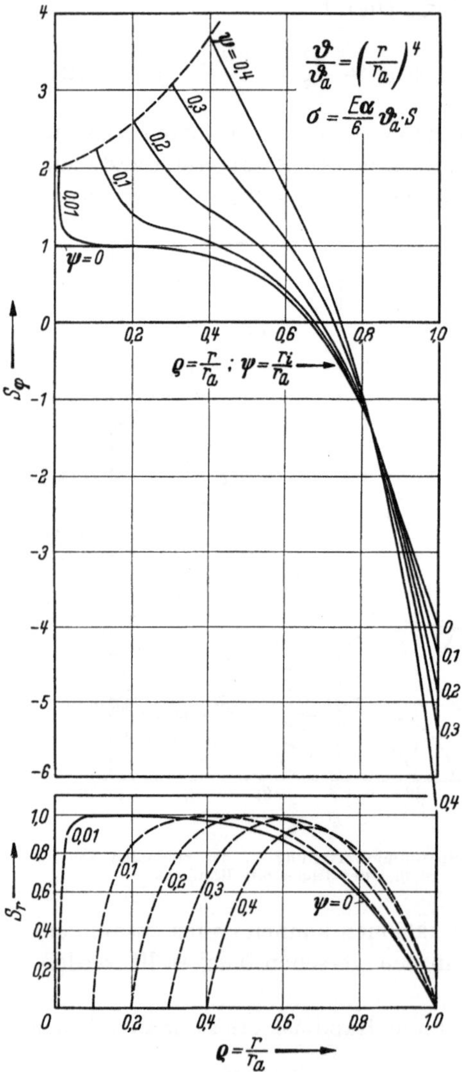

Abb. 4. Verlauf der Wärmespannungen in der Scheibe gleicher Dicke

3. Wärmespannungen allein, $\omega = 0$

a) Vollscheibe. Die Randbedingungen lauten: für

$$r = 0 \quad \sigma_r = \sigma_\varphi$$

und für

$$r = r_a \quad \sigma_r = 0$$

(an freien Rändern können keine radialen Wärmespannungen herrschen). Diese Bedingungen liefern, in Gl. (12) und (13) eingesetzt, die Konstanten

$$A_1 = \frac{E\,\alpha\,\vartheta_a}{n+2}, \qquad A_2 = 0,$$

womit sich die Spannungsfunktionen

$$\sigma_r = \frac{E\,\alpha\,\vartheta_a}{n+2}(1-\varrho^n) = \frac{E\,\alpha\,\vartheta_a}{n+2} S_r, \tag{26}$$

$$\sigma_\varphi = \frac{E\,\alpha\,\vartheta_a}{n+2}[1-(n+1)\,\varrho^n] = \frac{E\,\alpha\,\vartheta_a}{n+2} S_\varphi \tag{27}$$

ergeben, wenn wieder $\frac{r}{r_a} = \varrho$ gesetzt wird. Diese beiden Funktionen sind in Abb. 4 für $n = 4$ über dem dimensionslosen Radius ϱ aufgetragen (Fall $\psi = 0$); sie beginnen bei $\varrho = 0$ mit dem Wert $S_r = S_\varphi = 1$.

b) Scheibe mit Mittelbohrung. Die Randbedingung des Innenrandes lautet: für $r = r_0$ $\sigma_{r_0} = 0$, am Außenrand gilt wieder $\sigma_{r_a} = 0$. Dies führt in den Gln. (12) und (13) zu folgenden Lösungen:

$$\sigma_r = \frac{E\,\alpha\,\vartheta_a}{n+2}\,\frac{1}{1-\psi^2}\left[1-\psi^{n+2}-\frac{\psi^2}{\varrho^2}(1-\psi^n)-(1-\psi^2)\,\varrho^n\right], \tag{28}$$

$$\sigma_\varphi = \frac{E\,\alpha\,\vartheta_a}{n+2}\,\frac{1}{1-\psi^2}\left[1-\psi^{n+2}+\frac{\psi^2}{\varrho^2}(1-\psi^n)-(1-\psi^2)\,(n+1)\,\varrho^n\right]. \tag{29}$$

Das Potenzgesetz Gl. (4) läßt sich nun nicht für jede beliebig große Bohrung anwenden, da es wenig sinnvoll wäre, einen solchen Temperaturverlauf, z. B. für den Grenzfall des dünnen Ringes, anzunehmen. Er dürfte jedoch für verhältnismäßg kleine Bohrungen noch brauchbar sein, weshalb wir uns bei der Darstellung der Funktionen auf den Bereich $\psi = 0{,}01$ bis $\psi = 0{,}4$ beschränken; sie sind in Abb. 4 aufgetragen. Diese Kurven geben ein anschauliches Bild über die Wärmespannungen, die auch bei Scheiben mit anderer Profilform stets einen ähnlichen Verlauf aufweisen. Vor allem erkennt man, daß am Scheibenrand in tangentialer Richtung Druckspannungen auftreten, die dadurch zustande kommen, daß die kälteren, nach der Scheibenmitte zu liegenden Zonen die freie tangentiale Dehnung in Randnähe zu verhindern suchen.

Es mag darauf hingewiesen werden, daß dünne Scheiben als Folge der Druckspannungen im Randgebiet ausbeulen können, wobei sich der Rand wellenförmig verformt. Sowohl durch Rechnung[1] als auch durch Versuche[2] wurde nachgewiesen, daß dabei eine mehr oder weniger regelmäßige Verformung mit 2 oder 3 Knotendurchmessern entsteht.

III. Die konische Scheibe

Die Differentialgleichung (1) gilt für jede beliebige Funktion $y = f(r)$; ebenso ist Gl. (3) allgemein gültig. Wir führen nun die dimensionslose Größe

$$t = \frac{r}{R}$$

ein; damit erhalten wir für den Dickenverlauf des konischen Profils

$$y = y_0(1-t), \tag{30}$$

[1] Siehe Schrifttum Bogdanoff. [2] Siehe Schrifttum Helms.

worin y_0 die Dicke bei $r = 0$ und R die Höhe des Dreieckes ist, das durch Verlängern der Seitenbegrenzungen des Profilquerschnittes, mit der Grundlinie bei $r = 0$, entsteht, s. Abb. 5. Damit wird Gl. (1)

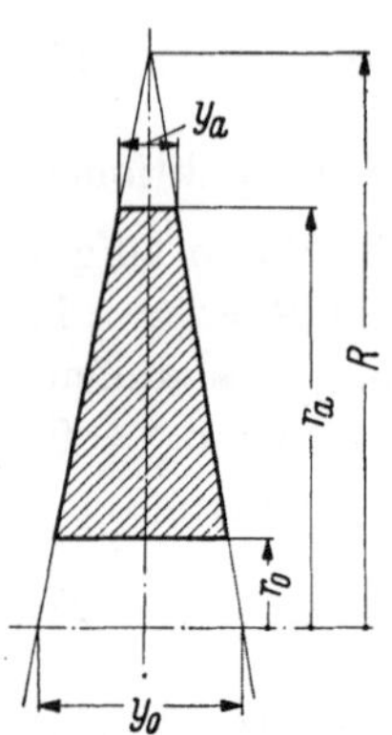

Abb. 5. Zur Berechnung der konischen Scheibe

$$\frac{1}{y_0(1-t)}\frac{d}{dr}[r\,y_0(1-t)\,\sigma_r] - \sigma_\varphi + \frac{\gamma}{g}\omega^2 r^2 = 0,$$

oder nach geeigneter Umformung, zusammen mit Gl. (3) für α = konstant angeschrieben:

$$r\frac{d\sigma_r}{dr} + \frac{1-2t}{1-t}\sigma_r - \sigma_\varphi + \frac{\gamma}{g}\omega^2 r^2 = 0, \tag{31}$$

$$\nu r\frac{d\sigma_r}{dr} - r\frac{d\sigma_\varphi}{dr} + (1+\nu)(\sigma_r - \sigma_\varphi) - rE\alpha\frac{d\vartheta}{dr} = 0. \tag{3}$$

Diese beiden Differentialgleichungen lassen sich wieder in eine einzige überführen, die nur σ_r enthält, wenn man aus Gl. (31) σ_φ und $\frac{d\sigma_\varphi}{dr}$ ermittelt und diese in Gl. (3) einsetzt; wir erhalten so:

$$\frac{d^2\sigma_r}{dt^2} + \left(\frac{3}{t} - \frac{1}{1-t}\right)\frac{d\sigma_r}{dt} - \left(\frac{2+\nu}{t} + \frac{1}{1-t}\right)\frac{1}{1-t}\sigma_r + (3+\nu)\frac{\gamma}{g}\omega^2 R^2 + E\alpha\frac{1}{t}\frac{d\vartheta}{dt} = 0. \tag{32}$$

Gelingt es, aus dieser Gleichung σ_r als Funktion von t zu berechnen, so ist auch σ_φ bekannt, und zwar durch Gl. (31), aus der wir

$$\sigma_\varphi = t\frac{d\sigma_r}{dt} + \frac{1-2t}{1-t}\sigma_r + \frac{\gamma}{g}\omega^2 R^2 t^2 \tag{33}$$

erhalten.

In ähnlicher Weise läßt sich auch die Differentialgleichung für die Verschiebung u aufstellen, auf deren Herleitung verzichtet sei; sie lautet:

$$\frac{d^2u}{dt^2} + \left(\frac{1}{t} - \frac{1}{1-t}\right)\frac{du}{dt} - \left(\frac{1}{t} + \frac{\nu}{1-t}\right)\frac{u}{t} + \frac{1-\nu^2}{E}\frac{\gamma}{g}\omega^2 R^3 t = 0. \tag{34}$$

Die aufgestellten Differentialgleichungen wurden mit hypergeometrischen Reihen gelöst.[1] Die Ergebnisse sollen hier nur für den Fall der nach außen sich verjüngenden Scheibe wiedergegeben werden, die einzige, die als Profilform einer ganzen Scheibe technisch interessant ist. [Im Abschn. IV. 2. (S. 38ff.) wird bei der Behandlung konischer Ringe als Teilscheiben von Scheiben mit beliebigem Profil auch der umgekehrte Fall betrachtet werden.]

[1] Siehe E. Honegger: Festigkeitsrechnung von rotierenden konischen Scheiben. Z. angew. Math. Mech. Bd. 7 (1927) S. 120.

Die allgemeine Lösung der Differentialgleichungen für die konische Scheibe ergibt sich in der Form:

$$\sigma_r = A_1 p + A_2 q + a\,\Omega_1, \qquad \sigma_\varphi = A_1 v + A_2 w + a\,\Omega_2. \tag{35}$$

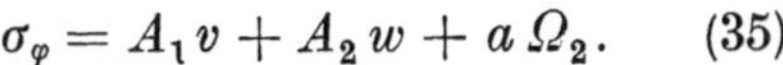

Abb. 6. Funktionen p und v zur Berechnung konischer Scheiben (nach BIEZENO-GRAMMEL)

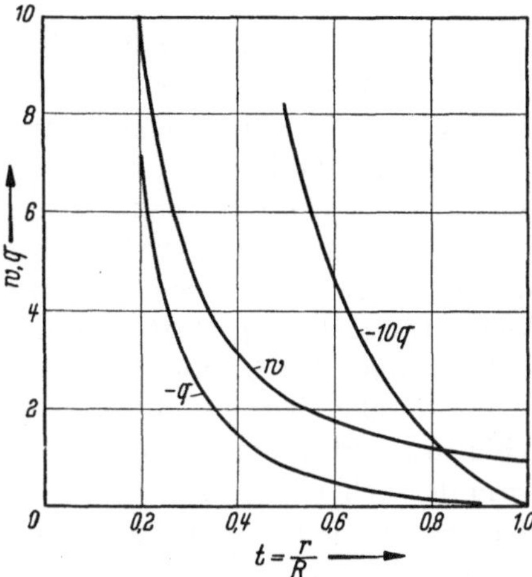

Abb. 7. Funktionen w und q zur Berechnung konischer Scheiben (nach BIEZENO-GRAMMEL)

Hierin sind p, q, v, w, Ω_1 und Ω_2 bekannte Funktionen von t, die in Abb. 6 bis 8 dargestellt sind[1, 2]. Die Lösungen (35) enthalten außerdem die Konstante a, die sich mit

$$R = \frac{y_0 r_a - y_a r_0}{y_0 - y_a}$$

zu (36)

$$a = \frac{1}{1-\nu^2}\,\frac{\gamma}{g}\,\omega^2 R^2$$

ergibt.

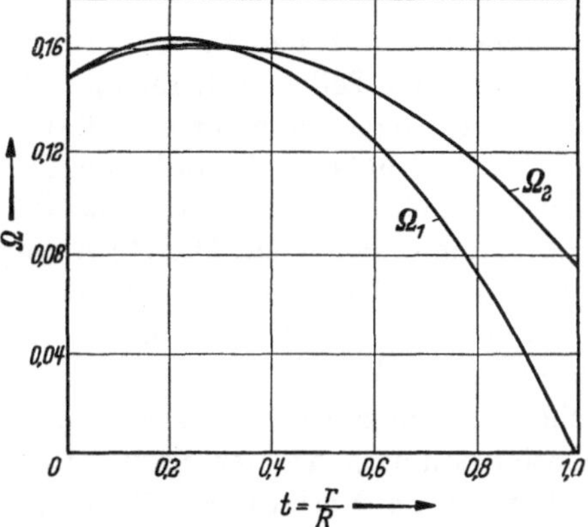

Abb. 8. Funktionen Ω_1 und Ω_2 zur Berechnung konischer Scheiben (nach BIEZENO-GRAMMEL)

Die Konstanten A_1 und A_2 entsprechen den gleich bezeichneten Konstanten in der Lösung für die Scheibe gleicher Dicke, Gl. (12) und (13), sie ergeben sich aus den Randbedingungen, also für $t = 0$ $\sigma_r = \sigma_0$ und für $t = t_a$ $\sigma_r = \sigma_a$.

---

[1] BIEZENO, C. B., u. R. GRAMMEL: Technische Dynamik Bd. 2, 2. Aufl. Berlin/Göttingen/Heidelberg: Springer 1953, VIII, § 2.11.

[2] Die den zitierten Quellen entnommenen Kurven wurden hier mit anderen Buchstaben bezeichnet; die dort gewählten Zeichen η_1^I, η_2^I, η_1^{II} usw. erscheinen für den praktischen Gebrauch unhandlich.

Damit läßt sich jede nach außen verjüngte konische Scheibe durchrechnen. Bei der konischen Vollscheibe erhält man für $r = 0$ ($t = 0$) $q = w = -\infty$; dies bedeutet, daß die Konstante $A_2 = 0$ werden muß, wenn unendlich große Spannungen im Scheibenzentrum ausgeschlossen werden sollen.

Außer den behandelten Scheibenformen gibt es noch eine Reihe von Profilen, für die man ebenfalls eine analytische Lösung finden kann. Der Fall der an sich einfachen Form der konischen Scheibe hat jedoch gezeigt, daß man auf recht komplizierte Lösungen kommt, die nur mit Hilfe von Reihenansätzen gewonnen werden können. Wie aber schon in der Einleitung erwähnt wurde, müssen die Scheiben stets mit irgendwelchen Besonderheiten, wie ringförmige Ansätze, Flansche oder Wellenstummel, ausgestattet werden, die die mathematisch definierte Form stören. Wir begnügen uns deshalb mit den beiden behandelten Profilen und ziehen vor, kompliziertere Formen wie Scheiben mit beliebigem Profil zu berechnen. Auf die in der Technik besonders wichtige Form der Scheibe „gleicher Festigkeit" werden wir beim sogenannten „Umkehrproblem" kommen, wo Scheiben mit vorgeschriebener Spannungsverteilung behandelt werden.

IV. Die Scheibe mit beliebigem Profil

Scheiben mit beliebigem Profil werden durch Aufteilen in Teilscheiben oder Teilringe berechnet. An den Übergängen von einer Teilscheibe zur nächstfolgenden muß die Radialkraft sprunglos übertragen werden und müssen die radialen Verschiebungen der inneren und der äußeren Teilscheibe gleich groß sein, damit die Scheiben ihren Zusammenhang behalten. Die Rechnung wird dabei am inneren oder am äußeren Rand der Gesamtscheibe begonnen, wo die Radialspannung entweder vorgeschrieben oder, wenn es sich um eine Vollscheibe handelt, am Radius $r = 0$ die Radialspannung gleich der dort herrschenden Tangentialspannung ist. Die im voraus nie bekannte Tangentialspannung an der Stelle, wo die Rechnung begonnen werden soll, wird im Verlauf der Rechnung durch Anwendung eines Prinzips ermittelt, das in Gestalt der beiden nachfolgend beschriebenen Rechenarten in die verschiedenen Berechnungsverfahren eingearbeitet ist.

1. Bei der auf R. v. Mises zurückgehenden Überlagerung zweier Spannungszustände, nämlich desjenigen der rotierenden und der ruhenden Scheibe, werden jeweils willkürliche Tangentialspannungen als Anfangswert angenommen und die Randbedingungen für die Radialspannung an der Endstelle der Berechnung dazu benutzt, eine Gleichung zur Ermittlung der wirklichen Tangentialspannung an der An-

fangsstelle aufzustellen. Dieses Vorgehen wird z. B. in dem bekannten Verfahren von GRAMMEL angewandt.[1]

2. Die Tangentialspannung des Randes, an dem die Rechnung beginnt, wird als Unbekannte in die Rechnung eingeführt, so daß alle Spannungen im Verlauf der Durchrechnung in Abhängigkeit dieser Unbekannten auftreten. Die Randbedingung für die Radialspannung des anderen Randes liefert dann eine Gleichung zur Bestimmung dieser Unbekannten, die wir im folgenden mit x bezeichnen; nach ihr sei der Rechengang mit „x-Methode" benannt. Diese Rechenart wird im Verfahren von KELLER-SALZMANN-KISSEL und beim sogenannten Differenzenverfahren benutzt, bei dem die Differentialgleichungen in Differenzengleichungen überführt werden.

Im Verlauf der folgenden Betrachtungen wird gezeigt, wie die erste Rechenart aus der leichter verständlichen zweiten entsteht.

1. Berechnungsverfahren mit Anwendung von Teilscheiben gleicher Dicke

Die Scheibe gleicher Dicke liefert die einfachste Lösung der Differentialgleichungen für die Spannungen. Es liegt deshalb nahe, ein beliebiges Scheibenprofil näherungsweise durch ein stufenförmiges Gebilde nach Abb. 9 mit Teilscheiben gleicher Dicke zu ersetzen. Denkt man sich diese Ringscheiben als voneinander getrennt, so ist die Lösung für den Spannungsverlauf innerhalb jeder Teilscheibe bekannt. Damit aber der Zusammenhang der Teilscheiben nicht verlorengeht, müssen an ihren Rändern geeignete, statisch unbestimmte Radialkräfte angebracht werden, und zwar jeweils am Außenrand der inneren und am Innenrand der äußeren Teilscheibe gleiche Kräfte, die so groß sein müssen, daß die radiale Verschiebung an der Trennstelle in beiden Scheiben gleich groß wird.

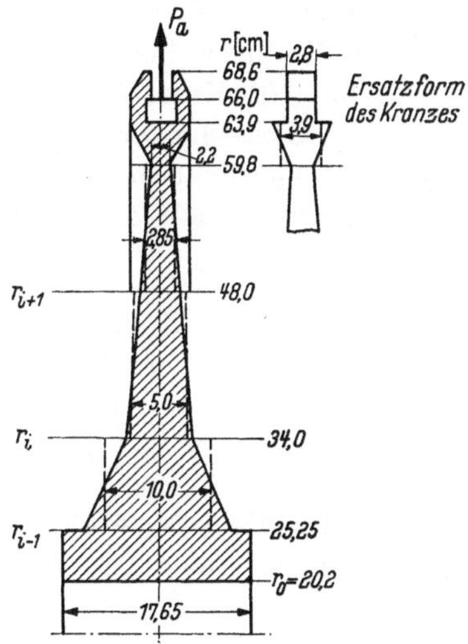

Abb. 9. Profil einer Scheibe mit Aufteilung in Teilscheiben gleicher Dicke

Beginnt man beispielsweise am Innenrand der Gesamtscheibe, so ist dort die Tangentialspannung zunächst unbekannt. Die Radialspannung ist entweder gegeben (Schrumpfspannung) oder, wenn es sich um eine Vollscheibe handelt, bei der an Stelle des Innenrandes der Scheibenmittelpunkt tritt, gleich

[1] BIEZENO, C. B., u. R. GRAMMEL: Technische Dynamik Bd. 2, 2. Aufl., Berlin/Göttingen/Heidelberg: Springer 1953, VIII, 2.9.

der Tangentialspannung, s. Gl. (16). Wir schreiben nun die Spannungsgleichungen (12) und (13) zuerst für den Innenrand an:

$$\begin{aligned} \sigma_{r_0} &= A_1 + \frac{A_2}{r_0^2} - \frac{3+\nu}{8}\,\frac{\gamma}{g}\,\omega^2 r_0^2 - \frac{E\,\alpha\,\vartheta_a}{n+2}\left(\frac{r_0}{r_a}\right)^n, \\ \sigma_{\varphi_0} &= A_1 - \frac{A_2}{r_0^2} - \frac{1+3\nu}{8}\,\frac{\gamma}{g}\,\omega^2 r_0^2 - \frac{n+1}{n+2}\,E\,\alpha\,\vartheta_a\left(\frac{r_0}{r_a}\right)^n. \end{aligned} \tag{37}$$

Diese Gleichungen enthalten außer den Konstanten A_1 und A_2 die noch nicht bekannte Tangentialspannung $\sigma_{\varphi_0} = x$; wir erhalten aus ihnen A_1 und A_2 als Ausdrücke mit x. Setzt man diese in die Spannungsgleichungen für den Außenrand der ersten Teilscheibe, also für $r = r_1$ ein, so ergibt sich:

$$\begin{aligned} \sigma_{r_1} &= A_1 + \frac{A_2}{r_1^2} - \frac{3+\nu}{8}\,\frac{\gamma}{g}\,\omega^2 r_1^2 - \frac{E\,\alpha\,\vartheta_a}{n+2}\left(\frac{r_1}{r_a}\right)^n = a_1 x + b_1 \omega^2 + c_1 \vartheta_a, \\ \sigma_{\varphi_1} &= A_1 - \frac{A_2}{r_1^2} - \frac{1+3\nu}{8}\,\frac{\gamma}{g}\,\omega^2 r_1^2 - \frac{n+1}{n+2} E\,\alpha\,\vartheta_a\left(\frac{r_1}{r_a}\right)^n = a_1' x + b_1' \omega^2 + c_1' \vartheta_a. \end{aligned} \tag{38}$$

Wir betrachten nun den Übergang von der ersten Teilscheibe zur nächsten bzw. gleich denjenigen von einer beliebigen Teilscheibe mit der Dicke y_{i-1} zur nächstfolgenden mit der Dicke y_i. Diese beiden Teilscheiben erstrecken sich nach Abb. 9 vom Radius r_{i-1} bis r_i bzw. vom Radius r_i bis r_{i+1}. An der inneren Teilscheibe bringen wir an der Stelle r_i die Kraft P_{i1} und an der äußeren die Kraft P_{i2} an; der Unterschied dieser beiden Kräfte muß dann gleich einer an der Trennstelle etwa angreifenden äußeren „Zusatzkraft" P_z sein, damit das Gleichgewicht der radialen Kräfte erhalten bleibt. Es gilt daher:

$$P_{i1} - P_{i2} = P_z, \tag{39}$$

oder, wenn wir die Kräfte durch die entsprechenden Radialspannungen ausdrücken, wobei die Zusatzkraft als an der äußeren Scheibe mit der Dicke y_i angreifend gedacht sei:

$$2\pi\, r_i\, y_{i-1}\, \sigma_{r_{i1}} - 2\pi\, r_i\, y_i\, \sigma_{r_{i2}} = 2\pi\, r_i\, y_i\, \sigma_z;$$

die Spannung $\sigma_{r_{i1}}$ ist die Radialspannung vor dem Dickensprung, $\sigma_{r_{i2}}$ diejenige nach dem Sprung an der Stelle r_i; letztere erhalten wir hieraus zu

$$\sigma_{r_{i2}} = \frac{y_{i-1}}{y_i}\,\sigma_{r_{i1}} - \sigma_z. \tag{40}$$

Damit die Teilscheiben an der Trennstelle ihren Zusammenhang nicht verlieren, muß die radiale Verschiebung u vor dem Sprung gleich derjenigen nach dem Sprung sein. Das HOOKEsche Gesetz liefert uns nach Gl. (2) die Bedingung:

$$\frac{r_i}{E}\left(\sigma_{\varphi_{i2}} - \nu\,\sigma_{r_{i2}}\right) = \frac{r_i}{E}\left(\sigma_{\varphi_{i1}} - \nu\,\sigma_{r_{i1}}\right). \tag{41}$$

Da $\sigma_{r_{i2}}$ durch Gl. (40) bekannt ist, läßt sich die noch unbekannte Spannung $\sigma_{\varphi_{i2}}$ ermitteln; sie ergibt sich zu

$$\sigma_{\varphi_{i2}} = \sigma_{\varphi_{i1}} + \nu\left(\frac{y_{i-1}}{y_i} - 1\right)\sigma_{r_{i1}} - \nu\,\sigma_z. \tag{42}$$

Damit haben wir die Innenrandwerte der nächstfolgenden Teilscheibe, die wieder neue Konstanten A_1 und A_2 aus den Gln. (12) und (13) liefern, aus welchen die Spannungen am Außenrand dieser Teilscheibe ermittelt werden.

a) Beschreibung des Verfahrens von Grammel[1]. Die Berechnung der Scheibe führt man vorteilhafterweise tabellarisch durch, wobei insbesondere die Konstanten A_1 und A_2 schematisch ermittelt werden. Wir halten uns hierfür an das von GRAMMEL angegebene Verfahren, das im folgenden erläutert wird. In den Lösungsgleichungen (12) und (13) werden nachstehende Abkürzungen eingeführt:

$$a = \frac{3+\nu}{8}\,\frac{\gamma}{g}, \qquad b = \frac{1+3\nu}{8}\,\frac{\gamma}{g}, \tag{43}$$

$$c = \frac{E\,\alpha\,\vartheta_a}{(n+2)\,r_a^2}, \qquad d = E\,\alpha\,\vartheta_a\,\frac{n+1}{n+2}\,\frac{1}{r_a^n}, \tag{44}$$

ferner

$$\begin{aligned} s &= \sigma_r + a\,\omega^2 r^2 + c\,r^n, \\ t &= \sigma_\varphi + b\,\omega^2 r^2 + d\,r^n. \end{aligned} \tag{45}$$

Damit vereinfachen sich die Gln. (12) und (13) zu

$$\begin{aligned} s &= A_1 + \frac{A_2}{r^2}, \\ t &= A_2 - \frac{A_2}{r^2}. \end{aligned} \tag{46}$$

Diese Gleichungen schreiben wir nun für den Innenrand (r_{i-1}) und für den Außenrand (r_i) einer Teilscheibe an; sie lauten:

$$\begin{aligned} s_{i-1} &= A_1 + \frac{A_2}{r_{i-1}^2}, \\ t_{i-1} &= A_1 - \frac{A_2}{r_{i-1}^2}, \end{aligned} \tag{47}$$

$$\begin{aligned} s_i &= A_1 + \frac{A_2}{r_i^2}, \\ t_i &= A_2 - \frac{A_2}{r_i^2}. \end{aligned} \tag{48}$$

Ermittelt man A_1 und A_2 aus Gleichungspaar (47) und setzt die erhaltenen Ausdrücke in Gl. (48) ein, so kommt man nach geeigneter Umformung mit der weiteren Abkürzung

$$q = -\frac{1}{2}\left(1 - \frac{r_{i-1}^2}{r_i^2}\right)(s_{i-1} - t_{i-1}) = \xi\,(s_{i-1} - t_{i-1}) \tag{49}$$

auf die einfache Form

$$\begin{aligned} s_i &= s_{i-1} + q, \\ t_i &= t_{i-1} - q. \end{aligned} \tag{50}$$

[1] Siehe Fußn. 1, S. 17.

Die Gln. (47) bis (50) bilden die Grundlage des GRAMMELschen Rechenschemas, bei welchem am Übergang von einer Teilscheibe zur nächsten sogenannte Sprunggrößen eingeführt werden, die aus Gl. (40) und (42) ermittelt werden. Mit der Definition

$$\sigma_{r_{i2}} = \sigma_{r_{i1}} + \Delta\sigma_r$$

erhält man den Radialspannungssprung

$$\Delta\sigma_r = \left(\frac{y_{i-1}}{y_i} - 1\right)\sigma_{r_{i1}} - \sigma_z = \eta\,\sigma_{r_{i1}} - \sigma_z\,, \tag{51}$$

und ebenso mit

$$\sigma_{\varphi_{i2}} = \sigma_{\varphi_{i1}} + \Delta\sigma_\varphi$$

den Tangentialspannungssprung

$$\Delta\sigma_\varphi = \nu\left(\frac{y_{i-1}}{y_i} - 1\right)\sigma_r - \nu\,\sigma_z = \nu\,\Delta\sigma_r\,. \tag{52}$$

An der Sprungstelle werden also auch die zusätzlichen, außen angreifenden Spannungen angesetzt, die von Schrauben, Ringen oder auch von Schaufeln erzeugt werden, die nicht am Außenrand der Scheibe angebracht sind. Diese Spannungen σ_z werden beim Rechnen von innen nach außen abgezogen, was bedeutet, daß eine nach außen gerichtete, positive Zusatzlast weggenommen wird. Rechnet man umgekehrt, von außen nach innen, dann müssen die immer noch positiven Zusatzlasten addiert werden, wie ja auch die vom Dickensprung herrührenden Spannungssprünge $\Delta\sigma_r$ ihr Vorzeichen umkehren, weil dann y_i und y_{i-1} in Gl. (51) vertauscht auftreten.

Die (bei GRAMMEL nicht behandelten) Wärmespannungsglieder können nun genauso eingefügt werden wie die Fliehkraftglieder, wie man aus den Gln. (12) und (13) sofort erkennt. Es wird aber im GRAMMELschen Rechenverfahren bei letzteren vorausgesetzt, daß die Ausdrücke $a\,\omega^2$ und $b\,\omega^2$ Konstanten sind, was bedeutet, daß sie sich innerhalb der Teilscheibe und beim Übergang von einer Teilscheibe zur nächstfolgenden nicht ändern, d. h. daß sie die Sprungstellen stetig durchsetzen. Ebenso müssen also die Größen E, α, ϑ_a und der Exponent n über die ganze Scheibe weg konstant bleiben, wenn die Rechnung nach GRAMMEL durchgeführt werden soll. Um eine mögliche Abhängigkeit der genannten Größen von der Temperatur und damit auch vom Radius berücksichtigen zu können, muß man von den Gln. (45) ausgehen, die noch einmal angeschrieben seien:

$$s = \sigma_r + a\,\omega^2 r^2 + c\,r^n \quad \text{mit} \quad c = E\,\alpha\,\vartheta_a \frac{1}{(n+2)\,r_a^n}$$

und

$$t = \sigma_\varphi + b\,\omega^2 r^2 + d\,r^n \quad \text{mit} \quad d = E\,\alpha\,\vartheta_a \frac{n+1}{(n+2)\,r_a^n}\,.$$

Wir lassen nun die Größen E, α, ϑ_a und n innerhalb der Teilscheibe konstant und führen die Änderungen an der Sprungstelle ein, so daß wir dort jeweils zwei Werte für c und d erhalten:

$$c_1 = E_1 \alpha_1 \vartheta_{a1} \frac{1}{(n_1+2)\, r_a^n}, \qquad d_1 = E_1 \alpha_1 \vartheta_{a1} \frac{n_1+1}{(n_1+2)\, r_a^n},$$

$$c_2 = E_2 \alpha_2 \vartheta_{a2} \frac{1}{(n_2+2)\, r_a^n}, \qquad d_2 = E_2 \alpha_2 \vartheta_{a2} \frac{n_2+1}{(n_2+2)\, r_a^n}.$$

Damit werden die Sprünge am Radius r_i:

$$\begin{aligned} \Delta s &= s_{i2} - s_{i1} = \Delta\sigma_r + c_2 r_i^n - c_1 r_i^n = \Delta\sigma_r + (c_2 - c_1)\, r_i^n \\ \Delta t &= t_{i2} - t_{i1} = \Delta\sigma_\varphi + d_2 r_i^n - d_1 r_i^n = \Delta\sigma_\varphi + (d_2 - d_1)\, r_i^n. \end{aligned} \tag{53}$$

Zu den Sprungwerten, die bisher $\Delta\sigma_r$ und $\Delta\sigma_\varphi$ waren, müssen also noch die Sprünge $(c_2 - c_1)\, r_i^n$ und $(d_2 - d_1)\, r_i^n$ addiert werden. Die Werte c_1 und c_2 bzw. d_1 und d_2 enthalten jeweils verschiedene Außenrandtemperaturen $\vartheta_{a,i}$. Dies erscheint zunächst nicht sinnvoll; man muß sich aber den Temperaturverlauf der ganzen Scheibe durch einen polygonen Linienzug nach Abb. 10 ersetzt denken, dessen Einzelabschnitte dem betreffenden Potenzgesetz entsprechend bis zum Scheibenrand verlängert, auf die dem Teilabschnitt zugehörige Außenrandtemperatur $\vartheta_{a,i}$ führen. In Abb. 10 wurde als Exponent überall der Wert 1 gewählt, was man in den meisten Fällen tun kann, besonders, wenn die Unterteilung der Scheibe nicht allzu grob ist.

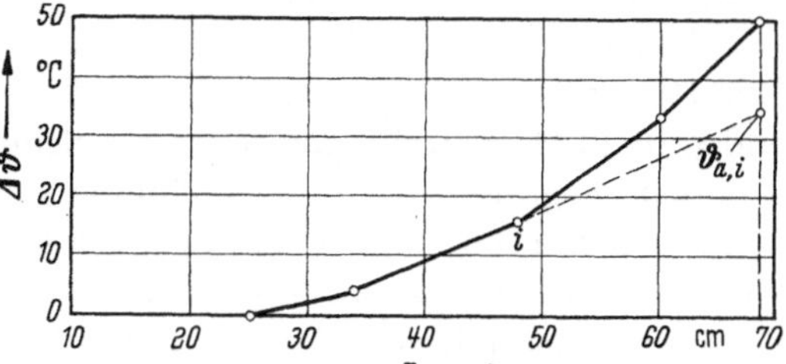

Abb. 10. Ersatz der Temperaturkurve durch einen polygonen Linienzug

Eine andere Möglichkeit, Wärmespannungen zu ermitteln, geht auf Kasparek[1] zurück. An Stelle des polygonen Linienzuges tritt hier eine treppenförmige Temperaturkurve, wobei sich an der Stufe auch der E-Modul und die Wärmedehnungszahl α ändern können. Man geht von der Bedingung gleicher radialer Verschiebungen an der Trennstelle aus, die mit dem Temperatursprung zusammenfällt. Wir verwenden die bereits im 1. Abschnitt angeschriebene Dehnungsbeziehung (2a) in der Form

$$u_{i1} = \frac{r_i}{E_{i1}} \left(\sigma_{\varphi_{i1}} - \nu\, \sigma_{r_{i1}}\right) + r_i \alpha_{i1} \vartheta_{i1},$$

$$u_{i2} = \frac{r_i}{E_{i2}} \left(\sigma_{\varphi_{i2}} - \nu\, \sigma_{r_{i2}}\right) + r_i \alpha_{i2} \vartheta_{i2}$$

[1] Kasparek: Wärmespannungen in Dampfturbinenrädern. Z. ges. Turbinenw. Bd. XIV, Nr. 4 (1917) S. 32.

und setzen beide einander gleich. Dies führt zu der Gleichung

$$\frac{r_i}{E_{i1}}\left(\sigma_{\varphi_{i1}} - \nu\,\sigma_{r_{i1}}\right) + r_i\,\alpha_{i1}\,\vartheta_{i1} = \frac{r_i}{E_{i2}}\left(\sigma_{\varphi_{i2}} - \nu\,\sigma_{r_{i2}}\right) + r_i\,\alpha_{i2}\,\vartheta_{i2}. \tag{54}$$

Setzt man hier wieder

$$\sigma_{r_{i2}} = \sigma_{r_{i1}} + \Delta\sigma_r$$

und

$$\sigma_{\varphi_{i2}} = \sigma_{\varphi_{i1}} + \Delta\sigma_\varphi,$$

so erhält man als gesamten tangentialen Sprungwert:

$$\Delta\sigma_\varphi = \nu\,\Delta\sigma_r + \left(\frac{E_{i2}}{E_{i1}} - 1\right)\left(\sigma_{\varphi_{i1}} - \nu\,\sigma_{r_{i1}}\right) + E_{i2}\left(\alpha_{i1}\,\vartheta_{i1} - \alpha_{i2}\,\vartheta_{i2}\right). \tag{55}$$

Außer dem Wert $\nu\,\Delta\sigma_r$ treten also zwei weitere Sprunggrößen auf, von denen die erste den Einfluß der Veränderlichkeit des E-Moduls ausdrückt (der im allgemeinen nur in Außenrandnähe bei Turbinenscheiben eine gewisse Bedeutung haben kann) und die zweite zur Ermittlung der Wärmespannungen bei veränderlichen Werten E, α und ϑ dient. Die zweite Größe ist bei Scheiben, die außen heißer sind als innen, negativ, sofern die Rechnung von innen nach außen erfolgt.

Es soll nun an Hand eines Beispieles das GRAMMELsche Verfahren erläutert werden. Dazu ist es notwendig, vorher zu zeigen, wie die beiden Spannungszustände, demjenigen der rotierenden und demjenigen der ruhenden Scheibe, die auch keine mit dem Radius veränderliche Temperatur, wohl aber veränderlichen E-Modul haben darf, übereinandergelagert werden, um aus den mit zunächst willkürlich angenommenen Anfangsspannungen gewonnenen Spannungszuständen zu den richtigen Werten zu gelangen. Es ist leicht einzusehen, daß beide Fälle die Bedingungen sowohl des Innen- als auch des Außenrandes erfüllen müssen. Beginnt man z. B. die Rechnung am Innenrand, was wir im allgemeinen tun wollen, weil bei der Vollscheibe wegen der Bedingung $\sigma_r = \sigma_\varphi$ bei $r = r_0$ immer innen begonnen werden muß, so erfüllen wir dort sowohl bei der ruhenden als auch bei der rotierenden Scheibe die Bedingung für die Radialspannung, die bei fehlender Schrumpfspannung $= 0$ ist. Die Durchrechnung beider Spannungszustände führt am Außenrand unter Annahme willkürlicher tangentialer Innenrandwerte σ'_{φ_0}, σ''_{φ_0} zu $\sigma'_{r\,a}$ $\sigma'_{\varphi\,a}$ für die rotierende Scheibe und zu $\sigma''_{r\,a}$ $\sigma''_{\varphi\,a}$ für die ruhende Scheibe.

Diese zahlenmäßig gewonnenen Werte stimmen natürlich nicht mit den wirklichen überein, da wir ja nicht mit den richtigen Tangentialspannungen am Innenrand begonnen haben. Da die Bedingung für die Außenrandspannung in radialer Richtung sowohl bei der rotierenden als auch bei der ruhenden Scheibe erfüllt werden muß, erhält man eine Gleichung zur Bestimmung eines Faktors, der gestattet, die beiden

Spannungszustände geeignet übereinanderzulagern. Diese Überlagerung führen wir nach der Gleichung

$$\sigma = \sigma' + \varkappa \sigma'' \tag{56}$$

durch, die für die Radialspannung am Außenrand zu

$$\sigma_a = \sigma'_{ra} + \varkappa \sigma''_{ra} \tag{57}$$

wird. Aus dieser Gleichung erhalten wir den gesuchten Überlagerungsfaktor zu

$$\varkappa = \frac{\sigma_a - \sigma'_{ra}}{\sigma''_{ra}}, \tag{58}$$

der mit Hilfe von Gl. (56) die endgültigen Spannungen an allen Radien liefert.

GRAMMEL bemerkt hierzu[1]: „Der Leitgedanke des Verfahrens besteht darin, daß man sich zwei geeignete Integrale über die ganze Scheibe näherungsweise herstellt, nämlich ein partikuläres Integral σ'_r, σ'_φ der rotierenden Scheibe, welches die Außenrandbedingungen für σ_r erfüllt, und dasjenige Integral $\varkappa \sigma''_r$, $\varkappa \sigma''_\varphi$, das dem verkürzten Gleichungssystem[2] entspricht, das zusammen mit σ'_r, σ'_φ immer noch die Außenrandbedingungen für σ_r befriedigt und daß man schließlich die Integrationskonstante $\varkappa$ bestimmt, indem man die Gesamtlösung $\sigma_r \equiv \sigma'_r + \varkappa \sigma''_r$ auch noch an die Innenrandbedingung anpaßt."

Als Anlage I ist nun ein Rechenformular beigefügt, in welchem die in Abb. 9 dargestellte Scheibe für $n = 3000$ U/min durchgerechnet ist. Dieses Formblatt unterscheidet sich von dem ursprünglichen, von GRAMMEL[3] aufgestellten vor allem durch die eingebaute Wärmespannungsberechnung (ähnlich KASPAREK) und die Möglichkeit der Einfügung beliebiger äußerer Zusatzspannungen σ_z. Außerdem wurde noch die Anordnung der Zeilen etwas abgeändert, und zwar derart, daß keine Addition, Subtraktion oder Multiplikation von nicht direkt untereinanderstehenden Zahlen mehr vorkommt, was sich auf Grund praktischer Erfahrungen als recht nützlich erwiesen hat.

Das Formblatt enthält die Berechnung I für den rotierenden Zustand mit den Spannungen σ'_r und σ'_φ, und die Rechenoperation II des ruhenden Zustandes, σ''_r und σ''_φ. Zunächst werden der Kopf und alle am linken Rand bezifferten Zeilen vollständig in allen Spalten ausgefüllt. Die entsprechenden Daten sind durch die Scheibenzeichnung (Abb. 9) gegeben. Werte, die zwischen zwei Radien liegen,

---

[1] BIEZENO, C. B., u. R. GRAMMEL: Technische Dynamik, Bd. 2, 2. Aufl., Berlin/Göttingen/Heidelberg: Springer 1953, VIII, § 2.9, S. 15.

[2] Gemeint ist das System der Gln. (12) und (13), das um die Glieder mit ω^2 und selbstverständlich auch derjenigen mit ϑ verkürzt wird.

[3] BIEZENO, C. B., u. R. GRAMMEL: Technische Dynamik, Bd. 2, 2. Aufl., Berlin/Göttingen/Heidelberg: Springer 1953, Anhang IIIa und b und Beschreibung S. 14.

z. B. y, sind in Zwischenspalten aufgeführt, und ebenso wird die mit der Größe q nach den Gln. (50) durchzuführende Rechnung — die den Übergang von einem Radius zum nächsten verkörpert — in Zwischenspalten vorgenommen. Die innerhalb einer Spalte vorkommenden Rechenoperationen entsprechen der „Sprungstelle". Die hervorgehobenen waagerechten Linien nach Zeile 10 grenzen die Rechenschritte für die Radialspannungen (mit den Größen σ'_r, s' usw.) von denjenigen der Tangentialspannungen (σ'_φ, t') ab, während weiter unten die Verkopplung beider durch die Größe q vorgenommen wird.

Im Teil I wird nun die Rechnung am Innenrand bei den Werten σ'_{r_0} und σ'_{φ_0} begonnen (●, ✦). Hierfür wurde σ'_{φ_0} willkürlich mit 2500 kp/cm² angenommen. σ'_{r_0} ist in vorliegendem Fall $= 0$. An dieser Stelle wäre eine Schrumpfspannung als negative Zahl einzusetzen. Die Rechnung innerhalb der ersten Spalte unterscheidet sich von derjenigen aller anderen durch das Fehlen der Sprunggrößen; zu σ'_{r_0} $(= 0)$ wird dem Pfeil und dem Zeichen ⊕ folgend der Wert $a\,\omega^2\,r^2$ addiert und in die Zeilen s'_* nach oben (in die Zwischenspalte) und nach unten übertragen. Ebenso wird zu σ'_{φ_0} der Wert $b\,\omega^2\,r^2$ addiert und entsprechend den Pfeilen in der ersten Spalte in die Zeilen t'_* nach unten und oben (in die Zwischenspalte) übertragen. In die Zeile unterhalb des Wertes t'_* der ersten Spalte wird aus dem Radialspannungsteil der Wert s'_* eingetragen, um nun gleich den Wert $s'_* - t'_*$ leicht ermitteln zu können. Nun rechnen wir gemäß Gl. (49)

133

2500
76
――――
2576

2576
133
――――
−2443

$$q' = \xi\,(s'_* - t'_*) - 0{,}18 \cdot (-2443) = 440 \qquad 440$$

und übertragen diesen Wert nach oben in die folgende Zwischenspalte (Zeilen q' bei den Radial- und den Tangentialspannungen). Die weitere Rechnung erfolgt entsprechend Gl. (50) durch:

133
+440
――――
573

$$s' = s'_* + q',$$

wovon die Größe $a\,\omega^2\,r^2$ abgezogen wird, woraus wir die Radialspannung $\sigma'_r = s' - a\,\omega^2\,r^2$ erhalten. Wir kommen jetzt an die Sprungstelle, die durch die Größe η ausgedrückt ist, und rechnen gemäß Gl. (51)

−207
――――
366

$$\Delta\sigma'_r = \eta\,\sigma'_r - \sigma_z. \qquad 0{,}765 \cdot 366 = 280$$

Da hier keine Zusatzspannung angreift, ist

$$\sigma_z = 0 \quad \text{und daher} \quad \Delta s = \Delta\sigma'_r.$$

Anschließend ist der Wert $s'_* = s' + \Delta s$ zu bestimmen, wozu wir den Wert s' von oben (dem gestrichelten Pfeil in der dritten Spalte von links folgend) herunterholen und zu $\Delta s'$ addieren.	+573
	853
Analog rechnen wir bei den Tangentialspannungen	2576
	−440
$$t' = t'_* - q',$$	2136
ziehen davon $b\,\omega^2\,r^2$ ab und erhalten	−119
$$\sigma'_\varphi = t' - b\,\omega^2 r^2.$$	2017

Bei dem nun folgenden Sprung werden außer der Dickenänderung auch die von der Veränderlichkeit des E-Moduls und der Temperatur herrührenden Glieder berücksichtigt.

Für den Ausdruck

$$\left(\frac{E_{i2}}{E_{i1}} - 1\right)(\sigma'_\varphi - \nu\,\sigma'_r)$$

in Gl. (55) ermitteln wir zuerst den Wert $\nu\,\sigma'_r$, der von σ'_φ abgezogen wird. $0{,}3 \cdot 366 =$	110
	1907
Wegen des an dieser Stelle noch konstanten E-Moduls ist $\frac{E_{i2}}{E_{i1}} - 1 = 0$, so daß der zugehörige Sprung ebenfalls zu 0 wird. $0 \cdot 1907 =$	0
Der tangentiale Dickensprung ist nach Gl. (55) $\Delta t' = \nu\,\Delta\sigma'_r = \nu\,\Delta s'$. $0{,}3 \cdot 280 =$	84
Der in der folgenden Zeile schon eingetragene Wert $E_{i+1}\,\Delta(\alpha\,\vartheta)$ wird hierzu addiert, womit wir den gesamten Tangentialspannungssprung erhalten:	−53
$$\Delta t' = -\left(1 - \frac{E_{i+1}}{E_i}\right)(\sigma'_\varphi - \nu\,\sigma'_r) + \nu\,\Delta s' + E_{i+1}\,\Delta(\alpha\,\vartheta).$$	31
Zur Ermittlung der neuen Tangentialspannung holen wir den Wert t', dem gestrichelten Pfeil nachgehend, herunter, wodurch die Addition	2136
$$t' + \Delta t' = t'_*$$	2167

leicht durchführbar wird.

Der weitere Rechengang ist genau der gleiche wie bisher; er wiederholt sich von Spalte zu Spalte bis zum Schluß der Rechnung beim Außenradius. Bei der vorliegenden Scheibe ist die Randspannung $\sigma_a = 0$; die Schaufeln sind am Radius $r = 66$ cm eingehängt, weshalb dort eine Zusatzspannung, $\sigma_z = 1141$, angebracht wurde. Sie muß nach Gl. (51) abgezogen werden, weil die Rechnung von innen nach außen erfolgt. Wir bemerken ferner, daß der Radius $r = 59{,}8$ cm zweimal hintereinander vorkommt; an dieser Stelle hat die Scheibe ihre kleinste Dicke, für die eine Teilscheibe mit der radialen Erstreckung 0 eingeführt wurde. Ohne dieses Vorgehen würde mit den mittleren Dicken derjenigen Teilscheiben gerechnet, die sich an die Stelle kleinster Dicke anschließen; diese Dicken sind 2,85 und 3,9 cm gegenüber der kleinsten Dicke von 2,2 cm, so daß sich wesentlich geringere Spannungen als Höchstwerte an dieser Stelle ergäben. Ebenso wurde am Außenrand bei dem Wärmespannungsglied verfahren, indem dort ein weiterer Abschnitt mit der radialen Dicke 0 eingeführt wurde, dessen (mittlere) Temperatur gleich der wirklichen Temperatur am Scheibenrand ist; auf diese Weise wird der durch die treppenförmige Temperaturkurve am Rand entstehende Fehler beseitigt. Die Rechenoperation I liefert als Radialspannung am Außenrand den Wert $\sigma'_{r_a} = -226$, welchen Wert wir zur Ermittlung des Überlagerungsfaktors benötigen werden.

Wir rechnen nun den Spannungszustand für die ruhende Scheibe, Rechenoperation II. Diese entspricht vollkommen derjenigen für die rotierende Scheibe, wenn man die Fliehkraft- und die Temperaturglieder wegläßt. Die Rechnung erfolgt in genau gleicher Weise wie oben beschrieben. Man beginnt mit einer willkürlich angenommenen tangentialen Innenrandspannung, die hier mit $\sigma''_{\varphi_0} = 1000\ \text{kp/cm}^2$ gewählt wurde, während die Radialspannung am Innenrand nach wie vor 0 ist. Ebenso ist die Zusatzspannung $\sigma_z = 0$, da ja die Schaufeln in ruhendem Zustand keine Fliehkraft erzeugen. Aus später zu erörternden Gründen wurden aber die Zeilen für σ''_z auch in Operation II aufgenommen.

Die Durchrechnung der ruhenden Scheibe liefert nun als radialen Randwert $\sigma''_{r\,a} = 1446$. Damit läßt sich der durch

$$\varkappa = \frac{\sigma_a - \sigma'_{r_a}}{\sigma''_{r_a}} \tag{59}$$

definierte Überlagerungsfaktor errechnen, der sich zu

$$\varkappa = \frac{0 + 226}{1446} = 0{,}156$$

ergibt. Ehe wir aber die Überlagerung durchführen, bilden wir noch die Mittelwerte der Spannungen, die wir vor und nach den Sprungstellen erhalten haben. Dies erfolgt innerhalb der Rechenoperation III, die unten auf dem Rechenblatt durchgeführt wird. Wir übertragen zuerst die mit den entsprechenden Zeichen am linken Rand gekennzeichneten Zeilenwerte in die vorgeschriebenen Zeilen der Rechnung III; die Zeichen

$\frac{1}{2}\Delta$ und $\frac{1}{2}$ ✡ bedeuten, daß der betreffende Wert zu halbieren ist, was schließlich zu der erwähnten Mittelwertbildung führt, wenn wir diesen halben Sprungwert zu der vor dem Sprung gewonnenen Spannung addieren; man erhält so die Mittelwerte $\bar{\sigma}_r$ und $\bar{\sigma}_\varphi$. Um die Spannungen an der Stelle kleinster Scheibendicke richtig zu erhalten, wurden beim (ersten) Radius $r = 59{,}8$ cm die ganzen Sprungwerte Δ_s', Δ_t', Δ_s'' und Δ_t'' eingesetzt. Die Überlagerung der beiden Spannungszustände führen wir nach

$$\sigma_r = \sigma_r' + \varkappa\,\sigma_r'' \quad \text{bzw.} \quad \sigma_\varphi = \sigma_\varphi' + \varkappa\,\sigma_\varphi'' \tag{60}$$

durch; man hat also lediglich die $\bar{\sigma}_r''$- und $\bar{\sigma}_\varphi''$-Werte mit dem Faktor $\varkappa$ zu multiplizieren und die Produkte zu den Mittelwerten $\bar{\sigma}_r'$ und $\bar{\sigma}_\varphi'$ zu addieren, um die endgültigen Spannungen zu erhalten.

An den Stellen, wo äußere Zusatzlasten angreifen, darf aber der durch die Zusatzspannung gegebene Sprung nicht ausgemittelt werden; er bleibt in voller Größe im Endergebnis erhalten. Dies erreicht man dadurch, daß am betreffenden Radius im Endergebnis wieder der halbe Zusatzspannungssprung eingeführt wird, was durch

$$\sigma_{r_{12}} = \sigma_r + \text{und} - \tfrac{1}{2}\sigma_z,$$

$$\sigma_{\varphi_{12}} = \sigma_\varphi + \text{und} - \tfrac{1}{2}\nu\sigma_z$$

erfolgt. Das gleiche gilt für echte Dickensprünge der Scheibe.

Damit ergibt sich die in Abb. 11 aufgetragene Spannungsverteilung der rotierenden und ungleichmäßig erwärmten Scheibe, für die der in Abb. 10 wiedergegebene Temperaturverlauf als treppenförmige Kurve angenommen wurde. Wünscht man die Wärmespannungen getrennt von den Fliehspannungen zu erhalten, so muß man eine weitere Berechnung durchführen, bei der nur die Flieh- oder nur die Wärmespannungen ermittelt werden, was z. B. durch Weglassen der ω^2-Glieder erfolgt. Es ist leicht einzusehen, daß hierfür die Rechenoperation II

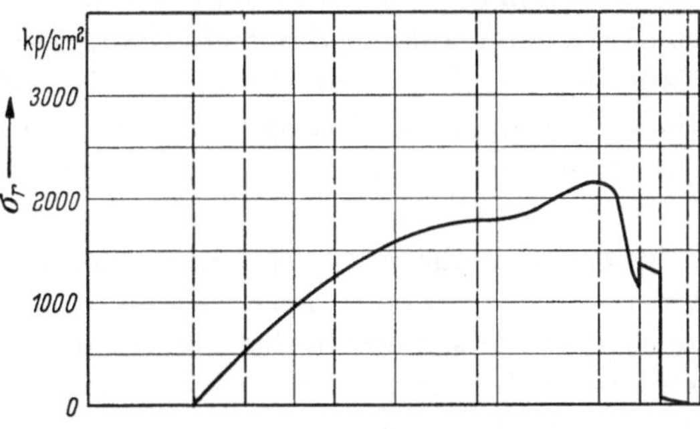

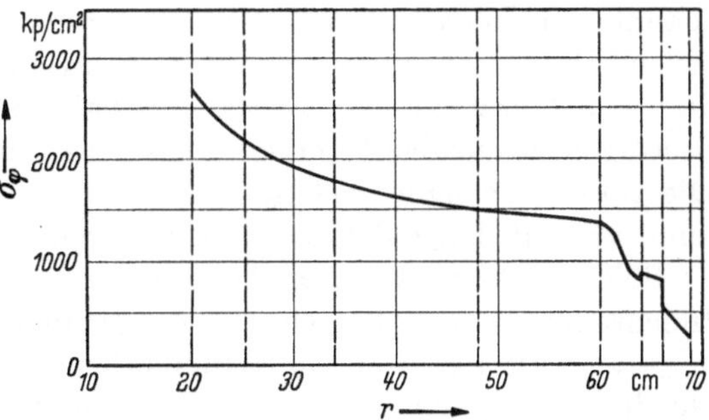

Abb. 11. Ergebnis der Spannungsberechnung nach dem Verfahren von GRAMMEL für die in Abb. 9 dargestellte Scheibe, für $n = 3000$ U/min und die Temperaturverteilung nach Abb. 10

nicht nochmals durchgeführt werden muß, weil diese ja für die ruhende und die wärmespannungsfreie Scheibe gleicherweise gilt.

Jede Scheibe, die eine Mittelbohrung besitzt, kann sowohl von innen nach außen als auch in umgekehrter Richtung berechnet werden. Im allgemeinen wird man sich auf eine bestimmte Richtung festlegen, damit bei den Zusatzlasten ein festes Vorzeichen im Rechenformular vorgeschrieben werden kann; in dem beigefügten Formblatt ist es negativ, d. h., die Rechnung erfolgt von innen nach außen. Diese Wahl wurde getroffen, weil man bei Vollscheiben wegen $\sigma_{\varphi_0} = \sigma_{r_0}$ immer innen beginnen muß. Gelegentlich kann es aber auch wünschenswert sein, daß bei einer Scheibe mit Mittelbohrung von außen nach innen gerechnet wird; soll z. B. eine solche Scheibe auf Grund des Ergebnisses der ersten — von innen nach außen durchgeführten — Berechnung in der Umgebung des Innenrandes verstärkt werden, dann ist es notwendig, die ganze Rechnung mit der neuen Scheibendicke am Innenrand nochmals durchzuführen. Rechnet man aber hier von vornherein umgekehrt, in der Absicht, die Scheibendicke am Innenrand (Nabe) zu ermitteln, dann läßt sich durch eine Korrektur von η in den betreffenden letzten Spalten die Nachrechnung auf diese Spalten beschränken; man erhält ein neues $\varkappa$ und hat dann nur noch die Rechenoperation III, und auch diese nur in den Zeilen für $\varkappa\,\bar{\sigma}_r''$ und σ_r bzw. $\varkappa\,\sigma_\varphi''$ und σ_φ für alle Radien nachzurechnen.

b) Die x-Methode, im Grammelschen Rechenverfahren angewandt. Wie schon am Anfang dieses Abschnittes erwähnt wurde, läßt sich die sogenannte x-Methode bei verschiedenen Rechenverfahren anwenden. Wir wollen nun zeigen, wie sie sich ins GRAMMELsche Verfahren einbauen läßt und dieses vereinfacht, insbesondere, wenn die Fliehspannungen getrennt von den Wärmespannungen ermittelt werden sollen. Diese Methode werden wir im Zusammenhang mit der Anwendung des GRAMMELschen Verfahrens bei der Berechnung von Schalen benötigen, wofür das Überlagerungsprinzip nicht mehr anwendbar ist. Die x-Methode eignet sich auch sehr gut in Fällen, bei denen die Wirkung verschiedener Schrumpfspannungen untersucht werden muß.

Soll eine Scheibe unter Annahme einer unbekannten tangentialen Innenrandspannung berechnet werden, indem man diese Unbekannte $\sigma_{\varphi_0} = x$ in der Rechnung mitschleppt, so muß man alle mit x behafteten Glieder der Spannungsgleichungen von den Absolutgliedern $a\,\omega^2 r^2$, $b\,\omega^2 r^2$ und $E\,\Delta(\alpha\,\vartheta)$ trennen. Zu diesem Zweck schreiben wir die Spannungsgrößen s_1 und t_1 für den Außenrand der ersten Teilscheibe an; diese ergeben sich zu:

$$s_1 = (\sigma_{r_0} + a\,\omega^2 r_0^2 + c\,r_0^n)\,(1+\xi) - (\sigma_{\varphi_0} + b\,\omega^2 r_0^2 + d\,r_0^n)\,\xi\,,$$

$$t_1 = (\sigma_{\varphi_0} + b\,\omega^2 r_0^2 + d\,r_0^n)\,(1+\xi) - (\sigma_{r_0} + a\,\omega^2 r_0^2 + c\,r_0^n)\,\xi\,.$$

Wir spalten nun diese Ausdrücke in ihre einzelnen Teile auf, das sind die Spannungen σ_{r_0} und σ_{φ_0}, die Fliehkraftglieder mit ω^2 und die Wärmespannungsglieder, und erhalten so:

$$s_1 = (1 + \xi)\,\sigma_{r_0} - \xi\,\sigma_{\varphi_0} + [a\,(1 + \xi) - b\,\xi]\,r_0^2\,\omega^2 + [c\,(1 + \xi) - d\,\xi]\,r_0^n,$$
$$t_1 = -\xi\,\sigma_{r_0} + (1 + \xi)\,\sigma_{\varphi_0} + [b\,(1 + \xi) - a\,\xi]\,r_0^2\,\omega^2 + [d\,(1 + \xi) - c\,\xi]\,r_0^n.$$

Diese Gleichungen schreiben wir vereinfacht:

$$\begin{aligned} s_1 &= a_1\,\sigma_{r_0} + a_2\,\sigma_{\varphi_0} + a_3\,(\omega^2) + a_4\,(\vartheta) = a_1\,\sigma_{r_0} + a_2\,x + a_3 + a_4, \\ t_1 &= b_1\,\sigma_{r_0} + b_2\,\sigma_{\varphi_0} + b_3\,(\omega^2) + b_4\,(\vartheta) = b_1\,\sigma_{r_0} + b_2\,x + b_3 + b_4. \end{aligned} \tag{61}$$

Eine weitere Vereinfachung wird möglich, wenn man die Innenrandbedingung für die Radialspannung von vornherein einführt. Ist z. B. bei einer Scheibe mit Mittelbohrung $\sigma_{r_0} = \sigma_0$ gegeben, so können wir diese Spannung zu der Fliehkraftgröße $a\,\omega^2\,r_0^2$ addieren, so daß die Gl. (61) die einfachere Gestalt

$$\begin{aligned} s_1 &= a_2\,x + (a_1\,\sigma_{r_0} + a_3) + a_4 = a_2\,x + a_3' + a_4, \\ t_1 &= b_2\,x + (b_1\,\sigma_{r_0} + b_3) + b_4 = b_2\,x + b_3' + b_4 \end{aligned} \tag{61a}$$

annehmen. Das zweite Glied enthält hier also auch den Einfluß der Schrumpfspannung σ_0 am Innenrand. Ist $\sigma_0 = 0$, so verkörpert das zweite Glied von (61a) wieder die reine Fliehbelastung. Bei der Vollscheibe ist $\sigma_{r_0} = \sigma_{\varphi_0}$, womit die Gln. (61a) in

$$\begin{aligned} s_1 &= (a_1 + a_2)\,x + a_3 + a_4, \\ t_1 &= (b_1 + b_2)\,x + b_3 + b_4 \end{aligned} \tag{61b}$$

übergehen.

Die Weiterrechnung der folgenden Abschnitte führt nun stets zu der gleichen Form für die Spannungsgrößen s und t, d. h. sie enthalten alle Glieder der Gln. (61), jedoch mit neuen Koeffizienten. Das Wesen der schematischen Durchrechnung bei dieser Methode besteht nun darin, daß die einzelnen Glieder der Ausdrücke für die Spannungen getrennt behandelt werden. Dies ist erlaubt, weil die durchzuführenden Rechenoperationen sich nur auf die Multiplikation mit den Größen ξ und η stützen; man kann die Gleichungen also mit der jeweiligen Größe durchmultiplizieren und im Verlauf der Rechnung so tun, also ob die Glieder für sich allein da wären. Die Koeffizienten der Gln. (61) treten dabei an jedem Scheibenradius als Zahlen im Rechenschema auf. Die schematische Rechnung erfolgt nun in der Weise, daß man in parallelen, aber getrennten Zügen rechnet, die wir mit x, ω und ϑ bezeichnen wollen. Im Zug x treten dann nur Koeffizienten von x, im Zug ω nur zu ω^2 proportionale Größen und im Zug ϑ nur die aus dem Temperaturgradient ermittelten Größen auf. Der Rechengang ist in allen drei Zügen der gleiche; man kann daher in einem gemeinsamen Schema mit für alle drei Züge gültigen Werten von η und ξ parallel rechnen. Diese Rechnungen führen wir in drei Spalten genau nach der GRAMMELschen Rechenvorschrift durch. In den Zeilen für σ_r und σ_φ stehen dann die Koeffizienten der Spannungsgleichungen (61).

Am Scheibenrand, an dem die Rechnung aufhört, erhält man dann die Radialspannung, wieder zusammengesetzt, in der Form

$$\sigma_{r_a} = c_1 x + c_2 \omega^2 + c_3 \vartheta_a . \tag{62}$$

Da aber am Außenrand die Radialspannung $\sigma_{r_a} = \sigma_a$ durch die Schaufelbelastung gegeben ist, so läßt sich aus Gl. (62) die Unbekannte x ermitteln; sie ergibt sich zu

$$x = \frac{\sigma_a - c_2 \omega^2 - c_3 \vartheta_a}{c_1} . \tag{63}$$

Setzt man dieses x in die Gln. (61) ein, deren wir für jeden Radius eine für die Radial- und eine für die Tangentialspannung erhalten haben, so ergeben sich alle Spannungen zahlenmäßig. Eine Trennung der Fliehkraft- von den Wärmespannungen ist dabei in einfacher Weise durchführbar. Setzt man nämlich in Gl. (63) zunächst $\vartheta_a = 0$, so verschwindet der Einfluß der Wärme aus dieser Gleichung, und wir erhalten für x einen nur für die Fliehspannungen gültigen Wert x_ω. Die Gln. (61) liefern dann, ebenfalls mit $\vartheta_a = 0$, die reinen Fliehspannungen an den verschiedenen Radien. Ebenso ergibt sich aus Gl. (63) mit $\omega = 0$ ein Wert $x = x_\vartheta$, der uns die von dem Temperaturgradient herrührenden Spannungen liefert, wenn man nun $\omega = 0$ auch in den Gln. (61) einführt.

Es ist also:

$$x_\omega = \frac{\sigma_a - c_2 \omega^2}{c_1}$$

und

$$x_\vartheta = \frac{0 - c_3 \vartheta_a}{c_1} .$$

In den Anlagen IIa und b sind zwei für die Berechnung rotierender Schalen vorgesehene Formblätter wiedergegeben, von denen das mit IIa (Zugspannungen) bezeichnete zur Berechnung der Fliehspannungen verwendet werden kann; wir lassen hierzu die mit y bezeichnete Spalte und die Zeile 17 (σ_φ^z) außer acht. Die schraffierten Felder zeigen, daß z. B. in den Spalten x und ϑ die Fliehkraftgrößen nicht eingetragen werden, und ebenso, daß die Temperaturgrößen nur in die ϑ-Spalten einzutragen sind.

Die Rechnung beginnt man wie beim GRAMMELschen Verfahren bei den Innenrandwerten; an Stelle der Unbekannten x steht als Anfangswert für die Tangentialspannung z. B. die Zahl 1,000, die aber auch 1000 heißen darf, wenn man die Rechnung mit Kommastellen vermeiden will. Bei σ_{r_0} schreiben wir entweder 0 oder die gleiche

Zahl wie bei σ_{φ_0} ein, je nachdem, ob es sich um eine gebohrte oder um eine Vollscheibe handelt. Eine etwa vorhandene Schrumpfspannung tragen wir in die ω-Spalte ein, und zwar in die Zeile für die Zusatzspannungen. Es ist aber auch denkbar, eine 4. Spalte einzuführen, in der nur die Schrumpfspannungen gerechnet werden. In diesem Fall setzen wir in die Zeile σ_r dieser Spalte die Zahl 1 und haben nachher die Möglichkeit, jede beliebige Schrumpfspannung anzunehmen und für die Rechnung zu verwenden. In dieser Spalte wird dann der Anfangswert der Tangentialspannung $= 0$ gesetzt, da wir ja keine Spannung in tangentialer Richtung an diesem Rand anbringen wollen. Da die ganze Durchrechnung einschließlich der Mittelwertbildung am Schluß der Rechnung genau wie beim GRAMMELschen Verfahren geschieht, können wir auf die Durchführung eines besonderen Rechenbeispieles verzichten.

Wir wollen nun noch den Zusammenhang der x-Methode mit derjenigen der Überlagerung zweier Spannungszustände zeigen. Rechnet man die Scheibe z. B. nach dem Verfahren von GRAMMEL mit willkürlich angenommenem Anfangswert σ'_{φ_0} durch, also ohne die Unbekannte x einzuführen, wobei die Zahlenwerte $a\,\omega^2\,r^2$ und $b\,\omega^2\,r^2$ nicht getrennt behandelt werden, so ergebe sich als Radialspannung am Außenrand ein Zahlenwert σ'_a. Dieser Wert ist nun gleich dem Ausdruck, der in der x-Methode gewonnen wird, wenn man dort mit dem gleichen Anfangswert σ'_{φ_0} beginnt, also mit $x = \sigma'_{\varphi_0}$. Wir können daher schreiben:

$$\sigma'_a = c_1\,\sigma'_{\varphi_0} + c_2\,\omega^2. \tag{64}$$

Nun betrachten wir die Koeffizienten c_1 und c_2 als Unbekannte, während σ'_a und σ'_{φ_0} aus der Rechnung nach GRAMMEL gegeben seien. Die Rechenoperation II, die mit der tangentialen Innenrandspannung σ''_{φ_0} begonnen werde, liefere als Endwert die Radialspannung σ''_a. Rechnet man die ruhende Scheibe mit Hilfe der x-Methode, wobei die Tangentialspannung am Innenrand wieder $\varkappa = \sigma''_{\varphi_0}$ sei, so erhält man als Radialspannung am Außenrand den Wert $c_1\,\sigma''_{\varphi_0}$; wir können also schreiben:

$$\sigma''_a = c_1\,\sigma''_{\varphi_0}, \tag{65}$$

worin c_1 die gleiche Größe wie in Gl. (64) und immer noch unbekannt ist, da wir sie aus dem Ergebnis der Berechnung nach GRAMMEL suchen. Wir wissen nun, daß bei richtiger Annahme der Innenspannung $\sigma_{\varphi_0} = x$ die Rechnung nach der x-Methode zu der Endgleichung

$$c_1\,x + c_2\,\omega^2 = \sigma_a$$

führt, woraus man

$$x = \frac{\sigma_a - c_2\,\omega^2}{c_1} \tag{66}$$

erhält. Aus den Gln. (64) und (65) kann man nun die beiden Unbekannten c_1 und $c_2\,\omega^2$ ermitteln; sie ergeben sich zu

$$c_1 = \frac{\sigma_a''}{\sigma_{\varphi_0}''}, \qquad c_2\,\omega^2 = \sigma_a' - \frac{\sigma_a''}{\sigma_{\varphi_0}''}\,\sigma_{\varphi_0}'.$$

Setzt man diese Werte in Gl. (66) ein, so erhält man

$$x = \sigma_{\varphi_0}' + \frac{\sigma_a - \sigma_a'}{\sigma_a''}\,\sigma_{\varphi_0}''$$

oder, wenn wir $\frac{\sigma_a - \sigma_a'}{\sigma_a''} = \varkappa$ schreiben,

$$\sigma_{\varphi_0} = x = \sigma_{\varphi_0}' + \varkappa\,\sigma_{\varphi_0}''.$$

Damit kamen wir auf den gleichen Überlagerungsfaktor $\varkappa$, wie er im Grammelschen Verfahren verwendet wird, woraus wir schließen, daß die x-Methode auf demselben Prinzip beruht wie die Überlagerungsmethode und daher auch auf das genau gleiche Ergebnis führen muß wie jene.

In dem beschriebenen mehrspaltigen Schema entspricht die erste Spalte (x) vollständig der Rechenoperation II im Grammelschen Verfahren, also der Rechnung für die ruhende Scheibe. Die Summe der ersten und zweiten Spalte führt zur Rechenoperation I bei Grammel, wenn dort mit dem gleichen Anfangswert $\sigma_{\varphi_0}' = \sigma_{\varphi_0}''$ wie bei der Rechnung II begonnen wird, was ja ohne weiteres möglich ist.

Die Anwendung der x-Methode ist vorteilhaft, wenn Wärmespannungen getrennt von den Fliehspannungen ermittelt werden sollen, und wenn zudem die Wirkung einer Schrumpfspannung berechnet werden muß, deren Größe meist nicht von vornherein bekannt ist, sondern oft erst auf Grund der Scheibenrechnung festgelegt werden kann. Eine Zeitersparnis ist außerdem dadurch gegeben, daß bei der Rechnung in mehreren parallelen Zügen mit den gleichen Faktoren η und ξ multipliziert werden kann, wodurch eine wiederholte Recheneinstellung erspart wird.

c) Scheiben, bei denen die Maximalspannung vorgeschrieben ist. Um den Scheibenwerkstoff richtig ausnutzen zu können, muß die Festigkeitsrechnung gewöhnlich mehrmals, und zwar so oft durchgeführt werden, bis sich ein gewünschter Spannungsverlauf ergibt, dessen Größtwert durch den Werkstoff vorgeschrieben ist. Es muß daher für jede Rechnung ein geeignet erscheinendes neues Scheibenprofil angenommen werden. Da die größte Spannung sehr häufig am Innenrand oder in der Mitte der Scheibe auftritt, so liegt der Gedanke nahe, mit der vorgeschriebenen Maximalspannung als Anfangswert in die Scheibenrechnung hineinzugehen. Dies ist dann möglich, wenn die gegebene Profilform in ihren Dicken von innen bis zum Außenrand verhältnisgleich geändert werden darf.

Wir führen diese Berechnung nach dem GRAMMELschen Verfahren durch und beginnen in üblicher Weise am Innenrand, hier jedoch mit der vorgeschriebenen Tangentialspannung $\sigma'_{\varphi_0} = \sigma_{\varphi_{max}}$. Die Rechenoperation I endigt nun mit der Radialspannung σ'_{r_a}. Anstatt jetzt einen zweiten Spannungszustand (II) zu rechnen, um den Überlagerungsfaktor $\varkappa$ zu erhalten, setzen wir diesen $= 0$, indem wir

$$\sigma'_{r_a} = \sigma_a$$

machen. Dies bedeutet aber, daß die Scheibendicke am Außenrand geändert werden muß, damit der aus der Rechnung gewonnene Endwert σ'_{r_a} gleich der wirklichen Randspannung wird. Mit der gegebenen Randlast P erhalten wir folglich als neue Kranzbreite

$$y'_a = \frac{P}{2\pi r_a \sigma'_{r_a}}.$$

Ändert man nun alle in der Rechenoperation I verwendeten Scheibendicken y_i im Verhältnis $\frac{y'_a}{y_a}$, so ändern sich die Sprungwerte nicht, da

$$\eta' = \frac{\Delta y'}{y'_{i+1}} = \frac{\Delta y \frac{y'_a}{y_a}}{y_{i+1}\frac{y'_a}{y_a}} = \frac{\Delta y}{y_{i+1}} = \eta \qquad (67)$$

ist. Die durchgeführte Rechnung gilt also auch für die Dicken y'_i, und da ja $\varkappa = 0$ ist, erhält man die endgültigen Spannungen sofort im Rechengang III, lediglich durch die Mittelwertbildung

$$\bar{\sigma}_r = \sigma'_r + \tfrac{1}{2}\Delta s' \quad \text{bzw.} \quad \bar{\sigma}_\varphi = \sigma'_\varphi + \tfrac{1}{2}\Delta t'.$$

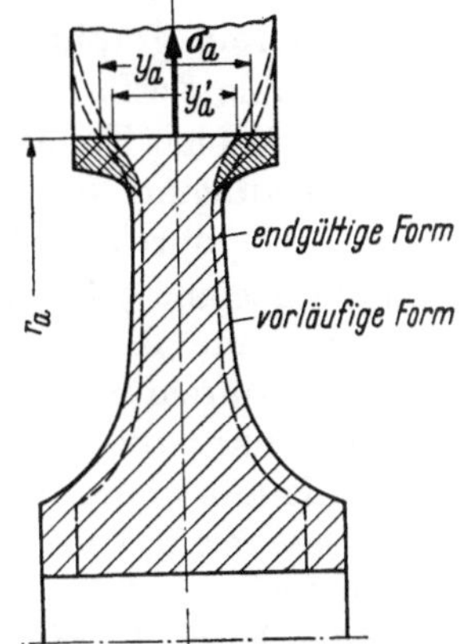

Abb. 12. Proportionale Änderung des Dickenverlaufes bei der Scheibenberechnung mit gegebener Maximalspannung

Bei vielen Scheiben ist nun die Kranzbreite durch die Auslegung des Schaufelfußes vorgeschrieben. In solchen Fällen muß geprüft werden, ob der Kraftfluß von der Schaufel zur Scheibe nicht eine Verringerung der tragenden Kranzbreite verursacht, s. Abb. 12. Dann hat eine Änderung der Dicken innerhalb der Scheibe auch eine verhältnisgleiche Änderung der tragenden Kranzbreite zur Folge. Da die Randlast aber auf diese Breite bezogen werden muß, wenn die tatsächliche Randspannung in die Rechnung eingesetzt werden soll, so ist auch in diesem Fall die dargelegte vereinfachte Scheibenberechnung durchführbar.

Eine fehlerhafte Schätzung des Kraftflusses am Rand beeinflußt übrigens im wesentlichen nur die an sich schon verhältnismäßig kleinen

Spannungen im Randgebiet; der Spannungsverlauf im hochbeanspruchten Teil der Scheibe wird durch eine solche Schätzung nur unwesentlich beeinflußt (über die Behandlung der außerhalb des Kraftflusses liegenden Teile, die in Abb. 12 doppelt schraffiert gezeichnet sind, s. S. 58ff.).

Durch dieses vereinfachte Verfahren erspart man sich also eine mehrmalige Durchrechnung des GRAMMELschen Schemas, wobei der Rechengang II ganz wegfällt und der Rechengang III wegen $\varkappa = 0$ verkürzt wird.

Gl. (67) zeigt uns schließlich, daß in einer Scheibe mit dem Dickenverlauf

$$y = f(r)$$

die gleichen Spannungen wie in jeder anderen Scheibe auftreten, die den Dickenverlauf

$$y = k\,f(r)$$

besitzt, worin k jede beliebige Zahl annehmen kann, immer vorausgesetzt, daß das Scheibenprofil noch als schlank betrachtet werden darf.

d) Das Verfahren von Donath-Karas. Das Verfahren von DONATH ist ein rein graphisches, für dessen Anwendung ein ausgearbeitetes Kurvenblatt erforderlich ist.[1] Auch bei diesem Verfahren wird zunächst eine beliebige Tangentialspannung am Innenrand angenommen; die Randbedingung für die Radialspannung am Ende der Durchführung wird aber durch Probieren erfüllt. KARAS[2] hat nun gezeigt, wie man durch geeignete Umformung ohne das DONATHsche Kurvenblatt auskommt und die ganze Spannungsermittlung im wesentlichen rechnerisch durchführen kann, wobei das lästige Probieren wegfällt. Wir beschränken uns daher auf die Beschreibung des Verfahrens in der von KARAS angegebenen Form.

Das Profil wird zunächst wieder in Teilscheiben gleicher Dicke aufgeteilt, so daß die Lösung der Differentialgleichungen verwendet werden kann. Hierfür nehmen wir die Lösung in expliziter Form nach Gl. (21) und (22) und bilden daraus die Summe S und die Differenz D der Radial- und der Tangentialspannung und erhalten:

$$S = \sigma_\varphi + \sigma_r = -\frac{1+\nu}{2}\,\frac{\gamma}{g}\,r^2\omega^2 + \frac{3+\nu}{4}\,\frac{\gamma}{g}\,\omega^2 r_a^2(1+\psi^2) + \frac{2}{1-\psi^2}(\sigma_a - \psi^2\sigma_0), \tag{68}$$

$$D = \sigma_\varphi - \sigma_r = \frac{1-\nu}{4}\,\frac{\gamma}{g}\,r^2\omega^2 + \left[\frac{3+\nu}{4}\,\frac{\gamma}{g}\,\omega^2 r_a^2 + \frac{2}{1-\psi^2}(\sigma_a - \sigma_0)\right]\frac{r_0^2}{r^2}. \tag{69}$$

---

[1] DONATH, M.: Die Berechnung rotierender Scheiben und Ringe nach einem neuen Verfahren. Berlin 1929.

[2] KARAS, K.: Zur Berechnung rotierender Scheiben vorgegebenen Profils. Öst. Ing.-Arch. Bd. IX (1955) S. 157.

Diese Gleichungen lassen sich auf die Form

$$S = a\,r^2 + K_1, \qquad D = b\,r^2 + \frac{K_2}{r^2} \tag{70}$$

bringen. Sie wurden von DONATH als Kurvenscharen mit K_1 und K_2 als Parameter aufgestellt, wobei die Kurven S kongruente Parabeln mit der Ordinate als gemeinsamer Achse und D Kurven 4. Ordnung verschiedener Gestalt sind. Da nun die Variable r in den Gleichungen nur quadratisch vorkommt, hat KARAS die neue Veränderliche $w = \frac{1}{\omega^2 r^2}$ eingeführt, so daß sich die einfacheren Gleichungen

$$S(w) = -\frac{1+\nu}{2}\frac{\gamma}{g}\frac{1}{w} + \overline{K}_1, \qquad D(w) = \frac{1-\nu}{4}\frac{\gamma}{g}\frac{1}{w} + \overline{K}_2 w \tag{71}$$

ergeben, die die Konstanten

$$\overline{K}_1 = \frac{3+\nu}{4}\frac{\gamma}{g}\omega^2 r_a^2 (1+\psi^2) + \frac{2}{1-\psi^2}(\sigma_a - \psi^2\sigma_0)$$

und

$$\overline{K}_2 = \left[\frac{3+\nu}{4}\frac{\gamma}{g}\omega^2 r_a^2 + \frac{2}{1-\psi^2}(\sigma_a - \sigma_0)\right] r_0^2\,\omega^2 \tag{72}$$

enthalten. Bei der Berechnung einer Scheibe mit beliebigem Profil sind natürlich die jeweiligen Randspannungen σ_0 und σ_a der Teilscheiben nicht bekannt. Man muß deshalb wieder Beziehungen zwischen dem Innen- und dem Außenrand der Teilscheiben herstellen, indem man die Integrationskonstanten $\overline{K}_1$ und $\overline{K}_2$ aus den Gleichungen des Innenrandes ermittelt und in diejenigen des Außenrandes einsetzt. Führen wir auch hier für die Größen am Innenrand den Index i und für diejenigen am Außenrand den Index $i+1$ ein, wogegen die Indizes 1 und 2 die Größen vor einem Dickensprung und nach diesem kennzeichnen mögen, so ergeben sich für S und D an der Stelle i nachstehende Gleichungen:

$$S_{i2} = -\frac{1+\nu}{2}\frac{\gamma}{g}\frac{1}{w_i} + \overline{K}_1, \qquad D_{i2} = \frac{1-\nu}{4}\frac{\gamma}{g}\frac{1}{w_i} + \overline{K}_2 w_i \tag{73}$$

und an der Stelle $i+1$:

$$S_{(i+1)1} = -\frac{1+\nu}{2}\frac{\gamma}{g}\frac{1}{w_{i+1}} + \overline{K}_1, \qquad D_{(i+1)1} = \frac{1-\nu}{4}\frac{\gamma}{g}\frac{1}{w_{i+1}} + \overline{K}_2 w_{i+1}. \tag{74}$$

Ermittelt man aus den Gln. (73) die Konstanten $\overline{K}_1$ und $\overline{K}_2$ und setzt sie in Gl. (74) ein, so ergibt sich:

$$\begin{aligned} S_{i+1} &= S_i + \frac{1+\nu}{2}\,\frac{\gamma}{g}\left(\frac{1}{w_i} - \frac{1}{w_{1+i}}\right), \\ D_{i+1} &= \frac{1-\nu}{4}\,\frac{\gamma}{g}\,\frac{1}{w_{i+1}} + \left(D_i - \frac{1-\nu}{4}\,\frac{\gamma}{g}\,\frac{1}{w_i}\right)\frac{w_{i+1}}{w_i}. \end{aligned} \tag{75}$$

Schreibt man diese Gleichungen in der Form

$$S_{i+1} = S_i + \delta S, \qquad D_{i+1} = D_i + \delta D, \tag{76}$$

so bedeuten die Ausdrücke

$$\begin{aligned} \delta S &= \frac{1+\nu}{2}\,\frac{\gamma}{g}\left(\frac{1}{w_i} - \frac{1}{w_{i+1}}\right), \\ \delta D &= -\frac{1-\nu}{4}\,\frac{\gamma}{g}\left(\frac{1}{w_i} - \frac{1}{w_{i+1}}\right) - \left(D_i - \frac{1-\nu}{4}\,\frac{\gamma}{g}\,\frac{1}{w_i}\right)\frac{w_i - w_{i+1}}{w_i} \end{aligned} \tag{77}$$

die Änderungen von S und D beim Übergang vom Radius r_i zum Radius r_{i+1}. Die Gln. (75) bis (77) ermöglichen eine vollkommen rechnerische Behandlung des Problems. KARAS zeigte, daß auch eine teilweise graphische Lösung in einfacher Weise möglich ist. In den beiden Gln. (71) stellt nämlich jedes der ersten Glieder eine einzige Hyperbel dar, während das zweite Glied der Gleichung für $S(w)$ konstant und das der Gleichung für $D(w)$ eine Ursprungsgerade ist. Diese wenigen Kurven ersetzen die Kurvenscharen von DONATH vollständig. Da aber eine zum Teil graphisch durchgeführte Lösung gegenüber der reinen Rechnung keinerlei Vorteile bietet und nur unbequemer ist, beschränken wir uns bei der weiteren Beschreibung auf die zweite Möglichkeit.

Für den Übergang von einer Teilscheibe zur nächsten benötigen wir nun wieder die Sprunggrößen, die von der Dickenänderung herrühren. Aus den für das GRAMMELsche Verfahren abgeleiteten Ausdrücken

$$\begin{aligned} \Delta\sigma_r &= \eta\,\sigma_r, \\ \Delta\sigma_\varphi &= \nu\,\Delta\sigma_r \end{aligned}$$

gewinnen wir die neuen Sprunggrößen

$$\begin{aligned} \Delta S &= \Delta\sigma_\varphi + \Delta\sigma_r = (1+\nu)\,\Delta\sigma_r = (1+\nu)\,\eta\,\sigma_r, \\ \Delta D &= \Delta\sigma_\varphi - \Delta\sigma_r = (\nu-1)\,\Delta\sigma_r = (\nu-1)\,\eta\,\sigma_r. \end{aligned} \tag{78}$$

Die Rechnung wird nun mit einem willkürlichen tangentialen Spannungswert σ_{φ_0} für denjenigen Scheibenrand, an dem die Rechnung beginnt, angefangen. Wir wählen wieder den Innenrand, wo die Radialspannung $\sigma_{r_0} = \sigma_0$ gegeben ist. Damit liegen die Anfangswerte

$$S_0 = \sigma_{\varphi_0} + \sigma_{r_0}$$

und

$$D_0 = \sigma_{\varphi_0} - \sigma_{r_0}$$

fest, und die Gln. (75) liefern dann die Außenrandwerte S_{11} und D_{11} der ersten Teilscheibe. Für die Sprungwerte nach Gl. (78) benötigen wir die Radialspannung am Außenrand der ersten Teilscheibe, die wir aus

$$\sigma_{r_{11}} = \tfrac{1}{2}(S_{11} - D_{11})$$

erhalten.

Mit $S_{12} = S_{11} + \varDelta S$ hat man die Spannungsgrößen $D_{12} = D_{11} + \varDelta D$ am Innenrand der zweiten Teilscheibe und kann in gleicher Weise bis zum Außenrand der Gesamtscheibe fortfahren. Um dort die Randbedingung erfüllen zu können, wird genau wie beim GRAMMELschen Verfahren vorgegangen, d. h. man ermittelt nun den Spannungszustand für die ruhende Scheibe. Dieser ergibt sich in gleicher Art wie derjenige für die rotierende Scheibe; in den Gln. (74) verschwinden die Glieder mit $\frac{1}{w}$, da ja $\omega^2 = 0$ ist, das Glied mit $\overline{K}_2$ würde damit aber unendlich groß. Beachtet man jedoch, daß die Konstante $\overline{K}_2$ selbst eine zu ω^2 proportionale Größe ist, wie man aus den Gln. (72) erkennt, so fällt ω^2 bzw. w aus dem Produkt $\overline{K}_2\, w$ heraus. Es ist deshalb möglich, in dem betreffenden Glied eine beliebige Umfangsgeschwindigkeit einzusetzen, sofern nur immer mit dem gleichen Wert von ω^2 gerechnet wird.

Führt man die Rechnung in dieser Weise durch, so kommt man am Außenrand zu den beiden Radialspannungen σ'_{r_a} und σ''_{r_a}, die sich wieder aus den Größen S_a und D_a nach

$$\sigma'_{r_a} = \tfrac{1}{2}(S'_a - D'_a) \quad \text{und} \quad \varrho''_{r_a} = \tfrac{1}{2}(S''_a - D''_a)$$

ergeben. Wir führen nun die Überlagerung der beiden Spannungszustände mit Hilfe des Überlagerungsfaktors

$$\varkappa = \frac{\sigma_a - \sigma'_{r_a}}{\sigma''_{r_a}}$$

und den Gleichungen

$$S = S' + \varkappa S'',$$
$$D = D' + \varkappa D''$$

durch, woraus sich die Spannungen zu

$$\sigma_r = \tfrac{1}{2}(S - D)$$

und

$$\sigma_\varphi = \tfrac{1}{2}(S + D)$$

ergeben, und schließen dann noch die Mittelwertbildung für die Spannungen an den Sprungstellen an, womit die Berechnung beendigt ist.

Auf die Durchführung eines Rechenbeispieles sei verzichtet; sie findet sich in der Arbeit von KARAS[1].

---

[1] Siehe Fußn. 2, S. 34.

2. Verfahren mit Aufteilung der Scheibe in konische Ringe

Die Aufteilung eines beliebigen Profils in Teile gleicher Dicke liefert um so genauere Ergebnisse, je feiner man sie macht; eine große Verjüngung innerhalb der Teilscheibe läßt sich nicht mehr genügend genau durch eine Teilscheibe gleicher Dicke ersetzen. Bei großen Dickenänderungen ist man deshalb gezwungen, eine feinere Unterteilung vorzunehmen, wodurch der Rechenaufwand natürlich vergrößert wird. Wählt man daher an Stelle von Teilscheiben gleicher Dicke konische Scheiben, wobei man natürlich die Lösung für diese verwenden muß, so kann sowohl deren Verjüngung als auch ihr Radienverhältnis extrem groß sein, so daß man stets mit einer geringen Anzahl von solchen Teilscheiben auskommt. Leider besitzt aber die Differentialgleichung für die konische Scheibe keine einfach darstellbare Lösung, wie wir im III. Abschnitt gesehen haben. Die Lösung muß durch Reihenentwicklung gefunden werden, weshalb sie in einem reinen Rechenverfahren sehr schwierig anwendbar ist.

Bei dem Verfahren von KELLER[1], das von SALZMANN und KISSEL[2] für jede beliebige konische Form der Teilringe (also insbesondere auch für die nach innen verjüngte) ausgearbeitet wurde, verwendet man Kurvenscharen, durch die die Lösung der Differentialgleichung ausgedrückt wird. Wir beschränken uns bei der Darstellung dieses Rechenverfahrens auf den für die Festigkeitsberechnung notwendigen Teil, unter Verzicht auf die Wiedergabe der Lösungsmethoden für die verschiedenen möglichen Fälle konischer Ringe.

Das Verfahren von Keller, Salzmann und Kissel. In diesem Verfahren ist auch wieder die Berechnung von Wärmespannungen eingeschlossen, wobei für die Temperatur ebenso wie für die Dicke innerhalb der Teilscheibe ein linearer Verlauf angenommen wird. Setzt man in die Differentialgleichung für die Radialspannung der konischen Scheibe (32) den Differentialquotient der Temperatur wegen des linearen Verlaufes als Konstante entsprechend

$$\frac{d\vartheta}{dt} = R\frac{d\vartheta}{dr} = R\frac{\Delta\vartheta}{\Delta r} = \text{konst.}$$

ein, so wird diese Gleichung:

$$\frac{d^2\sigma_r}{dt^2} + \left[\frac{3}{t} - \frac{1}{1-t}\right]\frac{d\sigma_r}{dt} - \left(\frac{2+\nu}{t} + \frac{1}{1-t}\right)\frac{\sigma_r}{1-t} + \\ + (3+\nu)\frac{\gamma}{g}\omega^2 R^2 + E\alpha\frac{R}{t}\frac{\Delta\vartheta}{\Delta r} = 0. \tag{79}$$

[1] KELLER, C.: Die Berechnung rotierender Scheiben mit Hilfe von konischen Ringen. Escher Wyss Nachr. Nr. 1/2 (1932) S. 22.

[2] SALZMANN u. KISSEL: Kurvenscharen zur Berechnung der Spannungen in rotierenden und ungleichmäßig erwärmten Scheiben nach dem Verfahren von KELLER. Escher Wyss Dampfturbinen (1950/51) S. 69.

Hierzu schreiben wir noch die Gleichung für die Tangentialspannung (33):

$$\sigma_\varphi = t\frac{d\sigma_r}{dt} + \frac{1-2t}{1-t}\sigma_r + \frac{\gamma}{g}\omega^2 R^2 t^2. \qquad (33)$$

Diese Gleichungen werden durch folgende Lösungsansätze befriedigt:

$$\sigma_r = A_1\sigma_r^* + A_2\sigma_r^{**} + \frac{3+\nu}{11+\nu}\frac{\gamma}{g}\omega^2 R^2\left(\frac{3}{5+\nu} + \frac{2+\nu}{5+\nu}t - t^2\right) + \\ + \frac{E\alpha}{5+\nu}R\frac{\Delta\vartheta}{\Delta r}(1-t), \qquad (80)$$

$$\sigma_\varphi = A_1\sigma_\varphi^* + A_2\sigma_\varphi^{**} + \frac{3+\nu}{11+\nu}\frac{\gamma}{g}\omega^2 R^2\left(\frac{3}{5+\nu} + \frac{1+2\nu}{5+\nu}t - \frac{1+3\nu}{3+\nu}t^2\right) + \\ + \frac{E\alpha}{5+\nu}R\frac{\Delta\vartheta}{\Delta r}(1-3t), \qquad (81)$$

in denen jeweils die ersten beiden Glieder linear voneinander unabhängige Lösungen der von den Gliedern mit ω^2 und ϑ befreiten Differentialgleichungen darstellen. Während diese Lösungen für die nach außen sich verjüngende Scheibe von Honegger[1] angegeben wurden, sind sie für den umgekehrten Fall von Salzmann und Kissel[2] aufgestellt worden. Um hierbei auch gewisse Grenzfälle (wie z. B. die Scheibe gleicher Dicke oder diejenige mit Profilspitze bei $r = 0$) einschließen zu können, wurde die relative Neigung β der Profilbegrenzungen in die Rechnung eingeführt; diese Neigung

$$\beta = \frac{\frac{dy}{y}}{\frac{dr}{r}}$$

verkörpert die Vergrößerung der Scheibendicke mit der Änderung des Radius. Diese Größe erweist sich für eine allgemeine Darstellung der Lösungs-Kurvenscharen als sehr nützlich.

Wie bei den bisher beschriebenen Verfahren stellen wir auch hier jene Gleichungen auf, durch die die Spannungen am Außenrand einer Teilscheibe in denjenigen des Innenrandes ausgedrückt werden. Zu diesem Zweck schreibt man die Gln. (80) und (81) für den Innenrand und für den Außenrand einer Teilscheibe an, bestimmt aus der ersten die Konstanten A_1 und A_2 und setzt sie in die zweite Gleichung ein. Durch dieses Vorgehen erhält man zwei Gleichungen von der Form:

$$\sigma_{r_{i+1}} = s_{rr}\sigma_{r_i} + s_{\varphi r}\sigma_{\varphi_i} + s_{\omega r}\frac{\gamma}{g}\omega^2 r_i^2 + s_{\vartheta r}E\alpha\frac{r_i}{r_{i+1}-r_i}\frac{\Delta\vartheta}{\Delta r}, \qquad (82)$$

$$\sigma_{\varphi_{i+1}} = s_{r\varphi}\sigma_{r_i} + s_{\varphi\varphi}\sigma_{\varphi_i} + s_{\omega\varphi}\frac{\gamma}{g}\omega^2 r_i^2 + s_{\vartheta\varphi}E\alpha\frac{r_i}{r_{i+1}-r_i}\frac{\Delta\vartheta}{\Delta r}. \qquad (83)$$

[1] Siehe Fußn. 1, S. 14. [2] Siehe Fußn. 2, S. 38.

Diese Gleichungen enthalten acht Koeffizienten s_{jk}, die von SALZMANN und KISSEL durch Kurvenscharen

$$s_{jk} = f\left(\frac{r_{i+1}}{r_i}\right),$$

mit dem genannten Neigungswinkel β als Parameter aufgestellt wurden. Diese Kurven, die in Abb. 13 bis 20 wiedergegeben sind, umfassen alle Möglichkeiten der konischen Scheibe, schließen also auch die Scheibe gleicher Dicke ein.

Der Übergang von einer Teilscheibe zur nächsten gestaltet sich recht einfach, da dort im allgemeinen keine Dickenänderung stattfindet. Es ist also, wenn die Indizes 1 und 2 wieder den Zustand vor und nach dem „Sprung" kennzeichnen,

$$\sigma_{i1} = \sigma_{i2},$$

wenn nicht eine äußere Zusatzspannung an der Trennstelle angreift, oder der E-Modul sich nicht verändert.

Während KELLER ursprünglich das Prinzip der Übereinanderlagerung zweier Spannungszustände nach R. v. MISES angewandt hat, wurde in der Erweiterung von SALZMANN und KISSEL das Verfahren mit unbekanntem Anfangswert (σ_{φ_0}), das wir als „x-Methode" bezeichnet haben, eingeführt. Die schematische Durchrechnung erfolgt demgemäß genau wie unter 1, b beschrieben, d. h. in getrennten Spalten für die Glieder mit σ_r, σ_φ, ω^2 und ϑ. Gegenüber dem in das GRAMMELsche Verfahren eingebauten Schema für die x-Methode benötigt man hier eine Spalte mehr, weil σ_r und σ_φ getrennt auftreten, während sie im Verfahren von GRAMMEL gemeinsam behandelt werden. Es soll aber nicht verschwiegen werden, daß das Herausgreifen der acht Koeffizienten aus den Kurvenblättern (für jede Teilscheibe) recht mühsam ist, was bei GRAMMEL wegfällt.

In Tab. 1 und 2 ist ein Schema dargestellt, nach dem sich das beschriebene Verfahren rasch durchrechnen läßt. Als Beispiel ist darin die Rechnung für die Scheibe nach Abb. 21 eingetragen, wie sie in der zitierten Abhandlung[1] durchgeführt wurde. Aus den Werten der letzten Zeile von Tab. 2, Stelle VII, erhält man für den Fall des radialspannungsfreien Innenrandes eine Gleichung für die Tangentialspannung σ_{φ_0}; da die Außenrandspannung Null ist, erhält man

$$1{,}4948\,\sigma_{\varphi_0\,\omega} - 3479{,}8 = \sigma_a = 0$$

und hieraus

$$\sigma_{\varphi_0\,\omega} = 2322\ \text{kp/cm}^2.$$

In gleicher Weise ergibt sich für die Wärmespannung die Gleichung

$$1{,}4984\,\sigma_{\varphi_0\,\vartheta} - 347{,}9 = 0$$

und

$$\sigma_{\varphi_0\,\vartheta} = 232\ \text{kp/cm}^2.$$

[1] Siehe Fußn. 2, S. 38.

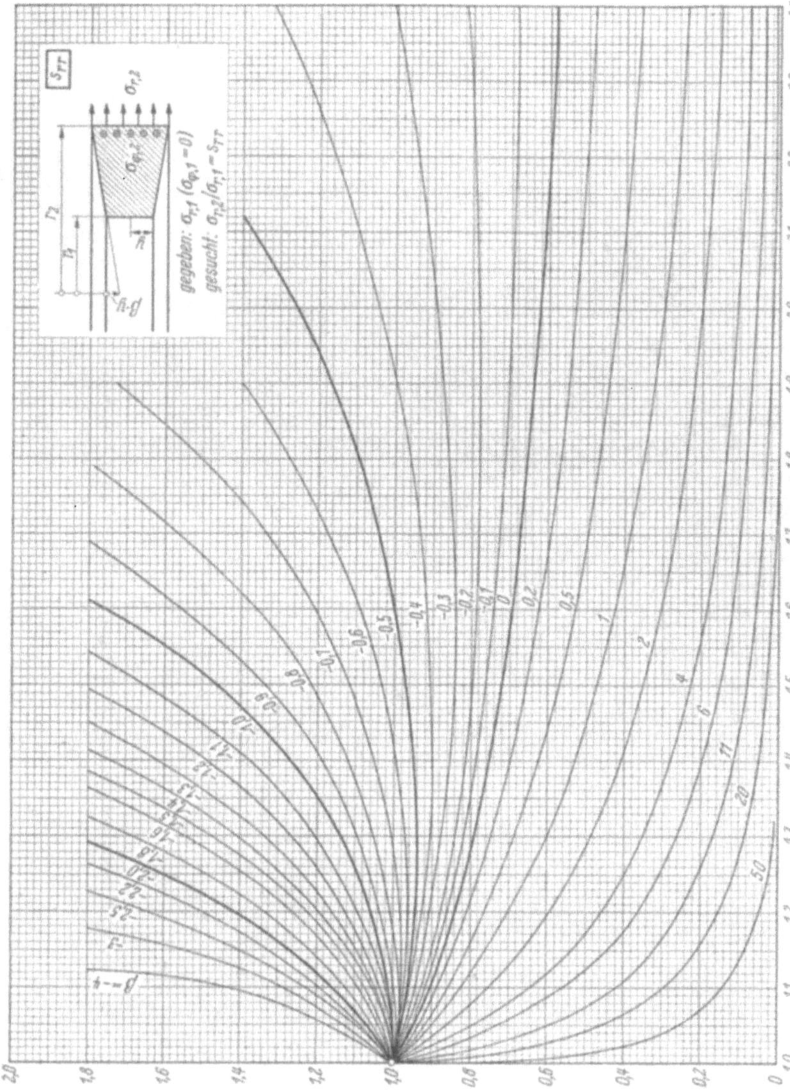

Abb. 13. Funktion s_{rr} zur Berechnung von konischen Scheiben (nach SALZMANN und KISSEL)

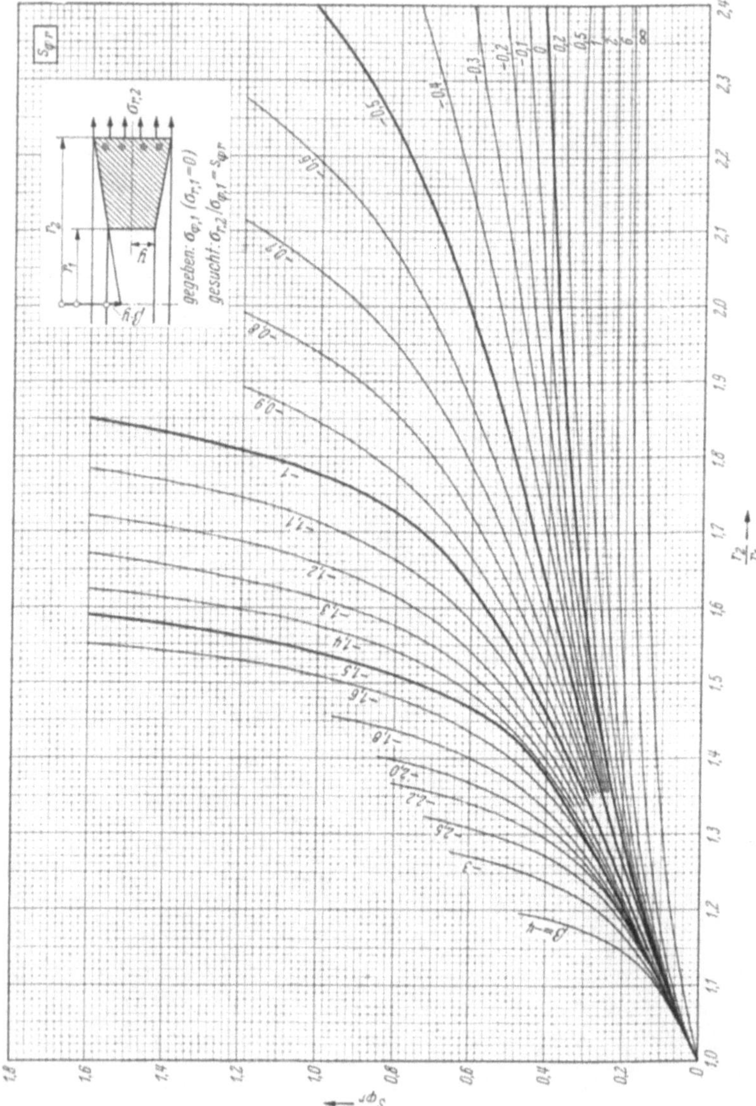

Abb. 14. Funktion $s_{\varphi r}$ zur Berechnung von konischen Scheiben (nach SALZMANN und KISSEL)

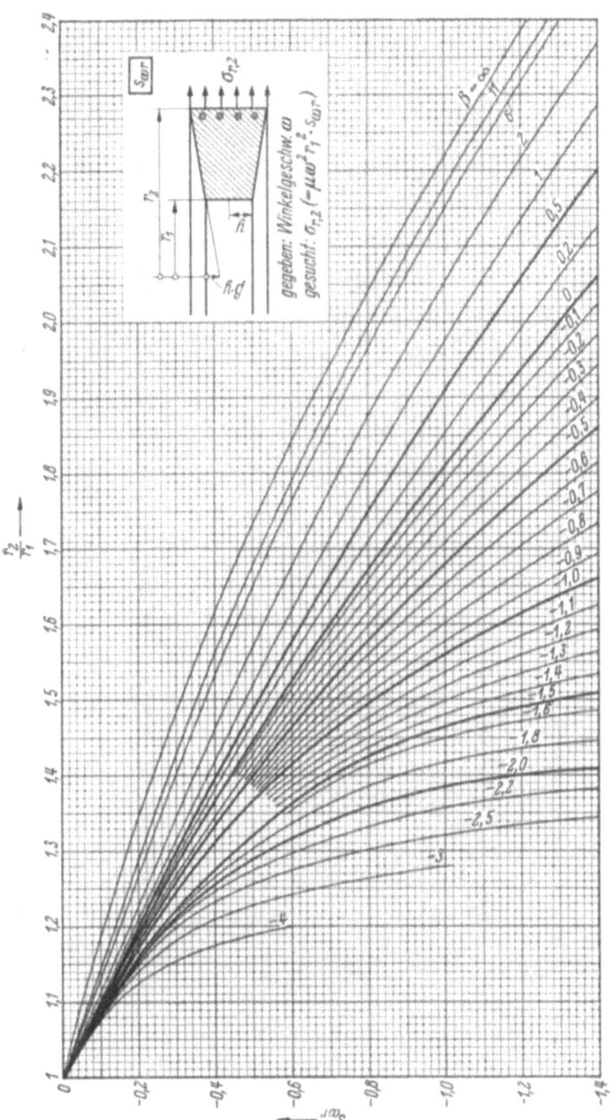

Abb. 15. Funktion $s_{\omega r}$ zur Berechnung von konischen Scheiben (nach SALZMANN und KISSEL)

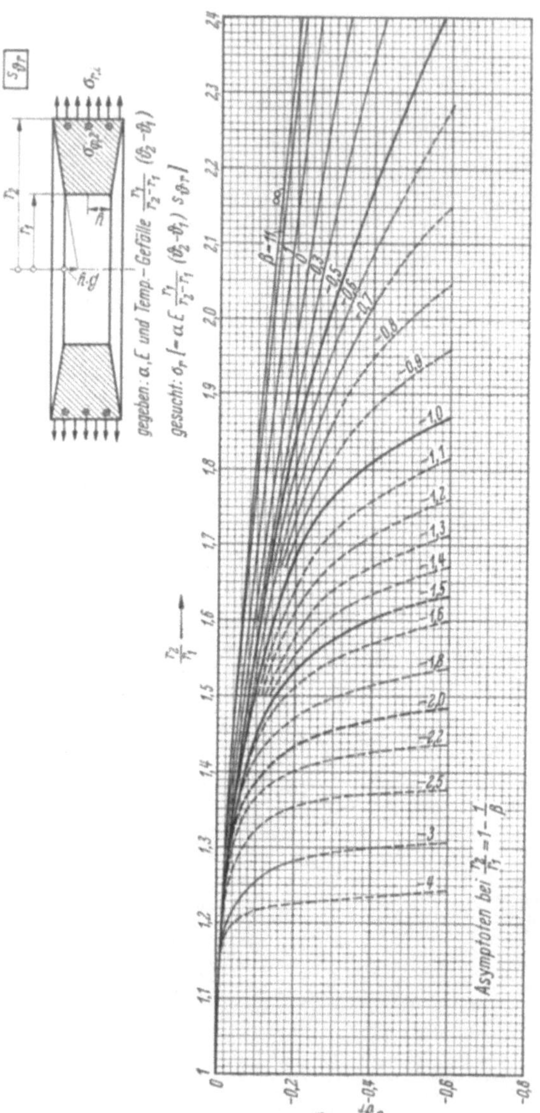

Abb. 16. Funktion s_{ϑ_r} zur Berechnung von konischen Scheiben (nach SALZMANN und KISSEL)

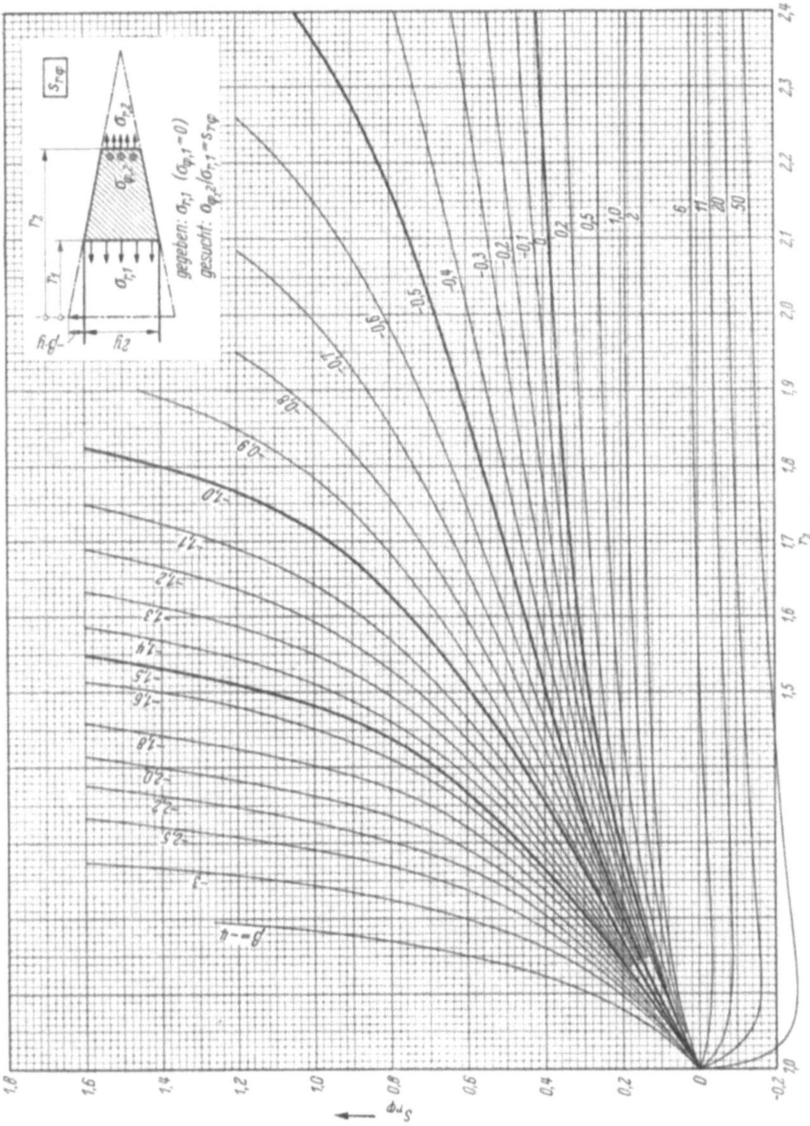

Abb. 17. Funktion $s_{r\varphi}$ zur Berechnung von konischen Scheiben (nach SALZMANN und KISSEL)

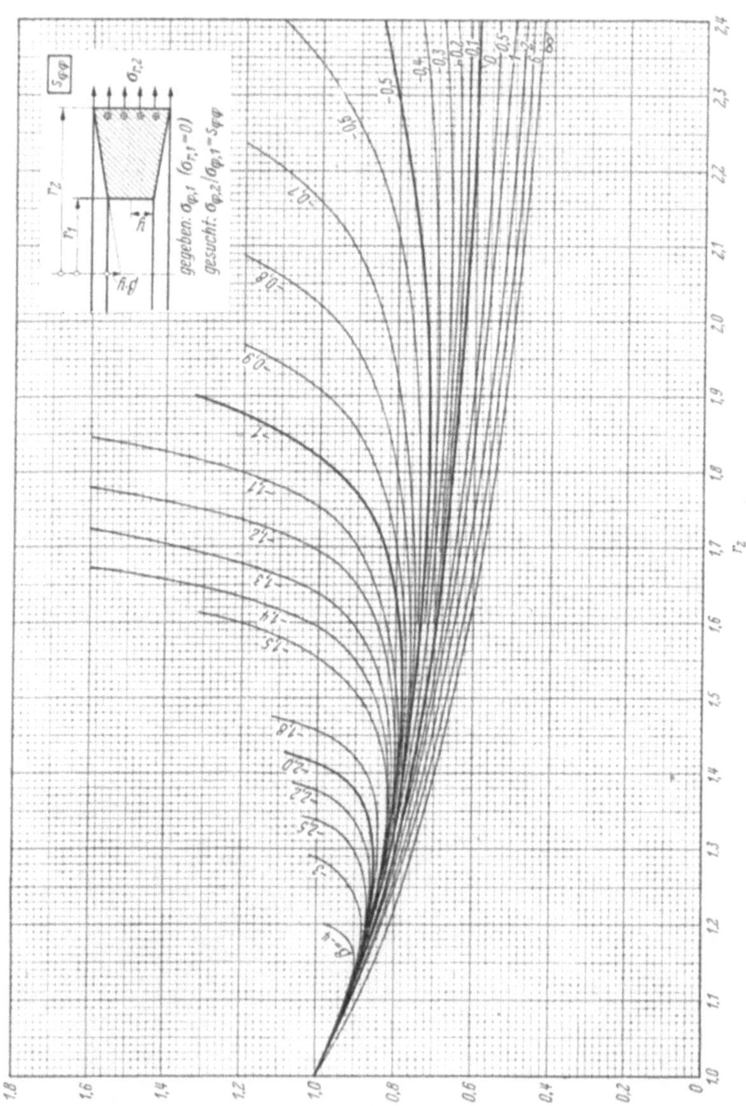

Abb. 18. Funktion $s_{\varphi\varphi}$ zur Berechnung von konischen Scheiben (nach SALZMANN und KISSEL)

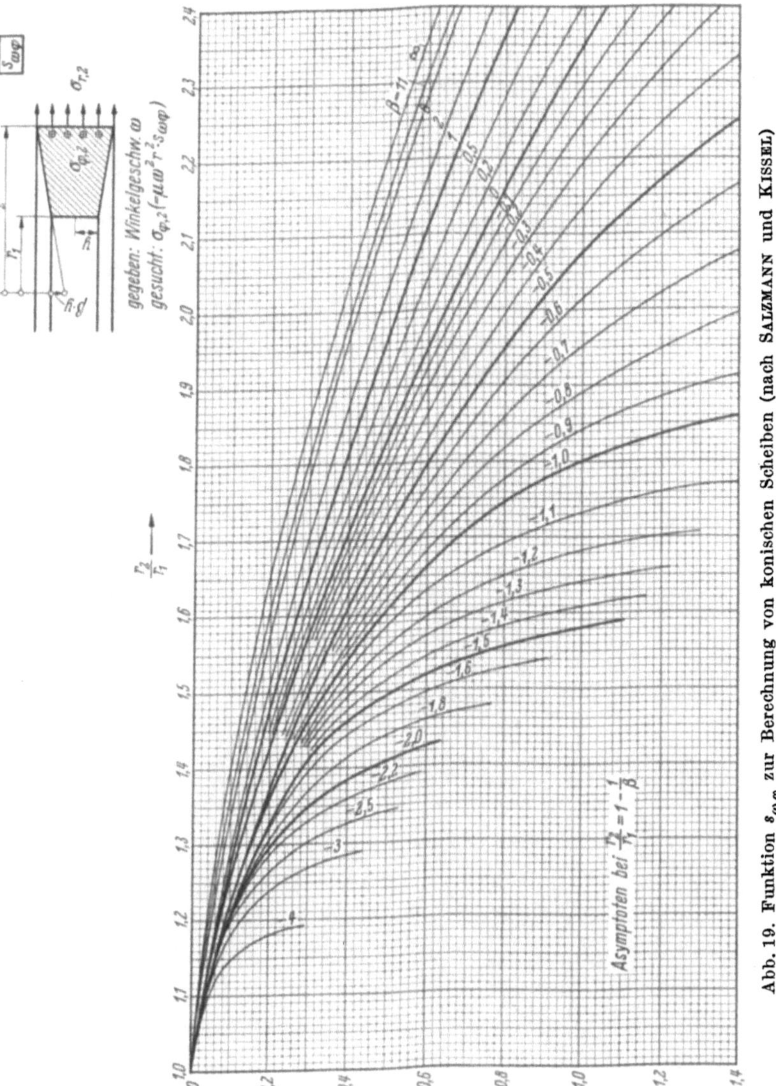

Abb. 19. Funktion $s_{\omega\varphi}$ zur Berechnung von konischen Scheiben (nach Salzmann und Kissel)

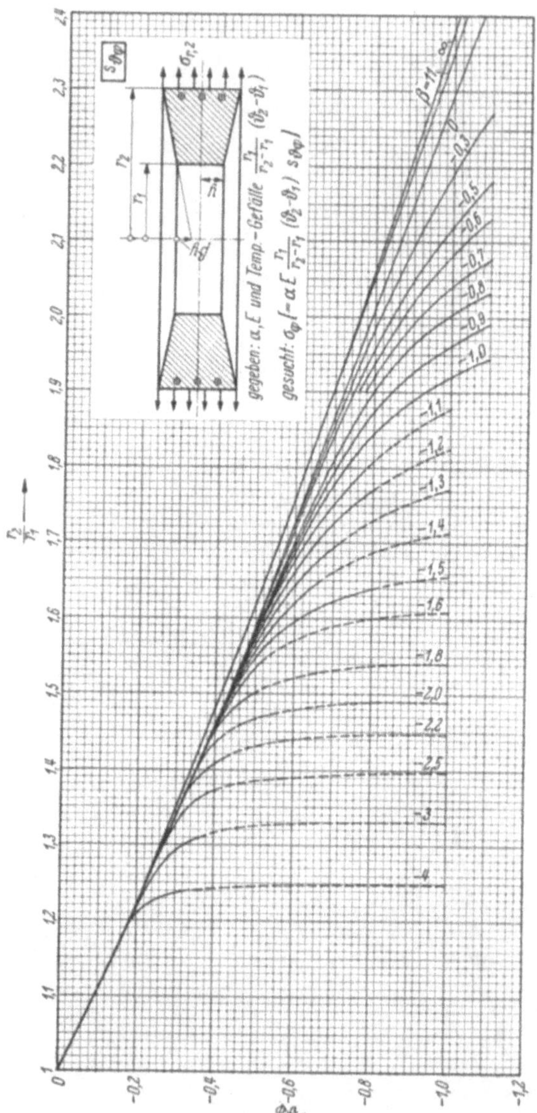

Abb. 20. Funktion $s_{\vartheta\varphi}$ zur Berechnung von konischen Scheiben (nach SALZMANN und KISSEL)

Tabelle 1. Ausgangszahlen für die Berechnung der Scheibe nach Abb. 9[1]

	I	II	III	IV	V	VI	VII	
r_1 r_2 $r_2 : r_1$	20,2 25,25 1,25	25,25 34 1,3465	34 48 1,4118	48 59,8 1,2458	59,8 63,9 1,0686	63,9 66 1,0329	66 68,6 1,0394	A
$1 : \left(\frac{r_2}{r_1} - 1\right)$	4	2,8857	2,4286	4,0678	14,585	30,429	25,385	A
y_1 y_2 $\left(\frac{y_2}{y_1} - 1\right)$	21,8 13,5 −0,38073	13,5 6,5 −0,51852	6,5 3,5 −0,46154	3,5 2,2 −0,37143	2,2 5,6 1,5454	2,8 2,8 0	2,8 2,8 0	A
$\beta = \left(\frac{y_2}{y_1} - 1\right) : \left(\frac{r_2}{r_1} - 1\right)$	−1,5229	−1,4963	−1,1209	−1,5109	22,541	0	0	A
$\sigma_\omega = \mu\,\omega^2 r_1^2$	322,4	503,7	913,3	1820,2	2825,2	3225,8	3441,4	A
ϑ_1 ϑ_2 $\sigma_\vartheta = \dfrac{E\,\alpha\,(\vartheta_2 - \vartheta_1)}{\left(\frac{r_2}{r_1} - 1\right)}$ [2]	0 0 0	0 4 347,4	4 16,5 913,7	16,5 33,5 2081,5	33,5 41,188 3375,0	41,188 45,125 3606,4	45,125 50 3724,9	B
s_{rr} $s_{r\varphi}$ $s_{\varphi r}$ $s_{\varphi\varphi}$	1,344 0,380 0,241 0,840	1,620 0,561 0,358 0,820	1,421 0,522 0,369 0,797	1,330 0,370 0,233 0,841	0,360 0,150 0,045 0,931	0,969 0,031 0,031 0,969	0,963 0,037 0,037 0,963	C
$-s_{\omega r}$ $-s_{\omega\varphi}$	0,340 0,128	0,548 0,215	0,634 0,236	0,332 0,125	0,050 0,011	0,033 0,010	0,040 0,013	C
$-s_{\vartheta r}$ $-s_{\vartheta\varphi}$	0,027 0,226	0,048 0,306	0,060 0,360	0,023 0,223	≈0 0,068	≈0 0,031	≈0 0,040	C
q_{rr} $q_{r\varphi}$ $q_{\varphi r}$ $q_{\varphi\varphi}$	—	—	—	—	2 ↓ 0	0,3 1	—	D
$\dfrac{P}{2\pi r y^+}$ $\dfrac{0,3\,P}{2\pi r y^+}$	—	—	—	—	—	1141,1 ↓	342,3	D

A = Abmessungen der Teilscheibe und abgeleitete Größen *B* = Temperaturverlauf *C* = Zahlen aus den Diagrammen, Abb. 13 bis 20 *D* = Sprungzahlen

[1] Aus der Arbeit von Salzmann u. Kissel, s. Fußn. 2, S. 38. [2] Hier wurde mit dem konstanten Wert $E\alpha = 30,1$ kp/cm² °C gerechnet.

Tabelle 2. Durchrechnung der Scheibe nach dem Verfahren

	Radialspannung				
		Fliehkraft (negativ)	Temperatur (negativ)	σ_{r_0}	σ_{φ_0}
	σ_{ri} →	0	0	1	0
I	1,344	0	0	1,344	0
	0,241	0	0	0	0,241
	0,340	109,6	—	—	—
	0,027	—	0	—	—
	Σ	109,6	0	1,344	0,241
II	1,620	177,6	0	2,1773	0,3904
	0,358	14,8	0	0,1360	0,3007
	0,548	276,0	—	—	—
	0,048	—	16,7	—	—
	Σ	468,4	16,7	2,3133	0,6911
III	1,421	665,6	23,7	3,2872	0,9821
	0,369	75,2	39,2	0,3932	0,3041
	0,634	579,0	—	—	—
	0,060	—	54,8	—	—
	Σ	1319,8	117,7	3,6804	1,2862
IV	1,330	1755,3	156,5	4,8949	1,7106
	0,233	145,0	98,4	0,4792	0,2371
	0,332	604,3	—	—	—
	0,023	—	47,9	—	—
	Σ	2504,6	302,8	5,3741	1,9477
V	0,360	901,7	109,0	1,9347	0,7012
	0,045	55,8	38,8	0,1391	0,0599
	0,050	141,3	—	—	—
	≈ 0	—	0	—	—
	Σ	1098,8	147,8	2,0738	0,7611
V/VI	2	2197,6	295,6	4,1476	1,5222
	0	—	—	—	—
	Σ	2197,6	295,6	4,1476	1,5222
VI	0,969	2129,5	286,4	4,0190	1,4750
	0,031	34,7	31,9	0,0822	0,0360
	0,033	106,5	—	—	—
	≈ 0	—	0	—	—
	Σ	2270,7	318,3	4,1012	1,5110
VI/VII	—	1141,1	—	—	—
	Σ	3411,8	318,3	4,1012	1,5110
VII	0,963	3285,6	306,5	3,9495	1,4551
	0,037	56,5	41,4	0,0998	0,0433
	0,040	137,7	—	—	—
	≈ 0	—	0	—	—
	σ_{ra} →	3479,8	347,9	4,0493	1,4984

[1] Aus der Arbeit von Salzmann und Kissel, s. Fußn. 2, S. 38.

von Keller, Salzmann und Kissel[1]

	Ringspannung				
		Fliehkraft (negativ)	Temperatur (negativ)	σ_{r_0}	σ_{φ_0}
	$\sigma_{\varphi i} \rightarrow$	0	0	0	1
I	0,380 0,840 0,128 0,226	0 0 41,3 —	0 0 — 0	0,380 0 — —	0 0,840 — —
	Σ	41,3	0	0,380	0,840
II	0,561 0,820 0,215 0,306	61,5 33,9 108,3 —	0 0 — 106,3	0,7540 0,3116 — —	0,1352 0,6888 — —
	Σ	203,7	106,3	1,0656	0,8240
III	0,522 0,797 0,236 0,360	244,5 162,3 215,5 —	8,7 84,7 — 328,9	1,2075 0,8493 — —	0,3608 0,6567 — —
	Σ	622,3	422,3	2,0568	1,0175
IV	0,370 0,841 0,125 0,223	488,3 523,3 227,5 —	43,5 355,2 — 464,2	1,3617 1,7298 — —	0,4759 0,8557 — —
	Σ	1239,1	862,9	3,0915	1,3316
V	— 0,158 0,931 0,011 0,068	— 395,7 1153,6 31,1 —	— 47,8 803,3 — 229,5	— 0,8491 2,8782 — —	— 0,3077 1,2397 — —
	Σ	789,0	985,0	2,0291	0,9320
V/VI	0,3 1	329,6 789,0	44,3 985,0	0,6221 2,0291	0,2283 0,9320
	Σ	1118,6	1029,3	2,6512	1,1603
VI	0,031 0,969 0,010 0,031	68,1 1083,9 32,3 —	9,2 997,4 — 111,8	0,1286 2,5690 — —	0,0472 1,1243 — —
	Σ	1184,3	1118,4	2,6976	1,1715
VI/VII	—	342,3	—	—	—
	Σ	1526,6	1118,4	2,6976	1,1715
VII	0,037 0,963 0,013 0,040	126,2 1470,1 44,7 —	11,8 1077,0 — 149,0	0,1517 2,5978 — —	0,0559 1,1282 — —
	$\sigma_{\varphi a} \rightarrow$	1641,0	1237,8	2,7495	1,1841

Multipliziert man die in den Spalten σ_{φ_0} stehenden Summenzahlen (Σ) mit diesen Innenrandspannungen und addiert die zugehörigen Werte der Fliehkraft- bzw. der Temperaturspalte, so ergeben sich alle übrigen Spannungen der Scheibe. An der Stelle IV erhält man z. B.

$$\sigma_{r,\,\omega} = 1{,}9477 \cdot 2322 - 2504{,}6 = 2018 \text{ kp/cm}^2$$

$$\sigma_{\varphi,\,\omega} = 1{,}3316 \cdot 2322 - 1239{,}1 = 1853 \text{ kp/cm}^2$$

und

$$\sigma_{r,\,\vartheta} = 1{,}9477 \cdot 232 - 302{,}8 = 149 \text{ kp/cm}^2$$

$$\sigma_{\varphi,\,\vartheta} = 1{,}3316 \cdot 232 - 862{,}9 = -\,554 \text{ kp/cm}^2.$$

Die Fliehspannungen sind in Tab. 3, S. 57, mit den nach anderen Verfahren ermittelten Ergebnissen zusammengestellt. Diese Scheibe ist auch als Bei-

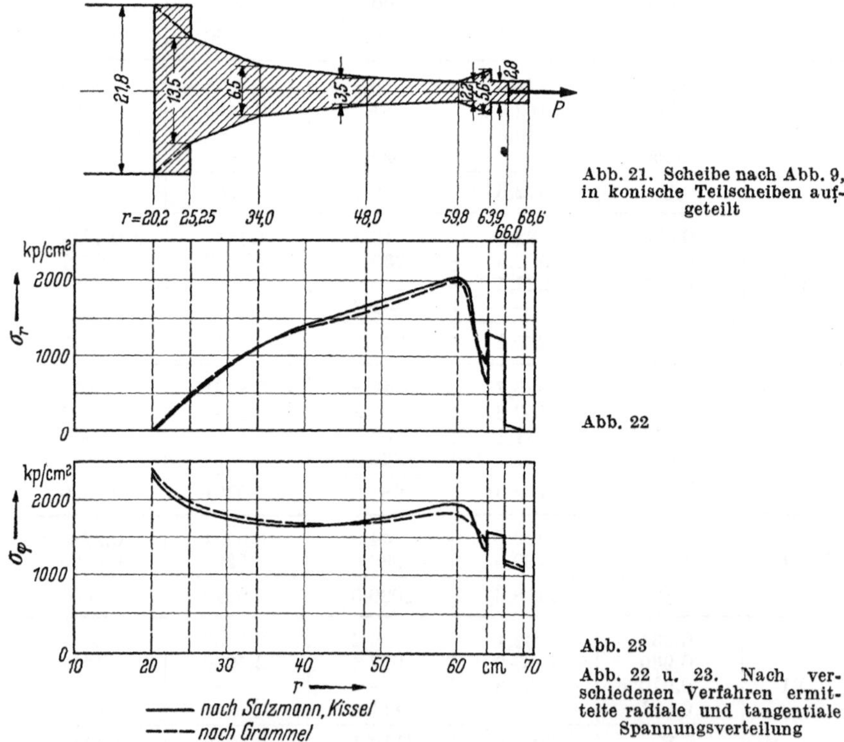

Abb. 21. Scheibe nach Abb. 9, in konische Teilscheiben aufgeteilt

Abb. 22

Abb. 23

Abb. 22 u. 23. Nach verschiedenen Verfahren ermittelte radiale und tangentiale Spannungsverteilung

spiel für das Grammelsche Verfahren verwendet worden, und zwar in der gleichen Aufteilung, um die Unterschiede der Ergebnisse zeigen zu können. In Abb. 22 und 23 sind beide Ergebnisse, nach Radial- und Tangentialspannungen getrennt, aufgetragen (worin Wärmespannungen nicht enthalten sind). Man erkennt aus dieser Gegenüberstellung, daß trotz der verhältnismäßig groben Aufteilung für das GRAMMELsche Verfahren (mit η-Werten bis zu 1,0!) nicht sehr erhebliche Unterschiede auftreten. Der größte Fehler ergab sich für den Innenrand, wo die Tangentialspannung nach GRAMMEL 8 % höher liegt, was zweifellos von den größeren Fliehkräften herrührt, die die Teilscheiben gleicher Dicke im Vergleich zu den konischen erzeugen.

Die nach dem hier beschriebenen Verfahren ermittelten Wärmespannungen sind in Abb. 34, S. 82, ebenfalls zusammen mit den Ergebnissen aufgetragen, die nach einem Verfahren mit Aufteilung der Scheibe in Teilscheiben gleicher Dicke gewonnen wurden.

Schließlich läßt sich aus Tab. 2 auch noch die durch eine etwaige Schrumpfspannung σ_0 erzeugte Spannungsverteilung ermitteln. Ist z. B. $\sigma_0 = -200$ kp/cm², so erhält man aus den Endwerten der Stelle VII die Gleichung

$$1{,}4894\,\sigma_{\varphi_0,S} + 4{,}0493 \cdot (-200) = 0,$$

woraus sich die tangentiale Spannung am Innenrand zu

$$\sigma_{\varphi_0,S} = 540 \text{ kp/cm}^2$$

ergibt. Die übrigen Spannungen werden dann wieder aus den Spalten für σ_{r_0} und σ_{φ_0} gewonnen, z. B. für die Stelle IV:

$$\sigma_{r_S} = 5{,}3741 \cdot (-200) + 1{,}9477\;540 = -23 \text{ kp/cm}^2$$

$$\sigma_{\varphi_S} = 3{,}0915 \cdot (-200) + 1{,}3316\;540 = 101 \text{ kp/cm}^2.$$

3. Das Differenzenverfahren

Eine Differentialgleichung läßt sich in eine Gleichung mit kleinen, endlichen Differenzen verwandeln, indem man jede in ihr vorkommende Funktion F durch den Mittelwert ihrer Anfangs- und Endgröße eines kleinen Teilabschnittes, und jedes Differential durch die Differenz der beiden Größen ersetzt. Für einen aus einer Scheibe herausgeschnittenen Ring, der durch die Radien r_i und r_{i+1} begrenzt wird, gilt somit:

$$F = \frac{F_i + F_{i+1}}{2} \tag{84}$$

und

$$\frac{dF}{dr} = \frac{\Delta F}{\Delta r} = \frac{F_{i+1} - F_i}{r_{i+1} - r_i}. \tag{85}$$

Für eine Scheibe von beliebiger Form erhielten wir die Differentialgleichungen (1a) und (3), die für nicht konstanten E-Modul zu

$$\frac{d}{dr}(r\,y\,\sigma_r) - y\,\sigma_\varphi + \frac{\gamma}{g}\,\omega^2 r^2 y = 0, \tag{86}$$

$$\nu\frac{d}{dr}\left(\frac{\sigma_r}{E}\right) - \frac{d}{dr}\left(\frac{\sigma_\varphi}{E}\right) + \frac{1+\nu}{E\,r}(\sigma_r - \sigma_\varphi) - \frac{d}{dr}(\alpha\,\vartheta) = 0 \tag{87}$$

werden.

Diese Gleichungen lauten, in Differenzenform geschrieben:

$$\frac{r_{i+1}\,y_{i+1}\,\sigma_{r_{i+1}} - r_i\,y_i\,\sigma_{r_i}}{r_2 - r_1} - \frac{y_{i+1}\,\sigma_{\varphi_{i+1}} + y_i\,\sigma_{\varphi_i}}{2} + {} \\ + \frac{\omega^2}{2g}\left(\gamma_{i+1}\,y_{i+1}\,r_{i+1}^2 - \gamma_i\,y_i\,r_i^2\right) = 0\,, \tag{88}$$

$$\nu\,\frac{\dfrac{\sigma_{r_{i+1}}}{E_{i+1}} - \dfrac{\sigma_{r_i}}{E_i}}{r_{i+1} - r_i} - \frac{\dfrac{\sigma_{\varphi_{i+1}}}{E_{i+1}} - \dfrac{\sigma_{\varphi_i}}{E_i}}{r_{i+1} - r_i} + {} \\ + \frac{1+\nu}{2}\left(\frac{\sigma_{r_{i+1}} - \sigma_{\varphi_{i+1}}}{E_{i+1}\,r_{i+1}} + \frac{\sigma_{r_i} - \sigma_{\varphi_i}}{E_i\,r_i}\right) - \frac{\alpha_{i+1}\,\vartheta_{i+1} - \alpha_i\,\vartheta_i}{r_{i+1} - r_i} = 0\,, \tag{89}$$

worin außer E auch die Größe γ als veränderlich betrachtet wurde, um den allgemeinsten Fall darzustellen. Sind nun die Spannungen am Innenrand einer Teilscheibe gegeben, so lassen sich diejenigen des Außenrandes aus den beiden Gleichungen ermitteln. Damit ist das Problem grundsätzlich gelöst; es ist jedoch notwendig, die Auflösung des Gleichungssystems nach den beiden Unbekannten in ein geeignetes Schema zu bringen, das gleichzeitig erlaubt, die ganze Durchrechnung der Scheibe von Abschnitt zu Abschnitt zu erledigen.

Ein solches Schema wurde von MANSON aufgestellt[1]; es soll nachfolgend in seinen wesentlichen Zügen dargelegt werden. Für eine übersichtliche Behandlung der Differenzengleichungen führen wir eine Reihe von Vereinfachungen ein, die in nachstehender Tabelle zusammengestellt sind:

$$\left.\begin{aligned}
C_{i+1} &= r_{i+1}\,h_{i+1}\,,\\
C'_{i+1} &= \frac{\nu}{E_{i+1}} + \frac{1+\nu}{2E_{i+1}\,r_{i+1}}\,(r_{i+1} - r_i)\,,\\
D_{i+1} &= \frac{1}{2}\,(r_{i+1} - r_i)\,h_{i+1}\,,\\
D'_{i+1} &= \frac{1}{E_{i+1}} + \frac{1+\nu}{2E_{i+1}\,r_{i+1}}\,(r_{i+1} - r_i)\,,\\
F_{i+1} &= r_i\,h_i\,,\\
F'_{i+1} &= \frac{\nu}{E_i} - \frac{1+\nu}{2E_i\,r_i}\,(r_{i+1} - r_i)\,,\\
G_{i+1} &= \frac{1}{2}\,(r_{i+1} - r_i)\,h_i\,,\\
G'_{i+1} &= \frac{1}{E_i} - \frac{1+\nu}{2E_i\,r_i}\,(r_{i+1} - r_i)\,,\\
H_{i+1} &= \frac{1}{2}\,\omega^2\,(r_{i+1} - r_i)\left(\frac{\gamma_{i+1}}{g}\,h_{i+1}\,r_{i+1}^2 - \frac{\gamma_i}{g}\,h_i\,r_i^2\right),\\
H'_{i+1} &= \alpha_{i\;\;1}\,\vartheta_{i+1} - \alpha_i\,\vartheta_i\,.
\end{aligned}\right\} \tag{90}$$

[1] MANSON, S. S.: Determination of elastic stresses in gas turbine disks, NACA-Report 871 u. NACA TN 1279.

Damit erhalten die Differenzengleichungen die einfachere Form:

$$\begin{aligned} C_{i+1}\sigma_{r_{i+1}} - D_{i+1}\sigma_{\varphi_{i+1}} &= F_{i+1}\sigma_{r_i} + G_{i+1}\sigma_{\varphi_i} - H_{i+1}, \\ C'_{i+1}\sigma_{r_{i+1}} - D'_{i+1}\sigma_{\varphi_{i+1}} &= F'_{i+1}\sigma_{r_i} - G'_{i+1}\sigma_{\varphi_i} + H'_{i+1}. \end{aligned} \tag{91}$$

Betrachtet man hierin die beiden Spannungen σ_{φ_i} und σ_{r_i}, die für den Innenrand des Teilabschnittes gelten, als gegeben, so kann man aus diesen linearen algebraischen Gleichungen die Spannungen $\sigma_{\varphi_{i+1}}$ und $\sigma_{r_{i+1}}$ am Außenrand berechnen. Durch sukzesive Anwendung dieser Gleichungen vom Innenrand der Gesamtscheibe bis zu ihrem Außenrand können die Spannungen an irgendeiner Stelle in linearen Ausdrücken der Spannungen des Innenrandes σ_{φ_0} und σ_{r_0} erhalten werden. Da nun σ_{r_0} stets bekannt ist, tritt wieder σ_{φ_0} als einzige Unbekannte in diesen Gleichungen auf, so daß man an den Stellen i und $i+1$ der Scheibe die beiden Spannungen in folgender Form erhält:

$$\begin{aligned} \sigma_{r,i} &= A_{r,i}\sigma_{\varphi_0} + B_{r,i}, \\ \sigma_{\varphi,i} &= A_{\varphi,i}\sigma_{\varphi_0} + B_{\varphi,i}, \end{aligned} \tag{92}$$

$$\begin{aligned} \sigma_{r,i+1} &= A_{r,i+1}\sigma_{\varphi_0} + B_{r,i+1}, \\ \sigma_{\varphi,i+1} &= A_{\varphi,i+1}\sigma_{\varphi_0} + B_{\varphi,i+1}; \end{aligned} \tag{93}$$

am Außenrand der Gesamtscheibe, wo die radiale Randspannung σ_a herrscht, erhalten wir:

$$\sigma_{r,a} = \sigma_a = A_{r,a}\sigma_{\varphi_0} + B_{r,a}. \tag{94}$$

Aus dieser Gleichung läßt sich die Unbekannte σ_{φ_0} ermitteln, so wie wir sie bei der „x-Methode" gewonnen haben, die hier wieder angewandt wird.

Nun drücken wir die Koeffizienten $A_{r,i+1}$, $B_{r,i+1}$, $A_{\varphi,i+1}$, $B_{\varphi,i+1}$ durch die entsprechenden der vorhergehenden Stelle, also $A_{r,i}$, $B_{r,i}$, $A_{\varphi,i}$, $B_{\varphi,i}$, aus. Zu diesem Zweck setzen wir die Spannungen, die wir in der Form von Gl. (92) und (93) erhalten haben, in die Differenzengleichungen (88) und (89) ein, trennen aber gleichzeitig die Glieder, die die Unbekannte σ_{φ_0} enthalten, von den übrigen ab, so daß sich zwei neue Gleichungen folgender Form ergeben:

$$\begin{aligned} &(C_{i+1}A_{r,i+1} - D_{i+1}A_{\varphi_{i+1}} - F_{i+1}A_{r,i} - G_{i+1}A_{\varphi,i})\,\sigma_{\varphi_0} + \\ &+ (C_{i+1}B_{r,i+1} - D_{i+1}B_{\varphi,i+1} - F_{i+1}B_{r,i} - G_{i+1}B_{\varphi,i} + H_{i+1}) = 0 \end{aligned} \tag{95}$$

und

$$\begin{aligned} &(C'_{i+1}A_{r,i+1} - D'_{i+1}A_{\varphi_{i+1}} - F'_{i+1}A_{r,i} + G'_{i+1}A_{\varphi_i})\,\sigma_{\varphi_0} + \\ &+ (C'_{i+1}B_{r,i+1} - D'_{i+1}B_{\varphi,i+1} - F'_{i+1}B_{r,i} + G'_{i+1}B_{\varphi,i} - H'_{i+1}) = 0. \end{aligned} \tag{96}$$

Soll nun σ_{φ_0} jeden Wert annehmen können, der durch die Randbedingungen möglich ist, so müssen die beiden Klammerausdrücke der Gln. (95) und (96) zu Null werden. Damit erhalten wir vier Gleichungen zur Bestimmung der vier Größen $A_{r,i+1}$, $B_{r,i+1}$, $A_{\varphi,i+1}$, $B_{\varphi,i+1}$ in folgender Form:

$$\left.\begin{aligned} A_{r,i+1} &= K_{i+1} A_{r,i} + L_{i+1} A_{\varphi,i}, \\ A_{\varphi,i+1} &= K'_{i+1} A_{r,i} + L'_{i+1} A_{\varphi,i}, \\ B_{r,i+1} &= K_{i+1} B_{r,i} + L_{i+1} B_{\varphi,i} + M_{i+1}, \\ B_{\varphi,i+1} &= K'_{i+1} B_{r,i} + L'_{i+1} B_{\varphi,i} + M'_{i+1}, \end{aligned}\right\} \quad (97)$$

worin die neuen Konstanten durch

$$\left.\begin{aligned} K_{i+1} &= \frac{F'_{i+1} D_{i+1} - F_{i+1} D'_{i+1}}{C'_{i+1} D_{i+1} - C_{i+1} D'_{i+1}} & K'_{i+1} &= \frac{C_{i+1} F'_{i+1} - C'_{i+1} F_{i+1}}{C'_{i+1} D_{i+1} - C_{i+1} D'_{i+1}}, \\ L_{i+1} &= -\frac{G'_{i+1} D_{i+1} + G_{i+1} D'_{i+1}}{C'_{i+1} D_{i+1} - C_{i+1} D'_{i+1}} & L'_{i+1} &= -\frac{C'_{i+1} G_{i+1} + C_{i+1} G'_{i+1}}{C'_{i+1} D_{i+1} - C_{i+1} D'_{i+1}}, \\ M_{i+1} &= \frac{H'_{i+1} D_{i+1} + H_{i+1} D'_{i+1}}{C'_{i+1} D_{i+1} - C_{i+1} D'_{i+1}} & M'_{i+1} &= \frac{C'_{i+1} H_{i+1} + C_{i+1} H'_{i+1}}{C'_{i+1} D_{i+1} - C_{i+1} D'_{i+1}}, \end{aligned}\right\} \quad (98)$$

gegeben und aus lauter bekannten Koeffizienten (90) zusammengesetzt sind.

Bei der schematischen Durchrechnung im Verfahren von MANSON werden zuerst alle Koeffizienten C bis M und C' bis M' für alle Teilabschnitte berechnet. Dann folgt die eigentliche Spannungsberechnung nach den Gln. (97), beispielsweise am Innenrand beginnend, wo die Koeffizienten A_{r_0} und B_{r_0} bzw. A_{φ_0} und B_{φ_0} bekannt sind; bei der

Vollscheibe ist: $\left\{\begin{aligned} A_{r,0} &= 1, & A_{\varphi,0} &= 1; \\ B_{r,0} &= 0, & B_{\varphi,0} &= 0; \end{aligned}\right.$

bei der Scheibe mit Bohrung: $\left\{\begin{aligned} A_{r,0} &= 0, & A_{\varphi,0} &= 1; \\ B_{r,0} &= 0, & B_{\varphi,0} &= 0. \end{aligned}\right.$

Die Aufstellung eines Rechenschemas zur Durchführung dieses Verfahrens sei dem Leser überlassen; sie bereitet keinerlei Schwierigkeiten. An den Trennstellen zwischen den Abschnitten tritt wie beim KELLERschen Verfahren kein Sprung auf, weil sich ja die Dicke dort nicht ändert. Eine äußere Zusatzspannung läßt sich jedoch einführen, sie bewirkt eine Änderung der Radialspannung und sinngemäß auch eine solche der Tangentialspannung in der beim GRAMMELschen Verfahren abgeleiteten Form:

$$\left.\begin{aligned} \Delta\sigma_r &= -\sigma_z = -\frac{P}{2\pi r_i y_i} \\ \Delta\sigma_\varphi &= \nu\, \Delta\sigma_r \end{aligned}\right\} \quad \text{(negativ, wenn von innen nach außen gerechnet wird).}$$

Nach diesem Verfahren wurde nun die schon mehrfach berechnete Scheibe nach Abb. 9 durchgerechnet, jedoch der Erfordernis kleiner Differenzen entsprechend, mit feinerer Unterteilung, derart, daß jede Teilscheibe der seitherigen Berechnungen noch einmal unterteilt wurde.

Die Ergebnisse sind in Tab. 3 mit den nach anderen Verfahren gewonnenen Spannungen zusammengestellt. Diese Tabelle zeigt uns zugleich, in welchem Bereich die Ergebnisse überhaupt schwanken können. Die nach dem Verfahren von KELLER, SALZMANN, KISSEL ermittelten Werte und die nach dem MANSONschen Differenzenverfahren gewonnenen stimmen sehr gut miteinander überein; sie dürften wegen der besten Anpassung der Ersatzscheibe an das wirkliche Profil am genauesten sein. Die nach dem GRAMMELschen Verfahren mit grober Aufteilung bestimmten Ergebnisse weichen naturgemäß davon ab, was hauptsächlich durch die grobe Aufteilung bedingt ist; die feinere Unterteilung lieferte jedoch ebenfalls eine recht gute Übereinstimmung mit den übrigen Ergebnissen.

Tabelle 3. Zusammenstellung der Ergebnisse von Scheibenberechnungen nach verschiedenen Rechenverfahren (ohne Wärmespannungen)

r	σ_r kp/cm²					σ_φ kp/cm²				
	KELLER, SALZMANN, KISSEL	MANSON	GRAMMEL		Matrizen	KELLER, SALZMANN, KISSEL	MANSON	GRAMMEL		Matrizen
cm			fein	grob				fein	grob	
20,2	0	0	0	0	0	2322	2367	2365	2401	2413
22,725		237	235				2110	2109		
25,25	450	462	457	481	483	1909	1945	1942	1976	1986
29,625		754	760				1769	1722		
34,0	1136	1149	1094	1109	1116	1710	1752	1722	1734	1744
41,0		1317	1376				1701	1693		
48,0	1666	1641	1603	1592	1605	1741	1745	1716	1708	1720
53,9		1761	1806				1772	1772		
59,8	2018	1996	1997	1974	1995	1853	1902	1841	1831	1841
61,85		1055	1109				1611	1563		
63,9	669	667	775	946	956	1374	1466	1435	1480	1487
	1337	1334	1345	1318	1372	1576	1666	1605	1592	1600
66,0	1240	1238	1237	1236	1234	1536	1622	1560	1550	1559
	98	97	96	95	93	1193	1279	1218	1208	1216
68,6	0	0	0	0	0	1109	1194	1134	1123	1131

Damit hat sich gezeigt, daß die Genauigkeit bei allen Verfahren durchweg befriedigend ist; es möge deshalb noch ein Wort über den erforderlichen Rechenaufwand gesagt werden. Das KELLERsche Verfahren nimmt für sich in Anspruch, wegen der konischen Teilscheiben mit der kleinstmöglichen Unterteilung auszukommen. Jedoch ist, wie schon erwähnt, das Herausnehmen von Koeffizienten aus Kurvenblättern zeitraubend und umständlich, so daß gegenüber dem Verfahren von GRAMMEL kein wesentlicher Vorteil bleibt. Das Differenzenverfahren beansprucht allerdings erheblich mehr an Rechenzeit, weshalb dieses, mindestens solange man auf die Durchrechnung mit der Tischrechenmaschine oder auf den Rechenschieber angewiesen ist, nicht empfohlen werden kann.

Wenn ein Rechenautomat zur Verfügung steht und eine Programmierung sich lohnt, dann spielt allerdings der Zeitaufwand eine geringe Rolle. In diesem Fall dürfte dasjenige Verfahren bevorzugt werden, das den kleinsten Aufwand an Vorbereitungsarbeit erfordert. Hierfür scheidet das KELLERsche Verfahren von vornherein aus, weil der Automat die erforderlichen Koeffizienten nicht berechnen kann. Das Differenzenverfahren benötigt zweifellos die geringstmögliche Vorarbeit, denn es ist lediglich erforderlich, aus dem aufgezeichneten Profilquerschnitt die Radien und die zugehörigen Dicken zu entnehmen; alles übrige läßt sich dann programmieren. Näheres über diese Art der Durchführung von Scheibenrechnungen wird bei den Verfahren zur

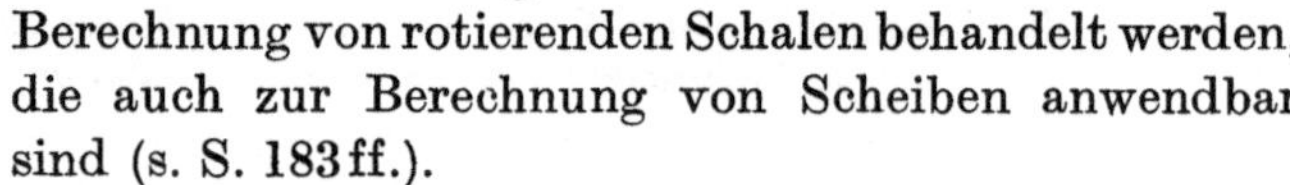

Berechnung von rotierenden Schalen behandelt werden, die auch zur Berechnung von Scheiben anwendbar sind (s. S. 183ff.).

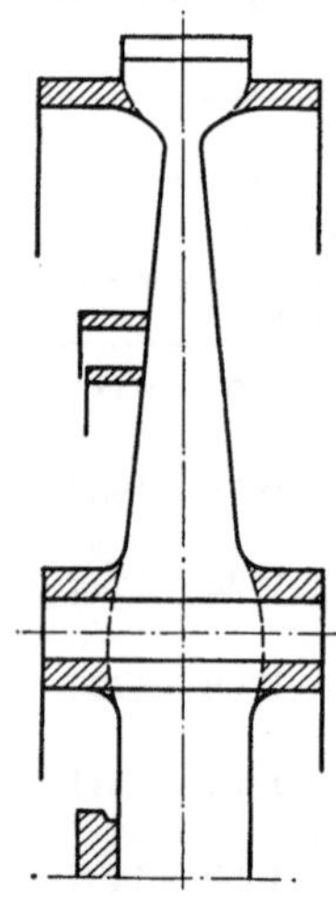

Abb. 24. Scheibe mit auskragenden Ringen und mit Bohrungen

V. Die Berücksichtigung des Kraftflusses in der Scheibe

Wird eine Scheibe auf eine Welle aufgeschrumpft, so können in der Scheibe erhebliche tangentiale Innenrandspannungen auftreten, die bei der gebohrten Scheibe bekanntlich ohnedies schon wesentlich größer sind als bei der Vollscheibe. Wenn irgend möglich, sucht man diese Bauart zu vermeiden und bildet die Scheibe so aus, daß sie mit einer Flanschwelle verschraubt und in dieser gelagert werden kann. Dies führt dann zu einer Scheibenform, wie sie Abb. 24 als Beispiel zeigt. Die dort abgebildete Scheibe besitzt außerdem noch andere Besonderheiten, wie Labyrinthringe und Bohrungen. Legt man nun Wert auf

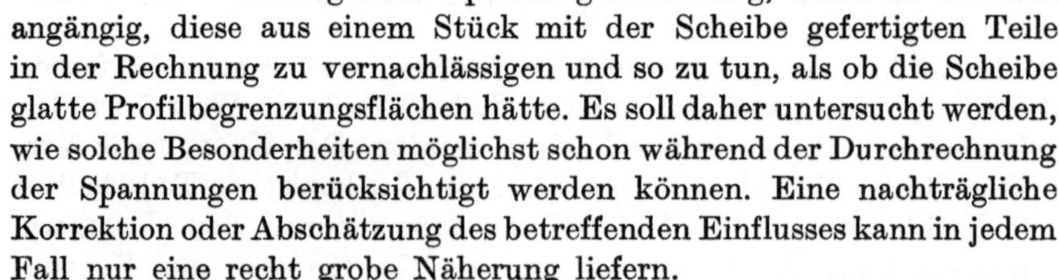

eine genaue Spannungsermittlung, dann ist es nicht angängig, diese aus einem Stück mit der Scheibe gefertigten Teile in der Rechnung zu vernachlässigen und so zu tun, als ob die Scheibe glatte Profilbegrenzungsflächen hätte. Es soll daher untersucht werden, wie solche Besonderheiten möglichst schon während der Durchrechnung der Spannungen berücksichtigt werden können. Eine nachträgliche Korrektion oder Abschätzung des betreffenden Einflusses kann in jedem Fall nur eine recht grobe Näherung liefern.

1. Die Berücksichtigung von axial auskragenden Ringen

a) Der schmale und dünne Ring. Wir gehen davon aus, daß der überkragende Ring frei von Radialspannungen ist. Dies dürfen wir annehmen, da ja die Ränder des Ringes in jedem Fall in Normalrichtung spannungsfrei sind, so daß der Kraftfluß etwa in der in Abb. 25 dargestellten Weise verlaufen dürfte. Der angebaute Ring nimmt jedoch Tangentialspannungen auf, die wir uns als von einer radial gerichteten Kraft P erzeugt denken, die in der Mitte des Ringes angreifen möge. An der Verbindung zwischen Scheibe und Ring müssen dann in Scheibe und Ring gleiche radiale Verschiebungen auftreten, wenn der Zusammenhang erhalten bleiben soll. Ist h die radiale Dicke des Ringes und r_{mi} sein mittlerer Radius, dann ruft die Kraft P im Ring eine Tangentialspannung von der Größe

$$\sigma_\varphi = \frac{r_{mi}}{h} \sigma = \frac{r_{mi}}{h} \frac{P}{2\pi r_{mi} y_R} \tag{99}$$

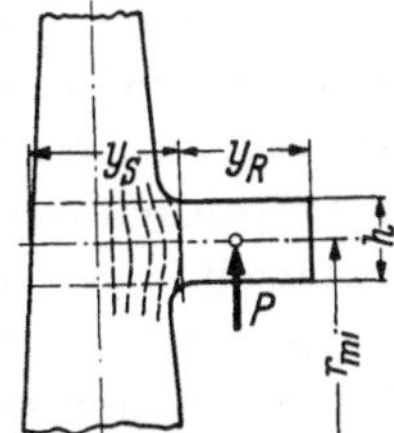

Abb. 25
Radialer Kraftfluß im Bereich eines auskragenden Ringes

hervor, in der y_R die Breite des Ringes in axialer Richtung bedeutet. Diese Gleichung ergibt sich aus dem Ausdruck für die Tangentialspannung der ruhenden Scheibe gleicher Dicke, Gl. (22), für eine nach außen wirkende, also negative Innenrandspannung, und für kleine Werte $r_a - r_0 = h$, bei fehlender Außenrandspannung und für $\omega^2 = 0$. Im rotierenden Ring herrscht außerdem noch die Ringspannung, die nach Gl. (25)

$$\sigma_R = \frac{\gamma}{g} r_{mi}^2 \omega^2$$

ist. Wir stellen nun die Bedingung für gleiche radiale Verschiebung von Scheibe und Ring an der Stelle $r = r_{mi}$ auf; diese lautet:

$$\frac{r_{mi}}{E} (\sigma_\varphi - \nu \sigma_r) = \frac{r_{mi}}{E} \left(\frac{r_{mi}}{h} \sigma + \frac{\gamma}{g} \omega^2 r_{mi}^2 \right); \tag{100}$$

hieraus läßt sich die Spannung σ errechnen, die wir am Ring anzubringen haben, damit er die gleiche radiale Verschiebung wie die Scheibe erfährt. Wir erhalten somit:

$$\sigma = \frac{h}{r_{mi}} \left(\sigma_\varphi - \nu \sigma_r - \frac{\gamma}{g} \omega^2 r_{mi}^2 \right). \tag{101}$$

Die Kraft P hat nun an der Scheibe eine Reaktionskraft $-P$ zur Folge, die dort die Spannung

$$\sigma_z = \frac{-P}{2\pi r_{mi} y_S} = -\frac{y_R}{y_S} \sigma = -\frac{y_R}{y_S} \frac{h}{r_{mi}} \left(\sigma_\varphi - \nu \sigma_r - \frac{\gamma}{g} \omega^2 r_{mi}^2 \right) \tag{102a}$$

erzeugt, worin y_S die Scheibendicke am Radius r_{mi} bedeutet. Diese Spannung drückt die be- oder entlastende Wirkung des Ringes aus, je nachdem ob

$$\frac{\gamma}{g} \omega^2 r_{mi}^2 > \quad \text{oder} \quad < (\sigma_\varphi - \nu \sigma_r)$$

ist. Sie kann in der Scheibenrechnung wie eine zusätzliche Radialspannung behandelt werden, die an einer Sprungstelle angreift. Ist ein seitlich angebauter Ring etwa aus einem anderen Werkstoff als die Scheibe hergestellt, so muß der unterschiedliche Elastizitätsmodul berücksichtigt werden; man erhält dann als Zusatzspannung den geänderten Ausdruck:

$$\sigma_z = -\frac{y_R\, h}{y_S\, r_{\mathrm{mi}}}\left[\frac{E_R}{E_S}(\sigma_\varphi - \nu\,\sigma_r) - \frac{\gamma}{g}\,\omega^2\, r_{\mathrm{mi}}^2\right]. \tag{102b}$$

Diese Betrachtungsweise setzt voraus, daß eine am seitlichen Rand des Ringes angreifende Radialkraft diesen kreissymmetrisch entlang seiner ganzen axialen Ausdehnung gleichmäßig aufweitet, was nur bei verhältnismäßig schmalen Ringen zutrifft. Wir werden unter b) zeigen, inwieweit dies angenommen werden darf.

In der Gl. (102) für die Ring-Zusatzspannung erscheinen nun die Scheibenspannungen σ_φ und σ_r an der Stelle r_{mi}. Diese Werte sind aber während der Durchrechnung der Scheibe noch nicht bekannt. Wir setzen daher die in der laufenden Rechnung erscheinenden Größen ein, z. B. beim Verfahren von GRAMMEL die (noch nicht endgültigen) Spannungen σ_φ' und σ_r' und ebenso σ_φ'' und σ_r'', also in beiden Rechenoperationen I und II, wobei beachtet werden muß, daß bei Rechnung II wegen $\omega^2 = 0$ die Zusatzspannung durch den Ring zu

$$\sigma_z'' = -\frac{y_R}{y_S}\,\frac{h}{r_{\mathrm{mi}}}\left(\sigma_\varphi'' - \nu\,\sigma_r''\right) \tag{103}$$

wird. Dieses Vorgehen ist erlaubt, weil ja bei der Scheibenrechnung nur Additionen und Multiplikationen vorkommen und auch der Ausdruck für die Zusatzspannung nach Gl. (102) linear ist. Bei der x-Methode werden alle Größen σ_φ und σ_r in linearen Funktionen von σ_{φ_0} ausgedrückt, so daß auch σ_z durch σ_{φ_0} ausgedrückt wird.

Befindet sich z. B. an der in Anlage I durchgerechneten Scheibe am Radius $r = 34{,}0$ cm, wo die folgende Teilscheibe die Dicke $y_S = 5{,}0$ cm besitzt, ein seitlich auskragender Ring mit den Abmessungen $y_R = 6$ cm und $h = 4$ cm, so wird

$$\frac{y_R\, h}{y_S\, r_{\mathrm{mi}}} = 0{,}14.$$

In den Rechenoperationen I und II erhält man mit den dort ermittelten Größen σ_φ', σ_r', σ_φ'' und σ_r'' für die Zusatzspannung die Zahlenwerte

$$\sigma_z' = -0{,}14(1655 - 0{,}3\cdot 772 - 8\cdot 10^{-6}\cdot 9{,}87\cdot 10^4\cdot 34^2) = -71$$

und

$$\sigma_z'' = -0{,}14(739 - 0{,}3\cdot 440) = -85.$$

Diese Werte trägt man in die Spalten $\sigma_z(\sigma_z')$ bzw. σ_z'' ein und rechnet nach der angegebenen Vorschrift weiter.

Abb. 26 zeigt die Wirkung eines an einer Scheibe gleicher Dicke angebrachten Ringes im Vergleich zum Ergebnis einer nicht statthaften Berücksichtigung, bei der der Ring in seiner ganzen Breite als zur Scheibe gehörig und daher auch als radial mittragend betrachtet wurde. Letzteres hätte eine starke Senkung der Radialspannung im Bereich des Ringes zur Folge, während dort tatsächlich ein Spannungsanstieg entsteht, wie aus der richtigen Rechnungsweise hervorgeht. In der Abbildung wurde der aus der Rechnung gewonnene Spannungssprung an der Stelle r_{im} durch einen stetigen Übergang zwischen den beiden Ringradien ersetzt, wie es ja der Wirklichkeit mehr entspricht und was leicht abzuschätzen ist.

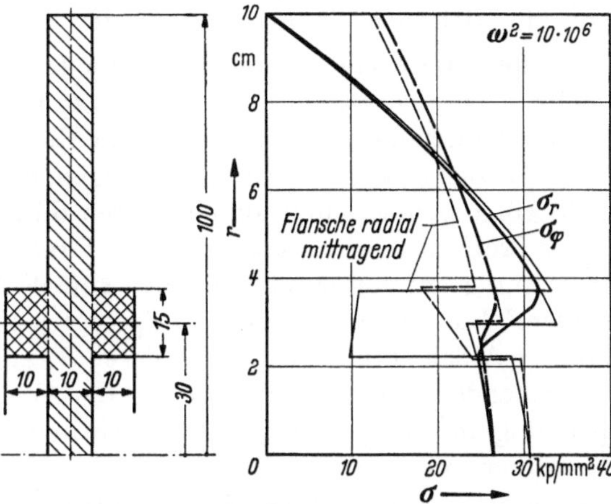

Abb. 26. Vergleich der Spannungen in einer Scheibe gleicher Dicke mit und ohne Berücksichtigung des Flanschringes

Solche radialspannungsfreien Ringe können auch an Stellen eingeführt werden, wo in der Scheibe ein tatsächlicher und erheblicher Dickensprung vorliegt. Die in Abb. 9 dargestellte Scheibe hat beispielsweise an der Stelle $r = 63{,}9$ cm eine sprunghafte Dickenänderung; es ist aber offensichtlich, daß an den in radialer Richtung freien Rändern dieser Sprungstelle keine Radialspannung herrschen kann, so daß der wirkliche radiale Kraftfluß etwa dem in Abb. 27 dargestellten Verlauf entspricht. Dadurch entsteht an dieser Stelle eine radialspannungsfreie Zone mit ungefähr dreieckförmigem Querschnitt, die man an ihrem Schwerpunkt als mit der Scheibe verbunden betrachtet. Die entsprechende Zusatzspannung ermittelt man nach Gl. (102), indem man für einen Ring mit beliebiger Querschnittsform

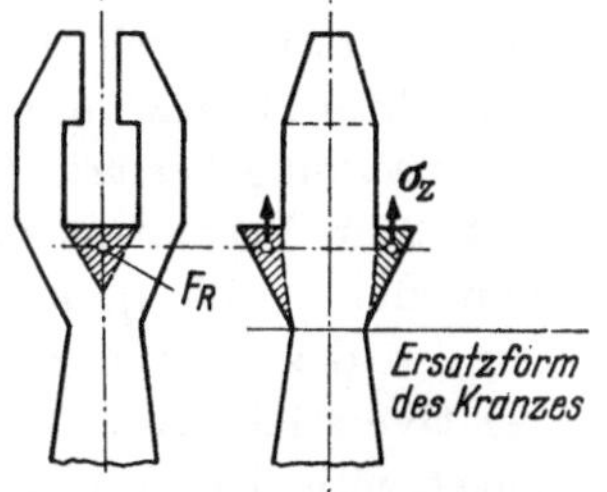

Abb. 27. Berücksichtigung eines radialspannungsfreien Randgebietes in der Scheibe nach Abb. 9

$$y_R h = F_R$$

setzt, worin F_R den Ringquerschnitt bedeutet. Zweifellos kann man im Bereich ohnedies geringer Radialspannung in der Scheibe auch mit der ganzen Breite, also einschließlich des Ringes, rechnen, da ja in solchen Fällen auch dem Ring nur kleine Radialspannungen beigemessen werden, die das Ergebnis kaum fälschen dürften.

Nach beendigter Scheibenrechnung kann man die tatsächliche be- oder entlastende Wirkung eines Ringes nach Gl. (102) berechnen, da jetzt die richtigen Spannungen in der Scheibe bekannt sind.

b) Der breite und dünne Ring. Es ist einleuchtend, daß ein in axialer Richtung weit ausladender Ring nicht in seiner ganzen Breite die von der Scheibe auf ihn übertragene Radialkraft aufnimmt. Es war daher das Ziel besonderer Untersuchungen, das Verhalten von an einem Ende eingespannten und aufgeweiteten dünnen Ringen zu ermitteln. Dieses Problem führt zu komplizierten Funktionen[1], die speziell für die Anwendung auf rotierende Scheiben von W. BURKHARDT ausgewertet wurden.[2] Die auf S. 231 bis 234 beigefügten Kurvenblätter sind der erwähnten Arbeit entnommen. Die Kurven ① auf S. 231 entsprechen dem hier behandelten Problem; sie zeigen die Abhängigkeit der Tangentialspannung im Ring von der Axialrichtung (z) mit der Größe η als Parameter, die durch

$$\eta = \sqrt[4]{3(1-\nu^2)}\,\frac{L}{\sqrt{r_{\mathrm{mi}}\,h}} \tag{104}$$

definiert ist. Da man diese Kurven in einer Scheibenrechnung nicht anwenden kann, wurden aus ihnen die Integrale

$$L_{\mathrm{eff}} = \frac{1}{L}\int\limits_0^L \frac{\sigma}{\sigma_0}\,dz$$

ermittelt, wodurch diejenige axiale Länge L_{eff} erhalten wird, die ein gedachter Ersatzring mit in axialer Richtung unveränderlicher Tangentialspannung besitzt. Diese „effektive Länge" ist in der Kurve ② auf S. 232 im Verhältnis zur wirklichen Länge L des Ringes in Abhängigkeit der Größe η aufgetragen. Die Größe η ist durch die Abmessungen des Ringes gegeben; die zugehörige Ordinate ergibt somit die relative effektive Länge, aus welcher die in die Scheibenrechnung einzusetzende Ringbreite zu

$$y'_R = \left(\frac{L_{\mathrm{eff}}}{L}\right) y_R \tag{105}$$

erhalten wird.

c) Der ungebohrte Wellenzapfen. Das Eindringen der Spannung von der Scheibe in einen aus ihr herauswachsenden Wellenzapfen ohne Bohrung wurde in gleicher Weise untersucht wie unter b) beschrieben. Das Ergebnis ist als Kurve ③ auf S. 232 wiedergegeben.

[1] BIEZENO, C. B., u. R. GRAMMEL: Technische Dynamik Bd. 1, 2. Aufl, Berlin/Göttingen/Heidelberg: Springer 1953, VI, 19, S. 430.

[2] Aus einer noch unveröffentlichten Arbeit von W. BURKHARDT.

Bei der Vollwelle ist jedoch nicht der mittlere Radius, sondern der größte Radius R einzusetzen, weshalb die Größe η eine einfachere Form annimmt:

$$\eta = \sqrt[4]{3\,(1 - \nu^2)}\,\frac{L}{R}. \tag{106}$$

Das gleiche gilt für die Zusatzspannung, die für den vollen Zapfen zu

$$\sigma_z = -\frac{y_R}{y_S}\left(\sigma_\varphi - \nu\,\sigma_r - \frac{\gamma}{g}\,\omega^2 r_{\mathrm{mi}}^2\right) \tag{107}$$

wird.

2. Die angeflanschte Scheibe

Wenn die zu berechnende Scheibe mit einem Flansch verbunden ist, der nicht mehr als dünner Ring betrachtet werden darf, so nehmen wir auch hierfür vereinfachend an, daß die Verbindung und die Kraftübertragung an einem Ringschnitt mit dem Radius r erfolgt (z. B. am Bohrungskreis für die Verbindungsschrauben), der aber nicht mit dem mittleren Radius des Flansches zusammenzufallen braucht. Entspricht dies nicht der Wirklichkeit, d. h. sind Scheibe und Flansch entlang einer größeren, in radialer Richtung ausgedehnten Fläche miteinander verbunden, dann dringen die Radialspannungen auch in den Flansch ein, so daß dessen Dicke zur Hauptscheibe gerechnet werden muß.

a) Die angeflanschte Scheibe gleicher Dicke. Auf die angeflanschte Scheibe werde an einem beliebigen Radius r die radiale Kraft P übertragen, die an ihr eine radial gerichtete Spannung σ erzeugt. Denkt man sich diese Scheibe in zwei Teile zerlegt, deren Trennfläche sich beim Radius r befinde, so verteilt sich die Spannung auf die äußere und innere Teilscheibe, an denen nach Abb. 28 die noch unbekannten Randspannungen σ_A und σ_B angreifen mögen. Während nun

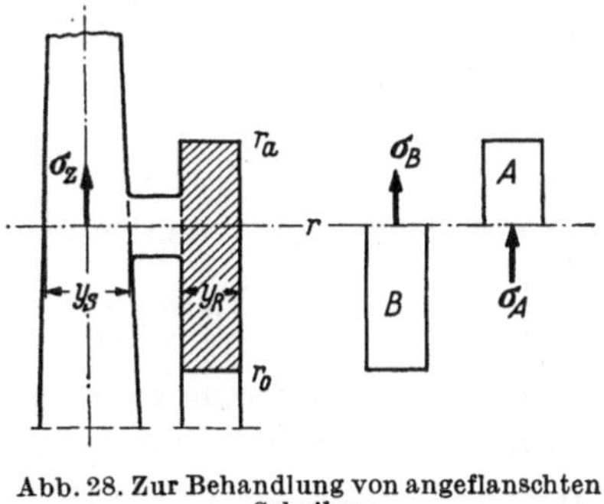

$$\sigma = \sigma_A + \sigma_B$$

ist, muß für die Berechnung der äußeren Scheibe die an ihrem Innenrand angreifende Spannung σ_A negativ angesetzt werden, da diese dort als Druckspannung auf die Scheibe wirkt.

Abb. 28. Zur Behandlung von angeflanschten Scheiben

Die Bedingung gleicher radialer Verschiebungen an der Trennstelle

$$\frac{r}{E}\left(\sigma_{\varphi_0 A} - \nu\,\sigma_{r_0 A}\right) = \frac{r}{E}\left(\sigma_{\varphi_{aB}} - \nu\,\sigma_{r_{aB}}\right) \tag{108}$$

liefert eine Gleichung zur Ermittlung des Teilungsverhältnisses

$$p = \frac{\sigma_B}{\sigma_A} \tag{109}$$

der Spannung σ. Setzen wir mit den Bezeichnungen von Abb. 28

$$\frac{r}{r_a} = \varrho \quad \text{und} \quad \frac{r_0}{r_a} = \psi,$$

so erhält man aus der Spannungsgleichung (22) für die Scheibe gleicher Dicke, in der $\omega^2 = 0$ zu setzen ist, für die äußere Scheibe A mit $\sigma_0 = -\sigma_A$:

$$\sigma_{\varphi_0} = \frac{r_a^2 + r^2}{r_a^2 - r^2}\,\sigma_A = \frac{1+\varrho^2}{1-\varrho^2}\,\sigma_A, \tag{110}$$

und für die innere Scheibe B mit $\sigma_a = \sigma_B$:

$$\sigma_{\varphi_a} = \frac{r^2 + r_0^2}{r^2 - r_0^2}\,\sigma_B = \frac{\varrho^2+\psi^2}{\varrho^2-\psi^2}\,\sigma_B. \tag{111}$$

Setzt man diese Ausdrücke in die Dehnungsbeziehung (108) ein, so ergibt sich mit $\sigma_{r_{0A}} = -\sigma_A$ und $\sigma_{r_{aB}} = \sigma_B$:

$$\left(\frac{1+\varrho^2}{1-\varrho^2} + \nu\right)\sigma_A = \left(\frac{\varrho^2+\psi^2}{\varrho^2-\psi^2} - \nu\right)\sigma_B,$$

woraus man das Verhältnis

$$p = \frac{\sigma_B}{\sigma_A} = \frac{\dfrac{1+\varrho^2}{1-\varrho^2} + \nu}{\dfrac{\varrho^2+\psi^2}{\varrho^2-\psi^2} - \nu} = \frac{(0{,}7\,\varrho^2 + 1{,}3)\,(\varrho^2-\psi^2)}{(0{,}7\,\varrho^2 + 1{,}3\,\psi^2)\,(1-\varrho^2)} \quad \text{für } \nu = 0{,}3 \tag{112}$$

erhält. Da ferner $\sigma = \sigma_A + \sigma_B$ ist, ergeben sich die an den beiden Scheiben angreifenden Spannungen zu

$$\sigma_A = \frac{1}{1+p}\,\sigma, \qquad \sigma_B = \frac{p}{1+p}\,\sigma. \tag{113}$$

Wir definieren nun einen Faktor

$$k_0 = \frac{\sigma}{\sigma_{\varphi_B} - \nu\,\sigma_{r_B}} = \frac{\sigma}{\sigma_{\varphi_A} + \nu\,\sigma_A}, \tag{114}$$

der den Zusammenhang zwischen der aufweitenden Radialspannung σ und der Aufweitung angibt, worin σ_φ und σ_r die Spannungen an der Trennstelle sind. Dieser Faktor wird mit den Gln. (110) bis (113):

$$\begin{aligned} k_0 &= \frac{(1+p)\,(1-\varrho^2)}{\varrho^2\,(1-\nu) + (1+\nu)} \\ &= \frac{\varrho^2-\psi^2}{\varrho^2\,(1-\nu) + \psi^2\,(1+\nu)} + \frac{1-\varrho^2}{\varrho^2\,(1-\nu) + (1+\nu)} \end{aligned} \tag{115}$$

und mit $\nu = 0{,}3$:

$$k_0 = \frac{\varrho^2-\psi^2}{0{,}7\,\varrho^2 + 1{,}3\,\psi^2} + \frac{1-\varrho^2}{0{,}7\,\varrho^2 + 1{,}3}. \tag{115a}$$

Die Aufweitung des Flansches durch die an der Verbindungsstelle mit der Scheibe übertragene Radialkraft $P = 2\pi\, r\, \sigma$ ist nun gleich der Differenz Δu der radialen Verschiebungen von Scheibe und frei rotierendem Flansch; es gilt daher:

$$\Delta u = \frac{r}{E_S}\left(\sigma_{\varphi_S} - \nu\, \sigma_{r_S}\right) - \frac{r}{E_F}\left(\sigma_{\varphi_F} - \nu\, \sigma_{r_F}\right), \tag{116}$$

worin der Index S die Größen in der Scheibe und der Index F diejenigen im Flansch kennzeichnet. Wir schreiben daher an Stelle von Gl. (114)

$$\sigma = k_0\left[\left(\sigma_{\varphi_S} - \nu\, \sigma_{r_S}\right)\frac{E_F}{E_S} - \left(\sigma_{\varphi_F} - \nu\, \sigma_{r_F}\right)\right]. \tag{117}$$

An der Scheibe wirkt nun die Reaktionskraft $-P$, für welche wir

$$-P = \sigma_z\, 2\pi\, r\, y_S = -\, \sigma\, 2\pi\, r\, y_F$$

schreiben, womit wir schließlich die Zusatzspannung σ_z erhalten, die an der Hauptscheibe anzubringen ist:

$$\sigma_z = -\, k_0\, \frac{y_F}{y_S}\left[\left(\sigma_{\varphi_S} - \nu\, \sigma_{r_S}\right)\frac{E_F}{E_S} - \left(\sigma_{\varphi_F} - \nu\, \sigma_{r_F}\right)\right]. \tag{118}$$

Hierin bedeuten σ_{φ_F} und σ_{r_F} die Spannungen in der als frei rotierend gedachten Flanschscheibe. Die Größe k_0 ersetzt das Verhältnis $\frac{h}{r_{\mathrm{mi}}}$ und $(\sigma_{\varphi_F} - \nu\, \sigma_{r_F})$ die Größe $\frac{\gamma}{g}\,\omega^2\, r_{\mathrm{mi}}^2$ beim dünnen Ring, Gl. (102).

b) Die angeflanschte Scheibe mit beliebigem Profil. Der Faktor k_0 in Gl. (118) kann für ein beliebiges Scheibenprofil nicht formelmäßig ausgedrückt werden; man muß ihn durch eine Scheibenrechnung für das betreffende Profil ermitteln. Dies wird so durchgeführt, daß man die beiden Scheibenteile, die durch den Zylinderschnitt am Radius r als getrennt gedacht werden, in jeweils einer eigenen Scheibenrechnung durchrechnet, wobei an der äußeren Scheibe die Spannung σ_A (negativ) am Innenrand und an der inneren Scheibe die Außenrandspannung σ_B angesetzt werden. Da wir aus den Ergebnissen beider Rechnungen die Bedingung gleicher radialer Verschiebungen an der Trennstelle aufstellen wollen, müssen die Scheiben so durchgerechnet werden, daß die Rechnung in beiden Fällen an der Trennstelle endigt. Zunächst suchen wir nur den Spannungszustand unter der jeweiligen Randlast, also ohne Rotation, es genügt daher, die Rechenoperation II für die ruhenden Scheiben nach Grammel durchzuführen. Der Überlagerungsfaktor lautet dann für die äußere Scheibe:

$$\varkappa_A = \frac{\sigma_A - \sigma_A''}{\sigma_A''} = \frac{\sigma_A}{\sigma_A''} - 1$$

und für die innere:

$$\varkappa_B = \frac{\sigma_B}{\sigma_B''} - 1\,.$$

Sind σ_{φ_A}'' und σ_{φ_B}'' die Endwerte für die Tangentialspannungen, wie sie sich aus den beiden Berechnungen ergeben, so wird die Bedingung gleicher

Verschiebungen an der Trennstelle:

$$\sigma''_{\varphi_A} + \left(\frac{\sigma_A}{\sigma''_A} - 1\right)\sigma''_{\varphi_A} - \nu\,\sigma_A = \sigma''_{\varphi_B} + \left(\frac{\sigma_B}{\sigma''_B} - 1\right)\sigma''_{\varphi_B} - \nu\,\sigma_B .$$

Hieraus läßt sich das Verhältnis p der beiden Randspannungen ermitteln; da hier σ_A und σ_B entgegengesetzte Richtung haben, ist

$$\sigma = \sigma_B - \sigma_A$$

und damit

$$p = -\frac{\sigma_B}{\sigma_A} = -\frac{\dfrac{\sigma''_{\varphi_A}}{\sigma''_A} - \nu}{\dfrac{\sigma''_{\varphi_B}}{\sigma''_B} - \nu}. \tag{119}$$

Setzt man nun in die Gl. (114) die jetzt bekannten Ausdrücke

$$\sigma_\varphi = \sigma_{\varphi_A} = \sigma''_{\varphi_A}\frac{\sigma_A}{\sigma''_A}$$

und

$$\sigma_r = \sigma_A = -\frac{1}{p+1}\,\sigma$$

ein, so ergibt sich der gesuchte Faktor k_0 zu

$$k_0 = -\frac{p+1}{\dfrac{\sigma''_{\varphi_A}}{\sigma''_A} - \nu}, \tag{120}$$

oder, unter Verwendung des Ausdruckes (119)

$$k_0 = \frac{\left(\dfrac{\sigma''_{\varphi_A}}{\sigma''_A} - \nu\right) - \left(\dfrac{\sigma''_{\varphi_B}}{\sigma''_B} - \nu\right)}{\left(\dfrac{\sigma''_{\varphi_A}}{\sigma''_A} - \nu\right)\left(\dfrac{\sigma''_{\varphi_B}}{\sigma''_B} - \nu\right)}. \tag{120a}$$

Zur Ermittlung der Zusatzspannung σ_z nach Gl. (118) benötigt man die Spannungen σ_{φ_ω} und σ_{r_ω} der frei rotierenden angeflanschten Scheibe an der Verbindungsstelle. Diese müssen aus einer vollständigen Scheibenrechnung gewonnen werden; aus dieser Rechnung kann man nun die für Gl. (120a) erforderlichen Werte σ''_A und σ''_{φ_A} an der Stelle r entnehmen, so daß nur noch der Ruhespannungszustand für den anderen Scheibenteil, in umgekehrter Richtung zur Ermittlung der Werte σ''_B und σ''_{φ_B} gerechnet werden muß.

Häufig liegt die Verbindung zwischen Haupt- und Nebenscheibe am Außen- oder am Innenrand der letzteren; damit vereinfacht sich die Berechnung der Zusatzspannung, da jetzt $p = 0$ und der Faktor k_0 nach Gl. (120) zu

$$k_0 = -\frac{1}{\dfrac{\sigma''_\varphi}{\sigma''} - \nu}$$

wird.

Wünscht man die Berechnung nach der x-Methode durchzuführen, so gestaltet sich die Ermittlung der Zusatzspannung etwas einfacher.

Man rechnet die angeflanschte Scheibe von r_0 bis r_a für den rotierenden Zustand; ferner rechnet man in umgekehrter Richtung von r_a bis zum Radius r der Verbindungsstelle, wofür die Berechnung in der x-Spalte genügt, da diese den Ruhespannungszustand liefert. Aus der ersten Rechnung entnimmt man an der Stelle r in der x-Spalte die Zahlenwerte für σ_φ und σ_r und aus der zweiten die gleichen Größen. Kennzeichnet man diese Werte mit den Indizes A und B, so führt eine einfache Überlegung zu folgendem Ausdruck für den Faktor k_0:

$$k_0 = \frac{\left(\frac{\sigma_{\varphi_A}}{\sigma_{r_A}} - \nu\right) - \left(\frac{\sigma_{\varphi_B}}{\sigma_{r_B}} - \nu\right)}{\left(\frac{\sigma_{\varphi_A}}{\sigma_{r_A}} - \nu\right)\left(\frac{\sigma_{\varphi_B}}{\sigma_{r_B}} - \nu\right)}. \tag{121}$$

Die mit σ bezeichneten Zahlenwerte sind keine wirklichen Spannungen, sondern nur die in den betreffenden Spalten stehenden Koeffizienten, die Vielfache der tangentialen Innenrandspannung darstellen.

c) Die Wirkung einer Ringverbindung zwischen zwei Scheiben. Es ist einleuchtend, daß ein zwischen zwei Scheiben befindlicher Ring, der starr mit beiden verbunden ist, die radialen Kräfte von einer Scheibe zur anderen um so weniger übertragen kann, je breiter und je dünner er ist. Für diesen Fall des beidseitig eingespannten Ringes wurde ein sogenannter Übertragungsfaktor $\mu = \frac{P}{P'}$ bestimmt, der angibt, welcher Teil der Kraft P von einem Ringende zum anderen übertragen wird.[1] Dieser Faktor ergab sich wieder in Abhängigkeit der Größe $\eta_1 = \sqrt[4]{3(1-\nu^2)}\,\frac{L}{\sqrt{r\,h}}$; er ist auf S. 233 als Kurve (4a) dargestellt. Mit diesem Faktor ändert sich die Zusatzspannung nach Gl. (118) proportional und wird somit:

$$\sigma_z = \mu\, k_0 \frac{y_F}{y_S}\left[\left(\sigma_{\varphi_S} - \nu\,\sigma_{r_S}\right)\frac{E_F}{E_S} - \left(\sigma_{\varphi_F} - \nu\,\sigma_{r_F}\right)\right]. \tag{122}$$

Es sei erwähnt, daß die Kräfte P und P' auf beide Scheiben Biegemomente ausüben; die Berechnung der dabei auftretenden Biegespannungen wird auf S. 218 behandelt werden.

d) Die Verbindung zweier Scheiben durch eine Vollwelle. Für diesen Fall gilt der als Kurve (5) auf S. 233 aufgetragene Übertragungsfaktor μ, mit dem Abszissenwert $\eta_2 = 3{,}638\,\frac{L}{D}$, der sich mit $r_{\mathrm{mi}}\,h = \frac{D}{8}$ und $\nu = 0{,}3$ ergibt. Man entnimmt dieser Kurve, daß z. B. für $\eta^2 = 3{,}0$ $\left(\frac{L}{D} = 0{,}82\right)$ die übertragene Kraft auf 39% abfällt, während sie für $\eta_2 = 1{,}5$ $\left(\frac{L}{D} = 0{,}41\right)$ noch 84% beträgt.

[1] Siehe Fußn. 2, S. 62.

3. Die Berücksichtigung tangentialspannungsfreier Ringzonen

In sehr vielen Fällen werden Scheiben mit Löchern versehen, die zum Durchgang von Schrauben, Paßbolzen oder auch von Kühlluft dienen. Diese Löcher bilden eine kreisförmige Zone, innerhalb welcher die Entstehung von Tangentialspannungen ganz oder teilweise verhindert wird, je nach der Form der zwischen den Löchern stehenbleibenden „Speichen". Wegen der in dieser Zone fehlenden Tangentialspannungen treten in den Speichen höhere Radialspannungen auf, und außerdem wird die Spannungsverteilung der ganzen Scheibe durch die Löcher beeinflußt.

Um solche Zonen in die Scheibenberechnung einbeziehen zu können, vereinfachen wir das Problem derart, daß wir die Zone als gänzlich tangentialspannungsfrei betrachten und den einzelnen Speichen einen mittleren Querschnitt zuordnen, der sich in radialer Richtung nicht verändern möge. Dieser Querschnitt hängt von der Form der Löcher ab (die meist kreisrund sind) und kann leicht berechnet werden.

Wir führen nun dort, wo die tangentialspannungsfreie Zone beginnt (r_i) und wo sie endigt (r_{i+1}), jeweils eine Sprungstelle ein; die Scheibenrechnung werde am Innenrand begonnen. Wir rechnen zunächst in gewohnter Weise bis zum Radius r_i, wo wir mit den Werten σ_φ und σ_r ankommen. Diese Werte verkörpern sowohl die mit σ' und σ'' bezeichneten Spannungen im GRAMMELschen Verfahren als auch die in der x-Methode gewonnenen Ausdrücke, die sich aus mehreren Gliedern zusammensetzen. Mit Hilfe dieser Werte ermitteln wir nun die radiale Verschiebung am Ende der Speichen, wobei wir die Längenänderung der Speichen selbst mit einbeziehen. Diese Radialverschiebung muß dann wieder gleich derjenigen sein, die am Innenrand des nach der Lochzone beginnenden Scheibenteiles auftritt. Diese Bedingung führt, wenn die mittlere Spannung in der Speiche mit $\sigma_{\mathrm{sp}_{\mathrm{mi}}}$ bezeichnet wird, auf die Gleichung:

$$\frac{r_{i+1}}{E_{i+1}}\left(\sigma_{\varphi_{i+1}} - \nu\,\sigma_{r_{i+1}}\right) = \frac{r_i}{E_i}\left(\sigma_{\varphi_i} - \nu . \sigma_{r_i}\right) + \\ + \frac{r_{i+1} - r_i}{E_{i,\,i+1}}\,\sigma_{\mathrm{sp}_{\mathrm{mi}}} + (r_{i+1} - r_i)\,\alpha_{i,\,i+1}\,(\vartheta_{i+1} - \vartheta_i)\,. \tag{123}$$

Die Radialspannung $\sigma_{r_{i+1}}$ bestimmen wir aus der Bedingung für das Gleichgewicht der Kräfte; ist P_{sp} die Fliehkraft der Speichen und P_{schr} diejenige der in den Löchern sitzenden Schrauben oder Bolzen, so gilt:

$$P_{i+1} = P_i - (P_{\mathrm{sp}} + P_{\mathrm{schr}})\,,$$

oder, wenn wir für die Kräfte die entsprechenden Ausdrücke mit den Spannungen verwenden:

$$\sigma_{r_{i+1}} 2\pi\, r_{i+1}\, y_{i+1} = \left(\sigma_{r_i} - \frac{P_{\mathrm{sp}} + P_{\mathrm{schr}}}{2\pi\, r_i\, y_i}\right) 2\pi\, r_i\, y_i\,,$$

woraus sich die Radialspannung nach der Bohrungszone zu

$$\sigma_{r_{i+1}} = \left(\sigma_{r_i} - \frac{P_{sp} + P_{schr}}{2\pi\, r_i\, y_i}\right) \frac{r_i\, y_i}{r_{i+1}\, y_{i+1}} \tag{124}$$

ergibt.

Befinden sich an der Scheibe n kreisförmige Löcher vom Durchmesser $d = r_{i+1} - r_i$, so errechnet sich die Fliehkraft der Speichen zu

$$P_{sp} = F_{sp}\, d\, \frac{\gamma}{g}\, \omega^2 r_{mi}^2 \tag{125}$$

mit

$$F_{sp} = \pi\left(2 r_{mi} - \frac{n\, d}{4}\right) y_{sp} = \pi\, t\, y_{sp},$$

und

$$t = 2 r_{mi} - \frac{n\, d}{4}. \tag{126}$$

Die in Gl. (123) enthaltene mittlere Spannung $\sigma_{sp_{mi}}$ der Speichen ergibt sich damit zu

$$\sigma_{sp_{mi}} = \frac{P_{mi}}{F_{sp}} = \frac{\sigma_{r_i}\, r_i\, y_i + \sigma_{r_{i+1}}\, r_{i+1}\, y_{i+1}}{t\, y_{sp}}. \tag{127}$$

Damit haben wir alle Größen abgeleitet, die zur Berechnung der Tangentialspannung am Ende der Bohrungszone nach Gl. (123) benötigt werden. Sie ergibt sich zu

$$\begin{aligned}\sigma_{\varphi_{i+1}} = \frac{r_i}{r_{i+1}} \Bigg\{ & \frac{E_{i+1}}{E_i}\, \sigma_{\varphi_i} + \left[\nu\left(\frac{y_i}{y_{i+1}} - \frac{E_{i+1}}{E_i}\right) + 2\, \frac{E_{i+1}}{E_{i,\,i+1}}\, \frac{y_i}{y_{sp}}\, \frac{r_{i+1} - r_i}{t}\right] \sigma_{r_i} - \\ & - \left(\frac{r_{i+1} - r_i}{t}\, \frac{y_{i+1}}{y_{sp}}\, \frac{E_{i+1}}{E_{i,\,i+1}} + \nu\right) \frac{y_i}{y_{i+1}}\, \frac{P_{sp} + P_{schr}}{2\pi\, r_i\, y_i} + \\ & + \frac{r_{i+1} - r_i}{r_i}\, E_{i+1}\, \alpha_{i,\,i+1} (\vartheta_{i+1} - \vartheta_i) \Bigg\}.\end{aligned} \tag{128a}$$

Ist der E-Modul innerhalb des betrachteten Bereichs konstant, was häufig der Fall sein wird, so vereinfacht sich der Ausdruck zu:

$$\begin{aligned}\sigma_{\varphi_{i+1}} = \frac{r_i}{r_{i+1}} \Bigg\{ & \sigma_{\varphi_i} + \left[\nu\left(\frac{y_i}{y_{i+1}} - 1\right) + 2\, \frac{y_i}{y_{sp}}\, \frac{r_{i+1} - r_i}{t}\right] \sigma_{r_i} - \\ & - \frac{y_i}{y_{i+1}} \left(\frac{y_{i+1}}{y_{sp}}\, \frac{r_{i+1} - r_i}{t} + \nu\right) \frac{P_{sp} + P_{schr}}{2\pi\, r_i\, y_i} + \left(\frac{r_{i+1} - r_i}{r_i}\right) E_{i+1}\, \alpha_{i,\,i+1} (\vartheta_{i+1} - \vartheta_i) \Bigg\}.\end{aligned} \tag{128b}$$

Wenn vollends die Scheibendicke innerhalb der Bohrungszone gleichbleibt, so erhalten wir den noch einfacheren Ausdruck:

$$\begin{aligned}\sigma_{\varphi_{i+1}} = \frac{r_i}{r_{i+1}} \Bigg[& \sigma_{\varphi_i} + 2\, \frac{d}{t}\, \sigma_{r_i} - \left(\frac{d}{t} + \nu\right) \frac{P_{sp} + P_{schr}}{2\pi\, r_i\, y_i} + \\ & + \frac{d}{r_i}\, E_{i+1}\, \alpha_{i,\,i+1} (\vartheta_{i+1} - \vartheta_i) \Bigg].\end{aligned} \tag{128c}$$

Sind wir also in der Scheibenrechnung am inneren Rand (r_i) der tangentialspannungsfreien Zone angekommen, so berechnen wir die Spannungen am Ende dieser Zone nach den Gln. (124) und (128) im Grammelschen Verfahren für beide Rechenoperationen I und II (bei letzterer mit $P_{sp} + P_{schr} = 0$, wegen $\omega = 0$, und ebenso mit $\vartheta_{i+1} - \vartheta_i = 0$). Mit den neuen Werten rechnen wir dann den fehlenden Scheibenteil weiter, indem wir wie bei einer Scheibe mit Mittelbohrung vorgehen, d. h. die Spannungen $\sigma_{\varphi,\,i+1}$ und $\sigma_{r,\,i+1}$ als Innenrandwerte benutzen.

Wünscht man die Scheibe von außen nach innen zu rechnen, so können die Gln. (124) und (128) bis (130) unverändert verwendet werden; es muß lediglich beachtet werden, daß dann $r_2 < r_1$ ist, und daß die Glieder mit $P_{sp} + P_{schr}$ ihre Vorzeichen ändern.

Aus den endgültigen Spannungen σ_{r_i} und $\sigma_{r_{i+1}}$ erhält man schließlich die größte Spannung in den Speichen zu

$$\sigma_{sp_{max}} = \frac{\sigma_{r_i} r_i y_i + \sigma_{r_{i+1}} r_{i+1} y_{i+1}}{\left[2 r_{mi} - \frac{n}{\pi}(r_{i+1} - r_i)\right] y_{sp}}. \tag{129}$$

Es bleibt nun noch die Frage nach der radialen Erstreckung der als tangentialspannungsfrei zu betrachtenden Zone. Wird die ganze Bohrungszone als tangentialspannungsfrei angenommen, so rechnet man zu ungünstig, so daß das Ergebnis auf der sicheren Seite liegt. Es läßt sich aber auch durch einen nach Abb. 29 geschätzten Verlauf des tangentialen Kraftflusses eine Ersatzzonenbreite d' ermitteln, mit welcher man die Berechnung durchführt, wofür die Ergebnisse von Untersuchungen über die Spannungsverteilung in gelochten Zugstäben oder in Scheiben mit exzentrischen Bohrungen[1] herangezogen werden können.

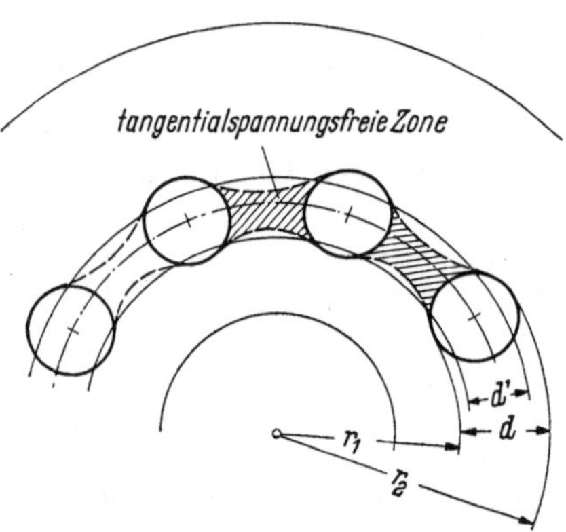

Abb. 29. Ringförmige Bohrungszone

Zur Veranschaulichung der Wirkung solcher tangentialspannungsfreier Zonen sind in Abb. 30 die Spannungen in einer Vollscheibe gleicher Dicke mit Bohrungen im Vergleich zu denjenigen in einer Scheibe ohne Bohrungen dargestellt. Man erkennt hieraus, daß insbesondere im Bereich der Speichen die Radialspannung und außerhalb des Bohrungsbereiches auch die Tangentialspannungen höher werden. Der Fehler, der durch Nichtbeachten der Bohrungen entsteht, kann demnach recht erheblich werden. Auch wenn man versucht, die Löcher in der Weise zu berücksichtigen, daß an der betreffenden Stelle eine dem Lochvolumen entsprechende „Einschnürung" an der Scheibe vorgesehen wird, entsteht immer noch ein beachtlicher Fehler, wie aus Abb. 30, Kurvenzüge C, hervorgeht. Dies rührt daher, daß im Bereich der Bohrungen noch Tangentialspannungen angenommen werden, die entlastend wirken.

---

[1] Siehe z. B. Schrifttum A: LEIST, K. und J. WEBER.

Abb. 31 zeigt schließlich noch den Spannungsverlauf in einer Scheibe mit durchbohrten Ringansätzen, wie sie zur Befestigung von

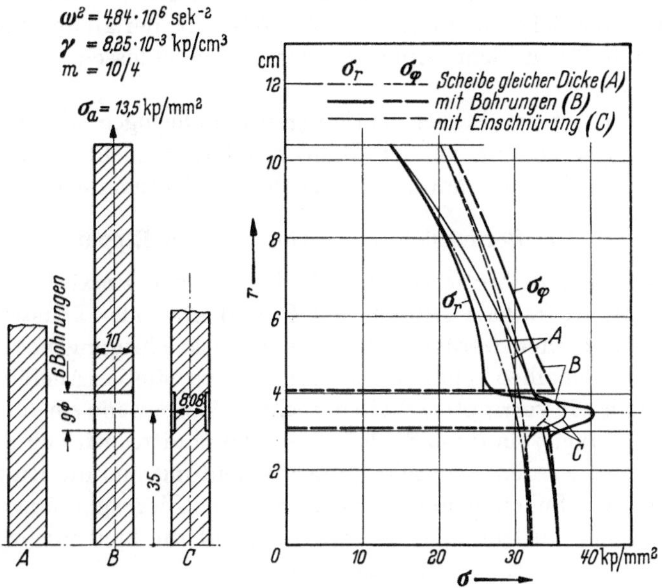

Abb. 30. Spannungsverteilung in einer Scheibe gleicher Dicke bei verschiedenartiger Berücksichtigung von Bohrungen

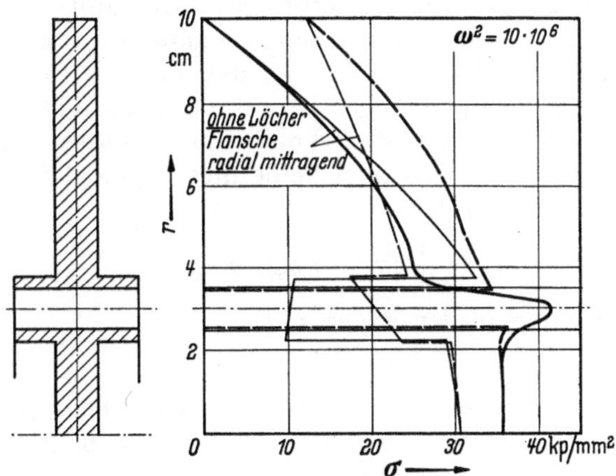

Abb. 31. Spannungsverteilung in einer Scheibe mit Bohrungen im Bereich eines Flansches

Scheiben häufig vorgesehen werden. Hier tritt der Unterschied gegenüber dem in doppelter Hinsicht falsch geplanten Rechnungsansatz, d. h. der Annahme radialen Mittragens der Ringe und ohne Berücksichtigung der Löcher, besonders deutlich hervor.

Die beschriebene Methode der Berücksichtigung von tangentialspannungsfreien Zonen innerhalb einer Scheibe erlaubt auch ein Schwungrad zu berechnen, bei dem wirkliche Speichen vorhanden sind, ebenso wie eine Scheibe mit einem Schaufelkranz, der an den Schaufelenden durch einen Schrumpfring oder ein geschlossenes Deckband abgeschlossen ist.

Bei dieser Art der Berücksichtigung von Bohrungen wird natürlich die Spannungserhöhung an den Bohrungsrändern nicht erfaßt; diese kann aber aus den erwähnten Untersuchungen entnommen werden.

4. Die Berücksichtigung von radialen Rippen

Obwohl man bei rotierenden Scheiben in der Praxis selten den Fall antrifft, wo radiale Rippen aus Festigkeits- oder konstruktiven Gründen vorgesehen werden, soll deren Berücksichtigung bei der Berechnung der Scheiben behandelt werden, weil es nämlich Ausführungen gibt, die man wie verrippte Scheiben rechnen kann, wenn sie auch nicht als Rippen gedacht sind; am Schluß dieses Abschnittes wird ein Beispiel hierfür gezeigt werden. Von sehr großer Bedeutung sind die Rippen bei der Biegung von Scheiben und Schalen, wo neben Biegespannungen auch Zugspannungen auftreten, so daß wir dort auf die hier beschriebenen Untersuchungen zurückgreifen können.

Das Wesen der aus der Scheibe herauswachsenden radial verlaufenden Rippe ist, festigkeitsmäßig betrachtet, ihre Freiheit von Tangentialspannungen. Im Gegensatz zum vorhergehenden Abschnitt, wo wir Zonen innerhalb der Scheibe behandelt haben, die ganz frei von Tangentialspannungen sind, liegt hier der Fall so, daß im Bereich der Rippen die Scheibe tangentiale Spannungen besitzt, die Rippen aber nicht. Da die Rippen mit der Scheibe fest verbunden sind, müssen an der Verbindungsstelle die Dehnungen in Scheibe und Rippe gleich sein, was zu folgender Gleichung führt:

$$\varepsilon_r = \frac{1}{E}(\sigma_r - \nu\,\sigma_\varphi) = \frac{\sigma_R}{E}, \tag{130}$$

woraus die Spannung in der Rippe mit

$$\sigma_R = (\sigma_r - \nu\,\sigma_\varphi)$$

erhalten wird. Damit können wir die Gleichgewichtsbedingung für die radialgerichteten Kräfte in einem Element aufstellen, das mit einer Rippe versehen sei. Zu den im I. Abschnitt zur Aufstellung von Gl. (1) ermittelten Kräften kommt für die Rippe lediglich die Kraft

$$d(\sigma_R\, y'\, r\, d\varphi) = d[(\sigma_r - \nu\,\sigma_\varphi)\, y'\, r\, d\varphi]$$

hinzu, worin

$$y' = \frac{F_R}{2\pi r}$$

[1] Siehe Fußn. 1, S. 70.

die Ersatzdicke der Rippe unter Annahme eines gleichmäßig über den Umfang verteilten Rippenquerschnittes F_R bedeutet. Führt man diese Kraft in die Gleichgewichtsbedingung ein, so erhält man die neue Differentialgleichung für eine verrippte Scheibe:

$$\frac{d}{dr}(r\,y\,\sigma_r) - y\,\sigma_\varphi - \nu\,\frac{d}{dr}(r\,y'\,\sigma_\varphi) + \frac{d}{dr}(r\,y'\,\sigma_r) + \frac{\gamma}{g}\,\omega^2(y+y')\,r^2 = 0\,.$$

Faßt man die Glieder mit σ_r und σ_φ zusammen und setzt gleichzeitig $y + y' = y^*$, so erhält man:

$$\frac{d}{dr}(r\,y^*\,\sigma_r) - \nu\,\frac{d}{dr}(r\,y'\,\sigma_\varphi) - y\,\sigma_\varphi + y^*\,\frac{\gamma}{g}\,\omega^2 r^2 = 0\,. \qquad (131)$$

Da wir beabsichtigen, den Einfluß der Rippe innerhalb der Berechnungsverfahren zu berücksichtigen, die sich auf die Aufteilung in Teilscheiben gleicher Dicke stützen, so schreiben wir gleich die Differentialgleichung für die verrippte Scheibe mit unveränderlicher Dicke y und unveränderlicher Ersatzdicke y' der Rippe an. Wir erhalten mit $y =$ konstant und $y' =$ konstant die Differentialgleichung:

$$\frac{d\sigma_r}{dr} + \sigma_r - \frac{y+\nu\,y'}{y^*}\,\sigma_\varphi - \nu\,\frac{y'}{y^*}\,\frac{d\sigma_\varphi}{dr} + \frac{\gamma}{g}\,\omega^2 r^2 = 0\,. \qquad (132)$$

Da die Dehnungsbeziehungen (2) auch für den vorliegenden Fall gültig sind, so kann die daraus abgeleitete Differentialgleichung (3) zur Ermittlung der Spannungen der verrippten Scheibe unverändert herangezogen werden. Der Lösungsansatz hat nun die gleiche Form wie derjenige, der für die glatte Scheibe verwendet wurde:

$$\sigma_r = A_1\,r^{\varrho_1} + A_2\,r^{\varrho_2} + a\,\omega^2 r^2\,,$$

$$\sigma_\varphi = A_1'\,r^{\varrho_1} + A_2'\,r^{\varrho_2} + b\,\omega^2 r^2\,.$$

Führt man die Lösung in gleicher Weise durch, wie es für die glatte Scheibe beschrieben wurde, so ergeben sich für die Exponenten ϱ_1 und ϱ_2 gebrochene, von y und y' abhängige Zahlenwerte, mit denen eine einfache Rechenweise nach dem Verfahren von GRAMMEL nicht mehr möglich ist. Wir versuchen daher, ähnlich wie bei den an der Scheibe befindlichen Ringen vorzugehen, indem wir uns die Rippe als von der Scheibe getrennt denken und die statisch unbestimmten Kräfte einführen, die sich aus der Forderung gleicher Dehnungen an der Trennstelle ergeben. Wir gehen dabei so vor, daß wir die Rippe als masselos annehmen, ihre Fliehkraft aber an der Scheibe in Form einer Zusatzspannung anbringen.

Nach Abb. 32 sei die Rippe zunächst nur an der Stelle r_i mit der Scheibe verbunden, so daß dort die Beziehung

$$\sigma_{R_i} = \sigma_{r_i} - \nu\,\sigma_{\varphi_i} \qquad (133)$$

gilt. Wir nehmen nun an, die Rippe habe konstanten Querschnitt in dem Bereich, wo auch die Scheibendicke konstant ist (was bedeutet, daß die Ersatzdicke für die Rippe $y' = \frac{F_R}{2\pi r}$ nicht konstant ist). Damit ist die Spannung am Ende der Rippe, an der Stelle r_{i+1}, zunächst gleich derjenigen an der Stelle r_i; wir schreiben daher

$$\sigma'_{R_{i+1}} = \sigma_{R_i} = \sigma_{r_i} - \nu\,\sigma_{\varphi_i}. \tag{134}$$

In der Scheibe herrschen an der Stelle r_{i+1} die Spannungen $\sigma_{r,\,i+1}$ und $\sigma_{\varphi,\,i+1}$, die wir aus den für das GRAMMELsche Verfahren (s. S. 19) ermittelten Beziehungen

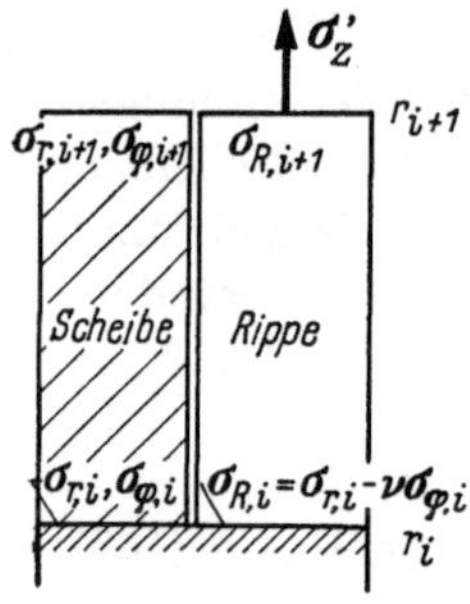

Abb. 32. Radiale Rippe an der Scheibe

$$\begin{aligned} \sigma_{r_{i+1}} &= \sigma_{r_i} + q, \\ \sigma_{\varphi_{i+1}} &= \sigma_{\varphi_i} - q \end{aligned} \tag{135}$$

kennen. Da an der Stelle r_{i+1} wieder die Dehnungen in Rippe und Scheibe gleich sein müssen, gilt dort:

$$\sigma_{R_{i+1}} = \sigma_{r_{i+1}} - \nu\,\sigma_{\varphi_{i+1}}. \tag{136}$$

Die Spannung $\sigma_{R,\,i+1}$ ist aber nicht gleich groß wie die durch Gl. (134) ausgedrückte Spannung in der Rippe, weshalb wir an der Stelle r_{i+1} eine zusätzliche Spannung σ'_z so anbringen, daß die Dehnungsbeziehung erfüllt wird:

$$\sigma_{R_{i+1}} = \sigma'_{R_{i+1}} + \sigma'_z = \sigma_{r_i} - \nu\,\sigma_{\varphi_i} + \sigma'_z. \tag{137}$$

Diese zusätzliche Spannung kann nun aus den Gln. (134) bis (137) ermittelt werden; sie ergibt sich zu

$$\sigma'_z = \xi\,(1+\nu)\left(\sigma_{r_i} - \sigma_{\varphi_i}\right) = q\,(1+\nu). \tag{138}$$

Es muß nun noch eine Betrachtung für die Sprungstelle einer verrippten Scheibe angestellt werden. Hierfür verwenden wir wieder die Indizes 1 und 2 für die Größen vor und nach dem Sprung, wobei wir den Index i weglassen; die Dehnungsbeziehung

$$\sigma_{\varphi_2} - \nu\,\sigma_{r_2} = \sigma_{\varphi_1} - \nu\,\sigma_{r_1}$$

führt mit $\sigma_{\varphi_2} = \sigma_{\varphi_1} + \varDelta\sigma_\varphi$ und $\sigma_{r_2} = \sigma_{r_1} + \varDelta\sigma_r$ zu der bereits bekannten tangentialen Sprunggröße

$$\varDelta\sigma_\varphi = \nu\,\varDelta\sigma_r,$$

während die Gleichheit der Kräfte folgende Beziehung liefert:

$$\sigma_{R_1} y'_1 + \sigma_{r_1} y_1 = \sigma_{r_2} y_2 + \sigma_{R_2} y'_2 + \sigma'_z y'_1.$$

Ersetzt man hierin σ_{R_2} durch $\sigma_{r_2} - \nu\,\sigma_{\varphi_2}$ und σ_{R_1} durch $\sigma_{r_1} - \nu\,\sigma_{\varphi_1}$, so erhält man mit $\sigma_{r_2} = \sigma_{r_1} + \Delta\sigma_r$ die Sprunggröße

$$\Delta\sigma_r = \frac{y_1 + y_1' - y_2 - y_2'}{y_2 + y_2'(1-\nu^2)}\,\sigma_{r_1} + \frac{\nu\,(y_1' - y_2')}{y_2 + y_2'(1-\nu^2)}\,\sigma_{\varphi_1} - \frac{y_1'}{y_2 + y_2'(1-\nu^2)}\,\sigma_z',$$

oder, mit den Abkürzungen

$$\eta_1 = \frac{y_1^* - y_2^*}{y_2^* - \nu^2 y_2'}, \qquad \eta_2 = \nu\,\frac{y_1' - y_2'}{y_2^* - \nu^2 y_2'}, \qquad \eta_3 = -\frac{y_1'}{y_2^* - \nu^2 y_2'},$$

$$\Delta\sigma_r = \eta_1\sigma_{r_1} + \eta_2\sigma_{\varphi_1} + \eta_3\sigma_z', \tag{139}$$

mit

$$\sigma_z' = q\,(1+\nu).$$

Wenn man nun eine Scheibe mit Rippen unter Verwendung dieser Sprunggröße rechnet, so werden auch die Fliehkräfte entsprechend diesen Sprüngen angesetzt.

Die im Grammelschen Rechenverfahren auftretenden Fliehkraftglieder $a\,\omega^2 r^2$ und $b\,\omega^2 r^2$ gelten jedoch nur für die glatte Scheibe, in welcher über die ganze Dicke tangentiale Spannungen herrschen. Aus diesem Grunde dürfen sich diese Glieder ausschließlich mit der Sprunggröße

$$\eta = \frac{y_1 - y_2}{y_2}$$

ändern, d. h. die Fliehbelastung muß so angesetzt werden, daß sie nur dem wirklichen Scheibenanteil entspricht. Da nach Gl. (45)

$$\sigma_r = s - a\,\omega^2 r^2 \quad \text{und} \quad \sigma_\varphi = t - b\,\omega^2 r^2$$

ist, dürfen also die Sprunggrößen η_1, η_2, und η_3 in Gl. (139) nur auf die Spannungswerte s und t einwirken. Wir rechnen daher zunächst mit dem Sprung $\eta(s - a\,\omega^2 r^2)$ der glatten Scheibe und bringen dann eine Zusatzspannung σ_z^* an, durch welche die tangentialspannungsfreien Rippen berücksichtigt werden. Bei Rechnung von innen nach außen muß demnach folgender Ansatz befriedigt werden:

$$\Delta\sigma_r = \eta\,(s_1 - a\,\omega^2 r^2) - \sigma_z^* = \eta_1 s_1 + \eta_2 t_1 + \eta_3\sigma_z' - \eta\,a\,\omega^2. \tag{140}$$

Hieraus läßt sich die genannte Zusatzspannung errechnen; sie ergibt sich zu:

$$\sigma_z^* = (\eta - \eta_1)\,s_1 - \eta_2 t_1 - \eta_3\,(1+\nu)\,q. \tag{141}$$

Da die Rippen sich meist über einen größeren radialen Bereich erstrecken, müssen die Sprunggrößen nach Gl. (141) an allen Sprungstellen eingeführt werden, die die Rippen durchlaufen. Dies erschwert natürlich die zügige Durchrechnung der Scheibe erheblich, weshalb es ratsam erscheint, solche Fälle durch eine automatische Berechnung zu erledigen. Dann aber ist es wohl günstiger, auf ein anderes Rechenverfahren zurückzugreifen, das in Kap. D für die rotierende Schale ausführlich behandelt wird und für Scheiben in gleicher Weise angewandt werden kann.

Befinden sich die Rippen oder sonstige teilweise tangentialspannungsfreie Zonen nur innerhalb eines kleinen Bereiches der Scheibe, der durch zwei Sprungstellen begrenzt werden kann, dann läßt sich ihr Einfluß in der dargestellten Form schnell berücksichtigen. Ein Beispiel für eine solche Zone sind ringförmig verteilte Sacklöcher in der Scheibe, Abb. 33a, zwischen denen ein tangentialspannungsfreier Bereich entsteht; daneben jedoch, im doppelt schraffierten Gebiet, herrschen Tangentialspannungen. Ebenso können sich bei stark versenkten Durchgangslöchern nach Abb. 33b in den Bereichen von r_1 bis r_2 und von r_3 bis r_4 zwischen den Einsenkungen keine oder nur geringe Tangentialspannungen ausbilden, während der Teil r_2 bis r_3 ganz tangentialspannungsfrei ist; in dem dargestellten Fall treten nur in den doppelt schraffierten Gebieten der Bohrungszone tangentiale Spannungen auf.

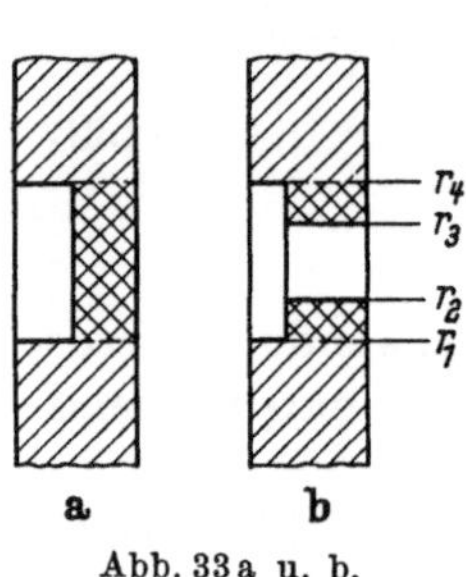

Abb. 33a u. b. Versenkte Bohrungen

VI. Berechnung der Spannungsverteilung mit Hilfe von Übertragungsmatrizen

1. Verfahren unter Verwendung der Lösungen der Differentialgleichungen

Es liegt nahe, die Berechnung einer Scheibe mit beliebigem Profil, die in jeweils zwei Schritten durchgeführt wird, nämlich der Ermittlung der Außenrandwerte aus den Innenrandwerten und der Übertragung der Endgrößen einer Teilscheibe auf die nächstfolgende, mit Hilfe von Übertragungsmatrizen durchzuführen.[1]

Um die Matrizen für diese Schritte aufstellen zu können, müssen wir von den algebraischen Gleichungen ausgehen, in denen die gesuchten Endwerte als Summe der mit bekannten Koeffizienten multiplizierten Anfangswerte ausgedrückt werden. Diese Gleichungen sind auf S. 39ff. bei der Darstellung des KELLERschen Verfahrens aufgestellt worden; sie lauten für den Zusammenhang zwischen Anfangs- und Endwerten

[1] Vorliegende Ausführungen stützen sich auf von B. JÄGER aufgestellte Übertragungsmatrizen zur Berechnung von Scheiben und Schalen, s. auch S. 173ff.

einer Teilscheibe:

$$\begin{aligned}\sigma_{r,\,i+1} &= s_{rr}\,\sigma_{r,\,i} + s_{\varphi r}\,\sigma_{\varphi,\,i} + s_{\omega r}\frac{\gamma}{g}\,\omega^2 r^2 + s_{\vartheta r} E\,\alpha \frac{r_i}{r_{i+1}-r_i}(\vartheta_i - \vartheta_{i-1}),\\ \sigma_{\varphi,\,i+1} &= s_{r\varphi}\,\sigma_{r,\,i} + s_{\varphi\varphi}\,\sigma_{\varphi,\,i} + s_{\omega\varphi}\frac{\gamma}{g}\,\omega^2 r^2 + s_{\vartheta\varphi} E\,\alpha \frac{r_i}{r_{i+1}-r_i}(\vartheta_i - \vartheta_{i+1}).\end{aligned} \tag{142}$$

Die Koeffizienten s_{jk} sind bekannte Werte, die aus den Kurven S. 41 bis 48 entnommen werden; sie sind nur vom Verhältnis der Radien und der Dicken am Anfang und am Ende der Teilscheibe abhängig. Für die Teilscheibe gleicher Dicke liefert die Lösung der Differentialgleichung explizite Werte für diese Koeffizienten; sie seien nachstehend zusammengestellt:

$$\left.\begin{aligned} s_{rr} = s_{\varphi\varphi} &= \frac{1}{2}\left[1 + \left(\frac{r_i}{r_{i+1}}\right)^2\right], \qquad s_{\vartheta r} = -\frac{1}{3}\,\frac{r_{i+1}}{r_i} - \frac{1}{6}\left(\frac{r_i}{r_{i+1}}\right)^2 + \frac{1}{2},\\ s_{r\varphi} = s_{\varphi r} &= \frac{1}{2}\left[1 - \left(\frac{r_i}{r_{i+1}}\right)^2\right], \qquad s_{\vartheta\varphi} = -\frac{2}{3}\,\frac{r_{i+1}}{r_i} + \frac{1}{6}\left(\frac{r_i}{r_{i+1}}\right)^2 + \frac{1}{2},\\ s_{\omega r} &= -\frac{3+\nu}{8}\left(\frac{r_{i+1}}{r_i}\right)^2 + \frac{1-\nu}{8}\left(\frac{r_i}{r_{i+1}}\right)^2 + \frac{1+\nu}{4},\\ s_{\omega\varphi} &= -\frac{1+3\nu}{8}\left(\frac{r_{i+1}}{r_i}\right)^2 - \frac{1-\nu}{8}\left(\frac{r_i}{r_{i+1}}\right)^2 + \frac{1+\nu}{4}.\end{aligned}\right\} \tag{143}$$

Zur Aufstellung der Matrizen definieren wir nun den Spannungszustand durch die in der Matrizenrechnung üblicherweise mit „Zustandsvektor" bezeichnete Spaltenmatrix:

$$\mathfrak{z}_i = \begin{bmatrix} \sigma_r \\ \sigma_\varphi \\ \dfrac{\gamma}{g}\,\omega^2 r^2 \\ S_\vartheta = E_i\alpha_i \dfrac{\vartheta_{i+1}-\vartheta_i}{\dfrac{r_{i+1}}{r_i} - 1} \end{bmatrix}. \tag{144}$$

Damit läßt sich Gl. (142) als Matrizengleichung anschreiben; sie lautet:

$$\mathfrak{z}_{i+1} = \mathfrak{R}_{i+1}\,\mathfrak{z}_i \tag{145a}$$

oder ausgeschrieben:

$$\begin{bmatrix} \sigma_r \\ \sigma_\varphi \\ \dfrac{\gamma}{g}\,\omega^2 r^2 \\ S_\vartheta \end{bmatrix}_{i+1} = \begin{bmatrix} s_{rr} & s_{\varphi r} & s_{\omega r} & s_{\vartheta r} \\ s_{r\varphi} & s_{\varphi\varphi} & s_{\omega\varphi} & s_{\vartheta\varphi} \\ 0 & 0 & \left(\dfrac{r_{i+1}}{r_i}\right)^2 & 0 \\ 0 & 0 & 0 & s_{\vartheta\vartheta} \end{bmatrix} \begin{bmatrix} \sigma_r \\ \sigma_\varphi \\ \dfrac{\gamma}{g}\,\omega^2 r^2 \\ S_\vartheta \end{bmatrix}_i \tag{145b}$$

worin

$$S_{\vartheta_i} = E_i\alpha_i \frac{\vartheta_{i+1}-\vartheta_i}{\dfrac{r_{i+1}}{r_i} - 1}$$

und

$$S_{\vartheta_{i+1}} = E_{i+1}\alpha_{i+1}\frac{\vartheta_{i+2}-\vartheta_{i+1}}{\frac{r_{i+2}}{r_{i+1}}-1}$$

und außerdem

$$s_{\vartheta\,\vartheta} = \frac{E_i\,\alpha_i}{E_{i-1}\,\alpha_{i-1}}\;\frac{\vartheta_{i+1}-\vartheta_i}{\vartheta_i-\vartheta_{i-1}}\;\frac{\frac{r_i}{r_{i-1}}-1}{\frac{r_{i+1}}{r_i}-1}$$

ist.

Die in der 3. und 4. Zeile der Matrix $\mathfrak{R}$ stehenden Koeffizienten liefern den Übergang des ω^2-Gliedes und des ϑ-Gliedes vom Radius r_i zum Radius r_{i+1}, stellen also das Verhältnis der betreffenden Größen am Anfang und am Ende des Abschnittes dar.

Für den zweiten Schritt, der die Sprungstelle überbrückt, schreiben wir die Spannungen nach dem Sprung (Index 2) in Abhängigkeit derjenigen vor dem Sprung (Index 1) an; diese sind an der Stelle i:

$$\begin{aligned}\sigma_{r_{i2}} &= \frac{y_{i1}}{y_{i2}}\,\sigma_{r_{i1}} - \sigma_z,\\ \sigma_{\varphi_{i2}} &= \nu\left(\frac{y_{i1}}{y_{i2}}-1\right)\sigma_{r_{i1}} - \nu\,\sigma_z + \sigma_{\varphi_{i1}}.\end{aligned} \tag{146}$$

Hierin ist ein Dickensprung berücksichtigt, so daß sowohl mit Teilscheiben gleicher Dicke als auch mit konischen Teilscheiben gerechnet werden kann. Außerdem wurde auch gleich eine etwa angreifende Zusatzspannung σ_z vorgesehen. Die Schematik der Übertragungsmatrizen fordert, daß die Sprungmatrix die gleiche Zahl von Zeilen und Spalten besitzt wie die $\mathfrak{R}$-Matrix, weshalb wir auch für sie eine Vierer-Matrix aufstellen. Die entsprechende Matrizengleichung lautet demnach

$$\mathfrak{z}_{i2} = \mathfrak{Y}_i\,\mathfrak{z}_{i1}, \tag{147a}$$

oder ausgeschrieben:

$$\begin{bmatrix}\sigma_r\\ \sigma_\varphi\\ \frac{\gamma}{g}\,\omega^2 r^2\\ S_\vartheta\end{bmatrix}_{i2} = \begin{bmatrix} y_{11} & 0 & y_{13} & 0\\ y_{21} & 1 & y_{23} & 0\\ 0 & 0 & 1 & 0\\ 0 & 0 & 0 & 1\end{bmatrix}\begin{bmatrix}\sigma_r\\ \sigma_\varphi\\ \frac{\gamma}{g}\,\omega^2 r^2\\ S_\vartheta\end{bmatrix}_{i1} \tag{147b}$$

worin

$$y_{11} = \frac{y_{i1}}{y_{i2}}, \qquad y_{21} = \nu\left(\frac{y_{i1}}{y_{i2}}-1\right),$$

$$y_{13} = -\frac{\sigma_z}{\frac{\gamma}{g}\,\omega^2 r^2}, \qquad y_{23} = -\nu\,\frac{\sigma_z}{\frac{\gamma}{g}\,\omega^2 r^2}$$

ist.

Irgendwelche andere Unregelmäßigkeiten an der Sprungstelle, wie z. B. ein Ring oder radiale Rippen, werden durch Einführen von Zusatzspannungen berücksichtigt, die von den in der Scheibe herrschenden Spannungen σ_r und σ_φ abhängen und in der allgemeinen Form

$$\sigma_z = a\,\sigma_r + b\,\sigma_\varphi + c \tag{148}$$

dargestellt werden können. Diese Gleichung läßt sich in einfacher Weise in die Matrix $\mathfrak{Y}$ der Gl. (147b) einbauen, indem man die drei Glieder von Gl. (148) in die zugehörigen Spalten schreibt. Wir setzen das Absolutglied c, das ja stets von ω^2 abhängt, in die Zeile $\frac{\gamma}{g}\,\omega^2 r^2$, weshalb es mit diesem Wert dividiert werden muß, wie wir es schon bei dem Koeffizient y_{23} von Gl. (147b) getan haben. Die Zusatzspannung wird auch in der Gleichung für die Tangentialspannung berücksichtigt, wo sie in der Form

$$\sigma^z_{\varphi_{i2}} = \nu\,\sigma_z = \nu\,a\,\sigma_r + \nu\,b\,\sigma_\varphi + \nu\,c \tag{149}$$

auftritt. Damit lautet die vollständige Matrizengleichung für die Sprungstelle:

$$\begin{bmatrix} \sigma_r \\ \sigma_\varphi \\ \frac{\gamma}{g}\,\omega^2 r^2 \\ S_\vartheta \end{bmatrix}_{i2} = \begin{bmatrix} y_{11} & y_{12} & y_{13} & 0 \\ y_{21} & y_{22} & y_{23} & 0 \\ 0 & 0 & 1 & 0 \\ 0 & 0 & 0 & 1 \end{bmatrix} \begin{bmatrix} \sigma_r \\ \sigma_\varphi \\ \frac{\gamma}{g}\,\omega^2 r^2 \\ S_\vartheta \end{bmatrix}_{i1} \tag{150}$$

mit

$$y_{11} = \frac{y_{i1}}{y_{i2}} - a, \qquad y_{21} = \nu\left(\frac{y_{i1}}{y_{i2}} - 1 - a\right),$$

$$y_{12} = -b, \qquad y_{22} = 1 - \nu\,b,$$

$$y_{13} = -\frac{c}{\frac{\gamma}{g}\,\omega^2 r^2}, \qquad y_{23} = -\nu\frac{c}{\frac{\gamma}{g}\,\omega^2 r^2}.$$

Ist an der Stelle r ein seitlich auskragender Ring vorhanden, so wird nach Gl. (102a):

$$a = \nu\frac{y_R}{y_S}\frac{h}{r},$$

$$b = -\frac{y_R}{y_S}\frac{h}{r},$$

$$c = \frac{y_R}{y_S}\frac{h}{r}.$$

Schließlich wollen wir noch eine als tangentialspannungsfrei zu betrachtende Zone (mit kreisförmig verteilten Löchern) in den Matrizen berücksichtigen. Hierfür verwenden wir die auf S. 69ff. aufgestellten Gln. (124) mit $y_i = y_{i+1}$ und (128c), in denen die Glieder mit $P_{\text{sp}} + P_{\text{schr}}$ wegfallen, da sie in der $\mathfrak{Y}$-Matrix als Zusatzspannung auftreten:

$$\sigma_{r,\,i+1} = \frac{r_i}{r_{i+1}}\,\sigma_{r,\,i},$$

$$\sigma_{\varphi,\,i+1} = \frac{r_i}{r_{i+1}}\left[\sigma_{\varphi_i} + 2\,\frac{d}{t}\,\sigma_{r_i} + \frac{d}{r_i}\,E_{i+1}\,\alpha_{i,\,i+1}(\vartheta_{i+1} - \vartheta_i)\right],$$

durch die wieder die Spannungen am Außenrand des Abschnitts durch diejenigen an seinem Innenrand ausgedrückt werden. Diese Gleichungen gehen in das Gleichungspaar (142) über, wenn wir folgende Abkürzungen einführen:

$$\begin{aligned} s_{rr} &= 1, \quad s_{r\varphi} = 2\frac{r_i}{t}\left(1 - \frac{r_i}{r_{i+1}}\right), \quad s_{\varphi\varphi} = \frac{r_i}{r_{i+1}}, \\ s_{\vartheta\varphi} &= \frac{r_i}{r_{i+1}} + \frac{r_{i+1}}{r_i} - 2, \quad s_{\varphi r} = s_{\omega r} = s_{\vartheta r} = s_{\omega\varphi} = 0. \end{aligned} \tag{151}$$

Damit gilt die Matrizengleichung (145b) unverändert weiter auch für den Bereich mit Löchern.

Die Matrix für den ganzen Abschnitt $i+1$, i läßt sich nun als Produkt von rechts nach links anschreiben:

$$\mathfrak{S}_{i+1,\,i} = \mathfrak{R}_{i+1,\,i}\,\mathfrak{Y}_i. \tag{152}$$

Ebenso erhält man durch weitere Multiplikationen mit den für die folgenden Abschnitte aufgestellten Matrizen die Matrix $\mathfrak{M}_a$ des Außenrandes und damit den Vektor $\mathfrak{z}_a$, der den Zustand am Außenrand in Abhängigkeit des Vektors $\mathfrak{z}_0$ des Innenrandes darstellt:

$$\mathfrak{z}_a = \mathfrak{S}_{n,\,n-1}\ldots\mathfrak{S}_{i+1,\,i}\,\mathfrak{S}_{i,\,i-1}\ldots\mathfrak{S}_{2,\,1}\,\mathfrak{S}_{1,\,0}\,\mathfrak{z}_0 = \mathfrak{M}_a\,\mathfrak{z}_0. \tag{153}$$

Führt man in diese Gleichung die Randbedingungen für die Radialspannungen am Innen- und Außenrand der Scheibe ein, so erhält man aus der σ_r-Zeile der Matrix $\mathfrak{M}_a$ die Gleichung:

$$\sigma_a = a_1\,\sigma_{r_0} + b_1\,\sigma_{\varphi_0} + c_1\,\frac{\gamma}{g}\,\omega^2 r_0^2 + d_1\,E_0\,\alpha_0\,\frac{\vartheta_1 - \vartheta_0}{\frac{r_1}{r_0} - 1}, \tag{154}$$

aus der die noch unbekannte Spannung σ_{φ_0} berechnet wird. Damit ist der Vektor $\mathfrak{z}_0$ bekannt, und es ist nur noch notwendig, alle Matrizenprodukte $\mathfrak{M}_i$, die im Laufe der Matrizenmultiplikationen gewonnen wurden, also

$$\mathfrak{M}_i = \mathfrak{S}_{i,\,i-1}\,\mathfrak{S}_{i-1,\,i-2}\ldots\mathfrak{S}_{2,\,1}\,\mathfrak{S}_{1,\,0} \tag{155}$$

mit diesem Vektor zu multiplizieren. Hat man die Matrizen $\mathfrak{S}$ für konische Teilscheiben aufgestellt, so ist damit die Rechnung beendigt, während man bei Teilscheiben gleicher Dicke noch die Mittelwerte der beiden Spannungen vor und nach den Sprüngen bilden muß.

Als Beispiel sind nachstehend die Anfangs- und Endmatrizen für die schon mehrfach durchgerechnete Scheibe nach Abb. 9 mit Teilscheiben gleicher Dicke angegeben. Man beachte die Richtung der Matrizenmultiplikation: gemäß Gl. (155) steht die nächste Matrix stets links von der vorhergehenden.

Anfangsmatrizen:

$\mathfrak{Y}$-Matrix bei $r = 25{,}5$ cm $\qquad$ $\mathfrak{R}$-Matrix, 20,2 bis 25,5 cm.

$$\begin{bmatrix} 1{,}765 & 0 & 0 & 0 \\ 0{,}2295 & 1 & 0 & 0 \\ 0 & 0 & 1 & 1 \\ 0 & 0 & 0 & 1 \end{bmatrix} \cdot \begin{bmatrix} 0{,}82 & 0{,}18 & -0{,}2637 & -0{,}0233 \\ 0{,}18 & 0{,}82 & -0{,}1021 & -0{,}2266 \\ 0 & 0 & 1{,}562 & 0 \\ 0 & 0 & 0 & 347{,}4 \end{bmatrix}$$

$$= \begin{bmatrix} 1{,}4473 & 0{,}3177 & -0{,}4654 & -0{,}0411 \\ 0{,}3681 & 0{,}8613 & -0{,}1626 & -0{,}2319 \\ 0 & 0 & 1{,}562 & 0 \\ 0 & 0 & 0 & 347{,}4 \end{bmatrix} = \mathfrak{M}_1 .$$ [1]

Endmatrizen ($r_a = 68{,}6$ cm, $\quad r_{n-1} = 66$ cm)

$$\mathfrak{R}_{n,\, n-1}$$

$$\begin{bmatrix} 0{,}9628 & 0{,}0371 & -0{,}0397 & -0{,}0008 \\ 0{,}0371 & 0{,}9628 & -0{,}0126 & -0{,}0387 \\ 0 & 0 & 1{,}0803 & 0 \\ 0 & 0 & 0 & 1 \end{bmatrix} \times$$

$$\times \begin{bmatrix} 3{,}2513 & 1{,}4679 & -10{,}7097 & -\ 360{,}4 \\ 2{,}1959 & 1{,}1727 & -\ 5{,}0112 & -1141{,}2 \\ 0 & 0 & 10{,}6683 & 0 \\ 0 & 0 & 0 & 3724{,}9 \end{bmatrix} \text{(Matrizenprodukt } \mathfrak{M}_{n-1}\text{)}$$

$$= \begin{bmatrix} 3{,}2118 & 1{,}4568 & -10{,}9207 & -\ 392{,}3 \\ 2{,}2348 & 1{,}1836 & -\ 5{,}6456 & -1257{,}5 \\ 0 & 0 & 11{,}6456 & 0 \\ 0 & 0 & 0 & 3724{,}9 \end{bmatrix} = \mathfrak{M}_a .$$

Die Koeffizienten der ersten Zeile der Matrix $\mathfrak{M}_a$ liefern die Gleichung:

$$\sigma_{r_a} = 3{,}2118\, \sigma_{r_0} + 1{,}4568\, \sigma_{\varphi_0} - 10{,}9207 \frac{\gamma}{g} \omega^2 r_0^2 - 392{,}3 S_{\vartheta_0} = \sigma_a .$$

Da nun $\sigma_a = 0$ und $\frac{\gamma}{g} \omega^2 r_0^2 = 321{,}9$ ist, ergibt sich unter Weglassung des ϑ-Gliedes als tangentiale Innenrandspannung

$$\sigma_{\varphi_{0(\omega)}} = 2413 \text{ kp/cm}^2.$$

Ebenso erhält man für $\omega^2 = 0$ und $S_{\vartheta_0} = 1{,}0$ die Wärmespannung am Innenrand:

$$\sigma_{\varphi_{0(\vartheta)}} \doteq 269 \text{ kp/cm}^2.$$

Mit diesen Werten können alle Matrizen $\mathfrak{M}_i$, die hier nicht wiedergegeben sind, vollends ausgewertet werden.

[1] Es wurde mit $S_{\vartheta_0} = 1{,}0$ gerechnet, s. S. 82.

Für die Wärmespannungen wurde der in Abb. 10 angegebene Temperaturverlauf angenommen; in Abb. 34 sind die Ergebnisse zweier Berechnungen aufgetragen, einmal das aus der Matrizenrechnung gewonnene (der Teilscheiben gleicher Dicke zugrunde lagen) und zum anderen der mit Hilfe von konischen Teilscheiben ermittelte Spannungsverlauf, der der Arbeit von SALZMANN und KISSEL[1] entnommen ist. Bei der nach dem GRAMMELschen Verfahren (in Anhang I) durchgeführten Rechnung läßt sich die Wärmespannungsverteilung nicht abtrennen; hierfür müßte die Rechenoperation I ohne Fliehspannungen wiederholt und die Operation III nochmals durchgeführt werden. Die Matrizenrechnung erlaubt jedoch, die beiden Spannungszustände in einer Rechnung getrennt zu ermitteln. Die Fliehspannungen, die aus der Matrizenrechnung erhalten wurden, sind in der Tab. 3, S. 57, eingetragen.

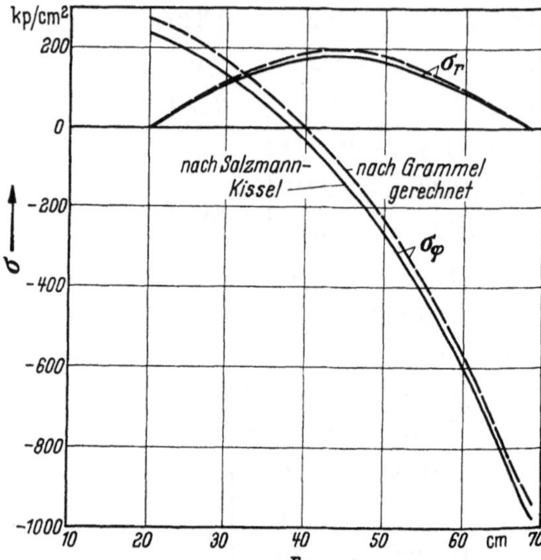

Abb. 34. Wärmespannungsverteilung in der Scheibe nach Abb. 9. bzw. Abb. 21

Es muß noch darauf hingewiesen werden, daß der Anfangswert für die Wärmespannungsrechnung $\vartheta_1 - \vartheta_0$ nicht 0 sein darf, weil sonst der Innenrandwert

$$S_{\vartheta_0} = E_0\,\alpha_0\,\frac{\vartheta_1 - \vartheta_0}{\frac{r_1}{r_0} - 1}$$

zu Null und der erste Übertragungskoeffizient $s_{\vartheta\,\vartheta} = \infty$ werden würde. Im vorliegendem Fall wurde daher ein sehr kleiner Temperatursprung $(0{,}83 \cdot 10^{-2}\ {}^\circ\mathrm{C})$ eingesetzt, der mit $E_0\,\alpha_0 = 30{,}1$ kp/cm² °C den Wert $S_{\vartheta_0} = 1{,}0$ lieferte. Ebenso muß in der Zeile für $\frac{\gamma}{g}\,\omega^2\,r^2$ der ersten Matrix verfahren werden, wenn eine Vollscheibe gerechnet wird, also $r_0 = 0$ ist. Denn auch hier würde der entsprechende Übertragungskoeffizient $\left(\frac{r_1}{r_0}\right)^2 = \infty$ werden. Man tut so, als ob die Scheibe eine

[1] Siehe Fußn. 2, S. 38.

winzige Bohrung hätte, an deren Rand aber die Bedingung der Vollscheibe $\sigma_{\varphi_0} = \sigma_{r_0}$ vorgeschrieben wird.

Der gesamte Rechenaufwand ist bei der Matrizenrechnung erheblich größer als beim Verfahren von GRAMMEL. Die Durchführung der Matrizenmultiplikation läßt sich aber ohne Übung bewerkstelligen; beim GRAMMELschen Schema ist immerhin einige Übung erforderlich, wenn es rasch durchgerechnet werden soll. Verwendet man bei der Matrizenrechnung die Koeffizienten s der konischen Teilschale, so ist zwar deren Ermittlung aus den Kurvenblättern recht mühsam, dafür aber entfällt die Mittelwertbildung am Schluß der Rechnung, die voraussetzt, daß an jeder Sprungstelle zwei $\mathfrak{M}$-Matrizen ausgewertet werden. Schließlich sei noch auf einen weiteren Vorteil der Matrizenrechnung hingewiesen: sie bietet nämlich die Möglichkeit einer laufenden Kontrolle auf Rechenfehler, die nach jeder Matrizenmultiplikation durchgeführt werden kann, in Form der sogenannten „Summenprobe" nach folgendem Schema[1]:

$$\begin{array}{r c c c c c} & \begin{bmatrix} 1 & 2 \\ 3 & 4 \end{bmatrix} & \times & \begin{bmatrix} 5 & 6 \\ 7 & 8 \end{bmatrix} & = & \begin{bmatrix} 19 & 22 \\ 43 & 50 \end{bmatrix} \\ \hline \text{Spaltensumme:} & 4 \quad 6 & & & & 62 \quad 72 \end{array}$$

Die Multiplikation der Zeile der Spaltensummen mit der zweiten Matrix muß die Spaltensummen der Produktmatrix ergeben. Bei den anderen Rechenverfahren besteht leider keine Möglichkeit einer Zwischenkontrolle; ein an irgendeiner Stelle gemachter Fehler pflanzt sich bis zum Schluß der Rechnung fort und kann dann unter Umständen nur als Unstetigkeit im Spannungsverlauf erkannt werden, wenn er nicht zu offensichtlich falschen Ergebnissen führt.

Beabsichtigt man, die Scheibenspannungen mit Hilfe eines Rechenautomaten zu ermitteln, dann ist das Matrizenverfahren besonders zu empfehlen, weil sich die Matrizenmultiplikation einfach programmieren läßt und das Programm meist schon vorliegt.[2]

2. Verfahren mit Anwendung der Differenzengleichungen

Wenn man die Matrizenrechnung auf das schon beschriebene Differenzenverfahren anwenden will, so wird der Rechenaufwand noch viel größer als bei der auf S. 80 behandelten Matrizenmultiplikation. Wir wollen dieses Verfahren aber trotzdem beschreiben, weil

[1] ZURMÜHL, R.: Matrizen, 2. Aufl., Berlin/Göttingen/Heidelberg: Springer 1958, 2.1, S. 17.

[2] Dem Leser sei auch die Arbeit von E. PESTEL und G. SCHUMPICH, Berechnung rotierender Scheiben mit Hilfe von Übertragungsmatrizen, VDI-Berichte, Bd. 30 S. 55—56. Düsseldorf (1958) empfohlen, in welcher eine andere Lösung des Scheibenproblems mit Hilfe von Übertragungsmatrizen durchgeführt wird.

der Rechenaufwand nicht allein maßgebend ist für die Anwendungsmöglichkeit eines Verfahrens. Bei der programmierten Berechnung wird größerer Wert auf die einfache Ermittlung der Eingabedaten gelegt, die eigentliche Rechenzeit spielt dabei eine untergeordnete Rolle. Beim Differenzenverfahren können alle Anfangswerte, die zur Berechnung der Spannungsverteilung notwendig sind, aus der Profilzeichnung der Scheibe entnommen werden, ohne daß diese umgezeichnet werden muß.

Die Ausgangsgleichungen (88) und (89) seien hier so angeschrieben, daß die Spannungen an der Stelle $i+1$ auf der linken Seite und diejenigen an der Stelle i auf der rechten Seite der Gleichungen stehen. Wegen der besseren Übersichtlichkeit führen wir für die bei den Spannungen stehenden Koeffizienten folgende Abkürzungen ein, bei denen der E-Modul als konstant betrachtet wurde:

$$\left.\begin{aligned}
b_{11} &= \frac{r_{i+1}\, y_{i+1}}{\Delta r}, & a_{11} &= \frac{r_i\, y_i}{\Delta r}, & a_{33} &= \left(\frac{r_{i+1}}{r_i}\right)^2, \\
b_{12} &= -\frac{y_{i+1}}{2}, & a_{12} &= \frac{y_i}{2}, & a_{44} &= \frac{(E\,\alpha\,\vartheta)_{i+1}}{(E\,\alpha\,\vartheta)_i}, \\
b_{13} &= \frac{y_{i+1}}{2}, & a_{13} &= -\frac{y_i}{2}, \\
b_{21} &= \frac{\nu}{\Delta r} + \frac{1+\nu}{2 r_{i+1}}, & a_{21} &= \frac{\nu}{\Delta r} - \frac{1+\nu}{2 r_i}, \\
b_{22} &= -\left(\frac{1}{\Delta r} + \frac{1+\nu}{2 r_{i+1}}\right), & a_{22} &= -\left(\frac{1}{\Delta r} - \frac{1+\nu}{2 r_i}\right), \\
b_{24} &= \frac{1}{\Delta r}, & a_{24} &= -\frac{1}{\Delta r}.
\end{aligned}\right\} \tag{156}$$

Damit erhalten die Differenzengleichungen die Form:

$$\begin{aligned}
b_{11}\sigma_{r_{i+1}} + b_{12}\sigma_{\varphi_{i+1}} + b_{13}\frac{\gamma}{g}\,\omega^2 r_{i+1}^2 &= a_{11}\sigma_{r_i} + a_{12}\sigma_{\varphi_i} + a_{13}\frac{\gamma}{g}\,\omega^2 r_i^2, \\
b_{21}\sigma_{r_{i+1}} + b_{22}\sigma_{\varphi_{i+1}} + b_{24} E\,\alpha\,\vartheta_{i+1} &= a_{21}\sigma_{r_i} + a_{22}\sigma_{\varphi_i} + a_{24} E\,\alpha\,\vartheta_i.
\end{aligned} \tag{157}$$

Wir definieren nun den Spannungsvektor $\mathfrak{s}_i$, der den Zustand am Innenrand der betrachteten Teilscheibe darstellt, mit

$$\mathfrak{s}_i = \begin{bmatrix} \sigma_r \\ \sigma_\varphi \\ \frac{\gamma}{g}\,\omega^2 r^2 \\ E\,\alpha\,\vartheta \end{bmatrix}_i .$$

Das Gleichungssystem (157) läßt sich damit in Matrizenform anschreiben:

$$\mathfrak{B}\,\mathfrak{s}_{i+1} = \mathfrak{A}\,\mathfrak{s}_i, \tag{158a}$$

oder ausgeschrieben:

$$\begin{bmatrix} b_{11} & b_{12} & b_{13} & 0 \\ b_{21} & b_{22} & 0 & b_{24} \\ 0 & 0 & 1 & 0 \\ 0 & 0 & 0 & 1 \end{bmatrix} \begin{bmatrix} \sigma_r \\ \sigma_\varphi \\ \frac{\gamma}{g}\,\omega^2 r^2 \\ E\,\alpha\,\vartheta \end{bmatrix}_{i+1} = \begin{bmatrix} a_{11} & a_{12} & a_{13} & 0 \\ a_{21} & a_{22} & 0 & a_{24} \\ 0 & 0 & a_{33} & 0 \\ 0 & 0 & 0 & a_{44} \end{bmatrix} \begin{bmatrix} \sigma_r \\ \sigma_\varphi \\ \frac{\gamma}{g}\,\omega^2 r^2 \\ E\,\alpha\,\vartheta \end{bmatrix}_i . \quad (158\,\mathrm{b})$$

Schreibt man Gl. (158a) in der Form

$$\mathfrak{z}_{i+1} = \mathfrak{B}^{-1}\mathfrak{A}\,\mathfrak{z}_i = \mathfrak{S}_{i+1,\,i}\,\mathfrak{z}_i, \qquad (159)$$

so hat man die Beziehung zwischen Außen- und Innenrand des Teilabschnittes. Fügt man nun alle Scheibenabschnitte aneinander, so erhält man wieder die Beziehung zwischen Außen- und Innenrand der ganzen Scheibe:

$$\mathfrak{z}_a = \mathfrak{S}_{n,n-1} \cdots \mathfrak{S}_{i+1,i}\,\mathfrak{S}_{i,i-1} \cdots \mathfrak{S}_{21}\,\mathfrak{S}_{10}\,\mathfrak{z}_0 = \mathfrak{M}_a\,\mathfrak{z}_0. \qquad (160)$$

Diese Gleichung entspricht der Gl. (153) des Matrizenverfahrens mit Teilscheiben gleicher Dicke, so daß die weitere Berechnung in genau gleicher Form erfolgt, wie es dort beschrieben wurde. Die Schwierigkeit liegt hier jedoch in der Gl. (159), die eine „Kehrmatrix" enthält, deren Ausrechnung bekanntlich sehr mühevoll ist, weshalb sich dieses Verfahren wohl ausschließlich zur Erledigung durch einen Rechenautomaten eignet.

Es sei dem mit der Programmierung vertrauten Leser überlassen, ein geeignetes Programm für dieses Verfahren aufzustellen, das im wesentlichen aus vier Teilen besteht:

1. Aufstellung der 14 Koeffizienten (156) für jeden Scheibenabschnitt,

2. Matrizenprogramm, bestehend aus der Bildung der Kehrmatrix und anschließender Matrizenmultiplikation,

3. Ermittlung des Innenrandvektors $\mathfrak{z}_0$ aus der Endmatrix.

4. Auswertung der $\mathfrak{M}$-Matrizen, d. h. Multiplikation mit dem Innenrandvektor $\mathfrak{z}_0$.

Es sei noch erwähnt, daß auch Zusatzlasten, Ringe, Rippen und kreisförmig verteilte Bohrungen bei diesem Verfahren berücksichtigt werden können, indem man die entsprechenden Differentialgleichungen aufstellt und daraus die zugehörigen Koeffizienten ermittelt. Da wir später bei der rotierenden Schale diese Probleme eingehender behandeln werden, sei hierauf verwiesen, weil dort die rotierende Scheibe als spezieller Fall enthalten ist (s. S. 194ff.).

VII. Das Umkehrproblem

Bei allen bisherigen Betrachtungen suchten wir die Spannungsverteilung einer rotierenden Scheibe, für die das Profil gegeben war. Nun läßt sich die Fragestellung auch umkehren, d. h. wir fragen nach der Profilform und nehmen die Spannungsverteilung als gegeben an. Eigentlich liegt diese Fragestellung dem Festigkeitstechniker näher, denn er muß im allgemeinen von den Daten eines bestimmten Werkstoffes ausgehen, wodurch die höchstzulässigen Spannungen von vornherein gegeben sind. Diese Spannungen in der Scheibe möglichst zu erreichen, ist wegen der Forderung nach Ausnutzung des Werkstoffes und nach geringem Gewicht notwendig; deshalb muß bei der Anwendung der beschriebenen Verfahren zur Berechnung der Spannungsverteilung nach Vorliegen eines Ergebnisses das Profil häufig geändert werden, und zwar so lange, bis sich eine zufriedenstellende Spannungsverteilung ergibt.

Nun wollen wir aber gleich die Frage stellen: Welche Spannungsverteilung ist denn zufriedenstellend?

Die Antwort hierauf ist einfach: die Spannungen sollen an allen Punkten der Scheibe gleich dem höchstzulässigen Wert sein. Diese Forderung führt uns zu der „Scheibe gleicher Festigkeit", die als einzige eine für die Praxis sinnvolle Lösung des Umkehrproblems darstellt.

1. Die Scheibe gleicher Festigkeit

Wir gehen von der Bedingung aus, daß sowohl die Radial- als auch die Tangentialspannung an jedem Punkt der Scheibe gleich der am Außenrand der Scheibe angreifenden Radialspannung ist. Hieraus folgt von vornherein, daß eine solche Scheibe stets eine Vollscheibe sein muß, die an keiner Stelle eine Bohrung besitzt. Zur Ermittlung der Form dieser Scheibe benützen wir die Differentialgleichungen (1) und (3), die noch einmal angeschrieben seien:

$$\frac{d}{dr}(r\,y\,\sigma_r) - y\,\sigma_\varphi + \frac{\gamma}{g}\,\omega^2 r^2 y = 0, \tag{1}$$

$$\nu\,r\frac{d\sigma_r}{dr} - r\frac{d\sigma_\varphi}{dr} + (1+\nu)(\sigma_r - \sigma_\varphi) - r\,E\,\frac{d(\alpha\,\vartheta)}{dr} = 0. \tag{3}$$

Setzt man nun, der genannten Forderung entsprechend,

$$\sigma_r = \sigma_\varphi = \sigma = \text{konstant},$$

so wird zunächst $\frac{d\sigma_r}{dr} = \frac{d\sigma_\varphi}{dr} = 0$. Damit folgt aus Gl. (3)

$$-r\,E\,\frac{d}{dr}(\alpha\,\vartheta) = 0.$$

Dies bedeutet, daß sich die Scheibe gleicher Festigkeit nur verwirklichen läßt, wenn

$$\frac{d}{dr}(\alpha\,\vartheta) = 0$$

ist, d. h. wenn kein Temperaturgradient vorhanden ist. Dies schließt ihre Anwendung auf Gasturbinenscheiben von vornherein aus, weil diese stets einen steilen Temperaturanstieg in der Nähe ihres Randes aufweisen. Gl. (3) fällt damit für die weitere Betrachtung aus, und Gl. (1) ändert sich in

$$\frac{1}{y}\,\frac{d}{dr}(r\,y\,\sigma) - \sigma + \frac{\gamma}{g}\,\omega^2 r^2 = 0,$$

woraus sich die einfach zu integrierende Differentialgleichung

$$\frac{\sigma}{y}\,d\,y = -\,\frac{\gamma}{g}\,\omega^2 r\,d\,r \tag{161}$$

ergibt. Die Integration führt uns sofort zu der Dickenfunktion:

$$\ln y = -\,\frac{\gamma}{g}\,\omega^2\,\frac{r^2}{2\sigma} + C$$

oder

$$y = C\,e^{-\frac{\gamma}{g}\frac{\omega^2}{2\sigma}r^2}. \tag{162}$$

Die hierin auftretende Konstante C ergibt sich aus der Randbedingung; für $r = r_a$ muß $y = y_a$ sein, das wiederum durch die Randlast

$$P = 2\pi\,r_a\,y_a\,\sigma_a$$

gegeben ist. Damit wird Gl. (162)

$$y_a = C\,e^{-\frac{1}{2}\frac{\gamma}{g}\frac{\omega^2 2\pi r_a y_a}{P}r_a^2},$$

woraus die Konstante C sich zu

$$C = y_a\,e^{+\frac{1}{2}\frac{\gamma}{g}\frac{\omega^2 2\pi r_a y_a}{P}r_a^2}$$

ergibt.

Damit erhält man schließlich den Profilverlauf der Scheibe gleicher Festigkeit in der Form:

$$y = y_a\,e^{\frac{1}{2}\frac{\gamma}{g}\frac{\omega^2}{\sigma_a}(r_a^2 - r^2)}. \tag{163}$$

In Abb. 35 ist diese Form wiedergegeben, die natürlich von dem Verhältnis $\dfrac{\frac{\gamma}{g}\,\omega^2\,r_a^2}{\sigma_a}$ abhängt, das dort zu 2,0 gewählt wurde. Diese Scheibenform wird insbesondere bei Dampfturbinen angewandt, wo sich wegen des geringen Temperaturgradienten und wegen der verhältnismäßig niedrigen Temperaturen die anfänglich gestellten Bedingungen einigermaßen erfüllen lassen.

Die genaue Ausbildung dieses Scheibenprofils ist jedoch in vielen Fällen wegen des zur Schaufelbefestigung erforderlichen Kranzes nicht möglich; man wendet es aber wenigstens im eigentlichen Scheibenteil an, wobei die im Außenkranz herrschenden kleineren Spannungen in Kauf genommen werden. Wie man aus einer gegebenen Randlast und gegebener Kranzform die für die Scheibe gleicher Festigkeit erforderliche Randdicke y_a ermittelt, wird im 4. Abschnitt behandelt.

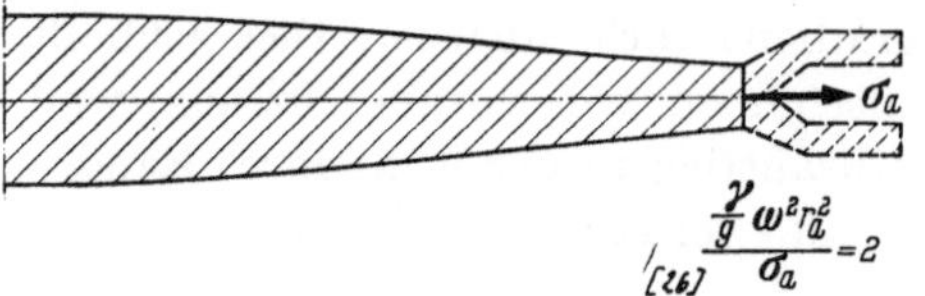

Abb. 35. Form einer Scheibe gleicher Festigkeit

Ein Sonderfall der Scheibe gleicher Festigkeit ergibt sich aus Gl. (163), wenn man $\omega^2 = 0$ setzt, also für eine ruhende Scheibe, deren Dicke zu $y = y_a =$ konstant wird, was wir auch früheren Herleitungen [Gln. (19) und (20)] entnehmen können.

2. Die konische Vollscheibe mit annähernd gleicher Festigkeit

Die in Abb. 35 gezeigte Profilform der Scheibe gleicher Festigkeit legt den Gedanken nahe, ob es nicht möglich ist, das für die Herstellung komplizierte Profil durch ein konisches zu ersetzen, ohne dadurch eine wesentliche Veränderung der Festigkeitseigenschaften in Kauf nehmen zu müssen. Zur Lösung dieses Problems müssen die Differentialgleichungen für die konische Scheibe herangezogen werden, in die die Bedingung

$$\sigma_{\varphi_0} = \sigma_{r_0} = \sigma_a$$

eingeführt wird, was bedeutet, daß man im Mittelpunkt und am Rand der Scheibe gleiche Radialspannungen zu erhalten wünscht.

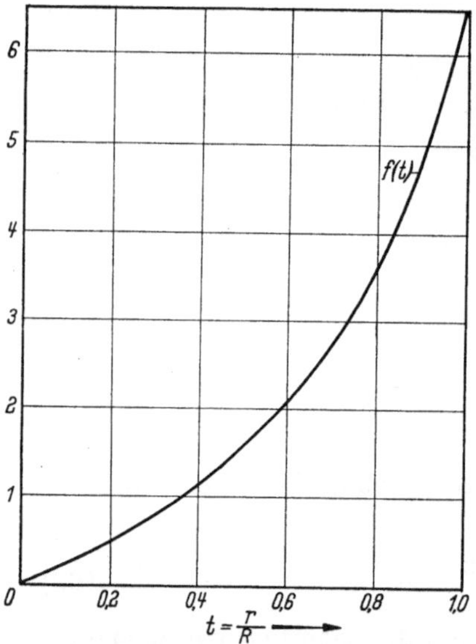

Abb. 36. Funktion $f(t)$ zur Berechnung der konischen Scheibe mit annähernd gleicher Festigkeit (nach BIEZENO-GRAMMEL)

Für eine derartige Scheibenform kann man den Wert t_a, der durch

$$t_a = \frac{r_a}{R} \quad \text{mit} \quad R = \frac{y_0}{y_0 - y_a} r_a$$

definiert ist, aus einer Funktion $f(t)$ bestimmen, die dem Buch von BIEZENO und GRAMMEL[1] entnommen wurde und hier als Abb. 36 wiedergegeben ist. Diese Funktion

[1] BIEZENO, C. B., u. R. GRAMMEL: Technische Dynamik Bd. 2, 2. Aufl., Berlin/Göttingen/Heidelberg: Springer 1953, VIII, 11, S. 23.

nimmt am Rand der Scheibe den Wert

$$f(t)_a = \frac{1}{1-\nu^2}\,\frac{\gamma}{g}\,\frac{\omega^2 r_a^2}{\sigma_a} \tag{164}$$

an, der also in jedem Fall gegeben ist, so daß die Größe t_a aus der Kurve Abb. 36 entnommen werden kann. Dieser Wert t_a bestimmt die Scheibendicke im Mittelpunkt, die sich zu

$$y_0 = \frac{y_a}{1 - t_a}$$

ergibt. Die Spannungen, die für eine solche Scheibenform errechnet werden, schwanken tatsächlich nur sehr wenig, wie aus dem in Abb. 37

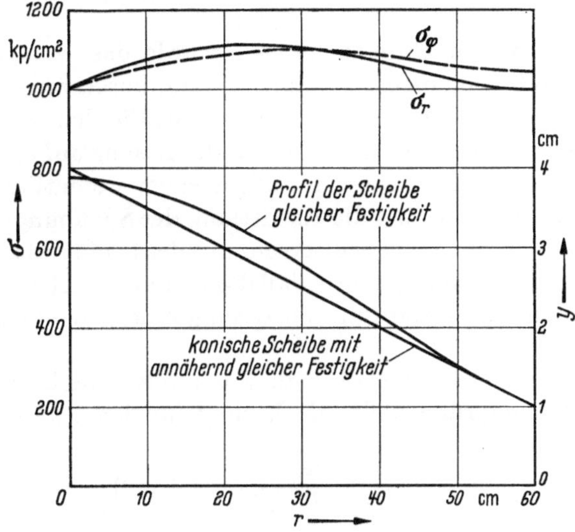

Abb. 37. Konische Scheibe mit annähernd gleicher Festigkeit, Form und Spannungsverteilung

gezeigten Beispiel hervorgeht, für welches eine im soeben erwähnten Buch durchgerechnete Scheibe verwendet wurde. Die konische Sche be mit annähernd gleicher Festigkeit dürfte die Forderungen der Praxis sehr gut erfüllen, so daß das beschriebene Verfahren zur Ermittlung ihrer Daten den Konstrukteur rasch zu einer brauchbaren Scheibenauslegung führt, immer vorausgesetzt, daß kein wesentlicher Temperaturgradient zu berücksichtigen ist.

3. Die Scheibe mit Mittelbohrung

Theoretisch ist es möglich, zu jeder angenommenen Spannungsverteilung das zugehörige Profil zu ermitteln; hierfür wurde von Manson ein numerisches Verfahren angegeben,[1] bei dem die Aufteilung in

[1] Manson, S. S.: Direct method of design and stress analysis of rotating disks with temperature-gradient, NACA Rep. 952 (1949).

Teilscheiben erfolgt, nur daß hier die jeweilige Dicke gesucht wird. Wenn man den Spannungsverlauf willkürlich vorschreibt, ist es aber möglich, daß die Rechnung ein Profil liefert, das physikalisch gar nicht möglich ist, das z. B. negative Dicken in bestimmten Bereichen erhalten müßte. (Im 4. Abschnitt wird auf S. 104 gezeigt werden, wodurch eine solche Erscheinung bedingt sein kann). In dem erwähnten Verfahren ist deshalb vorgesehen, daß die angenommene Spannungsverteilung je nach dem Ergebnis korrigiert werden muß, insbesondere auch dann, wenn das Profil stellenweise untragbar dick werden müßte. Aus diesem Grund haben sich solche Verfahren in der Praxis nicht durchgesetzt; man kommt mit den beschriebenen Verfahren zur Berechnung der Spannungsverteilung rascher zum Ziel.

In einer Reihe von Untersuchungen wurde das Umkehrproblem so behandelt,[1] daß von einem Spannungsverlauf ausgegangen wird, der eine einfache analytische Lösung möglich macht. Für den mathematisch orientierten Ingenieur war es naheliegend, die Lösung auf diesem Wege zu suchen, die erfreulicherweise im allgemeinen wesentlich einfacher sind als diejenigen, deren Ziel die Ermittlung der Spannungsverteilung ist. Wir haben auch schon bei der Berechnung des Profilverlaufes für die Scheibe gleicher Festigkeit gesehen, daß die Differentialgleichung sofort integriert werden kann, und daß die Lösung eine sehr einfache Form annimmt.

Aus der Grundgleichung (1) für die rotierende Scheibe erhält man, wie sich leicht nachprüfen läßt, als Lösung für den Profilverlauf die allgemeine Form:

$$y = a\,e^{-\int \frac{1}{r\sigma_r}\left(r\frac{d\sigma_r}{dr} + \sigma_r - \sigma_\varphi + \frac{\gamma}{g}\omega^2 r^2\right)}, \tag{165}$$

die zusammen mit Gl. (3), die aus später ersichtlichen Gründen mit ν dividiert angeschrieben und ausnahmsweise $\frac{1}{\nu}$ durch den Buchstaben m ersetzt werde, das Umkehrproblem beherrscht:

$$r\frac{d\sigma_r}{dr} - m\,r\frac{d\sigma_\varphi}{dr} + (1+m)(\sigma_r - \sigma_\varphi) = 0\,. \tag{166}$$

Ist nun z. B. die Tangentialspannung durch eine Funktion $F(r)$ gegeben, so liefert Gl. (166) die zugehörige Radialspannung:

$$\sigma_r = m\,\sigma_\varphi - \frac{m^2-1}{r^{m+1}}\left(\int \sigma_\varphi\, r^m\, dr + C\right), \tag{167}$$

und ebenso für einen gegebenen Verlauf der Radialspannung die

[1] BIEZENO, C. B., u. R. GRAMMEL: Technische Dynamik Bd. 2, 2. Aufl., Berlin/Göttingen/Heidelberg: Springer 1953, VIII, 13, s. auch Schrifttumsverzeichnis Adam, Held.

Tangentialspannung:

$$\sigma_\varphi = \frac{\sigma_r}{m} + \frac{m^2-1}{m^2}\,\frac{1}{r^{\frac{m+1}{m}}}\left(\int \sigma_r r^{\frac{1}{m}}\,dr + C_1\right). \tag{168}$$

Da gerade bei Scheiben mit Mittelbohrung die Tangentialspannung stets größere Werte annimmt als die Radialspannung, geht man gerne von einer tangentialen Spannungsverteilung aus und ermittelt das zugehörige Profil. Wegen der besonders einfachen Lösungen wählte man als Spannungskurve hyperbolische Funktionen, durch die der am Innenrand auftretende Spannungsanstieg sich leicht darstellen läßt. Nun ist aber ein solcher Verlauf vom Standpunkt der Festigkeit aus betrachtet durchaus nicht erwünscht, weil die genannte Spannungsspitze eine sehr schlechte Ausnutzung des Werkstoffes bedeutet. Deshalb liegt es nahe, zu untersuchen, ob es auch für Scheiben mit Mittelbohrung ein brauchbares Profil gibt, das wenigstens einigermaßen gleiche Tangentialspannungen und, in einem möglichst großen Bereich, auch gleich große Radialspannungen mit sich bringt, wenn schon nicht gefordert werden kann, daß alle Spannungen gleich groß sein sollen. Wir wollen daher nur dieses Problem näher untersuchen; der darüber hinaus interessierte Leser sei auf das angegebene Schrifttum verwiesen.

Die gebohrte Scheibe mit gleichen Tangentialspannungen. Wir setzen in Gl. (167) $\sigma_\varphi =$ konstant und erhalten

$$\sigma_r = m\,\sigma_\varphi - \frac{m^2-1}{r^{m+1}}\,\sigma_\varphi \int r^m\,dr + \frac{m^2-1}{r^{m+1}}\,C\,.$$

Hieraus ergibt sich die Radialspannung in der einfachen Form:

$$\sigma_r = \sigma_\varphi + \frac{C\,(m^2-1)}{r^{m+1}}. \tag{169}$$

Setzt man hier die Bedingung des Innenrandes, $\sigma_r = 0$, für $r = r_0$ ein, so erhält man die Integrationskonstante zu

$$C = -\frac{r_0^{m+1}}{m^2-1}\,\sigma_\varphi\,,$$

mit der sich der Radialspannungsverlauf zu

$$\sigma_r = \left[1 - \left(\frac{r_0}{r}\right)^{m+1}\right]\sigma_\varphi \tag{170}$$

ergibt. Nun muß aber auch die Außenrandbedingung $\sigma_r = \sigma_a$ für $r = r_a$ erfüllt werden, die uns eine Forderung für das Verhältnis $\frac{\sigma_a}{\sigma_\varphi}$ vorschreibt, welches sich aus Gl. (170) ergibt:

$$\frac{\sigma_a}{\sigma_\varphi} = 1 - \left(\frac{r_0}{r_a}\right)^{m+1} = 1 - \psi^{m+1}\,. \tag{171}$$

Hieraus erkennen wir, daß nur für $r_0 = 0$ $\sigma_a = \sigma_\varphi$ werden kann, was wieder auf die Scheibe gleicher Festigkeit führt. In Abb. 38 ist das Verhältnis $\frac{\sigma_a}{\sigma_\varphi}$ in Abhängigkeit von $\psi = \frac{r_0}{r_a}$ für $m = 3{,}0$ dargestellt; wie man sieht, ist die Tangentialspannung bei nicht allzu großen Bohrungen ($\psi < 0{,}5$) nur unwesentlich größer als die radiale Außenrandspannung, so daß wenigstens dort eine gute Ausnutzung des Werkstoffes erreicht werden kann, sofern es gelingt, den Innenrand so auszubilden, daß auch in dessen Bereich die Tangentialspannung nicht größer als am Außenrand wird. Wir ermitteln den zugehörigen Profilverlauf, indem wir den Ausdruck für σ_r, Gl. (167) und seine Ableitung

$$\frac{d\sigma_r}{dr} = (m+1)\,\frac{r_0^{m+1}}{r^{n+2}}\,\sigma_\varphi$$

in Gl. (165) einsetzen:

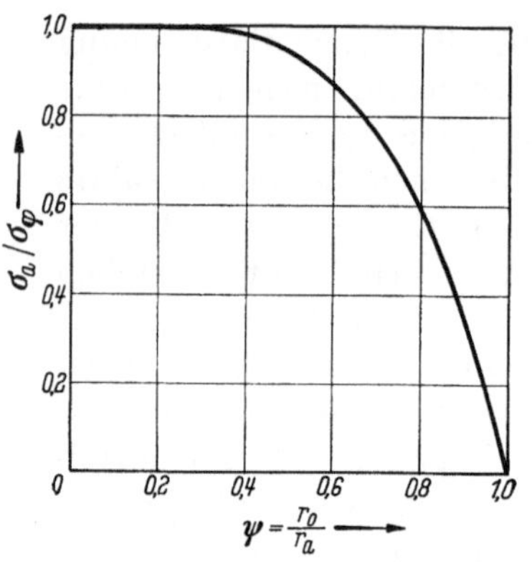

Abb. 38. Verhältnis von Radial- zu Tangentialspannung bei der Scheibe mit Mittelbohrung und gleichen Tangentialspannungen

$$y = a\,e^{-\int \frac{1}{r\left[1-\left(\frac{r_0}{r}\right)^{m+1}\right]}\left[(m+1)\frac{r_0^{m+1}}{r^{m+2}}\,r-\left(\frac{r_0}{r}\right)^{m+1}+\frac{\frac{\gamma}{g}\,\omega^2 r^2}{\sigma_\varphi}\right]dr}$$

Das Integral im Exponent läßt sich durch Partialbruchzerlegung lösen, wenn man für m eine ganze Zahl wählt. Dies dürfen wir ohne weiteres, da man nachweisen kann, daß die Querkontraktionszahl einen nur geringen Einfluß auf die Spannungen in einer Scheibe ausübt.[1] Wir wählen deshalb an Stelle des gebräuchlichen Wertes 10/3 die ganze Zahl 3 und erhalten damit für die Profilform die Funktion

$$y = a\,e^{-\frac{\frac{\gamma}{g}\omega^2 r^2}{2\sigma_\varphi}+3\ln r-\frac{1}{4}\left(3+\frac{\frac{\gamma}{g}\omega^2 r_0^2}{\sigma_\varphi}\right)\ln(r^2-r_0^2)-\frac{1}{4}\left(3-\frac{\frac{\gamma}{g}\omega^2 r_0^2}{\sigma_\varphi}\right)\ln(r^2+r_0^2)}, \tag{172}$$

die für $r = 0$ in die Form der Scheibe gleicher Festigkeit übergeht. Die Konstante a erhalten wir wieder aus der Randbedingung, also für $r = r_a$ $y = y_a$, was zu

$$a = y_a\,e^{-F(r_a)}$$

führt, worin $F(r_a)$ der Exponent in Gl. (172) mit $r = r_a$ ist. Damit wird die Profilform

$$y = y_a\,e^{\frac{\frac{\gamma}{g}\omega^2}{2\sigma_\varphi}(r_a^2-r^2)+3\ln\frac{r}{r_a}+\frac{1}{4}\left(3+\frac{\frac{\gamma}{g}\omega^2 r_0^2}{\sigma_\varphi}\right)\ln\frac{r_a^2-r_0^2}{r^2-r_0^2}+\frac{1}{4}\left(3-\frac{\frac{\gamma}{g}\omega^2 r_0^2}{\sigma_\varphi}\right)\ln\frac{r_a^2+r_0^2}{r^2+r_0^2}}, \tag{173}$$

[1] Siehe z. B. in der in Fußn. 1, S. 54, angegebenen Arbeit.

oder, wenn man die dimensionslosen Größen $\psi = \frac{r_0}{r_a}$, $\varrho = \frac{r}{r_a}$ und $p = \frac{\gamma}{g} \frac{\omega^2 r_a^2}{\sigma_\varphi}$ einführt:

$$\frac{y}{y_a} = e^{\frac{p}{2}(1-\varrho^2) + 3\ln\varrho + \frac{3}{4}\ln\frac{1-\psi^4}{\varrho^4-\psi^4} + \frac{p\psi^2}{4}\ln\frac{(1-\psi^2)(\varrho^2+\psi^2)}{(1+\psi^2)(\varrho^2-\psi^2)}}. \qquad (174\text{a})$$

Leider läßt sich diese Funktion wegen der Größe p nicht in Form einer einzigen Kurvenschar ausdrücken, die, wie schon mehrmals angewandt, mit ψ als Parameter über dem dimensionslosen Radius ϱ aufgetragen wird. Als Beispiel ist in Abb. 39 der Profilverlauf für einige Werte von ψ, mit $p = 2$ wiedergegeben, das etwa der Umfangsgeschwindigkeit 350 m/s und einer zugelassenen Spannung von 5000 kp/cm² entspricht.

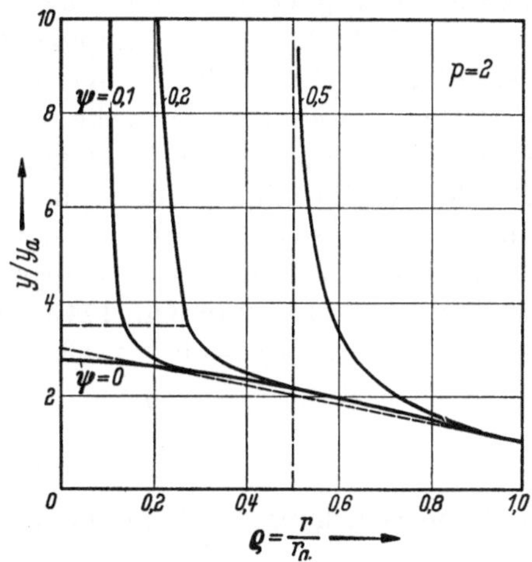

Abb. 39. Profilkurven von gebohrten Scheiben mit gleichen Tangentialspannungen

Die Scheibendicke geht am Innenrand für alle Werte von ψ gegen ∞, was aus Gl. (174a) sofort ersichtlich wird, wenn man $\varrho = \psi$ setzt. Solche Profilformen sind natürlich uninteressant; wenn man sie etwa nach der gestrichelten Kontur in Abb. 39 beschneidet, würde das Wesentliche daran verlorengehen, weil ja gerade der nach ∞ gehende Teil des Profils die Tangentialspannungen herabsetzt. Wie wir in V.1.b gesehen haben, fallen die Tangentialspannungen in weit ausladenden Ringen sehr rasch ab, so daß die theoretischen Profilformen von Abb. 39 ohnedies die gewünschte Wirkung nicht mit sich bringen; dies rührt daher, daß derart große Profildicken die ganz allgemein vorausgesetzte Bedingung, daß nämlich $y \ll r_a$ sein soll, nicht erfüllen, weshalb die erhaltene Lösung nicht mehr gültig ist. Diese Tatsache macht eine exakte Lösung des Problems der Scheibe mit Mittelbohrung, die gleiche Tangentialspannungen besitzt, unmöglich.

Geht man aber vom Standpunkt der mathematischen Behandlung ab und betrachtet das Problem von der Praxis her, so erkennt man, daß Profile nach Abb. 39 schon deshalb nicht brauchbar sind, weil ein derart spitz zulaufender Innenrand sich technisch nicht verwirklichen läßt. Vielmehr benötigt man dort stets eine kräftige Nabe, wegen des Antriebes, der Zentrierung oder der Lagerung. Wir stellen uns daher die Aufgabe, den inneren Teil der Profile nach Gl. (174a) durch eine Nabe zu ersetzen, die den Innenrand so entlastet, daß dort die Tangentialspannung einen gegebenen Wert nicht überschreitet, der z. B. gleich der Außenrandspannung der Scheibe sein möge. Wenn wir die Nabe als Ring betrachten, wie er als Anhängsel der Scheibe in V.1.b behandelt wurde, so wirken die Tangentialspannungen im Ring entlastend auf die Scheibe. Wir greifen daher das Umkehrproblem für diesen Fall so an, daß wir die Abmessungen des Nabenringes suchen und dabei vorschreiben, daß die Tangentialspannung am Innenrand einen vorgeschriebenen Wert annimmt.

Zu diesem Zweck muß zuerst das Profil nach Gl. (174a) ermittelt werden. Für praktische Fälle, bei welchen ψ nicht wesentlich größer als 0,3 ist, läßt sich die komplizierte Form der Gl. (174a) erheblich vereinfachen. In ähnlicher Weise, wie man eine Scheibe gleicher Festigkeit durch eine konische Vollscheibe mit annähernd gleicher Festigkeit ersetzen kann, ist es auch möglich, wenigstens den äußeren Teil der Scheibe mit Mittelbohrung und gleichen Tangentialspannungen durch ein konisches Profil zu ersetzen. In Abb. 39 erkennt man, daß die Profile an der Stelle $\varrho = 1$ ungefähr gleiche Neigung haben; diese ergibt sich, wenn man Gl. (174a) nach ϱ ableitet und dann $\varrho = 1$ setzt. Im Bereich $\psi = 0$ bis 0,3 erhält man mit guter Näherung

$$\frac{d\frac{y}{y_a}}{d\varrho} = -p = \frac{\frac{\gamma}{g}\omega^2 r_a^2}{\sigma_{\varphi_a}}$$

und die Gleichung für konische Profile:

$$\frac{y}{y_a} = 1 + p - p\,\varrho\,. \tag{174b}$$

Damit läßt sich der außerhalb der Nabe befindliche Teil des Profils rasch ermitteln. An der Stelle r_1, wo die Nabe angesetzt wird, ist die Dicke der Scheibe

$$y_1 = y_a(1 + p - p\,\psi_*)\,,$$

worin $\psi_* = \frac{r_1}{r_a}$ ist.

Die Berechnung der Nabe. Zur Ermittlung der Abmessungen der Nabe betrachten wir diese als Ringscheibe gleicher „Breite“, für welche die Innenrandspannungen σ_{φ_0} und σ_0 gegeben sind und deren Aufweitung am Außenrand gleich derjenigen am Innenrand der konischen Scheibe ist. Der Außenradius r_1 der Nabe möge zunächst gegeben sein; es soll aber auch die Möglichkeit vorgesehen werden, bei gegebener Breite y_0 der Nabe deren Außenradius r_1 ermitteln zu können.

Mit den in Abb. 40 angegebenen Bezeichnungen lassen sich die Spannungen aus den Gln. (23) und (24) anschreiben. Wir erhalten so:

$$\sigma_{\varphi_a} = \frac{1+\psi_1^2}{1-\psi_1^2}\,\sigma_N - \frac{2\psi_1^2}{1-\psi_1^2}\,\sigma_0 + \Omega_1$$

und

$$\sigma_{\varphi_0} = \frac{2}{1-\psi_1^2}\,\sigma_N - \frac{1+\psi_1^2}{1-\psi_1^2}\,\sigma_0 + \Omega_2\,,$$

worin

$$\psi_1 = \frac{r_0}{r_1}, \qquad \Omega_1 = \frac{1}{8}\left[(3+\nu)\,(1+2\,\psi_1^2) - (1+3\,\nu)\right]\frac{\gamma}{g}\,\omega^2\,r_1^2$$

und

$$\Omega_2 = \frac{1}{8}\left[(3+\nu)\,(2+\psi_1^2) - (1+3\,\nu)\right]\frac{\gamma}{g}\,\omega^2\,r_1^2$$

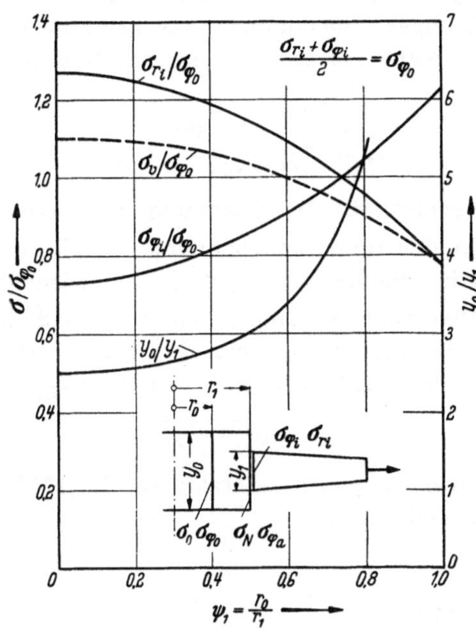

Abb. 40. Funktionen zur Berechnung der mit einer Nabe versehenen Scheibe

ist. Die unbekannte radiale Spannung σ_N am Außenrand der Nabe wird demnach:

$$\sigma_N = \frac{1-\psi_1^2}{2}\,(\sigma_{\varphi_0} - \Omega_2) + \frac{1+\psi_1^2}{2}\,\sigma_0\,, \tag{175a}$$

und diejenige am Innenrand der Scheibe:

$$\sigma_{r_i} = \frac{y_0}{y_1}\,\sigma_N = \frac{y_0}{y_1}\left[\frac{1-\psi_1^2}{2}\,(\sigma_{\varphi_0} - \Omega_2) + \frac{1+\psi_1^2}{2}\,\sigma_0\right]. \tag{175b}$$

Damit lassen sich alle Spannungen an der Trennstelle zwischen Scheibe und Nabe bis auf die Tangentialspannung σ_{φ_i} am Innenrand der Scheibe durch die vorgeschriebenen Werte σ_{φ_0} und σ_0 ausdrücken und in die Beziehung

$$\sigma_{\varphi_i} - \nu\,\sigma_{r_i} = \sigma_{\varphi_a} - \nu\,\sigma_N$$

einsetzen. Man erhält daraus die unbekannte Nabenbreite y_0 in der Form:

$$\frac{y_0}{y_1} = \frac{2\frac{\sigma_{\varphi_i}}{\sigma_{\varphi_0}} - \left[1 + \psi_1^2 - \nu(1-\psi_1^2)\right]\left(1 - \frac{\Omega_2}{\sigma_{\varphi_0}}\right) - 2(1-\nu)\frac{\sigma_0}{\sigma_{\varphi_0}} - 2\frac{\Omega_1}{\sigma_{\varphi_0}}}{\nu\left[(1-\psi_1^2)\left(1 - \frac{\Omega_2}{\sigma_{\varphi_0}}\right) + (1+\psi_1^2)\frac{\sigma_0}{\sigma_{\varphi_0}}\right]}. \quad (176\,\mathrm{a})$$

Die Werte $\frac{\Omega_1}{\sigma_{\varphi_0}}$ und $\frac{\Omega_2}{\sigma_{\varphi_0}}$ sind stets sehr klein und können bei einer Näherungsrechnung vernachlässigt werden. Weiterhin sei für die folgenden Betrachtungen angenommen, daß keine Schrumpfspannung am Innenrand der Nabe herrsche; damit erhalten wir die einfache Beziehung:

$$\frac{y_0}{y_1} = \frac{2\frac{\sigma_{\varphi_i}}{\sigma_{\varphi_0}} - (1+\psi_1^2)}{\nu(1-\psi_1^2)} + 1. \quad (176\,\mathrm{b})$$

Man ist nun geneigt, für die Spannung σ_{φ_i} vorzuschreiben, daß sie entweder gleich der Innenrandspannung σ_{φ_0} oder aber gleich der Spannung σ_{r_i} werde. Beides führt jedoch auf Lösungen, die nicht allgemein anwendbar sind. Verlangen wir aber, daß der Mittelwert der beiden Spannungen σ_{φ_i} und σ_{r_i} gleich der vorgeschriebenen Höchstspannung σ_{φ_0} ist, so läßt sich erreichen, daß die Vergleichsspannung[1] an der Stelle r_1:

$$\sigma_v = \sqrt{\sigma_{r_i}^2 + \sigma_{\varphi_i}^2 - \sigma_{r_i}\sigma_{\varphi_i}}$$

nicht allzusehr von σ_{φ_0} abweicht. Setzt man Gl. (175b) mit $\Omega_2 = 0$ und $\sigma_0 = 0$ in die Bedingung

$$\frac{\sigma_{r_i} + \sigma_{\varphi_i}}{2} = \sigma_{\varphi_0}$$

ein, so ergibt Gl. (176b):

$$\frac{y_0}{y_1} = 1 + \frac{2}{(1+\nu)(1-\psi_1^2)}; \quad (177)$$

ferner wird

$$\frac{\sigma_{r_i}}{\sigma_{\varphi_0}} = \frac{1-\psi_1^2}{2} + \frac{1}{1+\nu} \quad (178\,\mathrm{a})$$

und

$$\frac{\sigma_{\varphi_i}}{\sigma_{\varphi_0}} = \frac{1+2\nu}{1+\nu} - \frac{1-\psi_1^2}{2}. \quad (178\,\mathrm{b})$$

Die Funktionen (177) und (178) und diejenige für die Vergleichsspannung

$$\frac{\sigma_v}{\sigma_{\varphi_0}} = \sqrt{\left(\frac{\sigma_{r_i}}{\sigma_{\varphi_0}}\right)^2 + \left(\frac{\sigma_{\varphi_i}}{\sigma_{\varphi_0}}\right)^2 - \frac{\sigma_{r_i}\sigma_{\varphi_i}}{\sigma_{\varphi_0}^2}}$$

sind in Abb. 39 über dem Radienverhältnis ψ_1 der Nabe aufgetragen. Diese Darstellung läßt erkennen, daß im ganzen Bereich zwischen $\psi_1 = 0$ bis $\psi_1 = 0{,}8$ die Vergleichsspannung nicht mehr als $\pm 10\%$

[1] Vgl. hierzu die auf S. 225ff. angestellten Betrachtungen.

von σ_{φ_0} abweicht. Zwischen $\psi_1 = 0$ und $\psi_1 = 0{,}6$ ergeben sich noch erträgliche Nabenbreiten y_0, die 2,5- bis 3,4mal so groß sind wie die Scheibendicken y_1 an der Stelle r_1. Man erkennt auch, daß der Sonderfall $\sigma_{\varphi_i} = \sigma_{r_i} = \sigma_{\varphi_0}$ an einen bestimmten Wert von ψ_1 gebunden ist und außerdem eine recht große Nabenbreite erfordert $\left(\frac{y_0}{y_1} = 4{,}333\right)$, die sich meist nicht verwirklichen läßt.

Mit Hilfe der beiden Gln. (174b) und (177) läßt sich nun auch der Fall behandeln, bei dem die Nabenbreite y_0 durch konstruktive Gegebenheiten vorgeschrieben ist; hier muß der Außenradius r_1 der Nabe, also das Verhältnis ψ_1, berechnet werden, durch welches auch der Wert

$$\psi_* = \frac{r_1}{r_a} = \frac{r_0}{r_a}\,\frac{r_1}{r_0} = \frac{\psi}{\psi_1}\,.$$

des Scheibenteils bestimmt wird. Nach Elimination des noch unbekannten Werts y_1 aus den genannten Gleichungen erhält man eine Gleichung 3. Grades für ψ_1, das daraus durch eine Näherungsrechnung ermittelt werden könnte. Es geht aber rascher, wenn man aus Gl. (177) mit einem angenommenen Wert von ψ_1 die Größe $\frac{y_0}{y_1}$ ermittelt und diese in Gl. (174b) einsetzt, die mit

$$\frac{y_1}{y_a} = \frac{y_0}{y_a}\,\frac{y_1}{y_0}$$

auf

$$\psi_1 = \psi \frac{p}{(1+p) - \frac{y_1}{y_a}} \tag{179}$$

führt, mit welchem Wert man die Rechnung wiederholt usw.

Der Weg, für eine gegebene Nabenbreite y_0 den Nabenaußenradius r_1 und die Scheibendicke y_1 zu ermitteln, ist aber nicht immer der richtige. Die Innenrandspannung σ_{φ_0} wird sowohl von den Abmessungen der Nabe als auch von denjenigen der Scheibe beeinflußt; wenn nun die Nabe unnötigerweise breiter ist als erforderlich (was man von vornherein nicht weiß und auch dem Ergebnis nicht ansieht), dann muß, eine richtig bemessene Scheibe vorausgesetzt, der Innenrandwert σ_φ kleiner ausfallen als der gewünschte. Eine vorgeschriebene Innenrandspannung σ_{φ_0} wird in diesem Fall durch Fliehkräfte erzwungen, die von Scheibe und Nabe aufgebracht werden müssen, was bedeutet, daß sich aus der Rechnung sowohl eine radial zu dicke Nabe als auch eine zu dicke Scheibe ergibt. Es erscheint daher vernünftiger, die Form einer Nabe mit möglichst geringem Volumen zu suchen. Dabei muß beachtet werden, daß in der ermittelten Nabenbreite die „effektive Länge" nach V. 1. b (S. 62) der beiden rechts und links von der Scheibe überstehenden Ringe enthalten ist und daß die wirkliche Länge erheblich größer werden kann.

Um diese Länge möglichst klein zu halten, verteilt man sie hälftig auf beide Seiten der Scheibe. Die jeweilige effektive Länge ist dann

$$L_{\mathrm{eff}} = \tfrac{1}{2}(y_0 - y_{\mathrm{mi}}),$$

worin y_{mi} die Scheibendicke am mittleren Nabenradius

$$r_{\mathrm{mi}} = \tfrac{1}{2}(r_0 + r_1)$$

bedeutet; y_{mi} wird aus Gl. (174b) für $\varrho = \frac{r_{\mathrm{mi}}}{r_a}$ gewonnen.

Um aus der effektiven Länge die wirkliche Länge zu erhalten, wurde die Funktion

$$\eta = f(\eta_{\mathrm{eff}})$$

mit

$$\eta = \frac{L}{\sqrt{r_{\mathrm{mi}} h}} \sqrt[4]{3(1-\nu^2)}, \qquad \eta_{\mathrm{eff}} = \frac{L_{\mathrm{eff}}}{\sqrt{r_{\mathrm{mi}} h}} \sqrt[4]{3(1-\nu^2)}$$

und $h = r_1 - r_0$ ähnlich wie die umgekehrte Funktion

$$\eta_{\mathrm{eff}} = f(\eta)$$

aufgestellt.[1] Sie ist auf S. 234 als Kurve ⑥ wiedergegeben. Der Verlauf dieser Kurve läßt erkennen, daß die wirkliche Länge L bei $\eta_{\mathrm{eff}} \to 1$ sehr rasch gegen ∞ geht. Es muß daher stets

$$\eta_{\mathrm{eff}} < 1$$

sein. Der aus dieser Kurve entnommene Wert η liefert nun die überkragende Nabenlänge zu

$$L = \frac{\sqrt{r_{\mathrm{mi}} h}}{\sqrt[4]{3(1-\nu^2)}}\, \eta .$$

womit wir als gesamte Nabenbreite

$$y_0^* = 2L + y_{\mathrm{mi}} \tag{180}$$

erhalten.

Das Volumen der Nabe ergibt sich mit diesem Wert zu

$$V_N = \pi(r_1^2 - r_0^2)\, y_0^* = \pi\, r_a^2(\psi_*^2 - \psi^2)\, y_0^* = k\left(\frac{1}{\psi_1^2} - 1\right) y_0^* = k\, v_N .$$

Mit zunehmendem Wert ψ_1 wird der Klammerausdruck kleiner; größeres ψ_1 bedeutet aber, daß die Nabe dünner wird und somit die wirkliche Breite y_0^* gemäß der Kurve $\eta = f(\eta_{\mathrm{eff}})$ allmählich mehr anwächst als die Breite y_0, die die effektive Länge enthält. Daher besitzt die Kurve

$$v_N = \left(\frac{1}{\psi_1^2} - 1\right) y_0^* = f(\psi_1) \tag{181}$$

ein Minimum; beim zugehörigen Wert ψ_1 erhält man auf diese Weise die günstigste Nabenform.

---

[1] Siehe Fußn. 2, S. 62.

Es sei darauf hingewiesen, daß die zur Ermittlung der Kurve

$$\eta = f(\eta_{\text{eff}})$$

durchgeführten Ableitungen nur für radialspannungsfreie, dünne Ringe gelten. In den hier betrachteten, im Verhältnis zum Radius doch recht dicken Naben fällt die Tangentialspannung längs der Achse zweifellos langsamer ab als im dünnen Ring, weshalb die Anwendung der η-Kurve eine zu günstige Bemessung der Nabe liefert, wenn man in dem mit ψ_1 ansteigenden Ast der Kurve $v_N = f(\psi_1)$ liegt.

Rechenbeispiel. Bei einer Scheibe seien folgende Daten gegeben:

$$r_0 = 1 \text{ cm}, \qquad \gamma = 7{,}85 \cdot 10^{-3} \text{ kp/cm}^3, \qquad \sigma_a = 5000 \text{ kp/cm}^2,$$

$$r_a = 10 \text{ cm}, \qquad \omega^2 = 5 \cdot 10^6 \text{ sek}^{-1}, \qquad \sigma_{\varphi_0} = 5000 \text{ kp/cm}^2,$$

$$y_a = 1 \text{ cm}.$$

Fall 1. Es soll das Scheibenprofil und die Nabenbreite y_0^* für einen Nabenaußenradius von $r_1 = 3{,}0$ cm ermittelt werden. Mit

$$p = \frac{\frac{\gamma}{g}\,\omega^2\, r_a^2}{\sigma_{\varphi_a}} = \frac{40 \cdot 10^2}{5000} = 0{,}80$$

und

$$\psi_* = \frac{r_1}{r_a} = 0{,}3$$

wird das Scheibenprofil nach Gl. (174b):

$$y = 1{,}8 - 0{,}8\,\varrho;$$

ferner wird

$$y_1 = 1{,}8 - 0{,}8 \cdot 0{,}3 = 1{,}56 \text{ cm}$$

und

$$y_{\text{mi}} = 1{,}8 - 0{,}8 \cdot 0{,}2 = 1{,}64 \text{ cm}.$$

Gl. (177) liefert mit $\psi_1 = \frac{1}{3}$

$$\frac{y_0}{y_1} = 1 + \frac{2}{1{,}3\,(1 - 0{,}333)} = 2{,}73,$$

so daß

$$y_0 = 2{,}73 \cdot 1{,}56 = 4{,}26 \text{ cm}$$

wird.

Wir benötigen ferner den Wert

$$\eta_{\text{eff}} = \frac{L_{\text{eff}}}{\sqrt{r_{\text{mi}}\,h}}\sqrt[4]{3\,(1 - \nu^2)} = \frac{1}{2}\,(4{,}26 - 1{,}64)\,\frac{1{,}286}{\sqrt{2 \cdot 2}} = 0{,}842.$$

Aus der Kurve ⑥ entnimmt man für $\eta_{\text{eff}} = 0{,}842$ den Wert $\eta = 0{,}98$, so daß sich für die wirkliche, überkragende Länge der Wert

$$L = \frac{\sqrt{r_{\text{mi}}\,h}}{\sqrt[4]{3\,(1 - \nu^2)}}\,\eta = \frac{2}{1{,}286}\,0{,}98 = 1{,}524 \text{ cm}$$

ergibt; die gesamte Nabenbreite wird somit

$$y_0^* = 2 \cdot 1{,}524 + 1{,}640 = 4{,}69 \text{ cm}.$$

Fall 2. Es soll die günstigste Dimensionierung der Nabe ermittelt werden. In Tab. 4 sind die Gln. (174b), (177) und (181) für den interessierenden Bereich von ψ_1 ausgewertet.

Tabelle 4

ψ_1	ψ_*	y_0 cm	y_0^* cm	v_N	y_1 cm
0,20	0,500	3,65	3,65	87,4	1,400
0,25	0,400	3,81	3,83	57,4	1,480
0,30	0,333	4,13	4,29	43,4	1,535
0,35	0,286	4,33	5,51	39,4	1,571
0,36	0,278	4,37	6,96	46,7	1,578
0,37	0,270	4,40	11,03	69,4	1,584

Das Minimum von v_N liegt bei $\psi_1 = 0{,}35$. Mit Hilfe der Werte ψ_1 und y_0^* können nun etwaige konstruktive Forderungen berücksichtigt werden.

In Abb. 41 ist das Ergebnis einer Nachrechnung der Scheibe mit $\psi_1 = 0{,}30$ und $y_0 = 4{,}13$ cm nach dem Verfahren von GRAMMEL

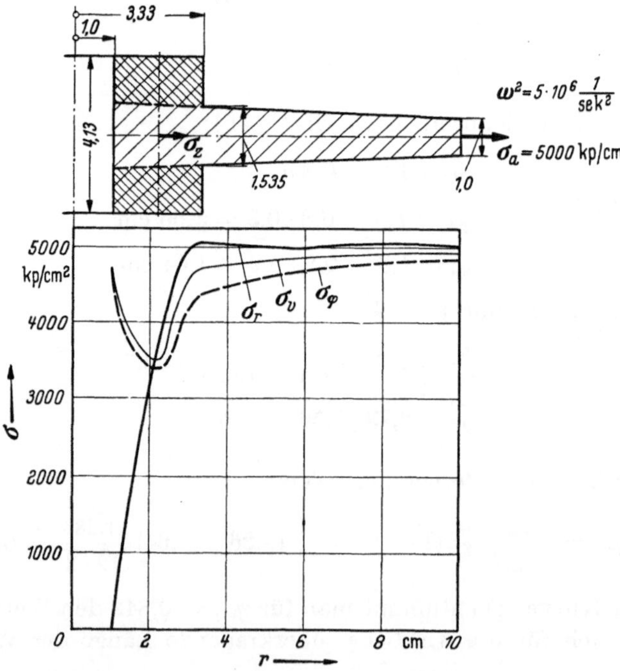

Abb. 41. Spannungsverteilung in einer konischen Scheibe mit Nabe, die zur Erzielung möglichst gleicher Tangentialspannungen bemessen wurde

wiedergegeben. Die Nabe wurde dabei als ein am Radius $r_{\mathrm{mi}} = 2{,}17$ cm auskragender, radialspannungsfreier Ring betrachtet. Es zeigt sich, daß die Forderung $\sigma_{\varphi_0} = \sigma_{\varphi_a} = \sigma_a$ gut erfüllt wird und daß wenigstens im konischen Teil der Charakter der Scheibe gleicher Festigkeit recht gut erreicht werden kann. Die Einsattelung der Tangentialspannung innerhalb der Nabe läßt sich nicht vermeiden, durch sie drückt sich der stets auftretende Abfall am Innenrand gebohrter Scheiben aus. Am Übergang von der Nabe zur Scheibe weicht aber die Tangentialspannung erfreulicherweise nicht so sehr von der Radialspannung ab, wie es nach Abb. 39 für $\psi_1 = 0{,}3$ sein müßte. Dieses andersartige Verhalten gegenüber der analytischen Lösung rührt von den unterschiedlichen Annahmen des radialen Spannungsverlaufes innerhalb der Nabe her: während bei der analytischen Lösung angenommen wurde, daß die Radialspannungen entlang der ganzen Breite wirken, sind bei der Berechnung nach dem Grammelschen Verfahren die seitlich auskragenden Nabenteile als radialspannungsfrei angesetzt worden. Weitere Abweichungen entstehen auch infolge der in Gl. (174a) eingeführten Vernachlässigungen.

4. Die Berücksichtigung des Kranzes

In einer Scheibe, deren Profil durch eine Funktion gegeben ist, herrscht die analytisch ermittelte Spannungsverteilung nur dann, wenn das glatte Profil nirgends gestört wird. Dies ist im allgemeinen jedoch nicht der Fall, weil zur Halterung der am Scheibenrand befindlichen Teile ein Kranz erforderlich ist, der eine erhebliche axiale Erstreckung haben kann. Es ist nicht möglich, diesen Kranz in die analytische Lösung für das Profil mit einzubeziehen; deshalb soll nun gezeigt werden, wie man ihn in den Außenrandbedingungen berücksichtigt. Dabei mögen die Betrachtungen so erfolgen, daß die Ergebnisse für jedes Profil verwendbar sind, bei dem die Außenrandspannungen sich als Funktion der größten Spannung ausdrücken lassen. Zu diesem Zweck denkt man sich den Kranz nach Abb. 42 von der Scheibe getrennt und bringt an seinem Innenrand je cm Umfang eine statisch unbestimmte Kraft $P_x = \sigma_x\, y_k$ an. Die Bedingung gleicher Aufweitungen des Kranzes und der Scheibe an der Trennstelle liefert dann eine Gleichung zur Bestimmung dieser Unbekannten.

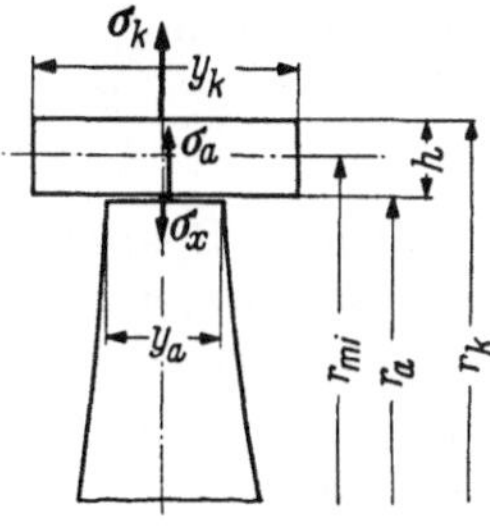

Abb. 42
Der Kranz an der Scheibe

Da bei einer Scheibe gewöhnlich die am Kranz angreifende Randspannung σ_k und die Kranzbreite y_k vorgeschrieben sind, fassen wir das Problem so an, daß die Scheibendicke y_a an der Trennstelle beim

Radius r_a ermittelt werden soll. Die Tangentialspannung am Innenrand des Kranzes, also bei r_a, ergibt sich aus Gl. (22), wenn wir $\varrho = \psi_k = \frac{r_a}{r_a + h}$ setzen, zu

$$\sigma_{\varphi_i} = \frac{1}{1 - \psi_k^2} \cdot \left[2\sigma_k - (1 + \psi_k^2) \frac{y_a}{y_k} \sigma_a\right] + \\ + \frac{\gamma}{g} \omega^2 \frac{3 + \nu}{8} \left(1 + \frac{5 - \nu}{3 + \nu} \psi_k^2\right) (r_a + h)^2, \tag{182a}$$

worin die Innenrandspannung aus der Forderung der sprungfreien Kraftübertragung zur Scheibe gewonnen wurde, also mit den Bezeichnungen von Abb. 42:

$$P_x = \sigma_x y_k = \sigma_a y_a, \quad \text{folglich} \quad \sigma_x = \frac{y_a}{y_k} \sigma_a.$$

Betrachtet man den Kranz als Ring mit geringer radialer Dicke, so kann man $r_a \approx r_{\mathrm{mi}}$ und $\psi_k = 1$ setzen, so daß

$$1 - \psi_k^2 = 2 \frac{h}{r_{\mathrm{mi}}}$$

wird. Damit geht der Ausdruck (182) in die einfachere Form

$$\sigma_{\varphi_i} = \frac{r_{\mathrm{mi}}}{h} \cdot \left(\sigma_k - \frac{y_a}{y_k} \sigma_a\right) + \frac{\gamma}{g} \omega^2 r_{\mathrm{mi}}^2 \tag{182b}$$

über. Mit der Größe σ_{φ_i} läßt sich die Aufweitung des Kranzes an der Trennstelle r_a anschreiben; sie folgt aus

$$\frac{E}{r_a} \Delta r_1 = \sigma_{\varphi_i} - \nu \sigma_{r_i} = \sigma_{\varphi_i} - \nu \frac{y_a}{y_k} \sigma_a. \tag{183}$$

Die Aufweitung am Rand der eigentlichen Scheibe erhält man aus

$$\frac{E}{r_a} \Delta r_2 = \sigma_{\varphi_a} - \nu \sigma_a; \tag{184}$$

die beiden Spannungen am Rand der Scheibe sind bei jeder Profilform durch bestimmte Funktionen mit dem Größtwert der Spannungen in dieser Scheibe gekoppelt, welchen wir als Ausgangswert vorschreiben. Die Bedingung $\Delta r_1 = \Delta r_2$ liefert uns dann die einzige noch auftretende Unbekannte, die Randdicke y_a der Scheibe, in der somit der Einfluß des Kranzes berücksichtigt ist und mit welcher schließlich das Profil so ermittelt wird, als ob kein Kranz vorhanden wäre. Wir wollen nun für einige einfache Profile den Ausdruck für y_a ermitteln.

a) Scheibe gleicher Festigkeit. Hier dürfen wir den Fall der konischen Scheibe mit annähernd gleicher Festigkeit einschließen; an ihrem Rand haben wir die Bedingung $\sigma_{\varphi_a} = \sigma_a$, so daß dort die radiale Aufweitung durch

$$\frac{E}{r_a} \Delta r_2 = \sigma_{\varphi_a} - \nu \sigma_a = (1 - \nu) \sigma_a$$

gegeben ist. Die Forderung $\Delta r_1 = \Delta r_2$ liefert die Gleichung

$$(1-\nu)\,\sigma_a = \frac{1}{1-\psi_k^2}\left[2\sigma_k - (1+\psi_k^2)\frac{y_a}{y_k}\sigma_a\right] + \\ + \frac{3+\nu}{8}\left(1+\frac{5-\nu}{3+\nu}\psi_k^2\right)\frac{\gamma}{g}\,\omega^2 (r_a+h)^2 - \nu\frac{y_a}{y_k}\sigma_a .$$

Hieraus erhält man für das Verhältnis $\frac{y_a}{y_k}$ den Ausdruck

$$\frac{y_a}{y_k} = \frac{\frac{2}{1-\psi_k^2}\,\frac{\sigma_k}{\sigma_a} - (1-\nu) + \frac{3+\nu}{8}\left(1+\frac{5-\nu}{3+\nu}\psi_k^2\right)\frac{\frac{\gamma}{g}\,\omega^2 (r_a+h)^2}{\sigma_a}}{\frac{1+\psi_k^2}{1-\psi_k^2}+\nu}. \tag{185}$$

Für den dünnen Kranz ergibt die analoge Ableitung mit Gl. (183):

$$\frac{y_a}{y_k} = \frac{\frac{r_{\mathrm{mi}}}{h}\,\frac{\sigma_k}{\sigma_a} - (1-\nu) + \frac{\frac{\gamma}{g}\,\omega^2 r_{\mathrm{mi}}^2}{\sigma_a}}{\frac{r_{\mathrm{mi}}}{h}+\nu}. \tag{186}$$

Diese Gleichung liefert die erforderliche Scheibendicke am Rand der Scheibe gleicher Festigkeit, die auch zur Ermittlung des Profils der Scheibe mit Mittelbohrung mit gleichen Tangentialspannungen verwendet wird.

b) Vollscheibe gleicher Dicke. Bei dieser tritt die größte Spannung stets am Radius 0 auf; mit $\sigma_{\max} = \sigma_{\varphi_0} = \sigma_{r_0}$ liefern die Gln. (19) und (20)

$$\sigma_{\varphi_0} = \sigma_a + \frac{3+\nu}{8}\,\frac{\gamma}{g}\,\omega^2 r_a^2$$

und

$$\sigma_{\varphi_a} = \sigma_a + \frac{1-\nu}{4}\,\frac{\gamma}{g}\,\omega^2 r_a^2,$$

woraus man die Spannungen am Scheibenrand zu

$$\sigma_a = \sigma_{\varphi_0} - \frac{3+\nu}{8}\,\frac{\gamma}{g}\,\omega^2 r_a^2$$

und

$$\sigma_{\varphi_a} = \sigma_{\varphi_0} - \frac{1+3\nu}{8}\,\frac{\gamma}{g}\,\omega^2 r_a^2$$

erhält. Damit ergibt sich an der Stelle r_a die radiale Aufweitung aus

$$\frac{r_a}{E}(\sigma_{\varphi_a} - \nu\,\sigma_a) = (1-\nu)\,\sigma_{\varphi_0} - \frac{1-\nu^2}{8}\,\frac{\gamma}{g}\,\omega^2 r_a^2,$$

was durch Gleichsetzen mit dem Ausdruck der Gl. (182a) auf

$$\frac{y_a}{y_k} = \frac{\frac{2\sigma_k}{1-\psi^2} - (1-\nu)\,\sigma_{\varphi_0} + \frac{1}{8}\,\frac{\gamma}{g}\,\omega^2\left\{(1-\nu^2)\,r_a^2 + [3+\nu+(5-\nu)\,\psi^2]\,(r_a+h)^2\right\}}{\left(\frac{1+\psi^2}{1-\psi^2}+\nu\right)\left(\sigma_{\varphi_0} - \frac{3+\nu}{8}\,\frac{\gamma}{g}\,\omega^2 r_a^2\right)} \tag{187}$$

führt. Ebenso erhält man für den Fall des dünnen Kranzes:

$$\frac{y_a}{y_k} = \frac{\frac{r_{mi}}{h}\sigma_k - (1-\nu)\,\sigma_{\varphi_0} + \left(\frac{1-\nu^2}{8}r_a^2 + r_{mi}^2\right)\frac{\gamma}{g}\omega^2}{\left(\frac{r_{mi}}{h}+\nu\right)\left(\sigma_{\varphi_0} - \frac{3+\nu}{8}\frac{\gamma}{g}\omega^2 r_a^2\right)}. \tag{188}$$

c) **Scheibe gleicher Dicke mit Mittelbohrung.** Die wegen des komplizierteren Aufbaus der Gln. (21) und (22), die den Zusammenhang zwischen Außenrand- und Innenrand-Tangentialspannungen liefern, umständlicher werdende Ableitung sei nicht wiedergegeben; wir begnügen uns mit dem Ergebnis für den Fall des dünnen Kranzes, für welchen folgender Ausdruck gewonnen wurde:

$$\frac{y_a}{y_k} = \frac{\frac{r_{mi}}{h}\sigma_k - \frac{1}{2}[1-\nu+(1+\nu)\,\psi_1^2]\,\sigma_{\varphi_0} + \left[r_{mi}^2 - \frac{(1-\nu^2)(1-\psi_1^2)}{8}r_a^2\right]\frac{\gamma}{g}\omega^2}{\left(\frac{r_{mi}}{h}+\nu\right)\left[\frac{1-\psi_1^2}{2}\sigma_{\varphi_0} - \frac{3+\nu+(1-\nu)\,\psi_1^2}{8}\frac{\gamma}{g}\omega^2 r_a^2\right]}, \tag{189}$$

worin ψ_1 das Verhältnis zwischen Innen- und Außenradius der Scheibe bedeutet (also nicht des Kranzes!).

Die Ausdrücke in den Nennern der Gln. (187) bis (189) lassen erkennen, daß es eine Grenze für den anzunehmenden Wert von σ_{φ_0} gibt, für den die Scheibendicke am Außenrand noch positiv wird; bei der Vollscheibe muß daher gefordert werden, daß

$$\sigma_{\varphi_0} > \frac{3+\nu}{8}\frac{\gamma}{g}\omega^2 r_a^2$$

wird, und bei der Scheibe mit Mittelbohrung muß

$$\sigma_{\varphi_0} > \frac{1}{4(1-\psi_1^2)}[3+\nu+(1-\nu)\,\psi_1^2]\frac{\gamma}{g}\omega^2 r_a^2$$

werden.

In Gl. (189) läßt sich auch noch eine am Innenrand der Scheibe wirkende Radialspannung σ_0 einarbeiten. Die zusätzlichen Glieder lauten: im Zähler

$$+\left[\frac{1+\psi_1^2}{2}\left(\frac{1+\psi_1^2}{1-\psi_1^2} - \nu\right) - \frac{2}{1-\psi_1^2}\right]\sigma_0$$

und im Nenner, innerhalb der eckigen Klammer

$$+\frac{1+\psi_1^2}{2}\sigma_0.$$

Vor Anwendung dieser Erweiterung sei jedoch empfohlen, die Betrachtungen über die Nabe im nächsten Abschnitt (Schrumpfspannungen) zu beachten.

Die Anwendung des Umkehrproblems zur Ermittlung der günstigsten Abmessungen des konischen Scheibenprofils oder der Scheibe gleicher Dicke unter gleichzeitiger Berücksichtigung des Kranzes führt sehr rasch zum Ziel, weil damit jedes Probieren mit vorläufigen Scheibenabmessungen erspart wird.

VIII. Schrumpfspannungen

Bei Scheiben, die auf eine Welle aufgeschrumpft werden, tritt die Frage nach dem erforderlichen Schrumpfsitz bzw. dem Schrumpfmaß auf, um welches der Wellendurchmesser bei der Herstellung größer sein muß als der Bohrungsdurchmesser. Durch das Schrumpfen entsteht eine Schrumpfkraft, die sich bei der Rotation wegen der Aufweitung des Scheibeninnenrandes ändert. Bei jeder Drehzahl herrscht also eine Schrumpfspannung, die einen Spannungszustand erzeugt, der sich dem von den Fliehspannungen herrührenden überlagert.

Es ist nun wenig sinnvoll, das Schrumpfmaß vorzuschreiben und, darauf aufbauend, die Scheibenrechnung durchzuführen; denn es ist leicht möglich, daß sich die Scheibe durch die Fliehspannungen so stark aufweitet, daß sie sich von der Welle abhebt. Wir wollen daher diesen allenfalls der Kontrolle der Spannungen dienenden Fall als letzten behandeln und zunächst die in der Praxis wichtigen Fälle betrachten, bei welchen das Schrumpfmaß auf Grund der Festigkeitsrechnung ermittelt wird.

Bei den im früheren Schrifttum angestellten Betrachtungen wurde die Welle, auf die eine Scheibe aufgeschrumpft wird, als gleich dick wie letztere angenommen. Dies führt zwar zu einfachen Ableitungen, entspricht aber keineswegs der Wirklichkeit. In V. 1. b und c (S. 62 ff.) wurde dargelegt, wie man an Hand der Kurven ② und ③ auf S. 232 die tragende (effektive) Länge einer Welle ermittelt. Eine Vollwelle mit 10 cm Durchmesser, die 10 cm über die Scheibenbegrenzungsflächen hinausragen möge, kann hiernach zu beiden Seiten auf einer zusätzlichen Länge von 4,0 cm als voll mittragend betrachtet werden. Besitzt die Scheibe eine Nabe, so tragen auch deren überkragenden Teile auf einer beträchtlichen Länge mit, so daß die ermittelte zusätzliche Länge der Welle über die gesamte tragende Breite der Nabe hinaus angesetzt werden muß, wie es als Beispiel in Abb. 43 maßstäblich dargestellt ist. Man erkennt aus diesen Betrachtungen, daß die erwähnten früheren Darlegungen nur für zusammengeschrumpfte Scheiben gleicher Dicke anwendbar sind. Wir werden nun zunächst an Hand dieses einfachen Falles die durch das Aufschrumpfen gegebenen Verhältnisse beschreiben und anschließend die weiteren, in der Praxis auftretenden Fälle behandeln.

1. Scheibe gleicher Dicke

Die Aufweitung der ruhenden Scheibe an der Stelle r_0 infolge der Schrumpfspannung $\sigma_0 = -p_0'$ ergibt sich unter Verwendung der Gln. (21) und (22) zu

$$u_S' = \frac{r_0}{E}(\sigma_{\varphi_0}' - \nu\,\sigma_{r_0}') = \frac{r_0}{E}\left(\frac{1+\psi^2}{1-\psi^2} + \nu\right)p_0', \qquad (190)$$

worin wieder $\psi = \frac{r_0}{r_a}$ gesetzt wurde, und diejenige der Welle zu

$$u'_w = -\frac{r_w}{E}(1-\nu)\,p'_0 \approx -\frac{r_0}{E}(1-\nu)\,p'_0, \tag{191}$$

so daß man für das Schrumpfmaß $\Delta u'$ der ruhenden Scheibe den Ausdruck

$$\Delta u' = u'_S - u'_w = \frac{r_0}{E}\,\frac{2}{1-\psi^2}\,p'_0 \tag{192}$$

erhält.

In gleicher Weise liefern die Gln. (21) und 22) für den rotierenden Zustand, bei welchem die Schrumpfspannung sich auf den Wert p_0 ändert, und bei dem am Scheibenrand die radiale Spannung σ_a wirkt:

$$\Delta u_0 = u_S - u_w = 2\,\frac{r_0}{E}\left(\frac{\sigma_a + p_0}{1-\psi^2} + \frac{3+\nu}{8}\,\frac{\gamma}{g}\,\omega^2 r_a^2\right). \tag{193}$$

Bei der nun anschließenden Betrachtungsweise folgen wir neueren Untersuchungen von Karas[1], die gestatten, neben dem Mindestschrumpfmaß auch diejenige Drehschnelle rasch zu ermitteln, bei der sich die Scheibe von der Welle abhebt.

Da das Schrumpfmaß durch die Rotation sich nicht ändert, ergibt sich aus $\Delta u'_0 = \Delta u_0$ ein Ausdruck für die in Ruhe herrschende Schrumpfspannung:

$$p'_0 = \sigma_a + p_0 + \frac{3+\nu}{8}\,\frac{\gamma}{g}\,\omega^2 r_a^2 (1-\psi^2). \tag{194}$$

Außerdem erhält man aus Gl. (193) für den Fall, daß sich die Scheibe abhebt, also $p_0 = 0$ wird, einen Mindestwert für das Schrumpfmaß:

$$\Delta u_{0_{\min}} = 2\,\frac{r_0}{E}\left(\frac{\sigma_a}{1-\varphi^2} + \frac{3+\nu}{8}\,\frac{\gamma}{g}\,\omega^2 r_a^2\right). \tag{195}$$

Aus Gl. (193) errechnen wir noch die Drehschnelle ω_*, bei der die Scheibe zum Abheben kommt, d. h., bei welcher die der Schrumpfspannung p_0 entsprechende Aufweitung Δu_0 erreicht ist. Dabei berücksichtigen wir, daß die Randspannung σ_a sich mit dem Quadrat der Drehschnelle ändert, weshalb wir sie durch

$$\sigma_a^* = \sigma_a \frac{\omega_*^2}{\omega^2}$$

ersetzen. Aus

$$\Delta u_0 = 2\,\frac{r_0}{E}\left(\frac{\sigma_a + p_0}{1-\psi^2} + \frac{3+\nu}{8}\,\frac{\gamma}{g}\,\omega^2 r_a^2\right) = 2\,\frac{r_0}{E}\left(\frac{\sigma_a \frac{\omega_*^2}{\omega^2}}{1-\psi^2} + \frac{3+\nu}{8}\,\frac{\gamma}{g}\,\omega^2 r_a^2\right)$$

erhalten wir

$$\omega_*^2 = \frac{\sigma_a + p_0 + \frac{3+\nu}{8}\,\frac{\gamma}{g}\,\omega^2 r_a^2 (1-\psi^2)}{\sigma_a + \frac{3+\nu}{8}\,\frac{\gamma}{g}\,\omega^2 r_a^2 (1-\psi^2)}\,\omega^2, \tag{196a}$$

[1] Erscheint demnächst ausführlich in Forsch. Ing.-Wes.

was mit Gl. (194) zu dem einfachen Ausdruck

$$\omega_*^2 = \frac{p_0'}{p_0' - p_0'} \omega^2 \tag{196b}$$

führt.

Die Randspannung σ_a kann nun auch den Einfluß eines Kranzes etwa in der von BIEZENO-GRAMMEL[1] angegebenen (hier etwas abgewandelten) Form

$$\sigma_a = \frac{-\frac{r_a}{r_k}\frac{2\psi^2}{1-\psi^2}p_0 + \left\{\frac{G\,r_s}{g\,2\pi\,f_k} + \frac{\gamma}{g}r_k^2 - \frac{r_a^3}{r_k}\frac{\gamma}{g}\left[\frac{1-\nu}{4} + \frac{3+\nu}{4}\psi^2\right]\right\}\omega^2}{\frac{r_a\,y_a}{f_k} + \nu\,\varepsilon + \frac{r_a}{r_k}\left(\frac{1+\psi^2}{1-\psi^2} - \nu\right)}, \tag{197}$$

enthalten, worin nach Abb. 43 r_k der Schwerpunktsradius, f_k der Querschnitt des Kranzes und ε ein Faktor <1 ist (KARAS zeigt, daß $\varepsilon = 0{,}5$ ein ausreichend genauer Wert ist). Dieser Ausdruck entsteht mit Hilfe der Verträglichkeitsbedingungen an der Trennstelle zwischen Scheibe und Kranz. Bei der Herleitung von Gl. (196) wurde nun angenommen, daß σ_a proportional ω^2 ist; dies ist nach Gl. (197) offensichtlich nicht mehr ganz richtig, weil das Glied mit p_0 bei der Abhebedrehschnelle zu Null wird. Dann steht anstelle von σ_a der Ausdruck

$$\sigma_a^* = (\sigma_a + \vartheta_K\,p_0)\,\frac{\omega_*^2}{\omega^2},$$

worin

$$\vartheta_K = \frac{\frac{r_a}{r_k}\,\frac{2\psi}{1-\psi^2}}{\frac{r_a\,y_a}{f_k} + \nu\,\varepsilon + \frac{r_a}{r_k}\left(\frac{1+\psi^2}{1-\psi^2} - \nu\right)} \tag{198}$$

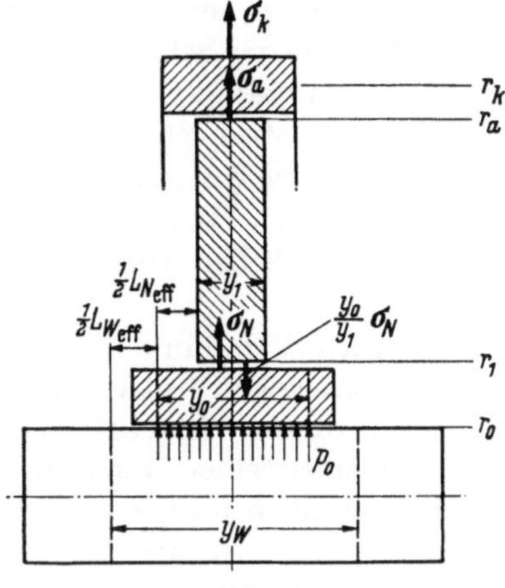

Abb. 43
Auf eine Vollwelle aufgeschrumpfte Scheibe gleicher Dicke mit Kranz und Nabe

ist. Damit erhält man für die Abhebedrehschnelle den genauen Ausdruck

$$\omega_*^2 = \frac{\sigma_a + p_0 + \frac{3+\nu}{8}\,\frac{\gamma}{g}\,r_a^2\,\omega^2(1-\psi^2)}{\sigma_a + \vartheta_K p_0 + \frac{3+\nu}{8}\,\frac{\gamma}{g}\,r_a^2\,\omega^2(1-\psi^2)}\,\omega^2. \tag{199}$$

Der interessierte Leser findet in der zitierten Arbeit von KARAS weitere Einzelheiten und eine Ausdehnung dieser Betrachtungen auf Scheiben mit anderen mathematisch darstellbaren Profilen.

[1] BIEZENO, C. B., u. R. GRAMMEL: Technische Dynamik Bd. 2, 2. Aufl., Berlin/Göttingen/Heidelberg: Springer 1953, S. 10.

2. Scheibe gleicher Dicke mit Nabe

Besitzt die Scheibe gleicher Dicke außer dem Kranz auch noch eine Nabe, so läßt sich eine analoge Ableitung durchführen, wobei die Nabe als Scheibe betrachtet wird, an deren Außenrand die zunächst noch unbekannte Kraft P_N in radialer Richtung angebracht wird, die dort eine Spannung σ_N erzeugt. Mit den Abkürzungen

$$\psi = \frac{r_0}{r_a}, \qquad \psi_1 = \frac{r_0}{r_1} \quad \text{und} \quad \psi_* = \frac{r_1}{r_a}$$

erhält man diese Spannung in der Form:

$$\sigma_N = \frac{\dfrac{2}{1-\psi_*^2}\,\sigma_a - \dfrac{2}{1-\psi_1^2}\,p_0 + \dfrac{3+\nu}{4}\,(1-\psi^2)\,\dfrac{\gamma}{g}\,\omega^2 r_a^2}{\dfrac{1+\psi_1^2}{1-\psi_1^2} + \dfrac{1+\psi_*^2}{1-\psi_*^2}\,\dfrac{y_0}{y_1} + \nu\left(\dfrac{y_0}{y_1} - 1\right)}. \tag{200}$$

Die Nabenbreite y_0 enthält hier, wie in Abb. 43 dargestellt ist, die beiden links und rechts der Scheibe überkragenden „effektiven Längen" $\frac{1}{2} L_{N\,\mathrm{eff}}$ (die aus der Kurve ②, S. 232, entnommen werden). Ebenso möge die tragende Länge y_w die nach Abb. 43 über die Nabenlänge y_0 hinausragenden effektiven Längen $\frac{1}{2} L_{W\,\mathrm{eff}}$, die mit Hilfe der Kurve ③, S. 232, ermittelt werden, enthalten. Wir betrachten nun das Scheibenpaar Nabe-Welle mit unterschiedlichen Dicken und führen die Ableitung wie unter 1. gezeigt, durch.

Man erkennt, daß in der Außenrandspannung σ_N nach Gl. (200) zwei von ω unabhängige Glieder vorkommen: das Glied mit p_0, und in demjenigen mit σ_a nach Gl. (197) der Teilausdruck mit p_0, der aber im Fall der Anwesenheit einer Nabe durch die von der Schrumpfspannung p_0 ihres Innenrands hervorgerufene Radialspannung an der Scheibe ersetzt werden muß. Die gesamte Radialspannung ist dort

$$\sigma_{r_1} = \frac{y_0}{y_1}\,\sigma_N,$$

und der ausschließlich von p_0 herrührende Anteil nach Gl. (200) für $\omega^2 = 0$:

$$\sigma'_{r_1} = \frac{y_0}{y_1}\,\frac{\dfrac{2}{1-\psi_*^2}\,\sigma'_a - \dfrac{2}{1-\psi_1^2}\,p_0}{N},$$

worin σ'_a ebenfalls für den Ruhezustand gilt, und der Nenner von Gl. (200) durch den Buchstaben N ersetzt wurde. Gl. (197) wird mit Gl. (198) und $\omega^2 = 0$ zu

$$\sigma'_a = \vartheta_K\,\sigma'_{r_1} = \vartheta_K\left[\frac{y_0}{y_1}\,\frac{\dfrac{2}{1-\psi_*^2}\,\sigma'_a}{N} - \vartheta_N\,p_0\right],$$

worin

$$\vartheta_N = \frac{\dfrac{2}{1-\psi_1^2}}{\dfrac{1+\psi_1^2}{1-\psi_1^2} + \dfrac{1+\psi_*^2}{1-\psi_*^2}\dfrac{y_0}{y_1} + \nu\left(\dfrac{y_0}{y_1} - 1\right)} \tag{201}$$

ist. Diese Gleichung, nach σ_a' aufgelöst, führt auf

$$\sigma_a' = \frac{\vartheta_K\,\vartheta_N}{1 - \vartheta_K \dfrac{y_0}{y_1}\dfrac{\dfrac{2}{1-\psi_*^2}}{N}}\,p_0 .$$

Schreibt man $\sigma_a' = \vartheta_{KN}\,p_0$, worin

$$\vartheta_{KN} = \frac{\vartheta_K\,\vartheta_N}{1 - \vartheta_K \dfrac{y_0}{y_1}\dfrac{\dfrac{2}{1-\psi_*^2}}{N}} = \frac{\dfrac{2}{1-\psi_1^2}\,\vartheta_K}{\dfrac{1+\psi_1^2}{1-\psi_1^2} + \dfrac{y_0}{y_1}\dfrac{1+\psi_*^2 - 2\vartheta_K}{1-\psi_*^2} + \nu\left(\dfrac{y_0}{y_1} - 1\right)} \tag{202}$$

ist, und ferner

$$\vartheta = \vartheta_N + \vartheta_{KN}, \tag{203}$$

so wird der von der Schrumpfspannung herrührende Anteil von Gl. (200):

$$\sigma_N' = -\vartheta\,p_0 .$$

Zur Ermittlung der Abhebedrehschnelle nehmen wir diesen Anteil aus der Nabenrandspannung heraus und schreiben:

$$\sigma_N^* = (\sigma_w + \vartheta\,p_0)\,\frac{\omega_*^2}{\omega^2}$$

als Außenrandspannung der Nabe bei der Abhebedrehschnelle.

Unter Berücksichtigung der Außenrandspannung der Welle, die mit

$$p_{0w} = \frac{y_0}{y_w}\,p_0$$

angesetzt wird, kommt man zunächst auf das Schrumpfmaß

$$\varDelta u_0 = \frac{r_0}{E} \times \tag{204}$$

$$\times \frac{2\sigma_N + \left[\left(1 + \dfrac{y_0}{y_w}\right) - \left(1 - \dfrac{y_0}{y_w}\right)\psi_1^2 + \nu\left(1 - \dfrac{y_0}{y_w}\right)(1-\psi_1^2)\right]p_0 + \dfrac{3+\nu}{4}\,\dfrac{\gamma}{g}\,\omega^2 r_1^2}{1-\psi_1^2},$$

mit welchem man den Ausdruck

$$\frac{\omega_*^2}{\omega^2} = \frac{2\sigma_N + \left[\left(1 + \dfrac{y_0}{y_w}\right) - \left(1 - \dfrac{y_0}{y_w}\right)\psi_1^2 + \nu\left(1 - \dfrac{y_0}{y_w}\right)(1-\psi_1^2)\right]p_0 + \dfrac{3+\nu}{4}\,\dfrac{\gamma}{g}\,r_1^2(1-\psi_1^2)\,\omega^2}{2(\sigma_N + \vartheta\,p_0) + \dfrac{3+\nu}{4}\,\dfrac{\gamma}{g}\,r_1^2(1-\psi_1^2)\,\omega^2} \tag{205}$$

für die Abhebedrehschnelle findet.

3. Scheiben mit beliebigem Profil

Die bisherige Betrachtungsweise läßt sich nicht auf Profile anwenden, die keine mathematisch definierbare Begrenzungskurve besitzen, weil die Spannungen nur durch eine Näherungsrechnung z. B. nach dem GRAMMELschen Verfahren ermittelt werden können. Es soll nun gezeigt werden, in welcher Weise man das Problem der Schrumpfspannungen bei solchen Scheiben angreifen kann, wobei einige Fälle dargelegt werden sollen, wie sie in der Praxis an den Festigkeitsrechner herangetragen werden.

a) *Gegeben ist das größte zu übertragende Drehmoment* M_d. Die Schrumpfkraft ergibt sich zu

$$P_0 = \frac{M_d}{r_0}\,\mu$$

und die Schrumpfspannung zu

$$\sigma_0 = -\frac{P_0}{2\pi\, r_0\, y_0} = -\frac{M_d\,\mu}{2\pi\, r_0^2\, y_0}, \tag{206}$$

worin μ der Reibungskoeffizient an den Schrumpfflächen ist. Die Schrumpfspannung σ_0 wird als Innenrandspannung bei der Scheibenrechnung eingeführt; sie ist negativ, weil sie sowohl auf die Scheibe als auch auf die Welle als Druckspannung wirkt. Aus der Scheibenrechnung erhält man die Tangentialspannung σ_{φ_0} am Innenrand der Scheibe, so daß dort die Aufweitung

$$u_s = \frac{r_0}{E}\,(\sigma_{\varphi_0} - \nu\,\sigma_0)$$

berechnet werden kann. Ist nun u_w die Aufweitung der Welle infolge der Fliehkraft, dann wird das Schrumpfmaß

$$\varDelta u_0 = u_s - u_w = \frac{r_0}{E}\,(\sigma_{\varphi_0} - \nu\,\sigma_0 - \sigma_{\varphi_w} + \nu\,\sigma_{r_w}). \tag{207}$$

Die Spannung σ_{φ_w} an der Außenfläche der Welle kann mit Hilfe von Gl. (24) berechnet werden; die radiale Außenrandspannung der Welle ergibt sich aus

$$\sigma_{r_w} = \frac{y_0}{y_w}\,\sigma_0 = -\frac{P_r}{2\pi\, r_0\, y_w},$$

worin y_w wieder die tragende Länge der Welle darstellt, die wir durch Ermittlung der effektiven Längen der zu beiden Seiten der Scheibe befindlichen Wellenteile erhalten.

b) *Die größte Tangentialspannung* σ_{φ_0} *am Innenrand der Scheibe ist vorgeschrieben.* Da die radiale Innenrandspannung unbekannt ist, führen wir die Scheibenrechnung von außen nach innen durch; aus den beiden GRAMMELschen Rechenoperationen erhalten wir auf diese Weise die Innenrandwerte σ'_{r_0}, σ'_{φ_0}, σ''_{r_0}, σ''_{φ_0}.

Mit der Gleichung für den Überlagerungsfaktor

$$\varkappa = \frac{\sigma_0 - \sigma'_{r_0}}{\sigma''_{r_0}}$$

ergibt sich

$$\sigma_{\varphi_0} = \sigma'_{\varphi_0} + \varkappa\,\sigma''_{\varphi_0} = \sigma'_{\varphi_0} + (\sigma_0 - \sigma'_{r_0})\,\frac{\sigma''_{\varphi_0}}{\sigma''_{r_0}},$$

woraus wir für die Schrumpfspannung den Ausdruck

$$\sigma_0 = \frac{\sigma''_{r_0}\,(\sigma_{\varphi_0} - \sigma'_{\varphi_0}) + \sigma'_{r_0}\,\sigma''_{\varphi_0}}{\sigma''_{\varphi_0}} \tag{208}$$

erhalten. Nun läßt sich $\varkappa$ berechnen, und damit sind auch alle Spannungen der Scheibe bekannt. Das gesuchte Schrumpfmaß wird

$$\varDelta u_0 = \frac{r_0}{E}\,(\sigma_{\varphi_0} - \nu\,\sigma_0) - u_w,$$

worin u_w aus den Spannungen der Welle gewonnen wird, die am Außenrand mit der Kraft $\sigma_{r_w}\,2\pi\,r_0\,y_w$ belastet ist.

Bei dieser Berechnung kann der Fall eintreten, daß die Schrumpfspannung nach Gl. (208) positiv wird, was einer an der Scheibe wirkenden, nach innen gerichteten Zugkraft entspricht. Dies bedeutet, daß bei der vorgeschriebenen Tangentialspannung σ_{φ_0} die Scheibe sich von der Welle abhebt; die Scheibe muß daher in der Nähe des Innenrandes eine andere Form erhalten, die so gewählt werden muß, daß die Aufweitung am Innenrand geringer wird. Man erkennt, daß es nicht ratsam ist, nur die Tangentialspannung am Innenrand, sondern zusätzlich auch eine (negative) Schrumpfspannung vorzuschreiben, welchen Fall wir als nächsten behandeln.

c) *Die Tangentialspannung am Innenrand und die Schrumpfspannung sind gegeben*, letztere z. B. aus dem Drehmoment nach Gl. (190). Diese Aufgabe berührt das Umkehrproblem in der Form, wie es im vorhergehenden Abschnitt (S. 94) behandelt wurde. Wir haben demnach die Breite einer Nabe zu ermitteln, deren Innen- und Außenradius (r_0 und r_1) vorgeschrieben sind. Liegt das Profil der Scheibe noch nicht fest, so kann dieses als konisch gewählt und nach Gl. (174b) ermittelt werden. Die Nabenbreite ergibt sich dann aus Gl. (177a).

Hat man die Rechnung für ein gegebenes Profil mit beliebigem Dickenverlauf durchzuführen, so bringt man am mittleren Nabenradius die von der Nabe herrührende Zusatzspannung

$$\sigma_z = -k\left(\sigma_\varphi - \nu\,\sigma_r - \frac{\gamma}{g}\,\omega^2\,r_{\mathrm{mi}}^2\right) \tag{209}$$

an, in welchem Ausdruck wir die Größe

$$k = \frac{y_R}{y_s}\,\frac{h}{r_{\mathrm{mi}}} \tag{210}$$

als Unbekannte betrachten, da wir ja die überkragende Ringbreite y_R noch nicht kennen, während die radiale Dicke h der Nabe gegeben ist.

Rechnet man die Scheibe, am Außenrand beginnend, nach dem Verfahren von GRAMMEL bis zum Innenrand unter Berücksichtigung der Zusatzspannung (209), wobei die Unbekannte k mitgeschleppt wird, so erhält man die Innenrandwerte aus den Rechenoperationen I und II in der Form:

$$\begin{aligned} \sigma_{r_0}^{*\prime} &= \sigma_{r_0}' + k(S' - \Omega)\,\lambda, & \sigma_{\varphi_0}^{*\prime} &= \sigma_{\varphi_0}' + k(S' - \Omega)\,\zeta, \\ \sigma_{r_0}^{*\prime\prime} &= \sigma_{r_0}'' + k\,S''\,\lambda, & \sigma_{\varphi_0}^{*\prime\prime} &= \sigma_{\varphi_0}'' + k\,S''\,\zeta, \end{aligned} \tag{211}$$

worin σ_{r_0}', σ_{φ_0}', σ_{r_0}'' und σ_{φ_0}'' diejenigen Endwerte der Rechnung bedeuten, die ohne Berücksichtigung einer Zusatzspannung durch die Nabe erhalten, und die Größen

$$\begin{aligned} S' &= \sigma_\varphi' - \nu\,\sigma_r', \\ S'' &= \sigma_\varphi'' - \nu\,\sigma_r'', \end{aligned} \tag{212}$$

aus den in der Rechnung an der Stelle r_{mi} auftretenden Zahlenwerten ermittelt werden. Ferner wurden die Abkürzungen

$$\left.\begin{aligned} \Omega &= \frac{\gamma}{g}\,\omega^2\,r_{\mathrm{mi}}^2, \\ \lambda &= 1 + \xi_0(1 - \nu), \\ \zeta &= \nu - \xi_0(1 - \nu) \end{aligned}\right\} \tag{213}$$

eingeführt, worin ξ_0 der letzte in der GRAMMELschen Rechnung stehende Faktor ist und die Größe

$$\xi_0 = -\frac{1}{2}\left(1 - \frac{r_{\mathrm{mi}}^2}{r_0^2}\right)$$

hat.

Nun wird der Überlagerungsfaktor

$$\varkappa = \frac{\sigma_0 - \sigma_{r_0}^{*\prime}}{\sigma_{r_0}^{*\prime\prime}} = \frac{\sigma_0 - \sigma_{r_0}' - \lambda(S' - \Omega)\,k}{\sigma_{r_0}'' + \lambda\,S''\,k} \tag{214}$$

ermittelt, mit welchem sich eine Gleichung für die (vorgeschriebene) tangentiale Innenrandspannung σ_{φ_0} aufstellen läßt; diese lautet:

$$\sigma_{\varphi_0} = \sigma_{\varphi_0}^{*\prime} + \varkappa\,\sigma_{\varphi_0}^{*\prime\prime}. \tag{215}$$

Setzt man nun die Ausdrücke (214) und (211) in (215) ein, so erhält man eine Gleichung, in der außer dem Faktor k nur noch bekannte Größen vorkommen. Diese Gleichung lösen wir nach k auf und erhalten:

$$k = \frac{\sigma_{r_0}''(\sigma_{\varphi_0}' - \sigma_{\varphi_0}) - \sigma_{\varphi_0}''(\sigma_{r_0}' - \sigma_0)}{\zeta\,S''(\sigma_{r_0}' - \sigma_0) - \lambda\,S''(\sigma_{\varphi_0}' - \sigma_{\varphi_0}) + (S' - \Omega)\,(\lambda\,\sigma_{\varphi_0}'' - \zeta\,\sigma_{r_0}'')}. \tag{216}$$

Mit diesem Wert können die durch

$$\sigma_z' = -k\left(\sigma_\varphi' - \nu\,\sigma_r' - \frac{\gamma}{g}\,\omega^2\,r_{\mathrm{mi}}^2\right)$$

und

$$\sigma_z'' = -k(\sigma_\varphi'' - \nu\,\sigma_r'') \tag{217}$$

nunmehr zahlenmäßig bekannten Zusatzspannungswerte in den Rechenoperationen I und II berücksichtigt werden; dann wird der Wert $\varkappa$ nach Gl. (214) errechnet und damit die Rechenoperation III durchgeführt.

Aus dem Faktor k erhalten wir vollends die Breite des Nabenrings

$$y_R = \frac{y_s r_{\mathrm{mi}}}{h} k,$$

welcher Wert der doppelten effektiven Ringlänge der zu beiden Seiten der Scheibe überkragenden Nabe entspricht. Die wirkliche Länge wird mit Hilfe der Kurve ⑥ auf S. 234 ermittelt, wobei auf die Darlegungen von S. 98 zu achten ist.

d) *Das Schrumpfmaß Δu ist gegeben.* Die Schrumpfspannung σ_0 muß wieder aus den Spannungs-Dehnungs-Beziehungen an der Verbindungsstelle Scheibe–Welle ermittelt werden. Die Berechnung von Scheibe und Welle wird so durchgeführt, daß beide an der Schrumpfstelle endigen, für welche sich die beiden Wertegruppen $\sigma'_{r_{0s}}$, $\sigma'_{\varphi_{0s}}$, $\sigma''_{r_{0s}}$, $\sigma''_{\varphi_{0s}}$ und $\sigma'_{r_{0w}}$, $\sigma'_{\varphi_{0w}}$, $\sigma''_{r_{0w}}$, $\sigma''_{\varphi_{0w}}$ ergeben. Ist σ_0^* die Schrumpfspannung in ruhendem Zustand, dann ist die zugehörige Tangentialspannung in der Scheibe

$$\sigma^*_{\varphi_0} = \frac{\sigma''_{\varphi_{0s}}}{\sigma''_{r_{0s}}} \sigma_0^* = c_s \sigma_0^* . \tag{218}$$

Damit ergibt sich für den Überlagerungsfaktor:

$$\varkappa = \frac{\sigma_0 - \sigma'_{r_{0s}}}{\sigma_0^*}$$

und für die tangentiale Innenrandspannung der Scheibe:

$$\sigma_{\varphi_{0s}} = \sigma'_{\varphi_{0s}} + \frac{\sigma_0 - \sigma'_{r_{0s}}}{\sigma_0^*} c_s \sigma_0^* = \sigma'_{\varphi_{0s}} + c_s \sigma_0 - c_s \sigma'_{r_{0s}}. \tag{219}$$

In gleicher Weise erhält man für die Welle:

$$\sigma_{\varphi_{0w}} = \sigma'_{\varphi_{0w}} + c_w \frac{y_s}{y_w} \sigma_0 - c_w \sigma'_{r_{0w}}, \tag{220}$$

worin

$$c_w = \frac{\sigma''_{\varphi_{0w}}}{\sigma''_{r_{0w}}}$$

ist. Die Aufweitungen ergeben sich zu:

$$u_s = \frac{r_0}{E} \left(\sigma_{\varphi_{0s}} - \nu\, \sigma_{r_{0s}}\right) = \frac{r_0}{E} \left(\sigma'_{\varphi_{0s}} + c_s \sigma_0 - c_s \sigma'_{r_{0s}} - \nu\, \sigma_0\right),$$

$$u_w = \frac{r_0}{E} \left(\sigma_{\varphi_{0w}} - \nu\, \sigma_{r_{0w}}\right) = \frac{r_0}{E} \left(\sigma'_{\varphi_{0w}} + c_w \sigma_0 \frac{y_s}{y_w} - c_w \sigma'_{r_{0w}} - \nu\, \sigma_0 \frac{y_s}{y_w}\right).$$

Mit diesen Ausdrücken liefert die Gleichung für das Schrumpfmaß:

$$\begin{aligned} \Delta u_0 &= u_s - u_w \\ &= \frac{r_0}{E} \left\{\sigma'_{\varphi_{0s}} - c_s \sigma'_{r_{0s}} - \sigma'_{\varphi_{0w}} + c_w \sigma'_{r_{0w}} + \sigma_0 \left[c_s - \frac{y_s}{y_w} c_w - \nu \left(1 - \frac{y_s}{y_w}\right)\right]\right\}, \end{aligned}$$

woraus sich die Schrumpfspannung zu

$$\sigma_0 = \frac{\frac{\Delta u_0 E}{r_0} - \sigma'_{\varphi_{0s}} + c_s \sigma'_{r_{0s}} + \sigma'_{\varphi_{0w}} - c_w \sigma'_{r_{0w}}}{c_s - \frac{y_s}{y_w} c_w - \nu \left(1 - \frac{y_s}{y_w}\right)} \tag{221}$$

ergibt, in welchem Ausdruck alle Größen aus der Scheibenrechnung bekannt sind.

Besitzt die Welle keine Bohrung, so daß sie als Scheibe mit gleicher Dicke y_w betrachtet werden kann, so vereinfacht sich die Rechnung, weil die Außenrandspannungen der Welle sofort angeschrieben werden können; mit

$$\sigma_{\varphi_{0w}} = \sigma_{0w} + \frac{1-\nu}{4} \frac{\gamma}{g} \omega^2 r_0^2 \tag{222}$$

und

$$\sigma''_{\varphi_{0w}} = \sigma''_{r_{0w}} \quad (c_w = 1),$$

wird

$$\sigma'_{\varphi_{0w}} - c_w \sigma'_{r_{0w}} = \sigma_{\varphi_{0w}} - c_w \sigma_{0w} = \frac{1-\nu}{4} \frac{\gamma}{g} \omega^2 r_0^2,$$

und

$$\sigma_0 = \frac{\frac{\Delta u E}{r_0} - \sigma'_{\varphi_{0s}} + c_s \sigma'_{r_{0s}} + \frac{1-\nu}{4} \frac{\gamma}{g} \omega^2 r_0^2}{c_s - \frac{y_s}{y_w} - \nu \left(1 - \frac{y_s}{y_w}\right)}. \tag{223}$$

Durch σ_0 ist der endgültige Wert von $\varkappa$ bestimmt, womit die Spannungsrechnung in der Operation III vollends durchgeführt werden kann.

Kommt in Gl. (223) ein positiver Wert heraus, dann ist eine weitere Rechnung sinnlos, weil die Schrumpfspannung stets negativ sein muß.

Bei der Berechnung der durch Schrumpfspannungen erzeugten zusätzlichen Spannungen muß auch berücksichtigt werden, daß für das Schrumpfmaß immer eine durch die Fertigungstoleranzen bedingte untere und obere Grenze vorgeschrieben ist. Man hat also darauf zu achten, daß weder beim Kleinstmaß ein Abheben auftritt noch beim Größtmaß die Spannungen unzulässig hoch werden.

IX. Radiale Aufweitung, Bruchdrehzahl und Kontrolle der Scheibenrechnung

Die in diesem Abschnitt behandelten Probleme sind einfacher Natur und schließen sich an eine bereits durchgeführte Scheibenrechnung an.

Ist die Spannungsverteilung der Scheibe ermittelt, so liefert die schon mehrmals verwendete Gleichung für die radiale Verschiebung u die Aufweitung der Scheibe an jeder beliebigen Stelle i zu:

$$u = \frac{r_i}{E} \left(\sigma_{\varphi_i} - \nu \sigma_{r_i}\right) + (r \alpha \vartheta)_i, \tag{224}$$

worin ϑ die auf die kalte Scheibe bezogene Übertemperatur ist.

Die Drehzahl, bei der eine Scheibe zu Bruch geht, läßt sich ebenfalls leicht ermitteln. Es ist bekannt, daß Scheiben, die aus einem Werkstoff mit einigermaßen ausgeprägter Streckgrenze hergestellt werden, nicht brechen, wenn an irgendeiner Stelle, z. B. am Innenrand, die Spannung die Bruchfestigkeit erreicht.[1] Dies kommt daher, daß sich die Spannungen bei Erreichen des Fließgebietes bezüglich der Spannungen im übrigen Teil der Scheibe abbauen, solange dort noch kleinere Spannungen herrschen. Der Spannungsausgleich geht also so weit, bis die Scheibe überall die gleichen Spannungen besitzt. Maßgebend hierfür sind die Tangentialspannungen, da ja an freien Rändern keine Spannungen in radialer Richtung auftreten können. Wenn sich dann die Scheibe in vollplastischem Zustand befindet und der Ausgleich aller Tangentialspannungen eingetreten ist und diese die Bruchfestigkeit des Werkstoffes erreicht haben, tritt der Bruch der Scheibe ein.

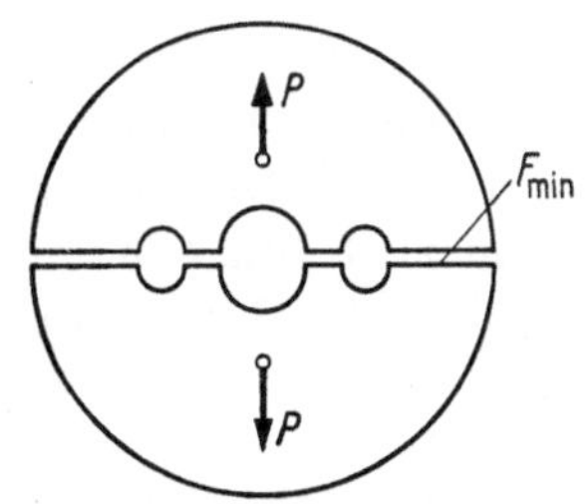

Abb. 44. Zur Berechnung der Bruchdrehzahl

Bei einer Vielzahl von neueren Versuchen, die bis zur Bruchdrehzahl durchgeführt wurden,[2, 3] zeigte sich, daß die untersuchten Scheiben, unabhängig von ihrer Profilform, bei einer Drehzahl brechen, bei der die „mittlere Tangentialspannung" der ganzen Scheibe höchstens 5—10% unter der Bruchfestigkeit des betreffenden Werkstoffes liegt. Zur Berechnung der Bruchdrehzahl denken wir uns die Scheibe nach Abb. 44 in zwei Hälften geteilt; für jede Scheibenhälfte ermitteln wir nun die an der Schnittfläche angreifende Kraft P, die gleich der Summe P_1 der Fliehkraftkomponenten der Teilringe zuzüglich der Schaufelkraftkomponente P_2 ist. Man erhält:

$$P_1 = \sum m_i r_{s,i} \omega^2 = \sum \frac{1}{2} \frac{\gamma}{g} \pi (r_{i+1}^2 - r_i^2) y_i r_{s,i} \omega^2,$$

was mit

$$r_{s,i} = \frac{4}{3\pi} \frac{r_{i+1}^3 - r_i^3}{r_{i+1}^2 - r_i^2}$$

auf

$$P_1 = \frac{2}{3} \frac{\gamma}{g} \sum y_i (r_{i+1}^3 - r_i^3) \omega^2$$

führt.

---

[1] Grammel, R.: Die Erklärung des Problems der hohen Sprengfestigkeit umlaufender Scheiben. Ing.-Arch. Bd. 16 (1947/48) S. 1.

[2] Skidmore, W. E.: Bursting tests of rotating disks typical of small gas turbine design. Proc. S.E.S.A. Bd. 2, 1951, S. 29.

[3] Robinson, E. L.: Bursting test of steam-turbine disk wheels. Transactions ASME 66, 1944, S. 373.

Die Fliehkraftkomponente von $\frac{z}{2}$ Schaufeln, die mit dem Gewicht G_s am Halbmesser r_s wirken, ist

$$P_2 = \frac{2}{\pi}\,\frac{z}{2}\,\frac{G_s}{g}\,r_s\,\omega^2,$$

so daß die Gesamtkraft

$$P = P_1 + P_2 = \left[\frac{2}{3}\,\frac{\gamma}{g}\sum(r_{i+1}^3 - r_i^3)\,y_i + \frac{z}{\pi}\,\frac{G_s}{g}\,r_s\right]\omega^2 = A\,\omega^2 \tag{225}$$

wird. Diese Kraft muß beim Bruch gleich der Trennkraft $\sigma_B F$ sein; damit ergibt sich

$$A\,\omega_B^2 = \sigma_B F_{\min}, \tag{226}$$

woraus wir die Bruchdrehzahl

$$n_B \leqq \frac{30}{\pi}\sqrt{\frac{F_{\min}}{A}\,\sigma_B} \tag{227}$$

erhalten. Das Zeichen $<$ möge andeuten, daß der Bruch spätestens bei dieser Drehzahl eintritt; wie erwähnt, muß mit einer etwa 5% geringeren Drehzahl gerechnet werden, und außerdem ist es möglich, daß z. B. am Scheibenrand, wo die Schaufeln befestigt sind, schon früher ein Bruch entsteht. Die in Gl. (227) einzusetzende Fläche $F_{\min}$ ist derjenige Querschnitt, der unter Abzug aller Bohrungsaussparungen erhalten wird, und zwar in demjenigen Radialschnitt, der die kleinste Schnittfläche liefert.

Bei Scheiben, die mit hohen Temperaturen und ungleichmäßiger Temperaturverteilung betrieben werden, tritt der Bruch dann ein, wenn an jeder Stelle der Scheibe die der zugehörigen Temperatur entsprechende Bruchspannung (Zeitstandfestigkeit) erreicht wird. An Stelle der Gl. (226) tritt dann die neue Bedingung:

$$P = A\,\omega_B^2 = \int_{r_0}^{r_a} \sigma_B\,y\,dr, \tag{228}$$

und die Bruchdrehzahl ergibt sich zu

$$\omega_B^2 = \frac{1}{A}\int_{r_0}^{r_a} \sigma_B\,y\,dr. \tag{229}$$

An dieser Stelle sei dem Verfasser eine Bemerkung zu den Ergebnissen in der zitierten Arbeit von W. E. SKIDMORE gestattet. Bei allen dort untersuchten Scheibenprofilen ergab sich nämlich eine sehr gute Übereinstimmung der versuchsmäßig ermittelten Bruchdrehzahl mit der nach Gl. (227) errechneten, mit der merkwürdig erscheinenden Ausnahme der Scheibe gleicher Festigkeit, bei der die für die Bruchdrehzahl sich ergebende mittlere Tangentialspannung zwischen der 1,4- und der 2fachen Bruchfestigkeit des

Werkstoffes lag. Dieses Ergebnis war ganz offenbar durch einen Fehler im Versuch oder in der Auslegung des Ergebnisses bedingt: der Versuch wurde nämlich ohne Randlast durchgeführt, was bedeutet, daß die betreffenden Scheiben nur das Profil der Scheibe gleicher Festigkeit hatten, nicht aber an allen Stellen gleiche Spannungen aufweisen konnten, die nur bei Vorhandensein einer Randlast auftreten können. Rechnet man die so untersuchten Scheiben ohne Randlast nach, so fällt das Ergebnis auch bei diesen Scheiben nicht aus dem Rahmen der übrigen Untersuchungen heraus.

Wir wollen nun noch als Beispiel die Bruchdrehzahl für eine Scheibe gleicher Dicke ohne Randlast ermitteln. Aus Gl. (225) erhalten wir

$$P = A\,\omega^2 = \frac{2\gamma}{3g}\,(r_a^3 - r_0^3)\,y\,\omega^2,$$

und hieraus

$$A = \frac{2\gamma}{3g}\,(r_a^3 - r_0^3).$$

Der Querschnitt $F_{\min}$ ist $2y(r_a - r_0)$, somit folgt aus Gl. (227)

$$n_B = \frac{30}{\pi}\sqrt{\frac{3\,\sigma_B}{r_a^2 + r_a r_0 + r_0^2}\,\frac{g}{\gamma}}. \tag{230}$$

Die Gl. (225) ermöglicht nun noch eine Nachprüfung der Scheibenrechnung, die für ein beliebiges Profil durchgeführt wurde. Wir können nämlich die gesamte, in der Trennfläche wirkende Kraft auch aus den Tangentialspannungen ermitteln, die wir an den Trennflächen anbringen, damit der Zusammenhalt wiederhergestellt wird. Diese Kraft ist:

$$P = \int \sigma_\varphi\,dF = \sum \sigma_{\varphi_i}(r_{i+1} - r_i)\,y_i; \tag{231}$$

sie muß gleich der gesamten Fliehkraftkomponente nach Gl. (225) sein, die die beiden Scheibenhälften an der Trennfläche hervorrufen. Damit liefert uns die Gleichung

$$\sum \sigma_{\varphi_i}(r_{i+1} - r_i)\,y_i = \left[\frac{2}{3}\,\frac{\gamma}{g}\sum (r_{i+1}^3 - r_i^3)\,y_i + \frac{z}{\pi}\,\frac{G_s\,r_s}{g}\right]\omega^2 \tag{232}$$

die Möglichkeit, die durchgeführte Scheibenrechnung nachzuprüfen; es ist nur notwendig, die linksstehende Summe mit Hilfe der Scheibenabmessungen und der errechneten Tangentialspannungen zu ermitteln, wofür natürlich in den Abschnitten (gleicher Dicke) das Mittel zwischen dem Anfangs- und dem Endwert zu nehmen ist. Auf diese Weise kann also ein Fehler in der Scheibenrechnung aufgedeckt werden, der um so größer ist, je mehr sich die beiden Ausdrücke auf der linken und rechten Seite voneinander unterscheiden.

X. Die Spannungsverteilung im Bereich plastischer Verformungen

Die Berechnung der Spannungsverteilung im Fließbereich des Werkstoffes stößt auf erhebliche Schwierigkeiten, weil ja von vornherein nicht bekannt ist, an welchen Stellen und in welchem Maß ein Fließen und, damit verbunden, ein relativer Spannungsabbau zu erwarten ist, wodurch dann weniger beanspruchte Stellen zum Mittragen herangezogen werden. Unter Annahme einer Spannungsverteilung ist es durch sukzessive Approximation möglich, den Spannungszustand zu bestimmen, vorausgesetzt, daß für den gesamten Temperaturbereich, in welchem die Scheibe betrieben wird, die Spannungs-Dehnungs-Kurven bzw. die Zeitdehnkurven des betreffenden Scheibenwerkstoffes bekannt sind. Aus letzteren ermittelt man die zu den angenommenen Spannungen gehörigen bleibenden bzw. Kriechdehnungen ε_r^* und ε_φ^* in radialer und tangentialer Richtung und setzt diese in die Spannungs-Dehnungs-Beziehungen ein:

$$\begin{aligned} \varepsilon_r &= \frac{1}{E}(\sigma_r - \nu\,\sigma_\varphi) + \alpha\,\vartheta + \varepsilon_r^*, \\ \varepsilon_\varphi &= \frac{1}{E}(\sigma_\varphi - \nu\,\sigma_r) + \alpha\,\vartheta + \varepsilon_\varphi^*. \end{aligned} \tag{233}$$

Hieraus leitet sich, wie auf S. 5 beschrieben, die Differentialgleichung

$$\begin{aligned} &\nu\frac{d\sigma_r}{dr} - \frac{d\sigma_\varphi}{dr} + \frac{1+\nu}{r}(\sigma_r - \sigma_\varphi) - E\,\alpha\frac{d\vartheta}{dr} - \\ &\quad - \frac{E}{r}(\varepsilon_\varphi^* - \varepsilon_r^*) + E\frac{d\varepsilon_\varphi^*}{dr} = 0 \end{aligned} \tag{234}$$

ab, die mit Hilfe des Differenzenverfahrens gelöst werden kann. Mit den sich ergebenden Spannungen werden nun den Werkstoff-Kennkurven neue Werte für ε_r^* und ε_φ^* entnommen, mit welchen die Rechnung wiederholt wird. Dies muß so lange durchgeführt werden, bis sich die Spannungsverteilung nicht mehr wesentlich ändert. Dieses Verfahren wurde von MANSON angegeben[1]; es läßt sich in das auf S. 53ff. beschriebene Verfahren einbauen, wenn man den dort abgeleiteten Koeffizient $H' = \alpha_{i+1}\,\vartheta_{i+1} - \alpha_i\,\vartheta_i$ in (90) durch

$$H'^* = \alpha_{i+1}\vartheta_{i+1} - \alpha_i\vartheta_i + \frac{1}{2}\,\frac{\varepsilon_{\varphi_{i+1}}^* - \varepsilon_{r_{i+1}}^*}{r_{i+1}} + \frac{1}{2}\,\frac{\varepsilon_{\varphi_i}^* - \varepsilon_{r_i}^*}{r_i} - \frac{\varepsilon_{\varphi_{i+1}}^* - \varepsilon_{\varphi_i}^*}{r_{i+1} - r_i} \tag{235}$$

ersetzt.

Diese Spannungsermittlung ist zweifellos sehr mühsam, insbesondere, wenn sie für verschiedene Kriechzustände (entsprechend bestimmten Betriebszeiten) durchgeführt werden soll. Verwendet man hierfür einen Rechenautomaten, dann müssen nach jedem Iterationsschritt die Zeitdehnkurven zur Ermittlung neuer Eingabewerte ε_r^* und ε_φ^* heran-

[1] MANSON, S.: Direct method of design and stress analysis of rotating disks with temperature gradient. NACA-Report Nr. 952 (1949).

gezogen werden, was die Durchrechnung sehr erschwert. Dieser Aufwand wird sich nicht in jedem Fall lohnen, denn dort, wo ein erheblicher Spannungsabbau eintreten könnte, nämlich am Innenrand gebohrter Scheiben, herrscht gewöhnlich eine so niedrige Temperatur, daß man nicht im Kriechbereich des Werkstoffes zu arbeiten gezwungen ist. Man wird außerdem stets versuchen, eine etwa zu hoch liegende Spannung an dieser Stelle durch eine Nabe herabzusetzen (s. S. 94ff.), deren Wirkung mehr Sicherheit bietet als die für den Fließ- oder den Kriechbereich mit Hilfe der oft spärlich vorliegenden Werkstoff-Kennwerte ermittelten Spannungen. Diese Maßnahme wird auch schon deshalb notwendig, weil im Bereich plastischer Verformungen ein relativer Spannungsabbau am Scheibeninnenrand einen Spannungsanstieg in der Außenrandzone zur Folge hat, was dort wegen der höheren Temperatur vermieden werden muß. Gehen jedoch die elastischen Spannungen infolge eines großen Temperaturgradienten am Rand in Druckspannungen über, dann kann der in positiver Richtung gehende Anstieg der Tangentialspannungen vorteilhaft sein, weil dadurch eine Entlastung auch in der Außenrandzone entsteht.

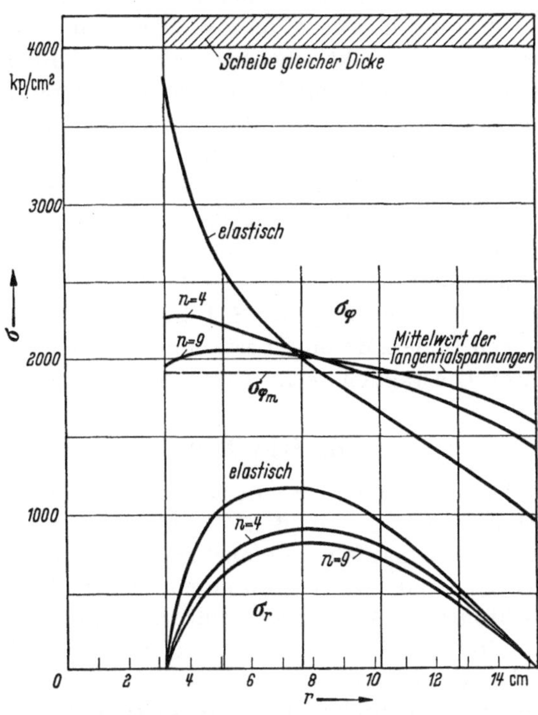

Abb. 45. Spannungen im Fließbereich der Scheibe (nach WAHL, SANKEY, MANJOINE, SHOEMAKER)

In Abb. 45 ist das Ergebnis einer Berechnung für eine im Fließbereich betriebene Scheibe gleicher Dicke mit Mittelbohrung[1] für verschiedene Kriechzustände gemäß der angenommenen Funktion

$$\varepsilon^* = k\,\sigma^n,$$

[1] Nach WAHL, SANKEY, MANJOINE, SHOEMAKER: Creep tests of rotating disks at elevated temperature and comparison with theory, S. 225. J. appl. Mechan. Sept. 1954.

für $n = 4$ und $n = 9$ und eine für die ganze Scheibe konstante Temperatur wiedergegeben. Diese Ergebnisse, die durch Versuche bestätigt wurden, lassen erkennen, daß der Spannungsanstieg am Außenrand 50—70% beträgt; beim vollständigen Spannungsausgleich ist die entstehende Tangentialspannung gleich der Mittelspannung über die ganze Scheibe; sie wird am Außenrand doppelt so groß wie die elastische Spannung.

Das Problem der Spannungsermittlung im Bereich plastischer Verformungen wurde in verschiedenen Arbeiten behandelt.[1] Leider scheitert die praktische Anwendung der Rechenverfahren häufig daran, daß die Werkstoff-Kennwerte unvollständig vorliegen. Gewöhnlich liegen ausreichende Angaben nur für den Bereich hoher Temperaturen vor, nicht aber im Gebiet um 300—500° C, in welchem große Teile der Scheibe bei verhältnismäßig hohen Spannungen arbeiten.

Damit beendigen wir die Untersuchungen zur Berechnung der durch Fliehkraft und Temperaturgradient beanspruchten Scheibe. Es sei aber darauf hingewiesen, daß sich bei der Behandlung der rotierenden Schale (Kap. D, S. 142ff.) weitere allgemeingültige Betrachtungen finden, deren Übertragung auf den speziellen Fall der Scheibe unter Umständen recht wertvoll sein kann.

B. Die Torsion der Scheiben

Das in eine Scheibe an der Nabe eingeleitete Drehmoment erzeugt Schubspannungen in den Zylinderschnitten. Soweit diese durch das von den Schaufeln aufzunehmende Leistungsmoment hervorgerufen werden, sind sie von untergeordneter Bedeutung, insbesondere bei hochtourigen Maschinen. Soll z. B. in einer Scheibe eine Leistung von 5000 PS übertragen werden, wobei die Scheibe in der Nähe ihrer Nabe die Dicke $y_0 = 1$ cm am Radius $r_0 = 3$ cm haben und mit 10000 U/min umlaufen möge, so tritt dort eine Schubspannung von

$$\tau_0 = \frac{N\,71\,600}{n\,2\pi\,r_0\,y_0} = 633 \text{ kp/cm}^2$$

auf. Da die Berechnung der größten Schubspannung sehr einfach ist und die Spannungen zum Außenradius hin stets abfallen, kann auf eine weitere Behandlung dieses Falles verzichtet werden.[2]

Dagegen soll näher auf die Berechnung von Torsionsspannungen eingegangen werden, die durch Drehstöße erzeugt werden. Wir halten uns dabei im wesentlichen an eine Darstellung von K. KARAS[3].

---

[1] Siehe im Schrifttum, Abschn. B.

[2] Siehe auch C. B. BIEZENO u. R. GRAMMEL: Technische Dynamik Bd. 2, 2. Aufl., Berlin/Göttingen/Heidelbeg: Springer 1953, VIII, 2. u. 3.

[3] KARAS, K.: Beanspruchung und Verformung rotierender Scheiben durch axiale Drehstöße. Erscheint demnächst im Ing.-Arch.

In Abb. 46 sind die bei einem von der Welle kommenden Drehstoß am Scheibenelement auftretenden Schnittkräfte angegeben. Dabei bedeutet $\dot{\omega}$ die Winkelbeschleunigung des Drehstoßes in einem bestimmten Zeitpunkt, so daß man als Gleichgewichtsbedingung für die Kräfte in tangentialer Richtung

$$\tau\, y\, dr\, d\varphi - \tau\, y\, r\, d\varphi + \tau\, y\, r\, d\varphi + d(\tau\, y\, r)\, d\varphi + \frac{\gamma}{g}\, r\, d\varphi\, y\, dr\, r\, \dot{\omega} = 0$$

erhält, woraus sich die einfache Gleichung

$$\tau\, y\, dr + d(r\, y\, \tau) + \frac{\gamma}{g}\, \dot{\omega}\, r^2 y\, dr = 0$$

oder

$$\frac{1}{y}\,\frac{d(\tau\, y)}{dr} + 2\,\frac{\tau}{r} + \frac{\gamma}{g}\,\dot{\omega}\, r = 0 \tag{1a}$$

bzw.

$$\frac{d\tau}{dr} + \left(\frac{1}{y}\,\frac{dy}{dr} + \frac{2}{r}\right)\tau + \frac{\gamma}{g}\,\dot{\omega}\, r = 0 \tag{1b}$$

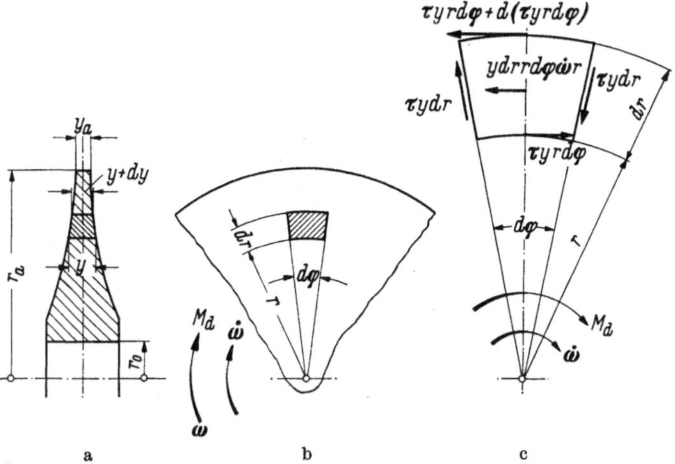

Abb. 46a—c. Kräfte am Scheibenelement zur Berechnung von Drehstößen (nach BIEZENO-GRAMMEL)

ergibt. Hierzu schreiben wir noch die Spannungs-Dehnungs-Beziehung nach dem HOOKEschen Gesetz, die für rotationssymmetrische Massenverteilung, mit v als Größe der tangentialen Verschiebung

$$\frac{dv}{dr} - \frac{v}{r} = \frac{\tau}{G} \tag{2}$$

lautet.

Da hier hauptsächlich die Schubspannung interessiert, können wir uns auf die Betrachtung der ersten Gleichung beschränken, die für ein gegebenes Profil $y = f(r)$ sofort den Schubspannungsverlauf liefert, ohne daß die Spannungs-Dehnungs-Beziehung (2) hinzugezogen zu werden braucht.

Wir wollen nun die Ermittlung der Schubspannungsverteilung für die Scheibe gleicher Dicke und für die konische Scheibe behandeln, und, gestützt auf das Ergebnis der Scheibe gleicher Dicke, zeigen, wie man auch die Scheibe mit beliebigem Profil berechnen kann. Hierzu schreiben wir die Gl. (1a) in der allgemeinen Form

$$\frac{d\tau}{dr} + f(r)\,\tau + \varphi(r) = 0 \tag{3}$$

und verwenden den Lösungsansatz

$$\tau = C\,e^{-\int f(r)\,dr} - e^{-\int f(r)\,dr} \int \varphi(r)\,e^{\int f(r)\,dr}\,dr. \tag{4}$$

Die Integrationskonstante C erhalten wir aus der Bedingung am Rand der Scheibe, wo die gesamte Schubkraft gleich der Massenbeschleunigung des Schaufelkranzes sein muß. Ist $m_a = \frac{M}{2\pi r_a}$ die Schaufelmasse je cm Umfang der Scheibe am Außenrand, dann gilt:

$$\tau_a\,y_a = m_a\,r_s\,\dot{\omega},$$

oder

$$\tau_a = \frac{r_s}{y_a}\,m_a\,\dot{\omega}, \tag{5}$$

worin r_s der Schwerpunktsradius der Schaufeln ist.

I. Scheibe gleicher Dicke

Für konstantes y vereinfacht sich die Differentialgleichung (1a) zu

$$\frac{d\tau}{dr} + \frac{2}{r}\,\tau + \frac{\gamma}{g}\,\dot{\omega}\,r = 0.$$

Die für den Lösungsansatz (4) benötigten Funktionen sind demnach

$$f(r) = \frac{2}{r} \quad \text{und} \quad \varphi(r) = \frac{\gamma}{g}\,\dot{\omega}\,r.$$

Damit ergibt (4) die Lösung

$$\tau = \frac{C}{r^2} - \frac{\gamma}{g}\,\frac{\dot{\omega}}{4}\,r^2, \tag{6}$$

worin die Integrationskonstante C aus

$$\tau_a = \frac{r_s}{y_a}\,m_a\,\dot{\omega} = \frac{C}{r_a^2} - \frac{\gamma}{g}\,\frac{\dot{\omega}}{4}\,r_a^2$$

gewonnen wird:

$$C = \dot{\omega}\,r_a^3\left(\frac{m_a}{y_a} + \frac{\gamma}{g}\,\frac{r_a}{4}\right).$$

Damit ergibt sich für die Schubspannungsverteilung der Ausdruck:

$$\tau(r) = \dot{\omega}\left[\left(\frac{m_a}{y_a} + \frac{\gamma}{g}\,\frac{r_a}{4}\right)\frac{r_a^3}{r^2} - \frac{\gamma}{g}\,\frac{r^2}{4}\right]. \tag{7}$$

Hat die Scheibe keine Schaufeln, so erhält man

$$\tau(r) = \dot{\omega}\frac{\gamma}{4g}\left(\frac{r_a^4}{r^2} - r^2\right). \tag{8}$$

Abb. 47a zeigt als Beispiel den Verlauf der Schubspannungen in einer Stahlscheibe gleicher Dicke, die einer Drehbeschleunigung von $\dot{\omega} = 5100\,\mathrm{s}^{-2}$ ausgesetzt wird, was einer Drehzahländerung um 4875 U/min innerhalb von 0,1 s entspricht.

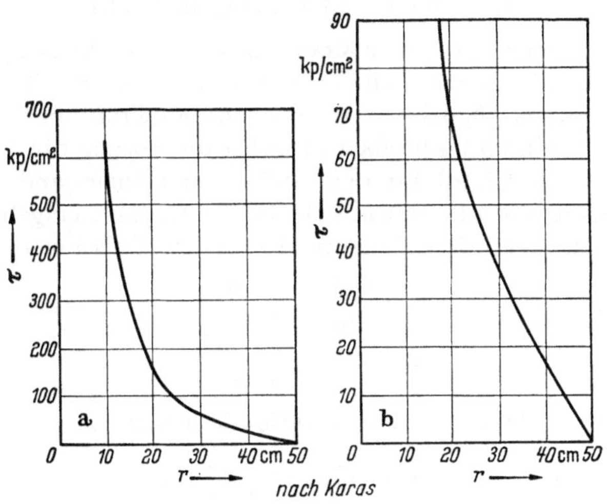

Abb. 47a u. b. Schubspannungsverteilung durch Drehstoß
a Scheibe gleicher Dicke, b konische Scheibe mit $R = 57{,}5$ cm

II. Konisches Profil

Als Profilkurve führen wir wieder wie früher

$$y = y_0\left(1 - \frac{r}{R}\right)$$

ein, worin R die Höhe des durch das konische Profil gegebenen Dreieckes darstellt (s. S. 14). Damit erhält die Differentialgleichung die Form

$$\frac{d\tau}{dr} + \left(\frac{2}{r} - \frac{1}{R - r}\right)\tau + \frac{\gamma}{g}\dot{\omega}\, r = 0. \tag{9}$$

Im Gegensatz zum Fall der Fliehkraftbelastung der konischen Scheibe ergibt sich für die Schubspannungen eine einfache Lösung:

$$\tau(r) = \frac{C}{r^2(R - r)} - \frac{\gamma}{g}\frac{\dot{\omega}}{20} r^2 \frac{5R - 4r}{R - r};$$

mit der Integrationskonstanten

$$C = \dot{\omega}\left[\frac{m_a r_a^3}{y_0} + \frac{1}{20}\frac{\gamma}{g} r_a^4 (5R - 4r_a)\right]$$

wird die Schubspannungsverteilung:

$$\tau(r) = \frac{\dot{\omega}}{R - r}\left\{\frac{m_a r_a^3 R}{y_0}\frac{1}{r^2} + \frac{1}{20}\frac{\gamma}{g}\left[r_a^4(5R - 4r_a)\frac{1}{r^2} - (5R - 4r)r^2\right]\right\}. \quad (10)$$

In Abb. 47b ist als Beispiel der Verlauf der Schubspannungen in einer konischen Stahlscheibe wiedergegeben, die dem gleichen Drehstoß wie die Scheibe gleicher Dicke (a) ausgesetzt ist.

III. Scheibe mit beliebigem Profil

In Erweiterung der von KARAS angegebenen Ableitungen wollen wir noch den Fall einer Scheibe erörtern, deren Profil keine analytische Lösung ermöglicht. Wir teilen dieses Profil in Teilscheiben gleicher Dicke ein und schreiben zunächst die Lösung für die innerste Teilscheibe nach Gl. (6) für den Außen- und Innenrand an, wobei die Schubspannung am Innenrand als Unbekannte eingeführt wird. Die Spannungen an den Rändern der ersten Teilscheibe sind dann

$$\tau_0 = \frac{C}{r_0^2} - \frac{\gamma}{g}\frac{\omega}{4}r_0^2, \quad (11)$$

$$\tau_1 = \frac{C}{r_1^2} - \frac{\gamma}{g}\frac{\dot{\omega}}{4}r_1^2. \quad (12)$$

Aus Gl. (11) ergibt sich die Integrationskonstante zu

$$C = r_0^2\tau_0 + \frac{\gamma}{g}\frac{\dot{\omega}}{4}r_0^4,$$

mit der wir die Schubpsannung am Außenrand dieser Teilscheibe zu

$$\tau_1 = \frac{r_0^2}{r_1^2}\tau_0 - \frac{\gamma}{g}\frac{\dot{\omega}}{4}\frac{r_1^4 - r_0^4}{r_1^2} \quad (13)$$

erhalten. In gleicher Weise ergibt sich die Schubspannung am Außenrand (i) der i-ten Teilscheibe in Abhängigkeit von derjenigen an ihrem Innenrand zu:

$$\tau_i = \frac{r_{i-1}^2}{r_i^2}\tau_{i-1} - \frac{\gamma}{g}\frac{\dot{\omega}}{4}\frac{r_i^4 - r_{i-1}^4}{r_i^2}. \quad (14)$$

Da τ_{i-1} eine Funktion von τ_0 ist, ergibt die Rechnung die Spannung an der Stelle i in Funktion der Unbekannten τ_0 in der Form:

$$\tau_i = a_i\tau_0 + b_i. \quad (15)$$

Als Übergangsbedingung an der Sprungstelle beim Radius r_i besteht die Forderung der sprungfreien Übertragung der Schubkraft, also

$$\tau_{i2}\, y_{i+1} = \tau_{i1}\, y_i$$

oder, wenn wir

$$\tau_{i2} = \tau_{i1} + \Delta\tau$$

setzen:

$$\Delta\tau = \frac{\tau_{i1}\, y_i - \tau_{i1}\, y_{i+1}}{y_{i+1}} = \left(\frac{y_i}{y_{i+1}} - 1\right)\tau_{i1} = \eta\,\tau_{i1}. \quad (16)$$

Mit der Schubspannung $\tau_{i2} = \tau_{i1} + \Delta\tau$ rechnen wir die nächste Teilscheibe nach Gl. (14) usw. bis zum Außenrand der Scheibe, wo wir die Spannung in der Form

$$\tau_a = a_n \tau_0 + b_n \tag{17}$$

erhalten. Mit der Randbedingung, die entweder

$$\tau_a = 0 \quad \text{oder} \quad \tau_a = \frac{r_s}{y_a} m_a \dot{\omega}$$

lautet, ergibt sich aus Gl. (17) die Unbekannte τ_0, die wir ganz analog der x-Methode zur Auswertung der Gl. (14) verwenden. Schließlich bilden wir noch die Mittelwerte

$$\bar{\tau}_i = \frac{\tau_{i1} + \tau_{i2}}{2}$$

und haben damit den Verlauf der Schubspannungen entlang dem Scheibenradius. Diese Rechnung läßt sich in einfacher Weise tabellarisch durchführen, wobei darauf zu achten ist, daß bei einer Einleitung des Drehstoßes über einen an beliebiger Stelle r_i befindlichen Flansch unter Umständen auch eine gleichartige Rechnung, bei r_i beginnend, in Richtung zur Scheibenmitte, Radius r_0, durchzuführen ist. Weitere Einzelheiten über die Berechnung von Schubspannungen bei Drehstößen, insbesondere auch die Ermittlung der tangentialen Verschiebungen, findet der interessierte Leser in der Arbeit von KARAS[1].

C. Die Biegung der Scheiben

I. Die Scheibe mit beliebigem Profil

Zweifellos sind die Biegespannungen, die in einer rotierenden Scheibe durch axiale Kräfte erzeugt werden, von wesentlich geringerer Bedeutung als die von den Fliehkräften hervorgerufenen Zugspannungen. Wir wollen uns daher nicht mit der Biegung von Scheiben, deren Profil durch schwierig zu behandelnde mathematische Funktionen gegeben sind, befassen, sondern uns auf die Scheibe gleicher Dicke beschränken, mit dem Ziel, die Lösung auf die Scheibe mit beliebigem Profil durch Aufteilung in Teilscheiben gleicher Dicke auszudehnen und diese wiederum in die Rechenverfahren für die Fliehbelastung einzubauen[2].

Wir schneiden aus einer Scheibe mit beliebigem Profil, die in Teilscheiben gleicher Dicke unterteilt werden soll, ein Ringelement nach

[1] Siehe Fußn. 3, S. 120.

[2] Eine von der nachfolgenden Betrachtungsweise vollkommen abweichende Behandlung der Biegung von Scheiben mit beliebigem Profil findet der interessierte Leser in C. B. BIEZENO u. R. GRAMMEL, Technische Dynamik Bd. 2, Berlin/Göttingen/Heidelberg: Springer 1953, S. 63.

Abb. 48 heraus; den in axialer Richtung wirkenden Druck, der nach einer beliebigen Funktion über die Scheibe verteilt sein kann, unterteilen wir in konstante Teildrücke, so daß jede Ringscheibe durch den Druck p_i belastet wird. Für das Ringelement können wir nun die Gleichgewichtsbedingung für die Momente um die Tangentialrichtung aufstellen. Mit den in Abb. 48 angegebenen Bezeichnungen lautet sie:

$$d M_r^b - M_\varphi^b \, d\varphi + d M_1 - d M_2 = 0. \qquad (1)$$

Setzt man hierin

$$M_r^b = \sigma_r^b \, r \, d\varphi \frac{y^2}{6}, \qquad M_\varphi^b = \sigma_\varphi^b \, d r \frac{y^2}{6}.$$

$$d M_1 = \tau_m r \, d\varphi \, y \, d r, \qquad d M_2 = \sigma_r r \, d\varphi \, y \, d z,$$

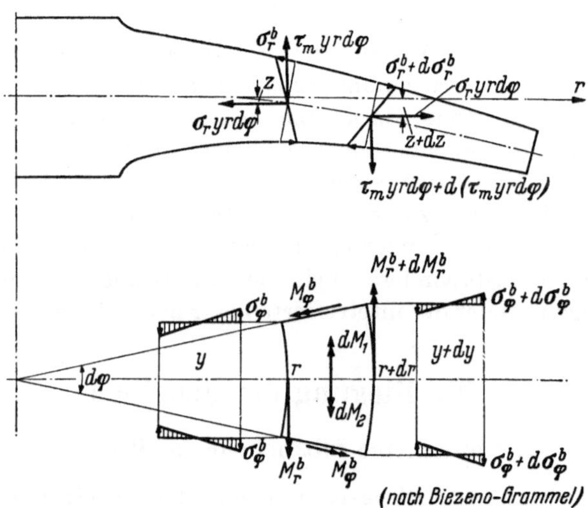

Abb. 48. Kräfte und Momente am Scheibenelement

so erhält man eine Differentialgleichung für die Biegespannungen der querbelasteten Scheibe:

$$\frac{d}{d r}(r \, \sigma_r^b y^2) - \sigma_\varphi^b y^2 + 6 r \, y \, \tau_m - 6 r \, y \frac{d z}{d r} \sigma_r = 0, \qquad (2)$$

die mit $y =$ konstant, $\frac{d y}{d r} = 0$ in

$$r \frac{d \sigma_r^b}{d r} + \sigma_r^b - \sigma_\varphi^b + 6 \frac{r}{y} \tau_m - 6 \frac{r}{y} \frac{d z}{d r} \sigma_r = 0 \qquad (3)$$

übergeht.

Zur Lösung des Problems benötigen wir noch eine zweite Gleichung, die wir wieder aus den Spannungs-Dehnungs-Beziehungen nach dem Hookeschen Gesetz herleiten. Ist ψ der Neigungswinkel, der durch die Biegung entsteht, so können wir schreiben:

$$\begin{aligned} \frac{d\psi}{dr} &= \frac{1}{EJ}(M_r - \nu M_\varphi), \\ \frac{\psi}{r} &= \frac{1}{EJ}(M_\varphi - \nu M_r). \end{aligned} \tag{4}$$

Wenn die Momente durch die entsprechenden Spannungen ausgedrückt werden und das Trägheitsmoment J je Längeneinheit der Umfangsrichtung eingesetzt wird, also

$$M_r = \sigma_r^b \frac{y^2}{6}, \qquad M_\varphi = \sigma_\varphi^b \frac{y^2}{6}, \qquad J = \frac{y^3}{12},$$

so ergibt sich:

$$\frac{d\psi}{dr} = \frac{2}{E\,y}(\sigma_r^b - \nu\,\sigma_\varphi^b), \tag{5}$$

$$\frac{\psi}{r} = \frac{2}{E\,y}(\sigma_\varphi^b - \nu\,\sigma_r^b). \tag{6}$$

Da wir aus diesen Gleichungen eine Gleichung für die Spannungen zu erhalten wünschen, eliminieren wir den Neigungswinkel ψ, indem wir aus Gl. (6) den Differentialquotient $\frac{d\psi}{dr}$ bestimmen und diesen in Gl. (5) einsetzen. Aus

$$\psi = \frac{2}{E}\,\frac{r}{y}(\sigma_\varphi^b - \nu\,\sigma_r^b) \tag{6a}$$

erhalten wir

$$\frac{d\psi}{dr} = \frac{2}{E\,y}\left[(\sigma_\varphi^b - \nu\,\sigma_r^b)\left(1 - \frac{r}{y}\,\frac{dy}{dr}\right) + r\left(\frac{d\sigma_\varphi^b}{dr} - \nu\,\frac{d\sigma_r^b}{dr}\right)\right],$$

was, mit der rechten Seite von Gl. (5) gleichgesetzt, zu

$$\nu\,r\,\frac{d\sigma_r^b}{dr} - r\,\frac{d\sigma_\varphi^b}{dr} + \left(1 + \nu - \frac{r}{y}\,\frac{dy}{dr}\right)(\sigma_r^b - \sigma_\varphi^b) = 0 \tag{7}$$

führt. Setzt man auch hier wieder $y =$ konstant und $\frac{dy}{dr} = 0$, so ergibt sich eine zweite Differentialgleichung für die querbelastete Scheibe gleicher Dicke:

$$\nu\,r\,\frac{d\sigma_r^b}{dr} - r\,\frac{d\sigma_\varphi^b}{dr} + (1 + \nu)(\sigma_r^b - \sigma_\varphi^b) = 0. \tag{8}$$

Die beiden Gln. (3) und (8) beherrschen das Problem der Biegung; sie sind aus der Plattentheorie hinreichend bekannt.

Vergleicht man nun dieses Gleichungspaar mit den Gln. (1) und (3) in Kap. A, so erkennt man, daß sie einander vollkommen entsprechen, wenn man die dortigen Spannungen σ_r und σ_φ durch die Biegespannungen σ_r^b und σ_φ^b und das Fliehkraftglied $\frac{\gamma}{g}\,\omega^2 r^2$ durch das Biegebelastungsglied $6\,\frac{r}{y}\,\tau_m$ ersetzt, und wenn das Glied mit σ_r in

Gl. (3) zunächst einmal außer acht gelassen wird, was dem Zustand der ruhenden Scheibe entspricht. Diese Analogie wurde schon von FÖPPL[1] ausführlich behandelt.

Es wäre nun möglich, diese Differentialgleichungen für einen gegebenen Druckverlauf $p = f(r)$, aus dem sich die Schubspannung an jeder Stelle r errechnen läßt, zu lösen. Für konstanten Druck p wird die Schubspannung

$$\tau = \frac{\pi(r_a^2 - r^2)}{2\pi r y} p,$$

und die Lösung der Differentialgleichungen erhält die Form

$$\sigma_r^b = A_1 + a r^2 + b \ln r,$$
$$\sigma_\varphi^b = A_2 + c r^2 + d \ln r.$$

Leider entspricht aber diese Form nicht derjenigen, die in der Lösung für die Fliehspannungen auftritt, nämlich

$$\sigma_r = A_1 + \frac{A_2}{r^2}, \qquad \sigma_\varphi = A_1 - \frac{A_2}{r^2}, \tag{9}$$

die eine recht einfache Berechnung von Scheiben beliebigen Profils ermöglicht. Wir streben aber an, die beschriebenen Rechenverfahren auch für die Berechnung der Biegespannungen anwendbar zu machen. Dies versuchen wir, indem wir die Lösung für die um die Glieder mit τ_m und σ_r verkürzten Gln. (3) und (8) verwenden, die nun exakt die Form des Gleichungssystems (9) hat. Das Störglied berücksichtigen wir in der Randbedingung, derart, daß wir an der Stelle r_{i-1} jeder Teilscheibe nach Abb. 49 das Biegemoment anbringen, das aus der bei r_i angreifenden Schubkraft und dem auf die Teilscheibe wirkenden Druck entsteht:

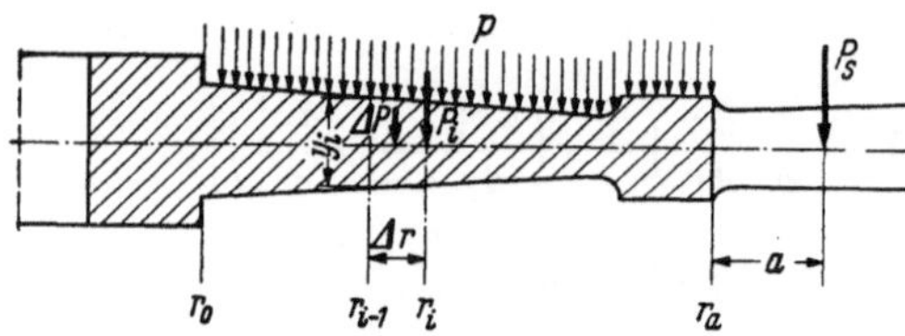

Abb. 49. Axialkräfte an der Scheibe

$$M_i = P_i \Delta r + \Delta P \frac{\Delta r}{2} = \left[\pi (r_a^2 - r_i^2) p + P_s + \frac{2\pi r_{mi} \Delta r p}{2}\right] \Delta r.$$

Hierin bedeutet P_s die gesamte auf den Schaufelkranz wirkende Axialkraft. Aus dem Moment M_i ergibt sich die an der Teilscheibe anzubringende „Zusatz-Biegespannung", wenn man das Widerstandsmoment

$$w_i = 2\pi r_i \frac{y_i^2}{6}$$

[1] FÖPPL, L.: Analogie zwischen rotierenden Scheiben und belasteter Platte, Z. angew. Math. Mech. 1922, S. 92.

einführt:

$$\sigma_z^b = \frac{M_i}{w_i} = \frac{3\Delta r}{r_i y_i^2}\left[(r_a^2 - r_i^2 + r_{\mathrm{mi}}\Delta r)\,p + \frac{P_s}{\pi}\right]$$

$$= \frac{3\Delta r}{r_i y_i^2}\left[\left(r_a^2 - \frac{1}{2}\,r_i^2 - \frac{1}{2}\,r_{i-1}^2\right)p + \frac{P_s}{\pi}\right], \tag{10}$$

zu welcher am Außenrand der Gesamtscheibe noch die Biegespannung aus der im Abstand a vom Scheibenrand angreifenden Schaufelkraft P_s und der im Abstand b von der Scheibenmittelfläche angreifenden Fliehkraft P_r kommt:

$$\sigma_{z(a)}^b = 3\,\frac{P_s a + P_r b}{\pi\, r_a\, y_a^2}. \tag{11}$$

Ein solches Vorgehen ist um so mehr erlaubt, je feiner die Scheibe unterteilt wird, was bei der Berechnung von Biegespannungen aus noch zu erörternden Gründen ohnedies ratsam ist.

Um zu zeigen, wie sich eine derartige Behandlung der Biegebelastung in der Genauigkeit des Ergebnisses auswirken kann, wurde ein gleicher Ansatz der Fliehkräfte bei der Berechnung einer Scheibe gleicher Dicke und einer konischen Scheibe vorgenommen. Dies erfolgte in der Weise, daß die Fliehkraft der Teilscheiben (gleicher Dicke) an deren Mittelradius als Zusatzspannung angebracht wurde, so daß die in der Lösung auftretenden Fliehkraftglieder $a\,\omega^2 r^2$ und $b\,\omega^2 r^2$ im Rechenschema nach GRAMMEL (s. S. 19) wegfielen. Bei der Vollscheibe gleicher Dicke ist dabei absichtlich eine viel zu grobe, nur 3malige Unterteilung angewandt worden, während die konische Scheibe mit dem verhältnismäßig großen Dickenverhältnis $\frac{y_a}{y_0} = 11{,}1$ in 9 Teilscheiben unterteilt wurde. In Abb. 50 und 51 sind die so ermittelten Spannungen aufgetragen und den exakten, auf analytischem Weg errechneten gegenübergestellt; bei der konischen Scheibe wurde außerdem auch das Ergebnis eingetragen, das sich bei der gleichen Aufteilung in Teilscheiben gleicher Dicke in üblicher Weise nach dem GRAMMELschen Verfahren ergab. Diese Gegenüberstellungen zeigen, daß die Fehler bei der Rechnung mit Zusatzspannungen verhältnismäßig klein blei-

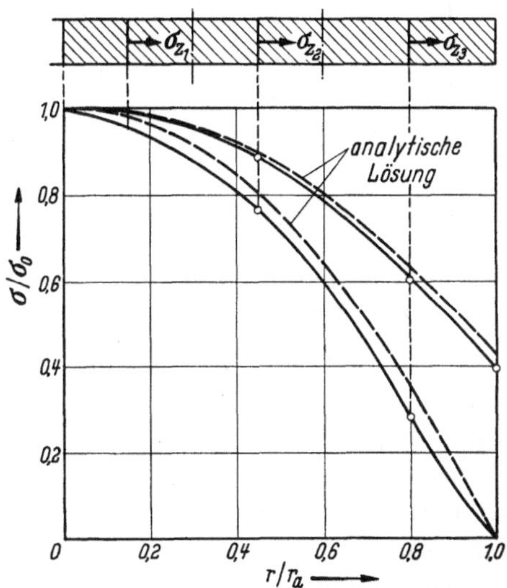

Abb. 50. Fliehspannungen in der Scheibe gleicher Dicke, mit Einzellasten berechnet

ben: bei der Scheibe gleicher Dicke ist die größte Abweichung trotz der groben Aufteilung nur etwa -5% des Größtwertes, während sie bei der konischen Scheibe, mit den exakten Spannungen verglichen, $+7\%$ und gegenüber der Berechnung nach GRAMMEL nur $+4\%$ beträgt.

Diese Ergebnisse, die an extremen Beispielen gewonnen wurden, zeigen uns, daß eine solche Behandlung der Scheibenbelastung keine allzu großen Fehler mit sich bringt, zumal die Abweichungen an der Stelle der größten Spannungen noch wesentlich kleiner sind als die angegebenen; bei der Scheibe gleicher Dicke 0% und bei der konischen Scheibe $+2{,}5\%$. Dieses erfreuliche Ergebnis ermutigt uns dazu, die Biegebelastung als Teillast angreifen zu lassen, was nun die Möglichkeit eröffnet, das GRAMMELsche Verfahren auch für die Berechnung von Biegespannungen auszuarbeiten.

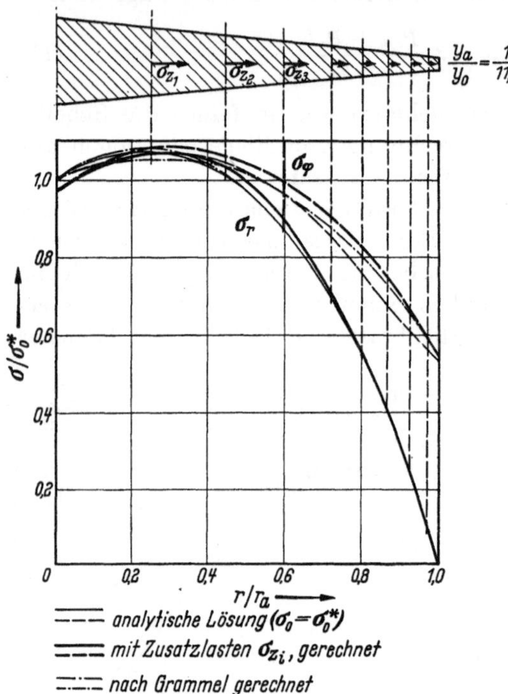

Abb. 51
Fliehspannungen in einer konischen Vollscheibe, mit Einzellasten berechnet; Vergleich mit der nach GRAMMEL gefundenen Näherung und mit der analytischen Lösung

Wir lassen also zu diesem Zweck die Belastungsglieder $a\,\omega^2 r^2$ und $b\,\omega^2 r^2$ weg und setzen an den Sprungstellen die äußeren radialen Zusatzspannungen nach Gl. (10) an. Während nun der Zusammenhang zwischen Außen- und Innenrandspannungen der Teilscheiben der gleiche ist wie bei den Fliehspannungen, die Rechnung also mit den dort gefundenen Größen ξ und q mit der gleichen Vorschrift durchgeführt wird, müssen an der Sprungstelle die der Biegung entsprechenden Bedingungen erfüllt werden. Dies bedeutet, daß am Außenrand einer Teilscheibe das Moment gleich dem um das äußere Zusatzmoment vergrößerten Innenrandmoment der nächsten Teilscheibe ist, also mit den in Abb. 52 angegebenen Größen:

$$M_{i1} = M_{i2} + M_z$$

oder
$$\sigma^b_{r_{i1}} \frac{y_i^2}{6} = \sigma^b_{r_{i2}} \frac{y_{i+1}^2}{6} + \sigma^b_z \frac{y_{i+1}^2}{6}.$$

Schreibt man wieder:
$$\sigma^b_{i2} = \sigma^b_{i1} + \Delta\sigma^b,$$

worin $\Delta\sigma^b$ der Spannungssprung am Übergang von einer Teilscheibe zur nächsten ist, so ergibt sich für diesen

$$\Delta\sigma^b = \frac{y_i^2 - y_{i+1}^2}{y_{i+1}^2} \sigma^b_{r_{i1}} - \sigma^b_z = \eta^b \sigma^b_{r_{i1}} - \sigma^b_z \quad (12)$$

mit
$$\eta^b = \frac{y_i^2}{y_{i+1}^2} - 1. \quad (13)$$

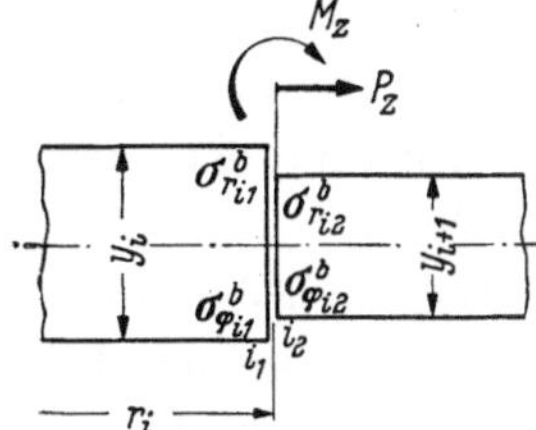

Abb. 52
Sprungstelle bei der Biegung

Durch die Größe $\eta^b \sigma^b_{r_{i1}}$, die der Größe $\eta\,\sigma_r$ bei der Berechnung der Zugspannungen entspricht, wird die mit dem Widerstandsmoment des Querschnittes veränderliche Biegespannung ausgedrückt.

Als weitere Bedingung für die Trennstelle zwischen den Teilscheiben tritt die Forderung nach gleichen Neigungen auf, für die wir die Gl. (6a) verwenden. Diese Bedingung liefert uns die Gleichung

$$\frac{2r}{E\,y_{i+1}} \left(\sigma^b_{\varphi_{i2}} - \nu\,\sigma^b_{r_{i2}}\right) = \frac{2r}{E\,y_i} \left(\sigma^b_{\varphi_{i1}} - \nu\,\sigma^b_{r_{i1}}\right),$$

die mit
$$\sigma_{\varphi_{i2}} = \sigma_{\varphi_{i1}} + \Delta\sigma^b_\varphi$$

und
$$\sigma^b_{r_{i2}} = \sigma^b_{r_{i1}} + \Delta\sigma^b_r$$

den tangentialen Sprungwert

$$\Delta\sigma^b_\varphi = \nu\,\Delta\sigma^b_r + \left(\frac{y_{i+1}}{y_i} - 1\right)\left(\sigma^b_{\varphi_{i1}} - \nu\sigma^b_{r_{i1}}\right) = \nu\,\Delta\sigma^b_r + \eta'\left(\sigma^b_{\varphi_{i1}} - \nu\sigma^b_{r_{i1}}\right) \quad (14)$$

ergibt, worin
$$\eta' = \frac{y_{i+1}}{y_i} - 1 \quad (15)$$

ist. Dies bedeutet, daß wir an der Sprungstelle außer der analog dem Sprung $\Delta\sigma_\varphi = \nu\,\Delta\sigma_r$ der tangentialen Zugspannung erhaltenen Größe $\nu\,\Delta\sigma^b_r$ noch einen weiteren Sprungwert zu berücksichtigen haben, der von der Änderung des Abstandes der äußersten von der neutralen Faser herrührt; bei kleiner werdender Scheibendicke wird also dieser Anteil des Spannungssprunges negativ.

Damit können wir ein Rechenformular aufstellen, das im wesentlichen wie das GRAMMELsche Schema aufgebaut ist. Die dort auftretenden Zeilen $a\,\omega^2\,r^2$ und $b\,\omega^2\,r^2$ und ebenso die zur Berückichtigung der Wärmespannungen enthaltenen Zeilen fallen weg, da wir voraussetzen, daß die Temperaturen über die Scheibendicke konstant sind und ein Temperaturgradient in radialer Richtung keine Biegespannungen verursacht. Das in Anlage IIb wiedergegebene Schema, das zur Berechnung von rotierenden Schalen ausgearbeitet wurde, ist auch zur Berechnung von Biegespannungen in Scheiben verwendbar, wenn mit Hilfe der x-Methode (s. S. 28ff.) gerechnet wird. Der linke Teil dieses Schemas, der die einzelnen Rechenoperationen vorschreibt, kann unverändert auch für das Überlagerungsverfahren verwendet werden. Bei diesem ist es nur erforderlich, ein zweites Rechenschema für den Ruhezustand, Operation II, aufzustellen, das bei der Biegung dem Zustand der durch kein äußeres Moment belasteten Scheibe entspricht.

Bei den bisherigen Betrachtungen setzten wir voraus, daß die Scheibe ruht, d. h. keinen Fliehkräften unterworfen ist. Die rotierende und gleichzeitig auf Biegung beanspruchte Scheibe erfährt nun durch die Radialspannungen ein weiteres Biegemoment infolge der Durchbiegung z. Dieses Moment versucht die Scheibe in ihre Ursprungslage zurückzubiegen. Eine Lösung des Systems der vollständigen Differentialgleichungen (3) und (8) ist wegen des Gliedes mit σ_r nur in Verbindung mit den beiden Differentialgleichungen für die Fliehspannungen möglich, wird aber in jedem Fall sehr kompliziert, wie in BIEZENO-GRAMMEL [1] für einige Sonderfälle gezeigt ist. Wir vereinfachen deshalb das Problem für unseren Fall der Scheibe mit beliebigem Profil wieder dadurch, daß wir das zweite Störglied der Gl. (3) ebenso wie das erste herausnehmen und in die Randbedingungen für die Teilscheibe setzen, wobei wir die Radialspannungen σ_r an jeder Stelle als bekannt voraussetzen. Eine Rückwirkung der Biegespannungen auf die Zugspannungen soll dabei vernachlässigt werden, was bedeutet, daß die nachfolgenden Betrachtungen nur für nicht allzu große Durchbiegungen gelten, eine Bedingung, die in den meisten Fällen erfüllt sein dürfte.

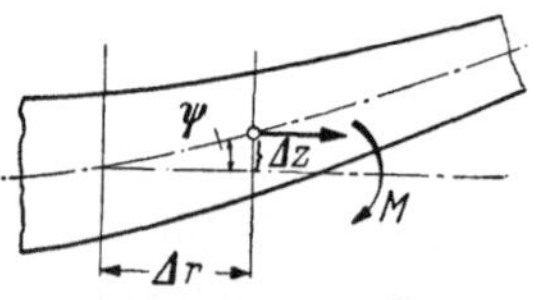

Abb. 53
Moment der Fliehkraft bei der ausgebogenen Scheibe

Das an einer Teilscheibe angreifende Moment erhalten wir aus dem Zuwachs Δz der Durchbiegung, der nach Abb. 53

$$\Delta z = \psi \Delta r \tag{16}$$

ist. Die Neigung ψ an der Stelle r_i ergibt sich aus Gl. (6a), so daß die Durchbiegung Δz durch die Biegespannungen ausgedrückt werden kann:

$$\Delta z = \frac{2}{E} \frac{r_i}{y_i} (\sigma_\varphi^b - \nu \sigma_r^b) \Delta r . \tag{17}$$

---

[1] BIEZENO, C. B., u. R. GRAMMEL: Technische Dynamik Bd. 2, 2. Aufl. Berlin/Göttingen/Heidelberg: Springer 1953, VIII, S. 24.

Das Moment M drücken wir nun durch eine entsprechende Zusatzbiegespannung σ_z^b aus:

$$M = \sigma_z^b \frac{2\pi r_i y_i^2}{6} = -\sigma_r 2\pi r_i y_i \Delta z\,,$$

für die wir mit Gl. (17) den Ausdruck

$$\sigma_z^b = -\frac{12}{E} \frac{r_i \Delta r}{y_i^2} (\sigma_\varphi^b - \nu \sigma_r^b)\, \sigma_r \tag{18}$$

erhalten.

Die Werte σ_φ^b und σ_r^b fallen während der Durchrechnung an jedem Abschnitt zahlenmäßig an, wenn auch noch nicht in der endgültigen Größe. Damit kann diese Zusatzspannung zu der durch die axialen Kräfte hervorgerufenen addiert und in das Rechenschema eingesetzt werden. Die x-Methode bietet dabei die Möglichkeit, die beiden Einflüsse getrennt zu errechnen, indem man sie in getrennten Spalten

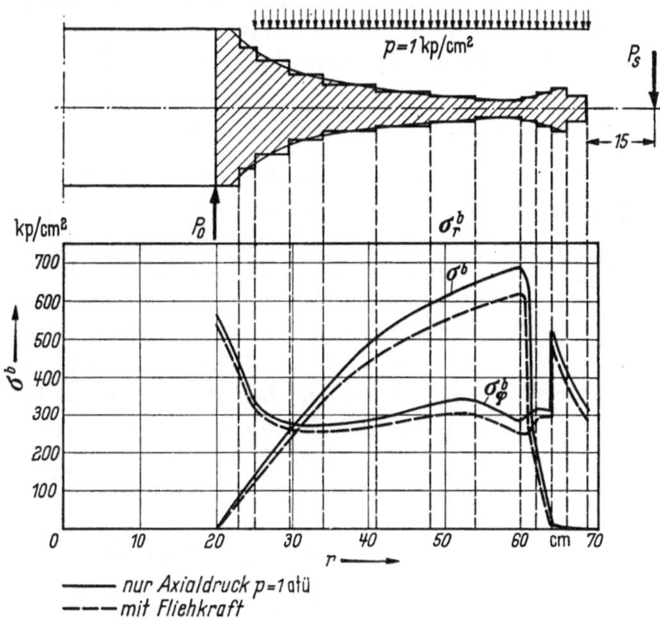

Abb. 54. Biegespannungen in einer Scheibe, die durch Axialdruck belastet ist

behandelt. Auf die Wiedergabe der Durchrechnung eines Beispiels kann verzichtet werden, weil der Rechengang im Vergleich zu demjenigen für die Fliehspannungen nichts Neues bietet. Es soll jedoch das Ergebnis einer solchen Berechnung gezeigt werden, die für die in Abb. 54 dargestellte Scheibe unter Annahme eines axialen Druckes von 1 atü auf Scheibe und Schaufelkranz durchgeführt wurde, wobei die Kraft an den Schaufeln im Abstand 15 cm vom Rand wirken möge.

Für die Kranzdicke y_k wurde nicht die gleiche Dicke wie bei der Fliehspannungsberechnung verwendet, welche auf S. 24ff. für die gleiche Scheibe durchgeführt worden ist, sondern der bei der Biegung maßgebliche Abstand der seitlichen Begrenzungsflächen des Kranzes. Scheibe und Schaufelfüße sind dabei der Einfachheit halber aus einem Stück bestehend angesehen worden. Das Ergebnis zeigt, daß die Biegespannungen verhältnismäßig klein sind, und ferner, daß der Einfluß der Fliehkraft auf die Biegespannungen bei dieser Scheibe von untergeordneter Bedeutung ist. Beide Einflüsse können jedoch bei anderen Scheibenformen, z. B. bei solchen, die nicht zur Halterung von Schaufeln dienen und verhältnismäßig dünn sind, erheblich werden, so daß die Biegespannungen für deren Bemessung ausschlaggebend sind.

Solche Scheiben können aber durch eine verhältnismäßig einfache Maßnahme biegespannungsfrei gemacht werden, nämlich dadurch, daß man die Scheibe konisch geneigt ausführt, so daß die rückstellenden Fliehkraftmomente die Wirkung der axialen Kräfte gerade aufhebt; dieser Fall soll im nächsten Abschnitt behandelt werden.

II. Kompensation der Biegung durch Fliehkräfte

Ebenso wie man die Biegespannungen in rotierenden Schaufeln durch Neigung der Schaufeln kompensieren kann, ist es auch bei der Scheibe möglich, durch Einführung einer geringen Profilneigung sowohl die Durchbiegung als auch die Biegespannungen von der Scheibe fernzuhalten. Durch die Neigung wird die Scheibe zwar zur Schale, so daß wir diesen Fall eigentlich bei den Schalen behandeln müßten; das Ziel vorliegender Untersuchungen ist aber, eine Form zu erhalten, die die Eigenschaften der Schale gerade nicht besitzt: die gegenseitige Beeinflussung von Zug- oder Fliehspannungen und der Biegespannungen.

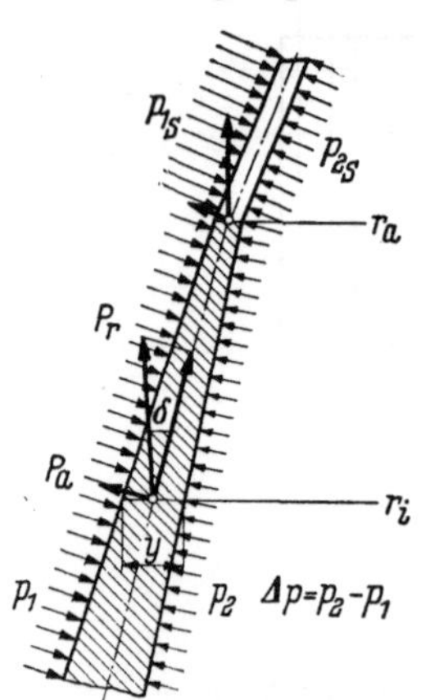

Abb. 55. Kompensation der Biegung durch Neigung δ

Der erforderliche Neigungswinkel δ kann in einfacher Weise ermittelt werden; man muß nur dafür sorgen, daß die am Ringschnitt der Scheibe angreifenden Kräfte eine Resultierende haben, deren Richtung mit derjenigen der Mantellinie der Mittelfläche zusammenfällt. Die an einem Ringschnitt angreifenden Kräfte sind nach Abb. 55:

in radialer Richtung $P_r = \sigma_r 2\pi r y$,

in axialer Richtung $P_a = \pi (r_a^2 - r^2) \Delta p$,

worin Δp den Druckunterschied zwischen beiden Seiten des Ringes bedeutet. Damit wird die Richtung der Resultierenden dieser Kräfte

$$\tan\delta = \frac{P_r}{P_a} = \frac{\sigma_r 2\pi r y}{\pi(r_a^2 - r^2)\Delta p}. \tag{19}$$

Drückt man die Axialkraft P_a durch die entsprechende Schubspannung

$$\tau = \frac{P_a}{2\pi r y}$$

aus, so erhält man die gesuchte Neigung in der einfachen Form:

$$\tan\delta = \frac{\sigma_r}{\tau}. \tag{20}$$

Damit läßt sich der Abstand k der Mittelfläche von einer zur Drehachse senkrecht stehenden Ebene in Abhängigkeit des Radius ausdrücken:

$$k = \int_{r_0}^{r} \frac{\tau}{\sigma_r}\,dr. \tag{21}$$

Da σ_r vom Quadrat der Drehzahl abhängt, die Größe τ jedoch einem anderen Gesetz folgt, ist der volle Momentenausgleich natürlich nur für eine bestimmte Drehzahl bzw. für ein gegebenes Verhältnis $\frac{\tau}{\sigma_r}$ möglich.

Besitzt die Scheibe an ihrem Außenrand Schaufeln, an denen ebenfalls axiale Kräfte angreifen, so läßt sich die zum Momentenausgleich der Schaufeln erforderliche Neigung mit Hilfe der Gl. (20) bestimmen, wenn für die Schubspannung der Wert

$$\tau = \frac{b\,l}{F}\Delta p_S$$

eingesetzt wird, worin b die Sehnenlänge, l die radiale Länge und F den Querschnitt der Schaufel bedeutet. Die für Gln. (20) und (21) notwendige Radialspannung ergibt sich aus der Berechnung der fliehkraftbeanspruchten Scheibe und desgleichen der Schaufel.

III. Die Berücksichtigung von angesetzten Ringen, Rippen und von Bohrungen

Die Wirkung von Ringen und Rippen, die aus der Scheibe herauswachsen, ist bei der Biegung wesentlich größer als bei der rein radial belasteten Scheibe, weil die überkragenden Teile das Widerstandsmoment im Quadrat ihrer Entfernung von der Scheibenmittelfläche vergrößern. Aus diesem Grund werden ja biegebelastete Scheiben und Platten häufig mit radialen Rippen versehen, die eine sehr erhebliche Versteifung mit sich bringen.

1. Axial auskragende Ringe

Zur Betrachtung eines starr mit der Scheibe verbundenen Ringes denken wir diesen wieder als von der Scheibe abgetrennt und ermitteln die Kräfte und Momente, die notwendig sind, ihn so zu verformen, daß der Zusammenhang mit der (verformten) Scheibe erhalten bleibt. Wird eine Scheibe nach Abb. 56 verbogen, so muß ein am Radius r_{mi} befindlicher Ring eine radiale Kraft erfahren, die ihn um den Betrag u aufweitet. Diese Aufweitung hängt von der Neigung ψ der Scheibe an der Stelle r_{mi} ab und ist mit den Bezeichnungen von Abb. 56 unter Verwendung von Gl. (6a)

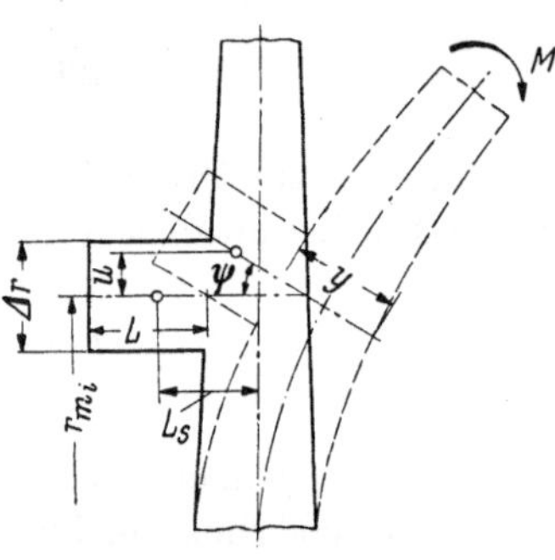

Abb. 56
Biegung der mit seitlich auskragendem Ring versehenen Scheibe

$$u = \left(L_s + \frac{y}{2}\right)\psi$$
$$= \left(L_s + \frac{y}{2}\right)\frac{2r}{E\,y}(\sigma_\varphi^b - \nu\,\sigma_r^b). \qquad (22)$$

Diese Aufweitung muß gleich derjenigen im Ring sein; wir schreiben daher:

$$u = \frac{r}{E}\sigma_{\varphi_R}$$
$$= \left(L_s + \frac{y}{2}\right)\frac{2r}{E\,y}(\sigma_\varphi^b - \nu\,\sigma_r^b), \qquad (23)$$

worin σ_{φ_R} die mittlere Tangentialspannung im Ring bedeutet.

Da wir das Biegemoment suchen, das zur Ringaufweitung erforderlich ist, benötigen wir die Radialkomponente der Tangentialkraft, die sich aus

$$P_r = -P_\varphi\,d\varphi = -\,\sigma_{\varphi_R}\,\Delta r\,L_{\text{eff}}\,d\varphi \qquad (24)$$

ergibt und unter Verwendung von Gl. (23) zu

$$P_r = -\frac{L_s + \frac{y}{2}}{y}L_{\text{eff}}\,2\,\Delta r\,(\sigma_\varphi^b - \nu\,\sigma_r^b)\,d\varphi \qquad (25)$$

wird. L_{eff} bedeutet wieder die effektive Länge des Ringes, wie sie schon bei den Betrachtungen über die Fliehspannungen aufgetreten ist (s. Kurve ②, S. 232). Die Radialkraft P_r übt auf die Scheibe ein rückstellendes Moment von der Größe

$$dM = P_r\left(L_s + \frac{y}{2}\right)$$

aus; über den Umfang integriert, wird das Gesamtmoment:

$$M = -\int_0^{2\pi}\frac{\left(L_s + \frac{y}{2}\right)^2}{y}\,2\,L_{\text{eff}}\,\Delta r\,(\sigma_\varphi^b - \nu\,\sigma_r^b)\,d\varphi$$
$$= -\frac{(2\,L_s + y)^2}{2\,y}L_{\text{eff}}\,\Delta r\,(\sigma_\varphi^b - \nu\,\sigma_r^b)\,2\pi,$$

und auf die Längeneinheit des Umfanges bezogen:

$$M_1 = -\frac{(2L_s + y)^2}{2y} L_{\text{eff}} \frac{\Delta r}{r} (\sigma_\varphi^b - \nu \sigma_r^b). \tag{26}$$

Aus diesem Moment errechnen wir schließlich die an der Scheibe wirkende Zusatzbiegespannung zu

$$\sigma_{z_1}^b = \frac{M_1}{\frac{y^2}{6}} = -3 \frac{(2L_s + y)^2}{y^3} L_{\text{eff}} \frac{\Delta r}{r} (\sigma_\varphi^b - \nu \sigma_r^b). \tag{27}$$

Die hier auftretende Größe L_s ist der Abstand des Schwerpunktes der Tangentialspannungen im Ring von der Scheibenbegrenzungsfläche an der Trennstelle. Es läßt sich zeigen, daß dieser Wert sich nur geringfügig von $\frac{L_{\text{eff}}}{2}$ unterscheidet, wie in der Arbeit von BURKHARDT[1] nachgewiesen wurde, und wie aus der auf S. 232 dargestellten Kurve ⑧ im Vergleich zur Kurve ② hervorgeht.

Dem Ring muß nun noch die Neigung ψ der gebogenen Scheibe aufgezwungen werden. Zu diesem Zweck bringen wir ein umstülpendes Moment M_u an, für das wir den Ausdruck

$$M_u = \frac{\pi}{6} E \psi \frac{(L_{\text{eff}}^b)^3}{y} \ln \frac{R + \frac{\Delta r}{2}}{R - \frac{\Delta r}{2}} \tag{28}$$

verwenden.[2] Hierin wurde für die axiale Länge des Ringes die Größe L_{eff}^b eingeführt; sie ist die gedachte Länge des Ringes, innerhalb welcher ein an seinem Ende eingeleitetes Umstülpmoment konstante Biegespannungen erzeugt. Das Verhältnis dieser Länge zur wirklichen Länge L des Ringes ist als Kurve ⑦ auf S. 232 in Abhängigkeit der Größe $\eta = \sqrt[4]{3(1-\nu^2)} \frac{L}{\sqrt{r_{\text{mi}} h}}$ aufgetragen.[1]

Für eine nicht zu große Dicke Δr des Ringes kann in Gl. (28) mit ausreichender Genauigkeit des Ergebnisses $R = r_{\text{mi}}$ gesetzt werden, so daß wir mit

$$\psi = \frac{2r}{Ey} (\sigma_\varphi^b - \nu \sigma_r^b) \quad \text{und} \quad M_u = -\sigma_{z_2}^b \frac{y^2}{6}$$

als zweite Zusatzbiegespannung den Ausdruck

$$\sigma_{z_2}^b = -\left(\frac{L_{\text{eff}}^b}{y}\right)^3 \ln \frac{r_{i+1}}{r_i} (\sigma_\varphi^b - \nu \sigma_r^b) \tag{29}$$

erhalten.

---

[1] s. Fußn. 2, S. 62.

[2] BIEZENO, C. B., u. R. GRAMMEL: Technische Dynamik Bd. 1, 2. Aufl., Berlin/Göttingen/Heidelberg: Springer 1953, V, § 5.32.

Da wir die Scheibe als rotierend betrachten, wird der Ring auch noch durch die Aufweitung der Mittelfläche der Scheibe beansprucht (s. S. 59ff.); die Tangentialspannungen erzeugen eine radiale Komponente, die an der Scheibe die Zusatzspannung

$$\sigma_z = -\frac{F_R}{y\, r_{\mathrm{mi}}}\left(\sigma_\varphi - \nu\,\sigma_r - \frac{\gamma}{g}\,\omega^2 r^2\right) \tag{30}$$

hervorrufen. Da die Radialkraft im Ring und die Reaktionskraft in der Scheibe nicht in der gleichen Ebene wirken, entsteht nach Abb. 57 ein weiteres Moment von der Größe

$$M = 2\pi\, r_{\mathrm{mi}}\, y\,\sigma_z\left(L_s + \frac{y}{2}\right),$$

woraus wir eine dritte Biege-Zusatzspannung

$$\sigma^b_{z_3} = +\quad\text{oder}\quad -3\left(1 + 2\frac{L_s}{y}\right)\sigma_z \tag{31}$$

erhalten. Das Vorzeichen dieser Spannung hängt von der Seite ab, auf welcher sich der Ring befindet. Es ist positiv, wenn das Moment durch die nach innen gerichtete Radialkraft des Ringes gleichsinnig mit dem durch die axiale Belastung erzeugten äußeren Moment wirkt.

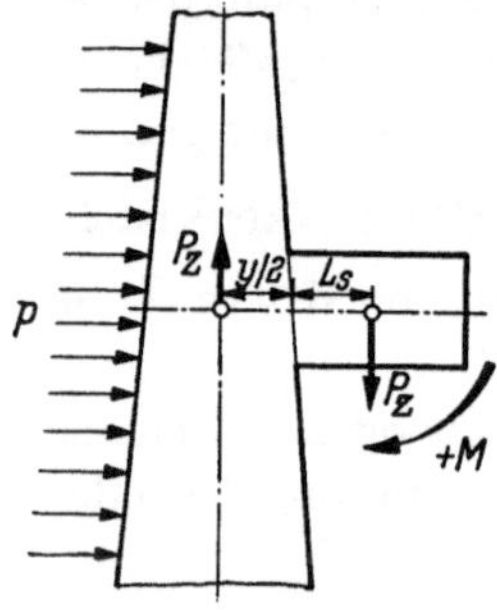

Abb. 57
Biegemoment infolge der Zugspannungen im Ring

Die gesamte, von einem Ring hervorgerufene Zusatz-Biegespannung ist also

$$\sigma^b_z = -\left[3\,\frac{(2L_s + y)^2}{y^3}\,L_{\mathrm{eff}}\,\frac{\Delta r}{r} + \left(\frac{L^b_{\mathrm{eff}}}{y}\right)^3 \ln\frac{r_{i+1}}{r_i}\right]\times$$

$$\times\,(\sigma^b_\varphi - \nu\,\sigma^b_r)\underset{(-)}{+}3\left(1 + 2\frac{L_s}{y}\right)\sigma_z, \tag{32}$$

worin die Zusatz-Zugspannung σ_z durch Gl. (30) gegeben ist.

2. Ringförmig verteilte Bohrungen

Ringförmige Zonen, die als tangentialspannungsfrei betrachtet werden, berücksichtigen wir in ähnlicher Weise wie bei der Berechnung von Fliehspannungen, indem wir an den Grenzen der betreffenden Zone, also bei r_i und bei r_{i+1}, Sprungstellen einführen. Die radiale Biegespannung an der Stelle r_{i+1} erhalten wir aus dem zu übertragenden Moment; es muß daher gelten:

$$M_{i+1} = M_i \quad\text{oder}\quad \sigma^b_{r_{i+1}}\frac{2\pi\, r_{i+1}\, y^2_{i+1}}{6} = \sigma^b_{r_i}\frac{2\pi\, r_i\, y_i^2}{6},$$

woraus sich

$$\sigma^b_{r_{i+1}} = \frac{r_i\, y_i^2}{r_{i+1}\, y^2_{i+1}}\,\sigma_{r_i} \tag{33}$$

ergibt. Eine weitere Bedingung liefert die Betrachtung der Neigungen; an der Stelle r_{i+1} muß diese gleich derjenigen an der Stelle r_i zuzüglich der in der „Speiche" zwischen den Löchern entstehenden Neigungsänderung sein:

$$\psi_2 = \psi_1 + \varDelta\psi. \tag{34}$$

Diese Neigungsänderung berechnen wir, wie wenn die Speiche ein eingespannter, durch das Moment M_{sp} belasteter Stab wäre. Es gilt also:

$$\varDelta\psi = \frac{M_{\text{sp}}(r_{i+1} - r_i)}{E\,J_{\text{sp}}}. \tag{35}$$

Für das in der Speiche wirkende Moment nehmen wir den Mittelwert der am Anfang und am Ende der tangentialspannungsfreien Zone auftretenden Momente:

$$M_{\text{sp}} = \frac{M_{i+1} + M_i}{2} = \frac{1}{2}\left(\sigma_{r_{i+1}} 2\pi\, r_{i+1} \frac{y_{i+1}^2}{6} + \sigma_{r_i} 2\pi\, r_i \frac{y_i^2}{6}\right).$$

Setzen wir nun

$$J_{\text{sp}} = \pi\, t\, \frac{y_{\text{sp}}^3}{12},$$

worin für n kreisförmige Löcher

$$t = r_i + r_{i+1} - \frac{n}{4}(r_{i+1} - r_i)$$

ist, so erhalten wir

$$\varDelta\psi = 2\,\frac{\sigma^b_{r_i} r_i y_i^2 + \sigma^b_{r_{i+1}} r_{i+1} y_{i+1}^2}{E\,t\,y_{\text{sp}}^3}(r_{i+1} - r_i). \tag{36}$$

Mit den Neigungen am Anfang und am Ende der Lochkreiszone, die sich aus den dort herrschenden Spannungen ergeben,

$$\psi_i = \frac{2 r_i}{E\,y_i}\left(\sigma^b_{\varphi_i} - \nu\,\sigma^b_{r_i}\right), \qquad \psi_{i+1} = \frac{2 r_{i+1}}{E\,y_{i+1}}\left(\sigma^b_{\varphi_{i+1}} - \nu\,\sigma^b_{r_{i+1}}\right),$$

wird Gl. (34):

$$\frac{2 r_{i+1}}{E\,y_{i+1}}\left(\sigma^b_{\varphi_{i+1}} - \nu\,\sigma^b_{r_{i+1}}\right)$$

$$= \frac{2 r_i}{E\,y_i}\left(\sigma^b_{\varphi_i} - \nu\,\sigma^b_{r_i}\right) + \frac{2(r_{i+1} - r_i)}{E\,t\,y_{\text{sp}}^3}\left(r_i y_i^2 \sigma^b_{r_i} + r_{i+1} y_{i+1}^2 \sigma^b_{r_{i+1}}\right),$$

woraus sich unter Verwendung des Ausdruckes (33) für die Radialspannung an der Stelle r_{i+1} die Tangentialspannung an dieser Stelle zu

$$\sigma^b_{\varphi_{i+1}} = \frac{r_i y_i}{r_{i+1} y_{i+1}} \sigma^b_{\varphi_i} + \left[2\frac{r_{i+1} - r_i}{t} \frac{r_i}{r_{i+1}} \frac{y_i^2 y_{i+1}}{y_{\text{sp}}^3} + \nu\left(\frac{y_i^2}{y_{i+1}^2} - \frac{y_{i+1}}{y_i}\right)\frac{r_i}{r_{i+1}}\right]\sigma^b_{r_1} \tag{37}$$

ergibt. Für den häufigen Fall, daß die Dicke der Scheibe innerhalb der Bohrungszone unveränderlich ist, erhält Gl. (37) die einfachere Form

$$\sigma^b_{\varphi_{i+1}} = \frac{r_i}{r_{i+1}}\left(\sigma^b_{\varphi_i} + 2\,\frac{r_{i+1} - r_i}{t}\,\sigma^b_{r_i}\right). \tag{38}$$

Damit haben wir alle Spannungen an der Stelle $i+1$ durch diejenigen an der Stelle i ausgedrückt. Die weitere Rechnung erfolgt analog derjenigen für die Fliehspannungen (s. S. 69ff.) unter Verwendung der beiden errechneten Spannungswerte als Anfangsspannungen für den Teil der Scheibe, der radial außerhalb der Lochkreiszone liegt, sofern die Rechnung am Innenrand der Scheibe begonnen wurde, was man auch bei der Berechnung der Biegespannungen im allgemeinen tun wird.

Die zur vollständigen Lösung des Problems erforderlichen Randbedingungen sind die gleichen wie bei der fliehkraftbelasteten Scheibe, also für $r = r_0$ $\sigma_{r_0}^b = \sigma_0^b (=0)$ und für $r = r_a$ $\sigma_r^b = \sigma_a^b$; ist $r_0 = 0$, so wird wieder $\sigma_{r_0}^b = \sigma_{\varphi_0}^b$. Außerdem hat man aber auch die Möglichkeit, an den Scheibenrändern eine etwa vorherrschende Einspannung zu berücksichtigen, was bei ruhenden Scheiben oft der Fall sein dürfte; die Randbedingung lautet dann:

$$\sigma_\varphi^b = \nu \sigma_r^b .$$

3. Radiale Rippen

Durch die Rippen, die in axialer Richtung eine erhebliche Ausladung haben können, wird das Trägheits- und das Widerstandsmoment der Zylinderschnitte sehr stark beeinflußt. Damit ändern sich die Sprunggrößen nach Gl. (13) und (15); an ihre Stelle treten, wie sich leicht nachweisen läßt, mit den Bezeichnungen von Abb. 58 die allgemeinen Ausdrücke

$$\eta^b = \frac{w_i}{w_{i+1}} - 1$$

und

$$\eta' = \frac{e_{i+1}}{e_i} - 1 . \qquad (39)$$

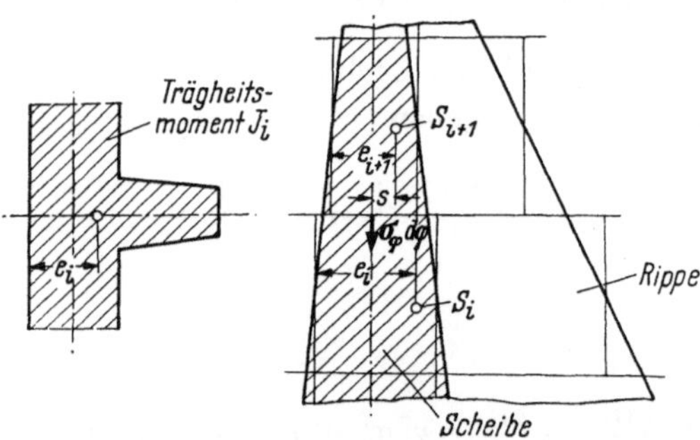

Abb. 58. Berücksichtigung von Rippen bei der Biegung

Bei einer rotierenden Scheibe tritt bei Anwesenheit von Rippen ein Biegemoment auf, das durch die Radialkomponente der Tangentialspannungen entsteht. Diese Komponente greift nicht am Schwerpunkt S des Zylinderschnittes, sondern stets in der Mittelfläche der Scheibe an und erzeugt daher das Moment $P_r s$, wenn s den Abstand des Schwerpunktes von der Mittelebene im betrachteten Schnitt ist. Die Radialkomponente der Tangentialspannungen eines Scheibenelementes ist nach Abb. 1

$$d P_r = -\sigma_\varphi y \Delta r \, d\varphi ;$$

damit wird das entsprechende Biegemoment:

$$dM = -\sigma_\varphi y \Delta r s d\varphi;$$

das Moment am ganzen Umfang ist dann

$$M = -\int_0^{2\pi} \sigma_\varphi y \Delta r s d\varphi = -y \Delta r s 2\pi \sigma_\varphi,$$

woraus sich je cm Umfang ein Moment von der Größe

$$M_1 = -\frac{y \Delta r s}{r} \sigma_\varphi$$

ergibt. Drückt man das Moment durch die entsprechende Biegespannung aus, so läßt sich diese bestimmen; sie ergibt sich zu

$$\sigma_z^b = \frac{M_1}{\frac{y^2}{6}} = -6 \frac{\Delta r}{r} \frac{s}{y} \sigma_\varphi. \tag{40}$$

Bei der schematischen Durchrechnung einer verrippten Scheibe setzen wir diesen Ausdruck als Zusatz-Biegespannung in die an der Sprungstelle dafür vorgesehene Zeile ein, wobei vorausgesetzt wird, daß die Tangentialspannung σ_φ bereits aus einer Scheibenberechnung für die Fliehkräfte bekannt ist.

Es ist nun noch eine Betrachtung für diejenige Stelle der Scheibe erforderlich, an der die Rippen beginnen. Wir erkennen aus Abb. 59, daß am Anfang der Rippen, Radius r^*, die Radialspannungen vor und nach der Sprungstelle einen anderen Kraftmittelpunkt besitzen. Ist der Abstand dieser Punkte s^*, so entsteht dort ein Biegemoment von der Größe

$$M^* = \sigma_{r_1} 2\pi r^* y_1 s^*$$

bzw. eine zusätzliche Biegespannung von

$$\sigma_z^b = \frac{M}{\frac{2\pi r^* y^2}{6}} = 6 \frac{s^*}{y_2} \sigma_{r_1}. \tag{41}$$

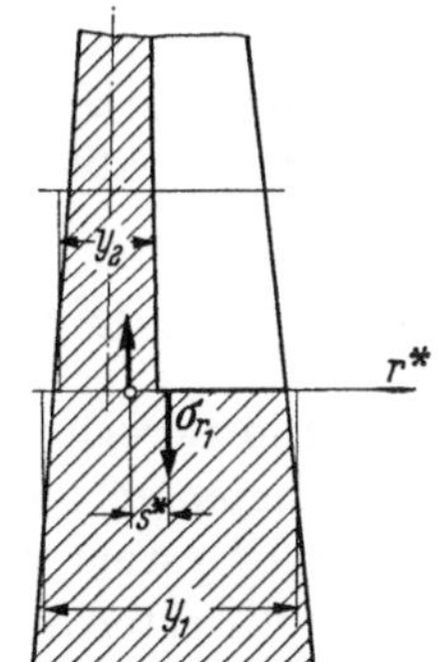

Abb. 59. Moment am Anfang der Rippe

Ändert sich nun die Dicke der Scheibe und die Querschnittsform der Rippe entlang dem Radius beliebig, so tritt an jeder Sprungstelle ein neuer Schwerpunkt auf, so daß jedesmal eine Zusatz-Biegespannung nach Gl. (41) angesetzt werden muß. Es ist nun erkennbar, daß die Mittelfläche des als Ganzes betrachteten Körpers nicht mehr eben ist; die Mittelfläche ist in diesem Fall diejenige Fläche, auf der die Schwerpunktskreise aller Zylinderschnitte liegen; diese Fläche nimmt also eine beliebige, rotationssymmetrische Form an. Einen solchen Körper dürfen wir definitionsgemäß nicht mehr als Scheibe behandeln, weshalb wir uns an dieser Stelle nicht länger mit der Berücksichtigung von Rippen beschäftigen wollen. Das Problem gehört zu den Schalen, wo wir es zusammen mit den neu hinzukommenden Einflüssen ausführlich betrachten werden. Insbesondere finden sich dort allgemein anwendbare Verfahren, die auch die Berechnung von ruhenden oder rotierenden Scheiben mit beliebiger Profilform und beliebiger Biegebelastung mit Hilfe des Differenzenverfahrens ermöglichen.

IV. Die Durchbiegung der Scheibe

Sind die Biegespannungen in der Scheibe bekannt, so läßt sich die Durchbiegung f in einfacher Weise ermitteln. An der Stelle r_i ergibt sie sich aus

$$f = \int_{r_0}^{r_i} \psi \, d r, \tag{42}$$

worin die Neigung ψ durch

$$\psi = \frac{2 r}{E y} (\sigma_\varphi^b - \nu \sigma_r^b)$$

gegeben ist. Das Integral gewinnt man durch Summenbildung, wobei wir alle Größen r, y und σ^b durch deren Mittelwerte innerhalb der Teilscheiben ersetzen. Damit erhalten wir den Ausdruck

$$f = \sum_{r_0}^{r_i} \frac{2 \frac{r_1 + r_2}{2} (r_2 - r_1)}{E y} (\sigma_\varphi^b - \nu \sigma_r^b)_{\text{mi}} = \sum_{r_0}^{r_i} \frac{r_2^2 - r_1^2}{E y} (\sigma_\varphi^b - \nu \sigma_r^b)_{\text{mi}}, \tag{43}$$

mit dessen Hilfe sich die Durchbiegung entlang dem Scheibenradius ermitteln läßt.

D. Die Berechnung von rotierenden Schalen

Die Berechnung von rotierenden Schalen ist wesentlich schwieriger als diejenige von Scheiben; schon die Schale gleicher Dicke führt zu einem System von Differentialgleichungen, die nur unter Einführung komplizierter Funktionen gelöst werden können,[1] mit welchen der in der Praxis tätige Ingenieur im allgemeinen nicht vertraut ist. Wir stellen uns nun die Aufgabe, die im neuzeitlichen Verdichter- und Turbinenbau vorkommenden rotierenden Schalen zu berechnen, die einen beliebigen Profilverlauf besitzen und außerdem auskragende Ringe, Bohrungen und radiale Rippen haben können. Damit scheiden analytische Lösungen des Gesamtproblems von vornherein aus; als Ziel streben wir an, das für Scheiben mit beliebigem Profil eingeführte

---

[1] Siehe z. B. W. Flügge: Statik und Dynamik der Schalen. Berlin: Springer 1934, VII, 4.

Prinzip der Aufteilung in Teilscheiben auch zur Berechnung von Schalen anzuwenden.

Da wir die Scheibe als ein Gebilde mit ebener Mittelfläche definiert haben, wollen wir für einen Umdrehungskörper, dessen Mittelfläche keine Ebene ist, die im Schrifttum gelegentlich zu findende Bezeichnung „Scheibe ohne Symmetrieebene" nicht gebrauchen, sondern ihn nach der Form seiner Mittelfläche stets als Schale bezeichnen. Die gestellte Aufgabe dient der Festigkeitsbetrachtung; das Ziel muß daher die Bestimmung der Spannungsverteilung sein, wie wir auch bei den Scheiben in erster Linie Spannungen ermittelt haben, aus denen sich die Verformungen leicht rechnen lassen.

Der Spannungszustand in einer ruhenden oder rotierenden Schale wird durch fünf Größen beschrieben: der Längsspannung σ_l, der Tangentialspannung σ_φ, der Längsbiegespannung σ_l^b, der tangentialen Biegespannung σ_φ^b und der Schubspannung τ, die in Richtung der Normalen zur Schalenmittelfläche wirkt. Bei allen Betrachtungen setzen wir voraus, daß die Zugspannungen σ_l und σ_φ über die Dicke h der Schale unveränderlich sind, und daß die Biegespannungen linear über die Dicke verteilt sind. Die Spannungsermittlung erfolgt im Bereich der Gültigkeit des HOOKEschen Gesetzes und ferner unter der Annahme, daß bei der Verformung die Querschnitte eben bleiben. Dabei wollen wir ausschließlich rotationssymmetrische Schalen betrachten, deren Belastungen ebenfalls rotationssymmetrisch sind.

In fast allen Abhandlungen über Schalen werden die Differentialgleichungen für die sogenannten „Spannungs-Resultanten", den Schnittkräften bzw. -momenten pro cm, aufgestellt. Dies wird hier bewußt nicht gemacht; will man nämlich nicht nur glatte Schalen berechnen, sondern auch solche, die mit auskragenden Ringen und mit radialen Rippen versehen sind, dann treten innerhalb eines Schnittes verschieden große und voneinander abhängige Spannungsresultanten auf; diese lassen sich aber in den Spannungsgrößen des eigentlichen Schalenteiles ausdrücken. Da in vorliegendem Buch das Problem der rotierenden Schale zusammen mit demjenigen der rotierenden Scheibe behandelt wird, bietet sich gleichzeitig die Möglichkeit, nicht nur verschiedene bei den Scheiben vorgenommene Ableitungen zu übernehmen, sondern auch die Merkmale der beiden Probleme in einfacher Form einander gegenüberzustellen.

I. Die Differentialgleichungen der rotierenden Kegelschale

1. Das Gleichgewicht der Kräfte und Momente

Aus einer Schale schneiden wir eine ringförmige Teilschale heraus und führen gleich die Vereinfachung ein, daß wir die Mittelfläche dieser Teilschale als Kegel betrachten. Aus dieser Teilschale schneiden wir ein Element heraus, das durch zwei Meridianebenen begrenzt ist, und schreiben sämtliche Kräfte und Momente an, die an den Schnittflächen des Elementes wirken.[1] Mit den in Abb. 60 angegebenen Größen lassen sich die Gleichgewichtsbedingungen der Kräfte in Richtung l der Mantellinie der Mittelfläche und in Richtung der Normalen, und für die Momente um die Tangente an einen Parallelkreis aufstellen; dabei sei δ der Winkel, den die Mantellinie mit einer senkrecht zur Drehachse stehenden Ebene bildet. In diesem Winkel drückt sich die Abweichung des Kegels von der Ebene aus (mit $\delta = 0$ erhalten wir also eine Scheibe); er ist maßgebend für die Biegebelastung der rotierenden Schale, weshalb er hier an Stelle des sonst üblichen Öffnungswinkels des Kegels eingeführt wurde.

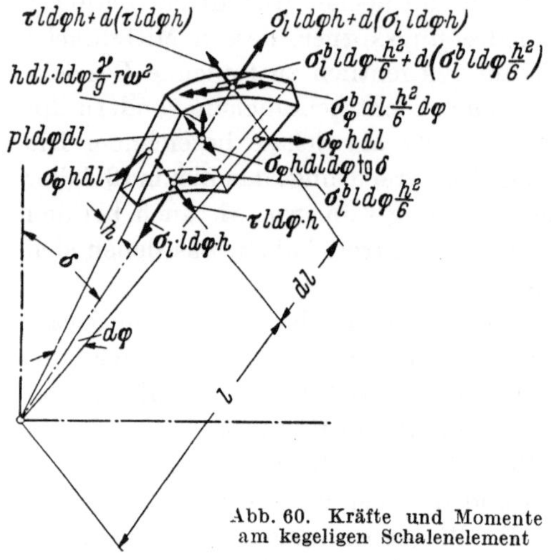

Abb. 60. Kräfte und Momente am kegeligen Schalenelement

Aus Abb. 60 erhalten wir folgende drei Gleichgewichtsbedingungen:

$$d(l\,d\varphi\,h\,\sigma_l) - h\,dl\,\sigma_\varphi\,d\varphi + h\,dl\,l\,d\varphi\,\frac{\gamma}{g}\,r\,\omega^2\cos\delta = 0, \qquad (1)$$

$$d\left(l\,d\varphi\,\frac{h^2}{6}\,\sigma_l^b\right) - \frac{h^2}{6}\,dl\,\sigma_\varphi^b\,d\varphi + h\,l\,d\varphi\,\tau\,dl = 0, \qquad (2)$$

$$d(l\,d\varphi\,h\tau) - h\,dl\,\sigma_\varphi\,d\varphi\,\tan\delta + h\,dl\cdot l\,d\varphi\,\frac{\gamma}{g}\,r\,\omega^2\sin\delta + l\,d\varphi\,dl\,p = 0. \qquad (3)$$

Setzt man hierin $r = l\cos\delta$ und dividiert alle drei Gleichungen mit $dl\,d\varphi$, so erhalten wir die drei Differentialgleichungen:

$$\frac{d}{dl}(h\,l\,\sigma_l) - h\,\sigma_\varphi + \frac{\gamma}{g}\,\omega^2 r^2 h = 0, \qquad (4)$$

$$\frac{d}{dl}(h^2 l\,\sigma_l^b) - h^2\sigma_\varphi^b + 6h\,l\,\tau = 0, \qquad (5)$$

$$\frac{d}{dl}(h\,l\,\tau) - h\tan\delta\,\sigma_\varphi + \frac{\gamma}{g}\,\omega^2 r^2 h\tan\delta + l\,p = 0. \qquad (6)$$

[1] Vgl. hierzu C. B. Biezeno u. R. Grammel: Technische Dynamik, Bd. 1, Berlin/Göttingen/Heidelberg: Springer 1953, VI, § 3.23. — W. Flügge: Statik und Dynamik der Schalen, Berlin: Springer 1934, VII, 1. u. 2; ferner Schrifttum unter Jaburek, Hodge und Papa.

Außer der Fliehkraft wurde hier noch der in Normalrichtung wirkende Flüssigkeitsdruck p angesetzt; er wird als positiv gewählt, wenn er die Schale in Richtung der Normalkomponente der Fliehkraft belastet.

2. Die Spannungs-Dehnungs-Beziehungen

Um zu zwei weiteren Gleichungen für die fünf gesuchten Größen zu gelangen, verwenden wir wie bei den Scheiben die durch das HOOKEsche Gesetz gegebenen Beziehungen. Diese schreiben wir für allgemeine, über den Querschnitt veränderliche Spannungen σ^* zunächst für die radiale Richtung an:

$$\sigma_r^* = \frac{E}{1-\nu^2}(\varepsilon_r + \nu\,\varepsilon_\varphi),\qquad \sigma_\varphi^* = \frac{E}{1-\nu^2}(\nu\,\varepsilon_r + \varepsilon_\varphi);\tag{7}$$

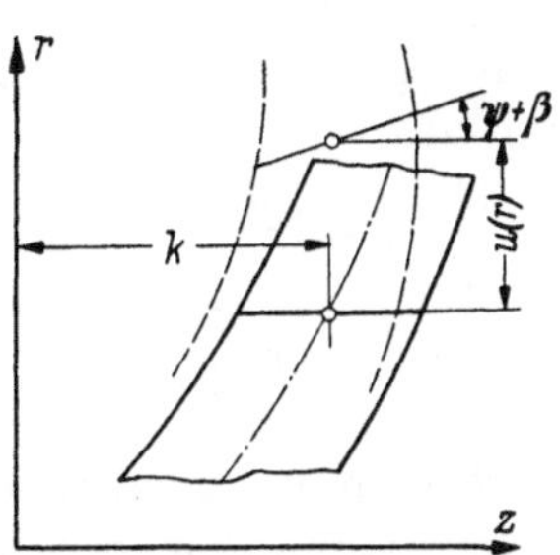

Abb. 61. Aufweitung des Ringschnitts der Schale

nun betrachten wir die gesamte Verschiebung eines zylindrischen Schnittes nach Abb. 61. Bedeutet ψ die durch die Biegung entstehende Neigung und ist β der aus der Schubdeformation stammende Verschiebungswinkel und ferner k der Abstand der Mittelfaser des genannten Schnittes von einer willkürlich angenommenen, senkrecht zur Drehachse stehenden Ebene, so ist die Aufweitung eines beliebigen Punktes innerhalb des Zylinderschnittes mit den Koordinaten r und y:

$$u(r, y) = u(r) + (y - k)\,\psi - \beta\,d k + r\,\alpha\,\vartheta,\tag{8}$$

woraus wir die Größen

$$\varepsilon_r = \frac{\partial u(r, y)}{\partial r} = \frac{d u(r)}{d r} + (y-k)\frac{d\psi}{d r} - \psi\frac{d k}{d r} - \beta\frac{d k}{d r} + \alpha\,\vartheta$$

und

$$\varepsilon_\varphi = \frac{u(r, y)}{r} = \frac{u(r)}{r} + \frac{y-k}{r}\psi - \beta\frac{d k}{r} + \alpha\,\vartheta\tag{9}$$

erhalten. Damit werden die allgemeinen Spannungen nach Gl. (7)

$$\begin{aligned}\sigma_r^* &= \frac{E}{1-\nu^2}\Big[\frac{d u}{d r} + (y-k)\frac{d\psi}{d r} - \psi\frac{d k}{d r} - \beta\frac{d k}{d r} + \\ &\qquad + \nu\frac{u}{r} + \nu\frac{y-k}{r}\psi - \nu\beta\frac{d k}{r} - (1+\nu)\,\alpha\,\vartheta\Big],\\ \sigma_\varphi^* &= \frac{E}{1-\nu^2}\Big[\nu\frac{d u}{d r} + \nu(y-k)\frac{d\psi}{d r} - \nu\,\psi\frac{d k}{d r} - \nu\,\beta\frac{d k}{d r} + \\ &\qquad + \frac{u}{r} + \frac{y-k}{r}\psi - \beta\frac{d k}{r} - (1+\nu)\,\alpha\,\vartheta\Big].\end{aligned}\tag{10}$$

Die gesamten Zugkräfte P_r und P_φ ergeben sich aus den Integralen dieser Spannungen über den Querschnitt, der sich von $y = k - \frac{y_0}{2}$ bis

$y = k + \frac{y_0}{2}$ erstreckt; aus diesen Kräften erhält man die Zugspannungen zu

$$\sigma_r = \frac{P_r}{2\pi\, r\, y_0} = \frac{1}{y_0} \int\limits_{k-\frac{y_0}{2}}^{k+\frac{y_0}{2}} \sigma_r^*\, dy \quad \text{und} \quad \sigma_\varphi = \frac{P_\varphi}{d r\, y_0} = \frac{1}{y_0} \int\limits_{k-\frac{y_0}{2}}^{k+\frac{y_0}{2}} \sigma_\varphi^*\, dy. \tag{11}$$

Setzt man die Ausdrücke (10) für die Spannungen in die Gln. (11) ein, wobei das Glied mit $\frac{dk}{r}$ vernachlässigt wird, weil es von höherer Ordnung klein gegenüber den übrigen Größen dieser Gleichungen ist, so kommt man auf:

$$\begin{aligned} \sigma_r &= \left[\frac{du}{dr} + \nu\,\frac{u}{r} - (\psi + \beta)\tan\delta - (1+\nu)\,\alpha\,\vartheta\right]\frac{E}{1-\nu^2}, \\ \sigma_\varphi &= \left[\nu\,\frac{du}{dr} + \frac{u}{r} - \nu\,(\psi + \beta)\tan\delta - (1+\nu)\,\alpha\,\vartheta\right]\frac{E}{1-\nu^2}. \end{aligned} \tag{12}$$

Die Spannung in Richtung der Mantellinie, σ_l, ergibt sich aus der Radialspannung σ_r durch eine einfache Überlegung, die wir an Hand von Abb. 62 anstellen. Die Zerlegung der Radialkraft P_r in ihre Komponenten in Richtung der Mantellinie und senkrecht zu dieser liefert die Längskraft

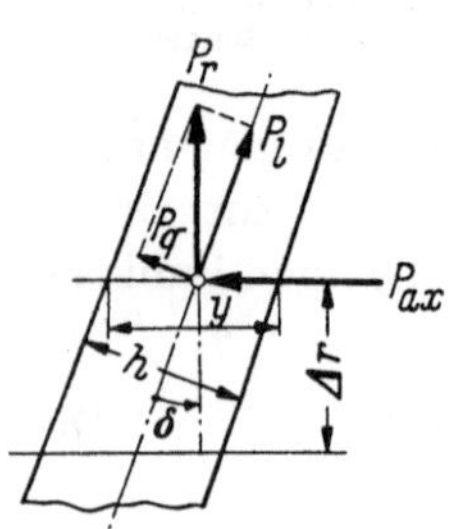

Abb. 62. Komponenten der Radialkraft

$$P_l = P_r \cos\delta,$$

woraus sich die Längsspannung zu

$$\sigma_l = \frac{P_l}{2\pi\, r\, h_0} = \frac{P_r \cos\delta}{2\pi\, r\, h_0} = \frac{P_r}{2\pi\, r\, y_0} = \sigma_r \tag{13}$$

ergibt, wenn h_0 die Dicke der Schale bedeutet. Durch diese Zerlegung der Radialkraft entsteht neben der Längskraft die Querkraft P_q, die in der Bedingung (3) für das Gleichgewicht in Normalrichtung durch das Glied mit ω^2 berücksichtigt wurde.

In ähnlicher Weise betrachten wir die Biegemomente, wobei wir von den Dehnungen in l-Richtung ausgehen, so daß die Spannungen sich auf einen kegeligen Schnitt beziehen. Als Koordinaten wählen wir also die Längsrichtung l und die Senkrechte dazu, die mit h bezeichnet sei. Damit werden die allgemeinen Spannungen

$$\sigma_l^* = \frac{E}{1-\nu^2}\,(\varepsilon_l + \nu\,\varepsilon_\varphi),$$

$$\sigma_\varphi^* = \frac{E}{1-\nu^2}\,(\varepsilon_\varphi + \nu\,\varepsilon_l).$$

Nach Abb. 63 ist die Verschiebung eines beliebigen Punktes in Richtung l:

$$u(l, h) = u(l) + \psi\, h;$$

damit ergeben sich die Dehnungen zu

$$\begin{aligned}\varepsilon_l &= \frac{\partial u(l,h)}{\partial l} = \frac{d u(l)}{d l} + h \frac{d\psi}{d l},\\ \varepsilon_\varphi &= \frac{u(r,h)}{r} = \frac{u(r)}{r} + \psi \frac{h}{r},\end{aligned} \tag{14}$$

woraus wir die allgemeinen Spannungen in der Form

$$\begin{aligned}\sigma_l^* &= \frac{E}{1-\nu^2}\left(\frac{du}{dl} + h\frac{d\psi}{dl} + \nu\frac{u}{r} + \nu\frac{\psi}{r}h\right),\\ \sigma_\varphi^* &= \frac{E}{1-\nu^2}\left(\nu\frac{du}{dl} + \nu h\frac{d\psi}{dl} + \frac{u}{r} + \frac{\psi}{r}h\right)\end{aligned} \tag{15}$$

erhalten. Die gesamten im Querschnitt wirkenden Momente sind

$$M_l = 2\pi r \int_{-\frac{h_0}{2}}^{\frac{h_0}{2}} \sigma_l^* h\, dh \quad \text{und} \quad M_\varphi = dl \int_{-\frac{h_0}{2}}^{+\frac{h_0}{2}} \sigma_\varphi^* h\, dh,$$

woraus sich die Biegespannungen zu

$$\sigma_l^b = \frac{M_l}{2\pi r \frac{h_0^2}{6}} \quad \text{und} \quad \sigma_\varphi^b = \frac{M_\varphi}{dl \frac{h_0^2}{6}} \tag{16}$$

ergeben. Durch Einsetzen der Ausdrücke (14) in die Gln. (15) und (16) erhalten wir nach der Integration die Biegespannungen in der Form:

$$\begin{aligned}\sigma_l^b &= \frac{E h_0}{2(1-\nu^2)}\left(\frac{d\psi}{dl} + \nu\frac{\psi}{r}\right),\\ \sigma_\varphi^b &= \frac{E h_0}{2(1-\nu^2)}\left(\nu\frac{d\psi}{dl} + \frac{\psi}{r}\right).\end{aligned} \tag{17}$$

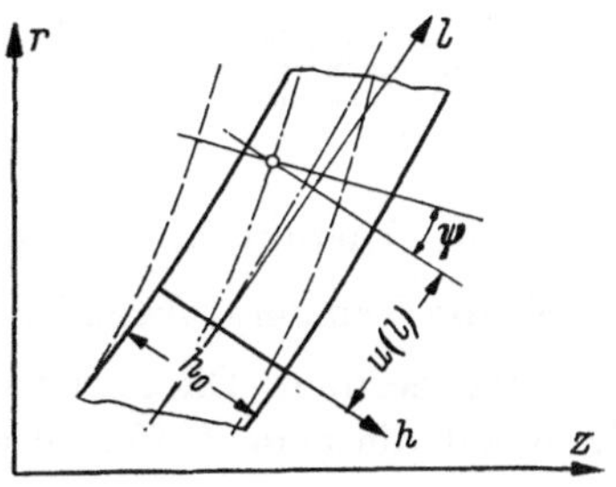

Abb. 63
Neigungsänderung des Ringschnitts

Aus den vier Gln. (12) und (17) können wir nun zwei Gleichungen für die Spannungen σ_l, σ_φ, σ_l^b und σ_φ^b erhalten, wenn wir aus ihnen die Größen u und ψ entfernen. Zu diesem Zweck eliminieren wir zunächst aus Gln. (12) die Größe $\frac{du}{dl}$ und aus Gln. (17) die Größe $\frac{d\psi}{dl}$, was uns auf die Ausdrücke für u und ψ bringt:

$$\begin{aligned}u &= \frac{r}{E}(\sigma_\varphi - \nu\sigma_l) + r\alpha\vartheta,\\ \psi &= \frac{2r}{E h_0}(\sigma_\varphi^b - \nu\sigma_l^b).\end{aligned} \tag{18}$$

Setzt man diese Ausdrücke und ihre Ableitungen $\frac{du}{dr}$ und $\frac{d\psi}{dl}$ jeweils in eine der Gln. (12) und (17) ein, wobei wir gleichzeitig für den Winkel β nach dem HOOKEschen Gesetz

$$\beta = \frac{\tau}{G} = 2\frac{\tau}{E}(1+\nu)$$

setzen, so erhalten wir schließlich die beiden Differentialgleichungen

$$\nu\frac{d\sigma_l}{dl} - \frac{d\sigma_\varphi}{dl} + \frac{1+\nu}{r}(\sigma_l - \sigma_\varphi)\cos\delta + \frac{2}{h}\sin\delta(\sigma_\varphi^b - \nu\sigma_l^b) + \\ + \frac{2}{r}(1+\nu)\sin\delta\cdot\tau - E\alpha\frac{d\vartheta}{dl} = 0, \qquad (19)$$

$$\nu\frac{d}{dl}\left(\frac{1}{h}\sigma_l^b\right) - \frac{d}{dl}\left(\frac{1}{h}\sigma_\varphi^b\right) + \frac{1+\nu\cos\delta}{hr}\sigma_l^b - \frac{\cos\delta+\nu}{hr}\sigma_\varphi^b = 0. \qquad (20)$$

An dieser Stelle wollen wir von einer bisher nicht ausgenützten Möglichkeit Gebrauch machen, nämlich der Berücksichtigung eines Temperaturgradienten in Normalrichtung der Schale, der bekanntlich zusätzliche Biegespannungen verursacht. Zu diesem Zweck führen wir für die Temperaturdifferenz zwischen den Außenflächen der Schale an der Stelle r die Größe $\Delta\vartheta$ ein und nehmen eine über den Querschnitt linear verlaufende Temperaturverteilung an. Nach Abb. 64 wird die radiale Verschiebung einer Außenfaser gegenüber der anderen um den Betrag $r\alpha\Delta\vartheta$ und die Neigung um $\frac{r\alpha\Delta\vartheta}{h_0}$ größer, so daß die zweite der Gln. (18) in

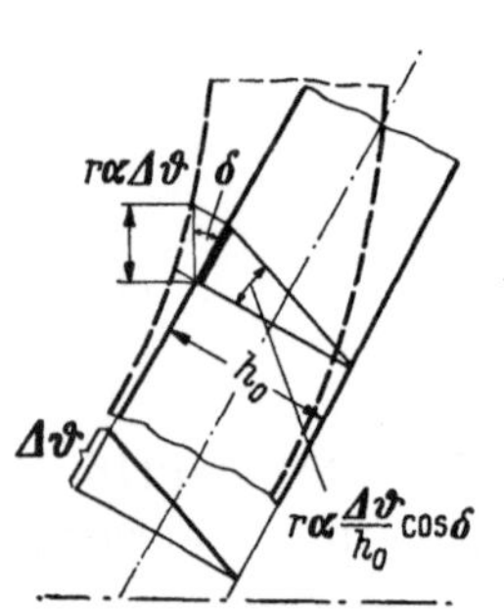

Abb. 64. Wärmedehnungen bei Temperaturgradient in Richtung der Schalen-Normalen

$$\psi = \frac{2r}{E h_0}(\sigma_\varphi^b - \nu\sigma_l^b) + \frac{r\alpha}{h_0}\Delta\vartheta \qquad (21)$$

übergeht. Hierauf kommt man zwanglos, wenn die Dehnungen (14) durch die Temperaturglieder $\varepsilon_{l,\vartheta} = \alpha\frac{h}{h_0}\Delta\vartheta\cos\delta$ und $\varepsilon_{\varphi,\vartheta} = \alpha\frac{h}{h_0}\Delta\vartheta$ erweitert werden. Die daraufhin anolog durchgeführte Ableitung führt dann auf die neue Differentialgleichung

$$\nu\frac{d}{dl}\left(\frac{1}{h}\sigma_l^b\right) - \frac{d}{dl}\left(\frac{1}{h}\sigma_\varphi^b\right) + \frac{1+\nu\cos\delta}{hr}\sigma_l^b - \frac{\cos\delta+\nu}{hr}\sigma_\varphi^b - \\ - \frac{E\alpha}{2}\left[\frac{d\left(\frac{\Delta\vartheta}{h}\right)}{dl}\right] = 0. \qquad (20\,a)$$

Diese Gleichung steht der Gl. (19), in der der Temperaturgradient in Längsrichtung berücksichtigt ist, gleichwertig zur Seite und kann auch für eine Scheibe oder Kreisplatte verwendet werden.

Die Gln. (4), (5), (6), (19) und (20) beherrschen das Problem der rotierenden Kegelschale vollständig. Es sei darauf hingewiesen, daß die Ableitung der beiden letzten Gleichungen nicht ganz exakt ist, weil wir bei der Aufstellung der Gln. (13) und (17) von der Dehnung der Mittelfaser ausgegangen sind, so daß also der Unterschied der Krümmungsradien der Außen- und Innenfaser nicht berücksichtigt wurde. Die exakte Behandlung würde zu ähnlich komplizierten Funktionen führen, wie sie bei der Berechnung von Zylinderschalen auftreten. Wir können aber die durchgeführte Herleitung als ausreichend genau betrachten, zumal nicht beabsichtigt ist, die Berechnungsverfahren für die rotierende Schale bis zum Fall des langen Zylinders auszudehnen.

Wie wir später sehen werden, ist die Berechnung einer Schale beliebigen Profils ohne Zuhilfenahme eines Rechenautomaten außerordentlich zeitraubend und mühevoll. Um aber die Berechnung von in der Praxis vorkommenden Schalenformen auch ohne Rechenautomat durchführen zu können, vereinfachen wir das Problem zunächst, indem wir in Gl. (6), die für das Gleichgewicht in Normalrichtung aufgestellt wurde, für die Schubspannung τ näherungsweise die aus der Normalkomponente der Radialkraft sich ergebende Spannung einsetzen. Diese Radialkraft ist:

$$P_r = 2\pi\, r\, y\, \sigma_r = 2\pi\, r \frac{h}{\cos\delta} \sigma_l$$

und ihre Normalkomponente:

$$P_q = P_r \sin\delta = 2\pi\, r\, h \tan\delta\, \sigma_l .$$

Hieraus ergibt sich als Schubspannung

$$\tau = \frac{P_N}{2\pi\, r\, h} = \sigma_l \tan\delta . \tag{22}$$

Setzt man diesen Ausdruck in Gl. (6) ein, so geht jene, sofern kein Flüssigkeitsdruck p auf die Schale wirkt, in die Gl. (4) über; dies bedeutet, daß wir durch die getroffene Vereinfachung das System von fünf simultanen Differentialgleichungen in ein solches mit nur vier Differentialgleichungen überführt haben. Wenn die Schubspannungen vernachlässigt werden, dann müssen die von den radial gerichteten Kräften erzeugten Zugspannungen ebenfalls radiale Richtung haben, so daß σ_l in σ_r übergeht. Die Biegespannung dagegen, die von den Momenten $\sigma_r\, y\, l\, d\varphi\, dk$ hervorgerufen werden, beziehen wir nach wie vor auf die Längsrichtung, weshalb wir mit dem durch die Schalendicke h bestimmten Widerstandsmoment rechnen. Da die Vernachlässigung der Schubspannungen nur bei der Berechnung solcher Schalen zulässig ist, bei welchen die Profilneigungen δ klein sind, schreiben wir die vereinfachten Differentialgleichungen für die Variable r an, indem wir $\frac{l}{dl} = \frac{r}{dr}$

und $l = \frac{r}{\cos\delta}$ und außerdem $\frac{1+\nu\cos\delta}{h\,r}\,\sigma_l^b - \frac{\cos\delta+\nu}{h\,r}\,\sigma_\varphi^b \approx \frac{1+\nu}{h\,r}\,(\sigma_l^b - \sigma_\varphi^b)$ setzen:

$$\frac{d}{dr}(h\,r\,\sigma_r) - h\,\sigma_\varphi + \frac{\gamma}{g}\,\omega^2 r^2 h = 0, \tag{23}$$

$$\nu\frac{d\sigma_r}{dr} - \frac{d\sigma_\varphi}{dr} + \frac{1+\nu}{r}(\sigma_r - \sigma_\varphi) + 2\,\frac{\tan\delta}{h}(\sigma_\varphi^b - \nu\,\sigma_l^b)\,\frac{1}{\cos\delta} + \\ + \frac{2(1+\nu)}{r}\tan\delta\cdot\sigma_r - E\,\alpha\,\frac{d\vartheta}{dr} = 0, \tag{24}$$

$$\frac{d}{dr}(r\,h^2\sigma_l^b) - h^2\sigma_\varphi^b + 6\,\frac{h\,r}{\cos\delta}\left(\sigma_r\tan\delta + \frac{p}{2}\right) = 0, \tag{25}$$

$$\nu\,\frac{d}{dr}\left(\frac{1}{h}\,\sigma_l^b\right) - \frac{d}{dr}\left(\frac{1}{h}\,\sigma_\varphi^b\right) + \frac{1+\nu}{h\,r}(\sigma_l^b - \sigma_\varphi^b) - \frac{E\,\alpha}{2}\,\frac{\left(d\,\frac{\varDelta\vartheta}{h}\right)}{dr} = 0. \tag{26}$$

Für das Moment, das der auf das Schalenelement wirkende Druck p erzeugt, wurde in der Gleichgewichtsbedingung der Ausdruck $p\,h\,l\,d\varphi\,\frac{dl}{2}$ verwendet; in Gl. (25) tritt es dann in der Form $6h\,\frac{r}{\cos\delta}\,\frac{p}{2}$ auf. Es sei darauf hingewiesen, daß in den Gln. (23) bis (26) nur die durch die Biegung erzeugte Schubspannung vernachlässigt ist; die durch die Schubkräfte entstehenden Biegemomente und auch die mit ihnen einhergehende Schubdeformation sind dagegen berücksichtigt.

Wir wollen uns nun zunächst unter Zuhilfenahme dieses vereinfachten Gleichungssystems den Lösungsmethoden zuwenden, die gestatten, eine Schale mit beliebiger Profilform durch Aufteilung in Teilschalen zu berechnen.

II. Verfahren zur Berechnung von rotierenden Schalen beliebigen Profils mit kleinen Neigungswinkeln mit Hilfe von Teilschalen gleicher Dicke

Teilt man eine Schale mit beliebigem Profil in Teilschalen gleicher Dicke auf, so wie dies auch beim GRAMMELschen Verfahren zur Berechnung von Scheiben getan wurde, so können zur Lösung die Differentialgleichungen für die Teilschalen verwendet werden, die sich aus dem Gleichungssystem (23) bis (26) ergeben, wenn man h = konstant setzt. Diese Gleichungen gehen dadurch über in:

$$r\,\frac{d\sigma_r}{dr} + \sigma_r - \sigma_\varphi + \frac{\gamma}{g}\,\omega^2 r^2 = 0, \tag{27}$$

$$\nu\,r\,\frac{d\sigma_r}{dr} - r\,\frac{d\sigma_\varphi}{dr} + (1+\nu)(\sigma_r - \sigma_\varphi) + 2\,\frac{r}{h}\tan\delta(\sigma_\varphi^b - \nu\,\sigma_l^b)\,\frac{1}{\cos\delta} + \\ + \frac{2}{r}(1+\nu)\tan\delta\cdot\sigma_r - E\,\alpha\,\frac{d\,\delta}{dr} = 0, \tag{28}$$

$$r\,\frac{d\sigma_l^b}{dr} + \sigma_l^b - \sigma_\varphi^b + \frac{6\,r}{h\cos\delta}\left(\sigma_r\tan\delta + \frac{p}{2}\cos\delta\right) = 0, \tag{29}$$

$$\nu\,r\,\frac{d\sigma_l^b}{dr} - r\,\frac{d\sigma_\varphi^b}{dr} + (1+\nu)(\sigma_l^b - \sigma_\varphi^b) - \frac{E\,\alpha}{2}\,\frac{d(\varDelta\,\vartheta)}{dr} = 0. \tag{30}$$

Die Gln. (27) und (28) sind, wenn man $\tan\delta = 0$ setzt, die Differentialgleichungen für die rotierende Scheibe gleicher Dicke. Das Glied $2\frac{r}{h}\tan\delta(\sigma_\varphi^b - \nu\,\sigma_l^b)$ verkörpert nun den Einfluß der Biegung auf die Zugspannungen, während der Ausdruck $\frac{2}{r}(1+\nu)\tan\delta\cdot\sigma_r$ die von der Schubdeformation herrührende Wirkung ausdrückt. Ebenso stellen die Gln. (29) und (30) ohne die Glieder mit σ_r und $\Delta\delta$ in Gl. (29) und (30) die Differentialgleichungen für die Biegung der durch axiale Kräfte beanspruchten Scheibe gleicher Dicke dar (vgl. die auf S. 126 und 127 aufgestellten Gleichungen). Das Glied mit σ_r stellt hier die Belastung der Schale durch das von den radial gerichteten Kräften erzeugte Biegemoment dar.

Eine geschlossene Lösung dieser vier Gleichungen kann wegen der Glieder mit $\operatorname{tg}\delta$, die die Kopplung der Biege- mit den Zugspannungen verkörpern, nicht angegeben werden. Es soll nun gar nicht erst versucht werden, eine Näherungslösung für die Schale gleicher Dicke zu finden, da von vornherein bekannt ist, daß eine solche für eine integrierende Anwendung auf Schalen beliebigen Profils zu kompliziert wird. Wir wollen die Schwierigkeit vielmehr dadurch umgehen, daß das Gleichungssystem auf ein lösbares zurückgeführt wird, indem wir die Störglieder einfach weglassen und sie in den Randbedingungen berücksichtigen, so wie wir es bereits bei der Berechnung der Biegespannungen von Scheiben getan haben. Für die Schale gleicher Dicke allein wäre diese Lösung natürlich sehr ungenau, jedoch erhält man bei Aneinanderreihen einer Anzahl von Teilschalen mit geringer radialer Erstreckung eine Gesamtlösung, die eine gute Näherung für die ganze Schale darstellt. Bei den für die Biegung angestellten Betrachtungen (s. S. 129) wurde schon gezeigt, daß ein solches Vorgehen keine allzu großen Fehler mit sich bringt.

1. Iterationsverfahren

In einer Arbeit von Hodge und Papa[1] wird ein Iterationsverfahren beschrieben, bei dem die Schale in Teilschalen gleicher Dicke aufgeteilt und mit den getrennten Lösungen der verkürzten Differentialgleichungen für die Zug- und die Biegespannungen gearbeitet wird. Dabei werden im ersten Iterationsschritt nur die Fliehkräfte berücksichtigt und die ganze Schale von r_0 bis r_a wie eine Scheibe berechnet. Aus den auf diese Weise gewonnenen Radialspannungen ermittelt man nun die an jedem Abschnitt angreifenden Biegemomente, die im 2. Iterationsschritt als Belastungen angesetzt werden. Im 3. Schritt werden die Fliehspannungen korrigiert, indem die von der Biegung herrührende radiale Auf-

[1] Hodge, P. G., u. J. Papa: Rotating disks with no plane of symmetry. J. Franklin Inst. Juni 1957.

weitung eingeführt wird. Der 4. Schritt entspricht wieder dem 2., und der 5. dem 3. usw. Die Berechnung kann mit Hilfe des GRAMMELschen Schemas durchgeführt werden, das in Kap. C (S. 131ff.) auch für die Berechnung von Biegespannungen umgearbeitet worden ist. Die für die Schalenberechnung erforderlichen zusätzlichen Rechenoperationen stimmen mit denjenigen des unter Ziffer 2 beschriebenen Verfahrens überein, weshalb wir sie gemeinsam mit diesen behandeln wollen. Desgleichen findet sich dort eine Beurteilung des Iterationsverfahrens, die auf Grund der Berechnung einer rotierenden Schale abgegeben wird, für welche eine analytische Lösung möglich ist.

2. Das x, y-Verfahren

Der Gedanke liegt nahe, die wechselseitige Beeinflussung von Zug- und Biegespannungen nicht erst nach erfolgter Durchrechnung der ganzen Schale für die jeweilige Belastungsart (Zug und Biegung) im nächstfolgenden Iterationsschritt zu berücksichtigen, sondern schon während der Durchrechnung an jeder Teilschale die entsprechenden „Zusatzspannungen" anzubringen. Dies bedingt eine parallele Behandlung der Zug- und der Biegespannungen, wobei allerdings die Methode der Überlagerung zweier Spannungszustände (der rotierenden und der ruhenden Schale) nicht angewandt werden kann, weil dieses Vorgehen eine geschlossene Lösung des Gesamtproblems der Schale gleicher Dicke verlangt. Das im folgenden beschriebene Verfahren verwendet das Grundprinzip des Verfahrens von GRAMMEL sowohl für die Berechnung der Zug- als auch der Biegespannungen. Wenn die Rechnung am Innenrand beginnt, so fängt sie dort mit zwei unbekannten Spannungen, nämlich der tangentialen Zug- und der tangentialen Biegespannung, an, die wir mit

$$\sigma_{\varphi_0} = x \quad \text{und} \quad \sigma_{\varphi_0}^b = y$$

bezeichnen. Wir wenden nun auf beide durchzuführenden parallelen Rechengänge die auf S. 28 beschriebene „x-Methode" an und stellen zwei vollständig getrennte Rechenformulare — ähnlich dem GRAMMELschen — auf, die als Anlage IIa und IIb beigefügt sind. Wegen der Verkopplung der beiden Spannungen ist bei den Zugspannungen eine Rechenspalte für den Einfluß der Biegung (y-Spalte) und bei den Biegespannungen eine Spalte für den Einfluß der Zugspannungen (x-Spalte) vorgesehen; in beiden Rechenformularen tritt also eine x- und eine y-Spalte auf; das Verfahren wurde nach den Unbekannten x und y benannt.

Die Berechnung stützt sich zunächst nur auf die Lösung der Differentialgleichungen, die um die Störglieder gekürzt sind; bei den Zugspannungen sind das die Biegespannungsglieder und bei den Biegespannungen die Glieder mit σ_r und p. Die Gleichungen für den

Zusammenhang der Spannungen an irgendeiner Stelle i mit denjenigen am Innenrand der Schale sind daher zunächst voneinander unabhängig; sie ergeben sich nach den Darlegungen von S. 30 in nachstehender Form, in der wegen der einfacheren Darstellung die gegebenen Innenrandspannungen σ_{r_0} und $\sigma_{l_0}^b$ im ω- bzw. im τ^*-Glied, das die mittlere durch eine äußere radiale Kraft erzeugte Schubspannung verkörpert, enthalten sein mögen, und wobei ferner ein Temperaturgradient in Richtung der Schalendicke h nicht berücksichtigt werden soll:

$$\begin{aligned} \sigma_{r_i} &= a_1 x + a_2(\omega) + a_3(\vartheta), \\ \sigma_{\varphi_i} &= b_1 x + b_2(\omega) + b_3(\vartheta), \end{aligned} \tag{31a}$$

$$\begin{aligned} \sigma_{l_i}^b &= c_1 y + c_2(\tau^*), \\ \sigma_{\varphi_i}^b &= d_1 y + d_2(\tau^*). \end{aligned} \tag{31b}$$

Um nun die aus den Differentialgleichungen entfernten Glieder in die Randbedingungen einführen zu können, müssen wir die Einflußgrößen aufstellen, die jeweils an den Sprungstellen in die Rechnung einzubauen sind. Diese Einflußgrößen sind: bei der Biegung die Momente der Axial- und Radialkräfte und bei den Zugspannungen die mit der Biegung einhergehende radiale Aufweitung, die insbesondere tangentiale Spannungen erzeugt, die unter der Bezeichnung „Membranspannungen" bekannt sind.

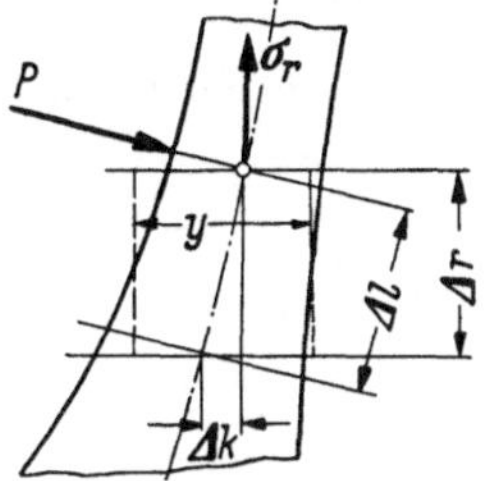

Abb. 65. Biegemoment an der Teilschale

Das Biegemoment an der Teilschale. Das Moment, das an der Trennstelle zwischen zwei Teilschalen angreift, ergibt sich nach Abb. 65 zu:

$$M^b = \sigma_r 2\pi r y \Delta k + P_{ax} \Delta r = \sigma_r 2\pi r \frac{h}{\cos\delta} \Delta k + \tau^* 2\pi r \frac{h}{\cos\delta} \Delta r, \tag{32}$$

worin gemäß Abb. 62

$$h = y \cos\delta \quad \text{und} \quad P_{ax} = 2\pi r \frac{h}{\cos\delta} \tau^*$$

gesetzt wurde. Die aus diesem Moment sich ergebende Biegespannung ist

$$\sigma_z^b = \frac{M^b}{w^b} = \frac{M^b}{2\pi r \frac{h^2}{6}} = 6 \frac{\Delta r}{h} (\sigma_r \tan\delta + \tau^*) \frac{1}{\cos\delta}, \tag{33}$$

die an der Trennstelle als Zusatz-Biegespannung angebracht wird; wir beziehen sie, wie es auch bei den Zusatzspannungen der Scheibe gemacht wurde, auf die Dicke der nachfolgenden Teilschale und erhalten so:

$$\sigma_z^b = 6 \Delta r \frac{h_i}{h_{i+1}^2} (\sigma_r \tan\delta + \tau^*) \frac{1}{\cos\delta}, \tag{34}$$

Die Wirkung der durch die Biegung erzeugten radialen Aufweitung. Nach Abb. 66 erhält man für die Verschiebung eines in der Mittelfläche der Schale liegenden Punktes infolge des Biegeneigungs- und des Schubdeformationswinkels

$$u^b = (\psi + \beta)\,\Delta r \tan\delta = (\psi + \beta)\,\Delta k; \tag{35}$$

hierin ist ψ der durch die bereits aufgestellte Gleichung

$$\psi = 2\,\frac{r}{E\,h}\,(\sigma_\varphi^b - \nu\,\sigma_l^b)$$

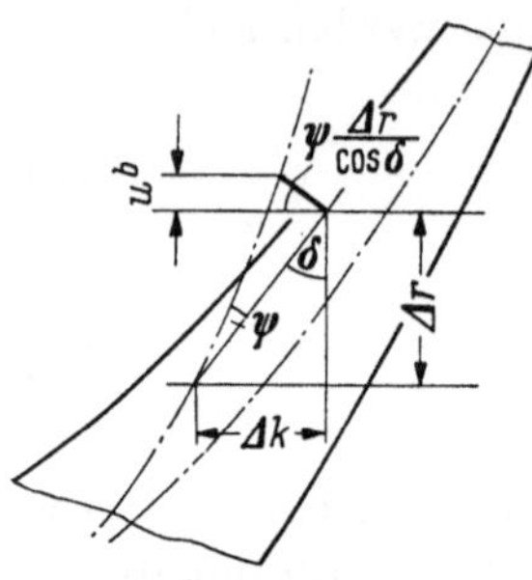

Abb. 66. Radiale Aufweitung durch Biegung

und β durch das Hookesche Gesetz

$$\beta = \frac{\tau}{G} = \frac{\sigma_r \tan\delta}{G} = 2(1+\nu)\,\frac{\sigma_r}{E}\tan\delta$$

gegeben.

Wir betrachten nun die radiale Aufweitung u^b bei der Berechnung der Zugspannungsverteilung als an der Trennstelle aufgezwungen; da die Aufweitungen vor und nach dem Spannungssprung gleich sein müssen, erhalten wir die Gleichung:

$$\frac{r}{E}\,(\sigma_{\varphi_{i2}} - \nu\,\sigma_{r_{i2}}) = \frac{r}{E}\,(\sigma_{\varphi_{i1}} - \nu\,\sigma_{r_{i1}}) + (\psi + \beta)\,\Delta r \tan\delta,$$

oder, wenn wir wieder

$$\sigma_{\varphi_{i2}} = \sigma_{\varphi_{i1}} + \Delta\sigma_\varphi \quad \text{und} \quad \sigma_{r_{i2}} = \sigma_{r_{i1}} + \Delta\sigma_r$$

setzen,

$$\sigma_{\varphi_{i1}} + \Delta\sigma_\varphi - \nu\,\sigma_{r_{i1}} - \nu\,\Delta\sigma_r = \sigma_{\varphi_{i1}} - \nu\,\sigma_{r_{i1}} + E(\psi + \beta)\,\frac{\Delta r}{r}\tan\delta,$$

woraus wir schließlich die tangentiale Sprunggröße

$$\Delta\sigma_\varphi = \nu\,\Delta\sigma_r + 2\,\frac{\Delta r}{h\cos\delta}\tan\delta\,(\sigma_\varphi^b - \nu\,\sigma_l^b) + 2(1+\nu)\tan\delta\,\frac{\Delta r}{r}\,\sigma_r \tag{36}$$

erhalten. Wir erkennen hieraus, daß für die Scheibe wegen $\delta = 0$ keine Rückwirkung der Biegespannungen auf die Zugspannungen stattfindet, was natürlich nur so lange gilt, als die Durchbiegungen klein bleiben. Aus Gl. (36) entnehmen wir die Größe der zusätzlichen Tangentialspannung

$$\sigma_\varphi^z = 2\,\frac{\Delta r}{h\cos\delta}\,(\sigma_\varphi^b - \nu\,\sigma_l^b)\tan\delta + 2(1+\nu)\,\frac{\Delta r}{r}\,\sigma_r\tan\delta, \tag{37}$$

die im Rechenschema der Zugspannungen zu dem Sprungwert $\Delta\sigma_\varphi = \nu\,\Delta s$ addiert wird, so wie dies auch zur Berücksichtigung der Wärmespannungen mit dem Wert $-E\Delta(\alpha\vartheta)$ (s. S. 22) gemacht wurde. Für den Ausdruck $(\sigma_\varphi^b - \nu\,\sigma_l^b)$ in Gl. (37) nehmen wir vorteilhafterweise die Mittelwerte der Biegespannungen, die bei der Berechnung der vorangehenden Teilschale an deren Anfang und Ende gewonnen werden; das gleiche gilt für die Zugspannung σ_r, in welcher sich ja die Schubspannung versteckt ($\tau = \sigma_r \sin\delta$). Diese Mittelwertbildung führen wir deshalb durch, weil die Verformungen ψ und β durch die Spannungen entlang der Teilschale und nicht allein durch diejenigen an ihrem Endradius hervorgerufen werden.

Am Übergang vom Außenradius einer Teilschale zum Innenrand der nächstfolgenden gelten die gleichen Beziehungen wie bei der Scheibe; wir ersetzen die Dicke der Scheibe durch diejenige der Schale und erhalten damit als gesamte Sprunggrößen bei den Zugspannungen:

$$\begin{aligned} \Delta\sigma_r &= \left(\frac{y_i}{y_{i+1}} - 1\right)\sigma_r, \\ \Delta\sigma_\varphi &= \nu\,\Delta\sigma_r + E\,\Delta(\alpha\,\vartheta) + 2\,\frac{\Delta r}{h\cos\delta}\,(\sigma_\varphi^b - \nu\,\sigma_l^b)\tan\delta, \end{aligned} \tag{38}$$

worin das Endglied von Gl. (37) weggelassen wurde, weil dieses stets sehr klein ist, und bei den Biegespannungen:

$$\begin{aligned} \Delta\sigma_l^b &= \left(\frac{h_i^2}{h_{i+1}^2} - 1\right)\sigma_l^b - 6\,\Delta r\,\frac{h_i}{h_{i+1}^2}\,(\sigma_r\tan\delta + \tau^*)\,\frac{1}{\cos\delta}, \\ \Delta\sigma_\varphi^b &= \nu\,\Delta\sigma_l^b + \left(\frac{h_{i+1}}{h_i} - 1\right)(\sigma_\varphi^b - \nu\,\sigma_l^b). \end{aligned} \tag{39}$$

Die durch die Gln. (34) und (37) ermittelten Zusatzspannungen bringen nun die Verkopplung der beiden Spannungsrechnungen; die bei der Biegung erscheinenden Größen y,[1] τ^* und δ treten mit

$$2\,\frac{\Delta r}{h\cos\delta}\,(\sigma_\varphi^b - \nu\,\sigma_l^b)\tan\delta = 2\,\frac{\Delta r}{h\cos\delta}\tan\delta\,[(d_1 - \nu\,c_1)\,y + (d_2 - \nu\,c_2)_{\tau^*}]$$

in die Zugspannungsrechnung ein, bei der sie zu dem Ausdruck von σ_φ in Gl. (31a) addiert werden, der, wenn der von τ^* abhängige Teil in das Fliehkraftglied genommen wird, in

$$\sigma_\varphi = b_1\,x + 2\,\frac{\Delta r}{h}\,\frac{\tan\delta}{\cos\delta}\,(d_1 - \nu\,c_1)\,y + b_2(\omega) + b_3(\vartheta) \tag{40}$$

übergeht. Ebenso dringen die bei der Zugspannungsrechnung auftretenden, mit x, ω und ϑ verbundenen Größen in der Form

$$-\,6\,\Delta r\,\frac{h_i}{h_{i+1}^2}\tan\delta\,\frac{1}{\cos\delta}\,\sigma_r = 6\,\frac{\Delta r}{h_{i+1}^2}\,h_i\,\frac{\tan\delta}{\cos\delta}\,[a_1\,x + a_2(\omega) + a_3(\vartheta)]$$

in die Biegespannungsrechnung ein; addiert man den so erhaltenen Ausdruck zu der an der betreffenden Sprungstelle gewonnenen Biegespannung (31b), so wird diese

$$\sigma_l^b = 6\,\frac{\Delta r}{h_{i+1}^2}\,h_i\,\frac{\tan\delta}{\cos\delta}\,a_1\,x + c_1\,y + 6\,\frac{\Delta r}{h_{i+1}^2}\,h_i\,\frac{\tan\delta}{\cos\delta}\,a_2(\omega) + c_2\,\tau^* + 6\,\frac{\Delta r}{h_{i+1}^2}\,h_i\,\frac{\tan\delta}{\cos\delta}\,a_3(\vartheta). \tag{41}$$

[1] Die Größe y ist hier die (unbekannte) tangentiale Biegespannung $\sigma_{\varphi_0}^b$.

Im Verlauf der weiteren Rechnung vermaschen sich die beiden Spannungszustände immer mehr, so daß auch der bei den Biegespannungen erscheinende Einfluß der Zugspannungen wieder auf letztere zurückwirkt und umgekehrt.

Die Rechnung in den beiden Formblättern wird demgemäß in vier parallelen Zügen durchgeführt, die in vier voneinander unabhängigen Spalten untergebracht sind und die am Kopf derselben jeweils mit der betreffenden Größe gekennzeichnet sind. In den einzelnen Spalten stehen dann die zu diesen Größen gehörigen Vorzahlen, wie sie in den Gln. (40) und (41) zum Ausdruck kommen, die nichts anderes darstellen als die während der Durchrechnung nach dem GRAMMELschen Verfahren gewonnenen Zahlenwerte.

In den beiden Rechenblättern sind außer den vom GRAMMELschen Schema übernommenen Zeilen und den zugehörigen Rechenvorschriften auch die Zusatzspannungen nach den Gln. (34) und (37) vorgesehen, durch welche die beiden Schemata miteinander verkoppelt werden. Für die Zwischenrechnungen, die dazu notwendig sind, wurden im Formblatt der Biegespannungen (Anlage IIb) noch einige Zeilen vorgesehen, wobei die zugehörige Rechenvorschrift durch entsprechende Zeichen angegeben ist.

In den beiden Rechenblättern, die mit „Zugspannungen" und „Biegespannungen" bezeichnet sind, werden zuerst, genau wie beim GRAMMELschen Verfahren, die am linken Rand mit Ziffern bezeichneten Zeilen ausgefüllt, mit dem einzigen Unterschied, daß alle bekannten Zahlenwerte, also $a\,\omega^2 r^2$, $b\,\omega^2 r^2$ und die von äußeren Lasten herrührenden Zusatzspannungen σ^z in die ω-Spalte kommen. Ferner schreiben wir eine bekannte Innenrand-Schrumpfspannung in die ω-Spalte der Zeile σ_r, und desgleichen die aus den äußeren axialen Kräften ermittelte Schubspannung, diese jedoch in eine besondere am Kopf des Formblattes für die Biegespannungen eingeführte Zeile, weil diese Spannungsgröße noch einer Umrechnung bedarf. Alle Größen η und ξ gelten gemeinsam jeweils für vier Spalten, weshalb für sie die ganze Zeile in der „Viererspalte" frei gehalten wurde.

Die Berechnung wird also in vier parallelen Spalten, für x, y, ω und ϑ, durchgeführt, dies sowohl bei den Zugspannungen als auch bei den Biegespannungen. Dies bedeutet, daß das GRAMMELsche Rechenschema stets in allen Spalten anzuwenden ist, wobei man die einzelnen Rechenoperationen (Multiplikationen mit den gegebenen Größen η und ξ als konstante Faktoren für die vier Spalten) nacheinander und somit die ganze Rechnung in den Spalten parallel durchführt.

Man beginnt nun die Rechnung am Innenrand, z. B. bei den Zugspannungen, setzt in die Spalte x in der Zeile σ_φ die Zahl 1 und in der Zeile σ_l die Zahl 0 oder, wenn es sich um eine Vollschale handelt, die

Zahl 1, wodurch die Innenrandwerte $\sigma_{\varphi_0} = \sigma_{r_0} = x$ bzw. $\sigma_{r_0} = 0$ und $\sigma_{\varphi_0} = x$ festgelegt sind.

Damit kann die Berechnung des ersten Abschnitts und der Übergang zum zweiten durchgeführt werden, die in der zweiten Viererspalte in der Zeile für σ_φ^z zunächst endigt, weil die in diese Zeile einzutragenden Werte noch nicht vorliegen; diese Rechengrenze ist im Schema durch eine dicke gestrichelte Linie gekennzeichnet. Nun beginnt man die Rechnung im Formblatt für die Biegespannungen und fängt dort mit den entsprechenden Werten in der Spalte y an, also wiederum z. B. in der Zeile σ_φ^b mit der Zahl 1 und in der Zeile σ_l^b mit der Zahl 1 oder 0, je nachdem, ob es sich um eine Schale ohne oder mit Innenbohrung handelt.

Die Rechenvorschrift führt uns dann in die zweite Spalte, wo sich wieder eine gestrichelt angedeutete Rechengrenze bei der Zeile für σ_z^b befindet. Die hier einzutragenden Werte können aus den entsprechenden Werten der Zugspannungsrechnung ermittelt werden, was am Kopf des Rechenblattes für die Biegespannungen erfolgt, wobei auch die vorher erwähnten Schubspannungen aus den Axialkräften mit verarbeitet werden. Damit wird die Rechnung gleich bis zum nächsten Abschnitt weitergeführt, wo sie in der Zeile für σ_z^b zunächst wieder endigt. Aus den jetzt vorliegenden Werten σ_φ^b und σ_l^b lassen sich die für die Zugspannungsrechnung notwendigen Zusatzspannungswerte σ_φ^z für alle vier Spalten berechnen, wofür die im Schema der Biegespannungen (unten) vorgesehenen Zeilen und die zugehörige Rechenvorschrift verwendet werden. Die Randzeichen deuten in beiden Rechenblättern an, wo die betreffenden Werte entnommen bzw. wohin sie geschrieben werden. Damit können die Zugspannungen weitergerechnet werden, bis man wieder zu der angedeuteten Rechengrenze kommt.

Durch weiteres, gleichartiges, abwechselndes Rechnen in den beiden Formblättern kommt man schließlich zum Außenrand der Schale und erhält dort aus den Zeilen der Spannungen in r- bzw. l-Richtung zwei Gleichungen zur Bestimmung der beiden Unbekannten x und y. Dies erfolgt in der Weise, daß die aus der Zeile für die Spannung σ_r des Formblattes der Zugspannungen und der Spannung σ_l^b der Biegespannungen entnommenen Zahlenwerte in nachstehender Form zusammengefaßt werden:

$$\begin{aligned} \sigma_{r_a} &= a\,x + b\,y + c_\omega + c_\vartheta = \sigma_a\,, \\ \sigma_{l_a}^b &= d\,x + e\,y + f_\omega + f_\vartheta = \sigma_a^b\,, \end{aligned} \tag{42}$$

worin a, b, c_ω und c_ϑ die in der Zeile σ_r und d, e, f_ω, f_ϑ die in der Zeile σ_l^b jeweils der letzten Viererspalte stehenden Zahlen bedeuten. Da in jedem Fall die Außenrandspannungen σ_a und σ_a^b gegeben sind, erhält man aus dem Gleichungspaar (42) die unbekannten Innenrandspannungen x und y, womit die Spannungen an allen Trennstellen berechnet werden können. Hierzu entnimmt man aus allen Zeilen für alle Spannungen σ_r, σ_φ, σ_l^b, σ_φ^b die jeweiligen vier Zahlenwerte, von welchen diejenigen der x-Spalten mit dem Wert x und diejenigen der y-Spalten mit dem Wert y multipliziert werden; die vier Zahlenwerte werden schließlich addiert, womit man die endgültigen Spannungen an den betreffenden Stellen erhält. Diese Rechnung wird am unteren Rand der Rechenblätter durchgeführt, wobei auch gleich die Mittelwerte $\bar{\sigma}$ an den Sprungstellen gemäß

$$\bar{\sigma}_r = \sigma_r + \tfrac{1}{2} \Delta s, \qquad \bar{\sigma}_\varphi = \sigma_\varphi + \tfrac{1}{2} \Delta t$$

gebildet werden. Dabei ist vorgesehen, daß das Gleichungspaar (42) für die Fliehkraft- und für die Wärmespannungen getrennt aufgelöst wird; hierzu läßt man zuerst die Zahlenwerte c_ϑ und f_ϑ weg, wodurch der Temperaturgradient außer acht gelassen wird, und erhält so die Spannungen x_ω und y_ω; und ebenso ergeben sich, wenn man die Werte c_ω und f_ω wegläßt, zwei Spannungen x_ϑ und y_ϑ, bei deren Ermittlung natürlich $\sigma_a = 0$ und $\sigma_a^b = 0$ ist, weil ja am Außenrand einer Schale keine radiale Wärmespannung herrschen kann. Die so gewonnenen x- und y-Werte liefern dann die von den Fliehkräften herrührenden Zug- und Biegespannungen getrennt von den Wärmespannungen. Beide Spannungen können dann schließlich noch addiert werden, um die Größtwerte des jeweiligen Spannungszustandes zu erhalten.

Es ist natürlich möglich, auch für den Gasdruck p oder für eine Schrumpfspannung je eine eigene Spalte einzuführen; damit erreicht man, daß die aus diesen Belastungen stammenden Spannungen nicht in den anderen, aus der Fliehkraftbelastung gewonnenen Spannungen enthalten sind. Will man einen Temperaturgradient quer zur Richtung l berücksichtigen, der hauptsächlich Biegespannungen hervorruft, aber auch die Zugspannungen beeinflußt, so müssen die entsprechenden Zusatzspannungen ebenfalls in getrennter Spalte behandelt werden. Da wir den Temperaturgradient in Querrichtung bisher in der schematischen Rechnung nicht berücksichtigt haben, wollen wir die entsprechende Zusatzspannung ermitteln; man erhält sie in gleicher Weise wie bei der Scheibe aus der Bedingung, daß sich die Neigung an der Sprungstelle nicht ändern darf. Diese Bedingung führt unter Verwendung von Gl. (21) auf

$$\frac{2 r_i}{E h_{i2}} \left(\sigma_{\varphi_{i2}}^b - \nu \sigma_{l_{i2}}^b\right) = \frac{2 r_i}{E h_{i1}} \left(\sigma_{\varphi_{i1}}^b - \nu \sigma_{l_{i1}}^b\right) + \frac{r_i \alpha_i}{h_i} \Delta \vartheta .$$

Mit $\sigma_{\varphi_{i2}}^b = \sigma_{\varphi_{i1}}^b + \Delta \sigma_\varphi^b$ und $o_{l_{i2}}^b = \sigma_{l_{i1}}^b + \Delta \sigma_l^b$, unter Annahme eines über den Querschnitt unveränderlichen E-Moduls, erhält man hieraus den gesamten tangentialen Sprungwert

$$\Delta \sigma_\varphi^b = \nu \Delta \sigma_l^b - \left(1 - \frac{h_{i2}}{h_{i1}}\right) \left(\sigma_{\varphi_{i1}}^b - \nu \sigma_{l_{i1}}^b\right) + E \alpha \frac{\Delta \delta}{2}, \qquad (43)$$

worin die Temperaturdifferenz $\Delta\vartheta$ über die Teilschale als konstant betrachtet wird, was bedeutet, daß der Verlauf $\Delta\vartheta = f(l)$ durch eine treppenförmige Kurve ersetzt wird, wie dies auch für die Temperaturverteilung gemacht wurde. Die der Größe $E\Delta(\alpha\vartheta)$ entsprechende tangentiale Zusatz-Biegespannung lautet also

$$\sigma_\varphi^{z,b} = E\,\alpha\,\frac{\Delta\,\delta}{2}. \tag{44}$$

3. Untersuchungen über die Genauigkeit der angegebenen Verfahren

Um einen Vergleich der Berechnungsergebnisse mit dem aus einer analytischen Lösung gewonnenen Ergebnis anstellen zu können, wurde eine Schale durchgerechnet, deren Form eine solche Lösung gestattet. Diese Lösung ist möglich, wenn die in den Störgliedern von Gl. (28) und (29) enthaltene Variable $\tan\delta = \frac{dk}{dr}$ konstant wird und ferner die Temperaturgradienten $\frac{d\vartheta}{dr}$ und $\frac{\Delta\vartheta}{h}$ gleich Null gesetzt und die Wirkung der Schubspannungen vernachlässigt werden. Um die Variable $\frac{dk}{dr}$ zu entfernen, schreiben wir die genannten Differentialgleichungen in der etwas geänderten Form:

$$r\,\nu\,\frac{d\sigma_r}{dr} - r\,\frac{d\sigma_\varphi}{dr} + (1+\nu)\,(\sigma_r - \sigma_\varphi) + \frac{2r}{h}\,\frac{dk}{dr}\,(\sigma_\varphi^b - \nu\,\sigma_l^b) = 0, \tag{28a}$$

$$\frac{1}{h^2}\,\frac{d}{dr}\,(r\,h^2\,\sigma_l^b) - \sigma_\varphi^b + \frac{6}{\cos\delta}\,\frac{r}{h}\,\frac{dk}{dr}\,\sigma_l = 0, \tag{29a}$$

und verlangen, daß der Ausdruck

$$\frac{2r}{h}\,\frac{dk}{dr} = \text{konstant}$$

wird. Dies erreicht man, wie sich leicht nachprüfen läßt, durch die Profilform

$$h = C\,\frac{1}{r^n}$$

mit

$$k = \frac{h}{2}.$$

Die beiden Differentialgleichungen gehen damit über in die einfacheren Gleichungen

$$r\,\nu\,\frac{d\sigma_r}{dr} - r\,\frac{d\sigma_\varphi}{dr} + (1+\nu)\,(\sigma_r - \sigma_\varphi) - n(\sigma_\varphi^b - \nu\,\sigma_l^b) = 0, \tag{45}$$

$$\frac{1}{h^2}\,\frac{d}{dr}\,(r\,h^2\,\sigma_r^b) - \sigma_\varphi^b - 3\,n\,\sigma_r = 0. \tag{46}$$

Diese Gleichungen wurden von Hodge und Papa[1] gelöst und zur analytischen Bestimmung der Spannungen verwendet, die in der in

[1] Siehe Fußn. 1, S. 151.

Abb. 67a dargestellten Schale auftreten, die am Innenrand als Scheibe gleicher Dicke beginnt und dann in die durch

$$h = \frac{C}{r^2}$$

gegebene Form übergeht. Mit den weiteren in Abb. 67a und b angegebenen Daten ergab sich der dort dargestellte Verlauf der radialen und tangentialen Zug- und Biegespannungen, die den aus der Nähe-

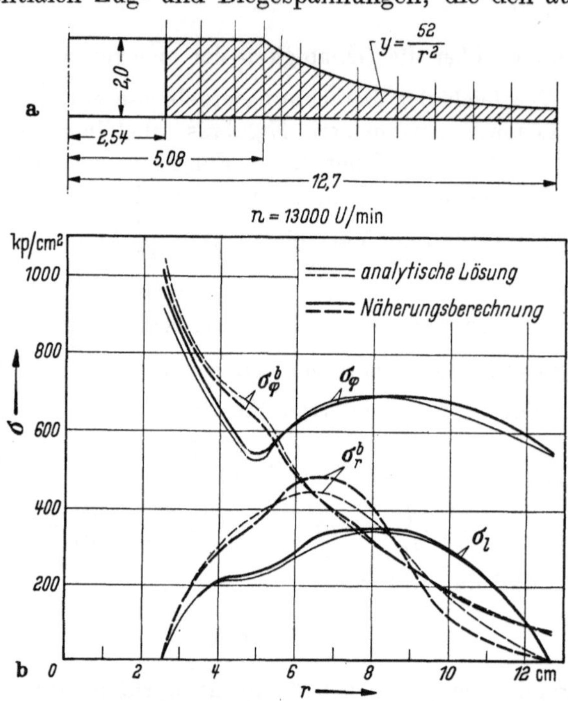

Abb. 67a u. b

a) Schale mit Exponentialprofil im äußeren Teil, b) Spannungsverteilung in der rotierenden Schale *a*), nach dem *x*, *y*-Verfahren berechnet; Vergleich mit der analytischen Lösung

rungslösung gewonnenen gegenübergestellt sind, für welche die Schale in 12 Teilschalen aufgeteilt und nach dem x, y-Verfahren berechnet wurde; in den Formblättern Anlage IIa und IIb ist der Anfang und das Ende dieser Rechnung eingetragen; sie wurde in Anlehnung an die erwähnte Arbeit von Hodge und Papa mit dem Wert $\nu = 0{,}25$ durchgeführt. Man erkennt, daß die durch die Näherungslösung erzielte Genauigkeit sehr gut ist. Abb. 68 enthält die Zugspannungen, die in der als symmetrisch angenommenen Scheibe mit gleichem Dickenverlauf auftreten würden; daraus geht der Einfluß der Biegung auf die Zugspannungen deutlich hervor, der trotz der verhältnismäßig geringen Unsymmetrie recht erheblich ist. In beiden Lösungen ist $\Delta l = \Delta r$ gesetzt worden, weshalb das Ergebnis, absolut betrachtet, auch bei

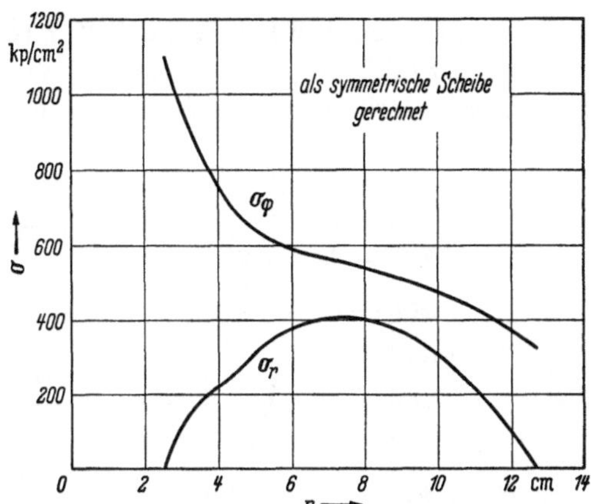

Abb. 68. Fliehspannungen in der als symmetrisch betrachteten Schale der Abb. 67a

der analytischen Lösung nicht exakt ist, was es ja schon wegen der Vernachlässigung der Schubspannungen nicht sein kann.

In den Abb. 69 und 70 ist das Ergebnis einer bis zum 6. Schritt durchgeführten Iterationsrechnung nach Ziff. 1 (S. 151) dargestellt, bei welcher der 5. Schritt die Zugspannungen und der 6. Schritt die Biegespannungen lieferte. Man erkennt, daß hier noch größere Abweichungen der radialen Biegespannung vom genauen Verlauf auftreten, im übrigen aber eine ebenfalls recht gute Übereinstimmung mit der

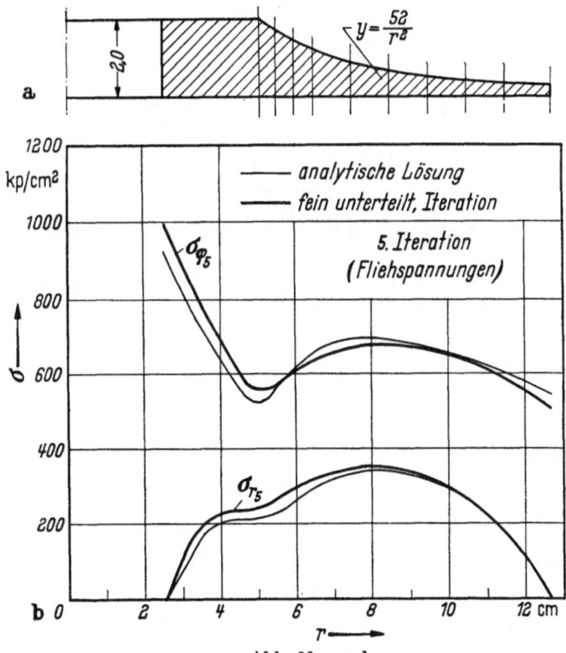

Abb. 69a u. b
Zugspannungen in der Schale mit Exponentialprofil, nach dem Iterationsverfahren berechnet

analytischen Lösung erreicht wurde. Die Iterationsrechnung ist mit Hilfe des Grammelschen Schemas durchgeführt worden, wobei die in Ziff. 2 aufgestellten zusätzlichen Größen und 12 Teilschalen eingeführt wurden.

Bedenkt man, daß bei dem in Ziff. 2 (S. 152) angegebenen x, y-Verfahren die Endlösung sofort erhalten wird, und der Aufwand, obwohl in mehreren parallelen Zügen auf zwei Formblättern gerechnet werden

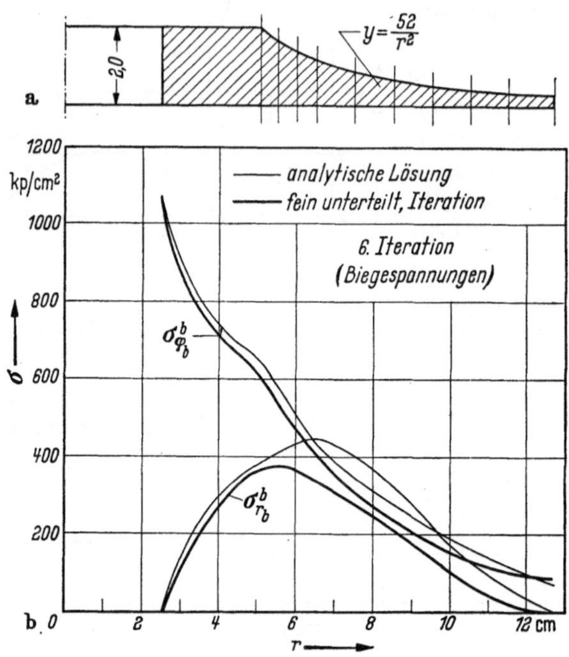

Abb. 70
Biegespannungen in der Schale mit Exponentialprofil, nach dem Iterationsverfahren berechnet

muß, nicht größer ist als bei der Iterationsrechnung, so erscheint das x, y-Verfahren dem Iterationsverfahren überlegen, zumal man, insbesondere bei noch stärker geneigten Schalenprofilen, sehr viele Iterationsschritte durchführen muß, um eine brauchbare Endlösung zu erhalten.

4. Die Berücksichtigung von an der Schale befindlichen Ringen, Bohrungen und radialen Rippen

a) Axial auskragende Ringe. Ringe, die aus der Schale herauswachsen und außerhalb des Kraftflusses in Längsrichtung der Schale liegen, können in gleicher Weise behandelt werden wie bei der Scheibe. Zu ihrer Berücksichtigung bei der Berechnung der Zugspannungen erhalten wir nach Gl. (A.102) den analogen Ausdruck:

$$\sigma_z = -\frac{y_R}{y_s}\,\frac{r_{i+1}-r_i}{r_{mi}}\left(\sigma_\varphi - \nu\,\sigma_r - \frac{\gamma}{g}\,\omega^2 r_{mi}^2\right). \tag{47}$$

Ebenso können wir bei der Berechnung der Biegespannungen den in Kap. C gefundenen Gesamtausdruck (C. 32) verwenden, wenn wir an

Stelle der Scheibendicke y die Schalendicke h setzen:

$$\sigma_z^b = -\left[3\frac{(2L_s+h)^2}{h^3}L_{\text{eff}}\frac{\Delta r}{r} + \left(\frac{L_{\text{eff}}^b}{h}\right)^3 \ln\frac{r_{i+1}}{r_i}\right](\sigma_\varphi^b - \nu\sigma_l^b) + \\ + 3\left(1 + 2\frac{L_s}{h}\right)\sigma_z. \qquad (48)$$

Dabei sei vorausgesetzt, daß es sich um zylindrische Ringe handelt, was ja in den meisten in der Praxis vorkommenden Fällen zutreffen dürfte. Einzelheiten über die in Gl. (48) enthaltenen Größen finden sich auf S. 136ff.

b) Ringförmig verteilte Bohrungen. Da die vorliegenden Betrachtungen immer noch auf Schalen mit kleinen Neigungswinkeln beschränkt sind, ist es ohne Bedeutung für die Rechnung, ob die Bohrungen in Richtung der Schalennormalen oder in Achsrichtung angebracht sind. Wir können die in Abschn. A V. 3 (S. 68ff.) und Abschnitt C III. 2 (S. 138ff.) gefundenen Übergangsbedingungen zwischen Anfang und Ende der als tangentialspannungsfrei zu betrachtenden Zone verwenden, wenn wir die Scheibendicke y durch die Schalendicke h ersetzen. Die Spannungen an der Stelle $i+1$ ergeben sich damit in Ausdrücken derjenigen an der Stelle i:

$$\sigma_{r_{i+1}} = \frac{r_i h_i}{r_{i+1}h_{i+1}}\left(\sigma_{r_i} - \frac{P_{\text{sp}}+P_{\text{schr}}}{2\pi r_i h_i}\cos\delta\right), \qquad (49)$$

$$\sigma_{\varphi_{i+1}} = \frac{r_i}{r_{i+1}}\left\{\sigma_{\varphi_i} + \left[\nu\left(\frac{h_i}{h_{i+1}} - 1\right) + 2\frac{h_i}{h_{\text{sp}}}\frac{r_{i+1}-r_i}{t}\right]\sigma_{r_i} - \frac{h_i}{h_{i+1}}\times \\ \times\left(\frac{h_{i+1}}{h_i}\frac{r_{i+1}-r_i}{t} + \nu\right)\frac{P_{\text{sp}}+P_{\text{schr}}}{2\pi r_i h_i}\cos\delta + \frac{r_{i+1}-r_i}{r_i}E_{i+1}\alpha_{i,i+1}(\vartheta_{i+1}-\vartheta_i)\right\}, \qquad (50)$$

$$\sigma_{l_{i+1}}^b = \frac{r_i}{r_{i+1}}\left(\frac{h_i^2}{h_{i+1}^2}\sigma_{l_i}^b - 6\frac{h_i}{h_{i+1}}\Delta k\,\sigma_{r_i}\right), \qquad (51)$$

$$\sigma_{\varphi_{i+1}}^b = \frac{r_i}{r_{i+1}}\left\{\frac{h_{i+1}}{h_i}\sigma_{\varphi_i}^b + \left[\frac{2(r_{i+1}-r_i)}{t}\frac{h_i^2 h_{i+1}}{h_{\text{sp}}^3} + \nu\left(\frac{h_i^2}{h_{i+1}^2} - \frac{h_{i+1}}{h_i}\right)\right]\sigma_{l_i}^b - \\ - 6\frac{h_i}{h_{i+1}}\Delta k\left(\frac{r_{i+1}-r_i}{t}\frac{h_{i+1}^3}{h_{\text{sp}}^3} + \nu\right)\sigma_{r_i}\right\} \qquad (52)$$

mit

$$t = (r_{i+1}+r_i) - \frac{n}{4}(r_{i+1}-r_i).$$

Die Gln. (49) bis (52) vereinfachen sich wieder, wenn die Schalendicke im Bereich der betrachteten Bohrungszone konstant ist. Für $h_i = h_{i+1} = h_{\text{sp}}$ erhält man:

$$\sigma_{r_{i+1}} = \frac{r_i}{r_{i+1}}\left(\sigma_{r_i} - \frac{P_{\text{sp}}+P_{\text{schr}}}{2\pi r_i h_i}\right), \qquad (49\,\text{a})$$

$$\sigma_{\varphi_{i+1}} = \frac{r_i}{r_{i+1}}\left[\left(\sigma_{\varphi_i} + 2\frac{r_{i+1}-r_i}{t}\sigma_{r_i}\right) - \frac{r_{i+1}-r_i}{t}\frac{P_{\text{sp}}+P_{\text{schr}}}{2\pi r_i h_i}\right], \qquad (50\,\text{a})$$

$$\sigma_{l_{i+1}}^b = \frac{r_i}{r_{i+1}}\left(\sigma_{l_i}^b - 6\Delta k\,\sigma_{l_i}\right), \qquad (51\,\text{a})$$

$$\sigma_{\varphi_{i+1}}^b = \frac{r_i}{r_{i+1}}\left[\sigma_{\varphi_i}^b + 2\frac{r_{i+1}-r_i}{t}\sigma_{l_i}^b - 6\Delta k\left(\frac{r_{i+1}-r_i}{t} + \nu\right)\sigma_{r_i}\right]. \qquad (52\,\text{a})$$

c) Radiale Rippen. Bei rotierenden Schalen kommen Rippen, die sich über eine große radiale Länge erstrecken, sehr häufig vor, sei es, daß sie der Versteifung, also der Verminderung der Durchbiegung, dienen oder daß sie ein wesentlicher Bestandteil der betreffenden Schale sind, wie z. B. die Schaufeln in Radialverdichtern und -turbinen. Aus diesem Grund müssen wir uns ausführlich mit diesem Problem beschäftigen, wenn wir derartige Rippen wenigstens näherungsweise berücksichtigen wollen. Der Fall der radialen Rippe macht es auch deutlich, daß eine analytische Lösung zur Berechnung der Spannungen für eine Schale, deren Profil durch eine Funktion $f(r)$ gegeben ist, nur dann angewandt werden kann, wenn die Schale auch tatsächlich glatte Umrisse hat, das Profil also ungestört nach der betreffenden Funktion verläuft. Bringen wir aber Rippen an, was in der Praxis bei einer Form, wie sie in Abb. 67 gezeigt ist, stets der Fall sein dürfte, dann ist eine analytische Lösung nicht mehr durchführbar.

Da wir uns bei der Berechnung der rotierenden Schale ganz auf Näherungsverfahren mit Unterteilung in Teilschalen stützen, so müssen wir auch die radiale Rippe in diese Verfahren einbauen. Dies ist um so mehr notwendig, als sich solche Rippen fast immer über den größten Teil der Schale erstrecken, ihr Einfluß daher recht erheblich ist, so daß seine Vernachlässigung zu einem unbrauchbaren Ergebnis führen würde.

Wir berücksichtigen die Rippen bei der Berechnung der Zugspannungen in gleicher Weise wie bei der Scheibe und erhalten, wenn wir in den in Abschn. A V. 4 (S. 72ff.) gefundenen Ausdrücken (A.139) die Scheibendicke y durch die Schalendicke h ersetzen, die nachstehend zusammengestellten Größen zur Verwendung im GRAMMELschen Rechenschema:

Spannungssprung in Längsrichtung:

$$\left.\begin{aligned} &\Delta\sigma_r = \eta_1\,\sigma_{r_{i1}} + \eta_2\,\sigma_{\varphi_{i1}} + \eta_3\,\sigma_z \\ &\text{mit} \quad \eta_1 = \frac{h_1^* - h_2^*}{h_2^* - \nu^2 h_2'}, \quad \eta_z = \nu\,\frac{h_1' - h_2'}{h_2^* - \nu_2 h_2'}, \quad \eta_3 = -\,\frac{h_1'}{h_2^* - \nu^2 h_2'} \\ &\text{und} \quad \sigma_z = q(1+\nu), \end{aligned}\right\} \quad (53)$$

worin h' die auf die Schale gleichmäßig verteilte Ersatzdicke der Rippen und $h^* = h + h'$ ist. Der tangentiale Spannungssprung ist dann durch

$$\Delta\sigma_\varphi = \nu\,\Delta\sigma_r$$

gegeben. Die Fliehkraft der Rippen muß gesondert berücksichtigt werden, was durch eine geschätzte Aufteilung in Streifen nach Abb. 71 erfolgt, deren Kräfte als Zusatzspannungen an zugehörigen Radien angesetzt werden.

Um die Wirkung der Rippen bei der Biegung zu erfassen, trennen wir sie von der Scheibe ab und bestimmen die Kräfte und Momente, die angebracht werden müssen, damit Schale und Rippe ihren Zusammenhang behalten. Wir betrachten hierzu eine Teilschale gleicher Dicke, entlang welcher auch die Rippe ihren Querschnitt nicht ändern möge. Da wir den Spannungszustand für die Biegung vollständig getrennt von demjenigen für die Zugspannungen betrachten, können wir die Teilschale durch einen ebenen Ring ersetzen; dies ist zulässig, weil die Differentialgleichungen die gleichen sind, was aus

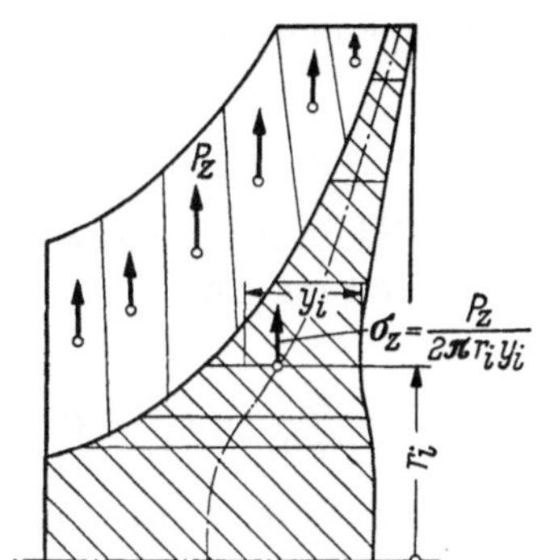

Abb. 71
Berücksichtigung der Schaufelfliehkräfte

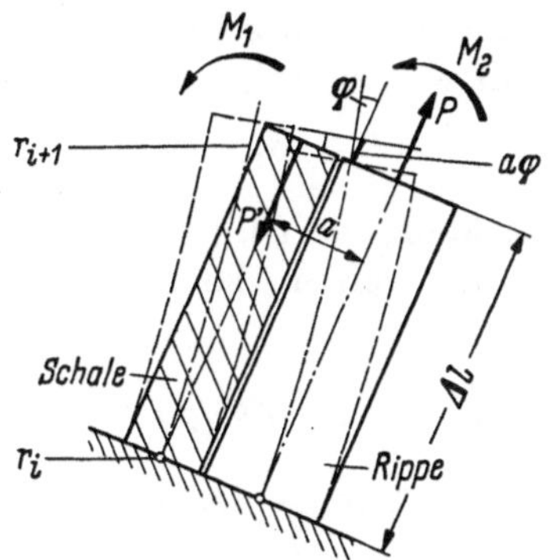

Abb. 72
Zur Behandlung von Rippen an der Schale

einem Vergleich der Gln. (C.2) und (C.8) mit den Gln. (29) und (30) unter Weglassung der Störglieder hervorgeht. Die Teilschale sei nun ebenso wie die Rippe am Innenradius r_i eingespannt. Ein am Außenrand angreifendes Moment M_1 ruft in der Schale an der Stelle r_{i+1} die Neigung φ_1 hervor, s. Abb. 72, die nach der Plattentheorie durch

$$\varphi_1 = \frac{12(1-\nu^2)}{E h^3} \frac{1-\varrho^2}{1+\nu+\varrho^2(1-\nu)} r_{i+1} M_1 \tag{54}$$

gegeben ist, in welchem Ausdruck $\varrho = \frac{r_i}{r_{i+1}}$ ist. An der Rippe, die wir als eingespannten Balken mit dem Trägheitsmoment J_R berechnen, greife das Moment M_2 an, das an ihr die Neigung φ_2 hervorruft, die gleich derjenigen an der Schale sein soll; diese Neigung ist:

$$\varphi_2 = \frac{M_2(r_{i+1}-r_i)}{E J_R} = \varphi_1 = \varphi\,. \tag{55}$$

Damit wir nun an der Nahtstelle zwischen Schale und Rippe bei r_{i+1} keine Verschiebung erhalten, bringen wir ein Kräftepaar $P\,P'$ an, das an der Schale die Aufweitung δu und an der Rippe die Längenänderung δl hervorruft; nach Abb. 72 besteht dann folgender Zusammenhang:

$$\delta l = a\,\varphi - \delta u\,, \tag{56}$$

worin a der Abstand der Schalenmittelfläche vom Schwerpunkt des Rippenquerschnitts bedeutet. Ist letzterer F_R, dann ist die Längenänderung der Rippe

$$\delta l = \frac{P(r_{i+1} - r_i)}{F_R E}. \tag{57}$$

Die Aufweitung der Schale erhalten wir aus den Beziehungen der Scheibe. Die bei r_i eingespannte Scheibe, die an ihrem Außenrand r_{i+1} durch die Radialkraft $P = 2\pi\, r_{i+1}\, h\, \sigma_a$ belastet sei, wird um den Betrag δu aufgeweitet. Die im Kap. A angegebene Gl. (24) liefert aus der Randbelastung σ_a die Innenrandspannung σ_{φ_0} für $\omega^2 = 0$; da an dieser Stelle wegen der geforderten Einspannung die Aufweitung zu Null werden soll, gilt dort

$$\sigma_{\varphi_0} - \nu\, \sigma_{r_0} = 0, \quad \text{also} \quad \sigma_{r_0} = \frac{1}{\nu}\, \sigma_{\varphi_0}.$$

Damit kann aus Gl. (A. 24) auch die tangentiale Außenrandspannung berechnet werden, so daß die radiale Aufweitung an dieser Stelle sich zu

$$\delta u = \frac{r_{i+1}}{E}\left(\sigma_{\varphi_{i+1}} - \nu\, \sigma_{r_{i+1}}\right) = \left[\frac{1+\nu-2\varrho^2+\varrho^4(1-\nu)}{(1-\varrho^2)\,[1+\varrho^2+\nu(1-\varrho^2)]} - \nu\right]\frac{r_{i+1}}{E}\,\sigma_a \tag{58}$$

ergibt. Die Summe der drei Momente M_1, M_2 und $M_3 = Pa$ muß nun gleich dem äußeren Moment M sein:

$$M = M_1 + M_2 + M_3. \tag{59}$$

Die Gln. (54) bis (59) reichen aus, den Zusammenhang zwischen dem äußeren Moment M und der Neigung φ zu bestimmen. Diesen Zusammenhang erhält man in der Form:

$$M = \varphi\, \frac{E}{r_{i+1} - r_i} \times$$
$$\times \left\{\frac{1+\nu+\varrho^2(1-\nu)}{(1-\nu^2)(1+\varrho)}\,\frac{h^3}{12} + \frac{a^2}{\dfrac{(1-\nu^2)(1+\varrho)}{[1+\nu+\varrho^2(1-\nu)]h} + \dfrac{2\pi\, r_{i+1}}{F_R}} + J_R\right\}. \tag{60}$$

Mit den Abkürzungen

$$\left.\begin{aligned} A &= \frac{1+\nu+\varrho^2(1-\nu)}{(1-\nu^2)(1+\varrho)},\\ F'_R &= \frac{F_R}{2\pi\, r_{i+1}}, \qquad F'_S = A\,h\\ J^* &= A\,\frac{h^3}{12} + \frac{a^2}{\dfrac{1}{F'_R} + \dfrac{1}{F'_S}} + J_R \end{aligned}\right\} \tag{61}$$

und

wird

$$M = \frac{E\,J^*}{r_{i+1} - r_i}\,\varphi. \tag{62}$$

J^* stellt das Ersatzträgheitsmoment des ganzen verrippten Querschnitts dar, in welchem die Wirkung der Tangentialspannungen berücksichtigt ist, und das wegen der Funktion $A = f(\varrho) = f\left(\frac{r_i}{r_{i+1}}\right)$ von der radialen Erstreckung der Teilschale abhängig ist. Diese Funktion A ist in Abb. 73 für $\nu = 0{,}3$ wiedergegeben; für die Werte $\varrho = 0{,}5$ bis $\varrho = 1{,}0$ ist sie kleiner als 1,1, was bedeutet, daß das Ersatzträgheitsmoment J^* in praktischen Fällen nur wenig größer ist als das Flächenträgheitsmoment des Querschnittes ohne Berücksichtigung des tangentialen Verbandes der Schale. Dieses Ergebnis ist leicht einzusehen: die bekannte „Plattensteifigkeit"

$$\frac{E h^3}{12(1-\nu^2)}$$

ist auch nur rund 10% größer als das Trägheitsmoment des gleichen Querschnittes ohne Berücksichtigung des Tangentialverbandes, das $\frac{E h^3}{12}$

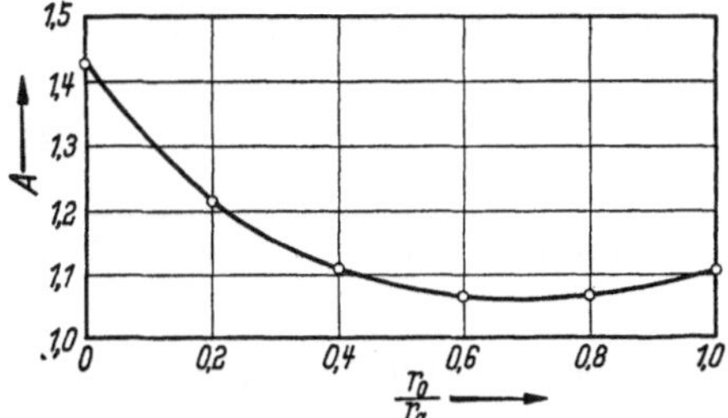

Abb. 73. Funktion A zur Ermittlung des Trägheitsmoments im Ringschnitt einer verrippten Schale

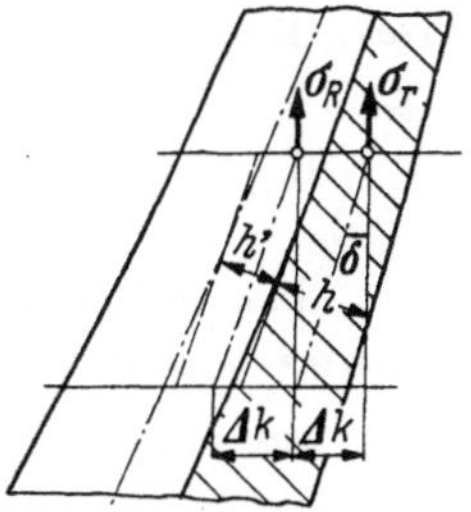

Abb. 74. Zur Ermittlung des Biegemoments an der verrippten Schale

ist. Der Anteil der Schale am ganzen Trägheitsmoment ist nach Gl. (61) um so kleiner, je höher die Rippe ist; da aber besonders bei gekrümmten Schaufeln die wirklich tragende Höhe der Rippen oft nicht exakt angegeben werden kann, so dürfen wir das Trägheitsmoment J^* durch das Flächenträgheitsmoment des Querschnittes ersetzen, ohne einen großen Fehler zu machen. Dies bedeutet aber auch, daß die neutrale Faser praktisch im Flächenschwerpunkt des Querschnittes liegt, so daß wir an Stelle der Sprunggröße

$$\eta^b = 1 - \frac{h_{i+1}^2}{h_i^2}$$

die neue Größe

$$\eta^b = 1 - \frac{J_2}{J_1}\frac{e_1}{e_2} = 1 - \frac{w_2}{w_1} \tag{63}$$

einsetzen dürfen.

Wir ermitteln nun das Biegemoment, das bei Vorhandensein von Rippen an der Teilschale wirkt. Zu diesem Zweck ersetzen wir die Rippe durch eine solche, die im Bereich der Teilschale ein gleichbleibendes Widerstandsmoment liefert, so daß sowohl die Schalendicke h als auch der Querschnitt der Rippe unveränderlich sind, nicht aber die

Ersatzdicke $h' = \frac{F_R}{2\pi r}$ der Rippe. Wir setzen somit voraus, daß der Winkel δ nach Abb. 74 in Schale und Rippe gleich ist, wodurch das Problem vereinfacht wird. Das an der Teilschale angreifende Moment wird dann:

$$M = M_S + M_R = \frac{\sigma_r h}{\cos\delta} \Delta k + \frac{\sigma_R h'}{\cos\delta} \Delta k .$$

Setzt man wieder $\sigma_r = \sigma_l$, ferner $\Delta k = \Delta r \tan\delta$ und die Längsspannung in der Rippe $\sigma_R = \sigma_r - \nu\,\sigma_\varphi$, so wird das Moment

$$M = (\sigma_r h\,\Delta r \tan\delta + \sigma_r h'\,\Delta r \tan\delta - \nu\,\sigma_\varphi h'\,\Delta r \tan\delta)\frac{1}{\cos\delta}$$

$$= \Delta r \frac{\tan\delta}{\cos\delta}\left[(h + h')\,\sigma_r - \nu\,h'\sigma_\varphi\right].$$

Drückt man das Moment durch eine Biegespannung aus, die wir wieder als „Zusatz-Biegespannung" an der Teilschale anbringen, so ergibt sich

$$\sigma^b_{z_{(I)}} = \frac{M}{w_{i+1}} = \frac{\Delta r \tan\delta}{w_{i+1}\cos\delta}\left[(h + h')\,\sigma_r - \nu\,h'\,\sigma_\varphi\right], \qquad (64)$$

worin w_{i+1} das Widerstandsmoment, auf die Längeneinheit in Umfangsrichtung bezogen, bedeutet.

Die im tangentialen Sprungwert nach Gl. (36) enthaltene Größe $\frac{h_{i+1}}{h_i} - 1 = \eta'$ ändert sich bei Anwesenheit von Rippen in

$$\eta' = \frac{e_{i+1}}{e_i} - 1, \qquad (65)$$

worin e den Abstand der den Rippen abgewandten äußersten Faser der Schale vom Flächenschwerpunkt bedeutet.

Schließlich ist noch das von der Radialkomponente der tangentialen Zugspannungen erzeugte Moment zu ermitteln; dieses Moment ergibt sich, analog dem Fall der Biegung der Scheibe abgeleitet (s. S. 141), zu

$$M = \frac{r_{i+1} - r_i}{\frac{r_{i+1} + r_i}{2}}\,h_i\,s_i\,\sigma_{\varphi_{mi}},$$

worin s_i den Abstand des Flächenschwerpunkts von der Schalenmittelfläche bedeutet. Die Zusatz-Biegespannung wird damit

$$\sigma^b_{z_{(II)}} = \frac{r_{i+1} - r_i}{r_{i+1} + r_i}\,\frac{h_i s_i}{w_{i+1}}\left(\sigma_{\varphi_{i+1}} + \sigma_{\varphi_i}\right). \qquad (66)$$

Damit haben wir alle bei Vorhandensein von Rippen zu berücksichtigenden Größen ermittelt; sie seien nachstehend zusammengestellt.

Tabelle 5

Zugspannungen:

$$\Delta\sigma_r = \eta_1 \sigma_{r_{i1}} + \eta_2 \sigma_{\varphi_{i1}} + \eta_3 \sigma_z,$$

$$\eta_1 = \frac{h_i^* - h_{i+1}^*}{h_{i+1}^* - \nu^2 h'_{i+1}},$$

$$\eta_2 = \nu \frac{h'_i - h'_{i+1}}{h_{i+1}^* - \nu^2 h'_{i+1}},$$

$$\eta_3 = -\frac{h'_i}{h_{i+1}^* - \nu^2 h'_{i+1}},$$

$$\sigma_z = q(1+\nu),$$

Biegespannungen:

$$\eta^b = 1 - \frac{w_{i+1}}{w_i},$$

$$\eta' = 1 - \frac{e_{i+1}}{e_i},$$

$$\sigma_{z_I}^b = \frac{\Delta l \tan\delta}{w_{i+1}} [(h_{i+1} + h'_{i+1})\,\sigma_r - \nu\, h' \sigma_\varphi],$$

$$\sigma_{z_{II}}^b = \frac{r_{i+1} - r_i}{r_{i+1} + r_i} \frac{h_i s_i}{w_{i+1}} (\sigma_{\varphi_i} + \sigma_{\varphi_{i+1}}),$$

$$h'_i = \frac{F_{\text{Rippe}}}{2\pi r_i},$$

$$s_i = e_i - \frac{h_i}{2}.$$

III. Verfahren zur Berechnung von Schalen beliebigen Profils unter Verwendung der Differenzengleichungen

Bei der Betrachtung der rotierenden Scheibe haben wir bereits ein Verfahren kennengelernt, das die Berechnung der Spannungsverteilung mit Hilfe der Differenzengleichungen gestattet, die aus den beiden Differentialgleichungen für die Spannungen σ_r und σ_φ gewonnen wurden (S. 53ff.). Während aber dort die algebraischen Gleichungen für jeden Abschnitt mit noch einigermaßen tragbarem Aufwand mit Hilfe der Tischrechenmaschine aufgelöst werden konnten, ist dies bei der Schale nicht mehr möglich, insbesondere wenn wir auch Schalen mit größeren Winkeln δ in die Berechnung einschließen wollen, bei welchen die Schubspannungen nicht mehr vernachlässigt werden dürfen.

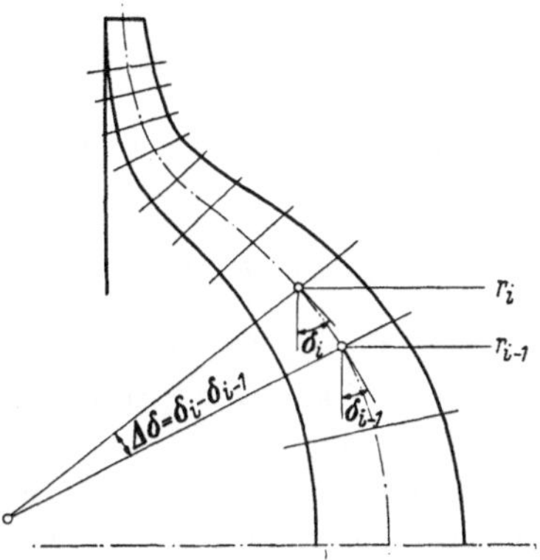

Abb. 75
Schalenprofil mit beliebiger Krümmung

Wenn nun schon ein Verfahren mit sehr erweitertem Anwendungsbereich ausgearbeitet wird, bei dem es wegen der notwendigen automatischen Durchrechnung auf einen zusätzlichen Rechenaufwand nicht ankommt, so brauchen wir uns nicht auf die bisher eingeführten Vereinfachungen, der Aufteilung in kegelige Teilschalen und Vernachlässigung der Schubspannungen zu beschränken, sondern können gleich auf das beliebig gekrümmte Profil übergehen. Soll nämlich eine Schale mit solchem Profil in Teilschalen aufgeteilt werden, so können keine parallelen Profilschnitte erhalten werden, und zwar weder solche, die durch Zylinderschnitte, noch solche, die von Kegelschnitten mit parallelen Mantellinien erzeugt werden, wie in Abb. 75 erkenntlich ist. Dies bedeutet, daß innerhalb einer Teilschale der Winkel δ veränderlich ist. Die Kräfte in Normalrichtung liefern daher einen Beitrag zu den Kräften in Längsrichtung, und die Kräfte in Längsrichtung liefern einen Beitrag zu den Kräften in Normalrichtung. Die betreffenden Komponenten ergeben sich aus Abb. 76 zu:

$$\text{in Längsrichtung} \quad h\,r\,d\varphi\,\tau\,d\delta, \tag{67a}$$

$$\text{in Normalrichtung} \quad -h\,r\,d\varphi\,\sigma_l\,d\delta. \tag{67b}$$

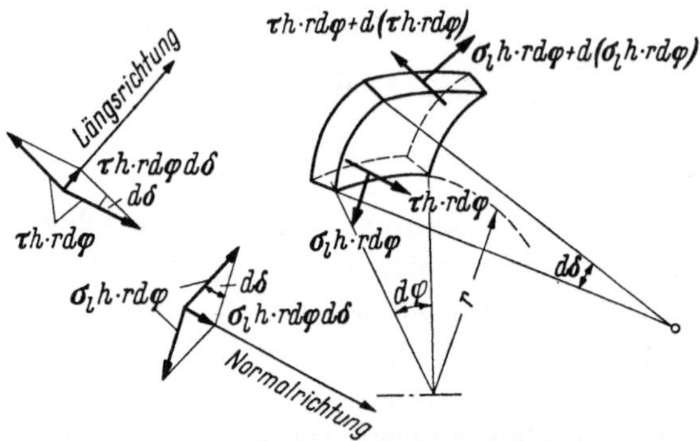

Abb. 76. Durch die Krümmung des Schalenelementes bedingte Kräfte

Das von den Schubkräften erzeugte Moment ist unter Berücksichtigung der unterschiedlichen Richtungen beider Schnittkräfte

$$dM = \tau\,h\,r\,d\varphi \cos\frac{d\delta}{2}\,dx.$$

Setzt man für die Sehnenlänge dx des gekrümmten Schalenelementes

$$dx = 2\sin\frac{d\delta}{2}\,\frac{dl}{d\delta},$$

so wird

$$dM = \tau\,h\,r\,d\varphi\,dl\,\frac{2\cos\frac{d\delta}{2}\sin\frac{d\delta}{2}}{d\delta} = \tau\,h\,r\,d\varphi\,dl\,\frac{\sin d\delta}{d\delta}. \tag{67c}$$

Die mit den in Abb. 60 angeschriebenen Kräften und Momenten aufgestellten Gleichgewichtsbedingungen (1), (2) und (3) werden nun um die Größen (67a bis c) erweitert, wobei wir berücksichtigen, daß die Größen $l\,d\varphi$ in Abb. 60 mit den Größen $r\,d\varphi$ in Abb. 76 übereinstimmen, so daß wir folgende neue Gleichungen erhalten:

$$d(\sigma_l h r\,d\varphi) - \sigma_\varphi h\,dl\,d\varphi\cos\delta + \tau h r\,d\varphi\,d\delta + h\,dl\cdot r\,d\varphi\,\frac{\gamma}{g}\,r\,\omega^2\cos\delta = 0, \tag{68}$$

$$d\left(\sigma_l^b\,\frac{h^2}{6}\,r\,d\varphi\right) - \sigma_\varphi^b\,\frac{h^2}{6}\,dl\,d\varphi\cos\delta + \tau\,h\,dl\cdot r\,d\varphi\,\frac{\sin d\delta}{d\delta} = 0, \tag{69}$$

$$\begin{aligned} d(\tau\,h\,r\,d\varphi) - \sigma_\varphi\,h\,dl\sin\delta\,d\varphi\, - \\ - \sigma_l h\,r\,d\varphi\,d\delta + h\,dl\cdot r\,d\varphi\,\frac{\gamma}{g}\,r\,\omega^2\sin\delta + p\,r\,d\varphi\,dl = 0. \end{aligned} \tag{70}$$

Wir dividieren diese Gleichungen wieder durch $dl\,d\varphi$ und erhalten so drei neue Differentialgleichungen, zu welchen wir gleich die aus den Spannungs-Dehnungs-Beziehungen für die Richtung l gewonnenen Gleichungen schreiben:

$$\frac{d}{dl}(h\,r\,\sigma_l) - h\,\sigma_\varphi\cos\delta + h\,r\,\tau\frac{d\delta}{dl} + \frac{\gamma}{g}\,\omega^2 r^2 h\cos\delta = 0, \tag{71}$$

$$\nu\frac{d\sigma_l}{dl} - \frac{d\sigma_\varphi}{dl} + \frac{1+\nu}{r}(\sigma_l - \sigma_\varphi)\cos\delta + \frac{2}{h}\sin\delta(\sigma_\varphi^b - \nu\,\sigma_l^b) + $$
$$+ \frac{2}{r}(1+\nu)\sin\delta\cdot\tau - E\,\alpha\frac{d\vartheta}{dl} = 0, \tag{72}$$

$$\frac{d}{dl}(h^2 r\,\sigma_l^b) - h^2\sigma_\varphi^b\cos\delta + 6h\,r\,\tau\frac{\sin d\,\delta}{d\,\delta} = 0, \tag{73}$$

$$\nu\frac{d}{dl}\left(\frac{1}{h}\sigma_l^b\right) - \frac{d}{dl}\left(\frac{1}{h}\sigma_\varphi^b\right) + \frac{1+\nu\cos\delta}{h\,r}\sigma_l^b - \frac{\cos\delta+\nu}{h\,r}\sigma_\varphi^b -$$
$$- \frac{E\,\alpha}{2}\frac{d}{dl}\left(\frac{\Delta\vartheta}{h}\right) = 0, \tag{74}$$

$$\frac{d}{dl}(\tau\,h\,r) - h\,\sigma_\varphi\sin\delta - h\,r\,\sigma_l\frac{d\delta}{dl} + \frac{\gamma}{g}\,\omega^2 r^2 h\sin\delta + r\,p = 0. \tag{75}$$

Aus diesen fünf Gleichungen entwickeln wir nun die Differenzengleichungen, indem wir jede Funktion f durch den Mittelwert des Abschnittes und jedes Differential durch die Differenz der Größen am Ende und am Anfang jeden Abschnittes ersetzen; wir schreiben also

$$f = \frac{f_{i-1} + f_i}{2}$$

und

$$\frac{df}{dl} = \frac{f_i - f_{i-1}}{l_i - l_{i-1}}. \tag{76}$$

Dadurch entstehen folgende Differenzengleichungen

$$\left.\begin{aligned}
&\frac{1}{\Delta l}(h_i r_i \sigma_{l_i} - h_{i-1} r_{i-1}\sigma_{l_{i-1}}) - \frac{1}{2}(h_i\,\sigma_{\varphi_i}\cos\delta_i + h_{i-1}\sigma_{\varphi_{i-1}}\cos\delta_{i-1}) + \\
&\qquad + \frac{1}{2}\frac{\Delta\delta}{\Delta l}(h_i r_i \tau_i + h_{i-1} r_{i-1}\tau_{i-1}) + \frac{1}{2}\frac{\gamma}{g}\times \\
&\qquad \times\,\omega^2(r_i^2 h_i\cos\delta_i + r_{i-1}^2 h_{i-1}\cos\delta_{i-1}) = 0, \\
&\frac{\nu}{\Delta l}(\sigma_{l_i} - \sigma_{l_{i-1}}) - \frac{1}{\Delta l}(\sigma_{\varphi_i} - \sigma_{\varphi_{i-1}}) + \frac{1+\nu}{2}\times \\
&\times\left(\frac{\sigma_{l_i}}{r_i}\cos\delta_i - \frac{\sigma_{l_{i-1}}}{r_{i-1}}\cos\delta_{i-1}\right) - \frac{1+\nu}{2}\left(\frac{\sigma_{\varphi_i}}{r_i}\cos\delta_i - \frac{\sigma_{\varphi_{i-1}}}{r_{i-1}}\cos\delta_{i-1}\right) + \\
&+ (1+\nu)\left(\frac{\tau_i}{r_i}\sin\delta_i + \frac{\tau_{i-1}}{r_{i-1}}\sin\delta_{i-1}\right) - \frac{E\,\alpha}{\Delta l}(\vartheta_i - \vartheta_{i-1}) = 0, \\
&\frac{1}{\Delta l}(h_i^2\,r_i\sigma_{l_i}^b - h_{i-1}^2 r_{i-1}\sigma_{l_{i-1}}^b) - \frac{1}{2}(h_i^2\,\sigma_{\varphi_i}^b\cos\delta_i + h_{i-1}^2\,\sigma_{\varphi_{i-1}}^b\cos\delta_{i-1}) + \\
&\qquad + 3(h_i r_i \tau_i + h_{i-1} r_{i-1}\tau_{i-1})\frac{\sin\Delta\delta}{\Delta\delta} = 0,
\end{aligned}\right\} \tag{77}$$

$$\left.\begin{aligned}
&\frac{\nu}{\Delta l}\left(\frac{\sigma^b_{l_i}}{h_i}-\frac{\sigma^b_{l_{i-1}}}{h_{i-1}}\right)-\frac{1}{\Delta l}\left(\frac{\sigma^b_{\varphi}}{h_i}-\frac{\sigma^b_{\varphi_{i-1}}}{h_{i-1}}\right)+\frac{1+\nu\cos\delta_i}{2h_i r_i}\sigma^b_{l_i}+\\
&+\frac{1+\nu\cos\delta_{i-1}}{2h_{i-1}r_{i-1}}\sigma^b_{l_{i-1}}-\frac{\cos\delta_i+\nu}{2h_i r_i}\sigma^b_{\varphi_i}+\frac{\cos\delta_{i-1}+\nu}{2h^{i-1}r_{i-1}}\sigma^b_{\varphi_{i-1}}-\\
&\qquad\qquad\qquad\qquad-\frac{E\alpha}{2\Delta l}\left(\frac{\Delta\vartheta_i}{h_i}-\frac{\Delta\vartheta_{i-1}}{h_{i-1}}\right)=0,\\
&\frac{1}{\Delta l}(h_i r_i\tau_i-h_{i-1}r_{i-1}\tau_{i-1})-\frac{1}{2}\left(h_i\sin\delta_i\sigma_{\varphi_i}+h_{i-1}\sin\delta_{i-1}\sigma_{\varphi_{i-1}}\right)-\\
&\quad-\frac{1}{2}\frac{\Delta\delta}{\Delta l}(h_i r_i\tau_i+h_{i-1}r_{i-1}\tau_{i-1})+\\
&\quad+\frac{1}{2}\frac{\gamma}{g}\omega^2(r_i^2 h_i\sin\delta_i+r_{i-1}^2 h_{i-1}\sin\delta_{i-1})+\frac{p}{2}(r_i+r_{i-1})=0.
\end{aligned}\right\}\text{Zu (77)}$$

Für jede Teilschale haben wir also ein System von fünf Gleichungen mit den fünf unbekannten Außenrandspannungen σ_{l_i}, σ_{φ_i}, $\sigma^b_{l_i}$, $\sigma^b_{\varphi_i}$ und τ_i. Da wir die Innenrandspannungen (Index $i-1$) jeweils als gegeben betrachten, trennen wir die entsprechenden Glieder von den anderen, wodurch die Gleichungen nachstehende Form annehmen:

$$\left.\begin{aligned}
&b_{11}\sigma_{l_i}+b_{12}\sigma_{\varphi_i}+b_{13}\sigma^b_{l_i}+b_{14}\sigma^b_{\varphi_i}+b_{15}\tau_i+b_{16}+b_{17}+b_{18}+b_{19}\\
&\quad=a_{11}\sigma_{l_{i-1}}+b_{12}\sigma_{\varphi_{i-1}}+a_{13}\sigma^b_{l_{i-1}}+a_{14}\sigma^b_{\varphi_{i-1}}+a_{15}\tau_{i-1}+\\
&\quad+a_{16}+a_{17}+a_{18}+a_{19},\\
&b_{21}\sigma_{l_i}+b_{22}\sigma_{\varphi_i}+b_{23}\sigma^b_{l_i}+b_{24}\sigma^b_{\varphi_i}+b_{25}\tau_i+b_{26}+b_{27}+b_{28}+b_{29}\\
&\quad=a_{21}\sigma_{l_{i-1}}+a_{22}\sigma_{\varphi_{i-1}}+a_{23}\sigma^b_{l_{i-1}}+a_{24}\sigma^b_{\varphi_{i-1}}+a_{25}\tau_{i-1}+\\
&\quad+a_{26}+a_{27}+a_{28}+a_{29},\\
&b_{31}\sigma_{l_i}+b_{32}\sigma_{\varphi_i}+b_{33}\sigma^b_{l_i}+b_{34}\sigma^b_{\varphi_i}+b_{35}\tau_i+b_{36}+b_{37}+b_{38}+b_{39}\\
&\quad=a_{31}\sigma_{l_{i-1}}+a_{32}\sigma_{\varphi_{i-1}}+a_{33}\sigma^b_{l_{i-1}}+a_{34}\sigma^b_{\varphi_{i-1}}+a_{35}\tau_{i-1}+\\
&\quad+a_{36}+a_{37}+a_{38}+a_{39},\\
&b_{41}\sigma_{l_i}+b_{42}\sigma_{\varphi_i}+b_{43}\sigma^b_{l_i}+b_{44}\sigma^b_{\varphi_i}+b_{45}\tau_i+b_{46}+b_{47}+b_{48}+b_{49}\\
&\quad=a_{41}\sigma_{l_{i-1}}+a_{42}\sigma_{\varphi_{i-1}}+a_{43}\sigma^b_{l_{i-1}}+a_{44}\sigma^b_{\varphi_{i-1}}+a_{45}\tau_{i-1}+\\
&\quad+a_{46}+a_{47}+a_{48}+a_{49},\\
&b_{51}\sigma_{l_i}+b_{52}\sigma_{\varphi_i}+b_{53}\sigma^b_{l_i}+b_{54}\sigma^b_{\varphi_i}+b_{55}\tau_i+b_{56}+b_{57}+b_{58}+b_{59}\\
&\quad=a_{51}\sigma_{l_{i-1}}+a_{52}\sigma_{\varphi_{i-1}}+a_{53}\sigma^b_{l_{i-1}}+a_{54}\sigma^b_{\varphi_{i-1}}+a_{55}\tau_{i-1}+\\
&\quad+a_{56}+a_{57}+a_{58}+a_{59}.
\end{aligned}\right\}\quad(78)$$

Zur Druchrechnung einer Schale ist es nun erforderlich, sämtliche Koeffizienten a und b dieses Gleichungssystems zu ermitteln, ehe die eigentliche Rechnung von Abschnitt zu Abschnitt begonnen werden kann. Die Koeffizienten mit den Indizes 16 bis 19, 26 bis 29 usw. entsprechen den Gliedern mit $\frac{\gamma}{g}\omega^2$, p, $E\alpha\vartheta$ und $E\alpha(\Delta\vartheta)$, von welchen natürlich nicht immer alle zu berücksichtigen sind, so daß sie teilweise verschwinden. Nach Aufstellung des ganzen Koeffizientenschemas muß das Gleichungssystem (78) nach den Außenrandwerten σ_{l_i}, σ_{φ_i}, $\sigma^b_{l_i}$, $\sigma^b_{\varphi_i}$ und τ_i aufgelöst werden. Wollte man dies mit den herkömmlichen Rechenhilfsmitteln durchführen, so würde dafür ein ungeheuer großer Rechen- und Zeitaufwand notwendig sein, der sich kaum lohnte. Wir sind daher auf einen Rechenautomaten angewiesen, wofür das ganze Problem in ein geeignetes Schema gefaßt werden muß, um eine möglichst einfache Programmierung zu bekommen.

Wir wollen uns deshalb an dieser Stelle nicht länger mit diesem Verfahren beschäftigen; wohl aber sei darauf hingewiesen, daß mit der im folgenden Abschn. IV beschriebenen Anwendung der Übertragungsmatrizen zur Berechnung von rotierenden Schalen das Problem in verhältnismäßig einfacher Weise beherrscht werden kann, wobei wir u. a. auch auf das Differenzenverfahren und damit auf das aufgestellte Gleichungssystem (78) zurückgreifen werden.

IV. Anwendung der Matrizenrechnung auf die Verfahren zur Berechnung der rotierenden Schalen

1. Die glatte Schale[1]

Die Grundzüge der Aufstellung von Übertragungsmatrizen zur fortschreitenden Spannungsberechnung sind schon bei der Behandlung der Scheiben beschrieben worden (A VI., S. 76ff.). Wir können uns daher an dieser Stelle auf die Darstellung der wesentlichen Merkmale für die Schalenberechnung beschränken. Dabei werden wir die Matrizenrechnung sowohl auf das Verfahren mit Teilschalen gleicher Dicke anwenden, das wegen der Form des Ersatzprofils mit Stufenverfahren bezeichnet wird, als auch auf das Differenzenverfahren, das sich auf Teilschalen mit trapezförmigem Profil stützt.

Um eine einfache und klare Darstellung zu ermöglichen, gehen wir von einem System von nur vier Differentialgleichungen aus, in welchem die Schubspannungen nicht enthalten sind. Die Lösungen gelten demnach für verhältnismäßig kleine Neigung der Teilschale, in der die Schubspannungen gering bleiben. Wir verwenden für diese

---

[1] Die im folgenden beschriebenen Grundlagen zur Berechnung von rotierenden Schalen mit Hilfe von Übertragungsmatrizen wurden von Herrn Dr.-Ing. BERTHOLD JÄGER aufgestellt; die zum Nachweis der praktischen Brauchbarkeit dienenden Rechenbeispiele sind seinen Untersuchungen entnommen worden.

Betrachtungen die in I. aufgestellten Differentialgleichungen (23) bis (26) und setzen darin für die Neigung

$$\operatorname{tg}\delta = \frac{\Delta k}{\Delta r}.$$

Bei der Aufteilung in Teilschalen gehen wir von zylindrischen Schnitten aus und entnehmen diesen die Dicke h, die also in y-Richtung gilt; dadurch gehen auch die Biege-Längsspannungen in Radialspannungen über. Mit $\sigma_l^b = \sigma_r^b$ erhalten wir somit folgende Ausgangsgleichungen:

$$\frac{d}{dr}(r\,h\,\sigma_r) - h\,\sigma_\varphi + \frac{\gamma}{g}\,\omega^2 h\,r^2 = 0, \tag{79}$$

$$\nu\frac{d\sigma_r}{dr} - \frac{d\sigma_\varphi}{dr} + \frac{1+\nu}{r}(\sigma_r - \sigma_\varphi) + \frac{2}{h\cos\delta}\,\frac{dk}{dr}(\sigma_\varphi^b - \nu\,\sigma_r^b) - E\,\alpha\frac{d\vartheta}{dr} = 0, \tag{80}$$

$$\frac{d}{dr}(r\,h^2\sigma_r^b) - h^2\sigma_\varphi^b + \frac{6}{\cos\delta}\,h\,r\,\frac{dk}{dr}\,\sigma_r = 0, \tag{81}$$

$$\nu\frac{d}{dr}\left(\frac{1}{h}\,\sigma_r^b\right) - \frac{d}{dr}\left(\frac{1}{h}\,\sigma_\varphi^b\right) + \frac{1+\nu}{h\,r}(\sigma_r^b - \sigma_\varphi^b) = 0. \tag{82}$$

Da wir bei beiden im folgenden beschriebenen Verfahren die Differenzengleichungen benötigen, seien diese gleich in der Form angeschrieben, die sich aus den obigen Differentialgleichungen ableitet:

$$\frac{1}{\Delta r}\left(r_i h_i \sigma_{r_i} - r_{i-1} h_{i-1}\sigma_{r_{i-1}}\right) - \frac{1}{2}\left(h_i\sigma_{\varphi_i} + h_{i-1}\sigma_{\varphi_{i-1}}\right) + \frac{\gamma}{g}\,\omega^2\left(r_i^2 h_i + r_{i-1}^2 h_{i-1}\right) = 0, \tag{83}$$

$$\frac{\nu}{\Delta r}\left(\sigma_{r_i} - \sigma_{r_{i-1}}\right) - \frac{1}{\Delta r}\left(\sigma_{\varphi_i} - \sigma_{\varphi_{i-1}}\right) + \frac{1+\nu}{2}\left(\frac{\sigma_{r_i}}{r_i} + \frac{\sigma_{r_{i-1}}}{r_{i-1}}\right) - \frac{1+\nu}{2}\left(\frac{\sigma_{\varphi_i}}{r_i} + \frac{\sigma_{\varphi_{i-1}}}{r_{i-1}}\right) + \frac{\Delta k}{\Delta r\cos\delta}\left(\frac{\sigma_{\varphi_i}^b}{h_i} + \frac{\sigma_{\varphi_{i-1}}^b}{h_{i-1}}\right) - \frac{\Delta k}{\Delta r\cos\delta}\left(\frac{\sigma_{r_i}^b}{h_i} + \frac{\sigma_{r_{i-1}}^b}{h_{i-1}}\right) - \frac{1}{\Delta r}\left(E_i\alpha_i\vartheta_i - E_{i-1}\alpha_{i-1}\vartheta_{i-1}\right) = 0, \tag{84}$$

$$\frac{1}{\Delta r}\left(r_i h_i^2\sigma_{r_i}^b\right) - r_{i-1}h_{i-1}^2\sigma_{r_{i-1}}^b) - \frac{1}{2}\left(h_i^2\sigma_{\varphi_i}^b + h_{i-1}^2\sigma_{\varphi_{i-1}}^b\right) + 3\frac{\Delta k}{\Delta r\cos\delta}\left(h_i r_i\sigma_{r_i} + h_{i-1}r_{i-1}\sigma_{r_{i-1}}\right) = 0, \tag{85}$$

$$\frac{\nu}{\Delta r}\left(\frac{\sigma_{r_i}^b}{h_i} - \frac{\sigma_{r_{i-1}}^b}{h_{i-1}}\right) - \frac{1}{\Delta r}\left(\frac{\sigma_{\varphi_i}^b}{h_i} - \frac{\sigma_{\varphi_{i-1}}^b}{h_{i-1}}\right) + \frac{1+\nu}{2}\left(\frac{\sigma_{r_i}^b}{h_i r_i} + \frac{\sigma_{r_{i-1}}^b}{h_{i-1}r_{i-1}}\right) - \frac{1+\nu}{2}\left(\frac{\sigma_{\varphi_i}^b}{h_i r_i} + \frac{\sigma_{\varphi_{i-1}}^b}{h_{i-1}r_{i-1}}\right) = 0. \tag{86}$$

a) Das Stufenverfahren. Wir ersetzen das Schalenprofil nach Abb. 77 durch ein Stufenprofil, das aus lauter treppenartig gegeneinander versetzten Teilscheiben gleicher Dicke besteht. Für jede dieser Teilscheiben ist somit $dk = 0$ und $h =$ konstant. Damit gehen die Differentialgleichungen (79) bis (82) über in:

$$\frac{d}{dr}(l\,\sigma_r) - \sigma_\varphi + \frac{\gamma}{g}\,\omega^2 r^2 = 0\,, \tag{87}$$

$$\nu\,\frac{d\sigma_r}{dr} - \frac{d\sigma_\varphi}{dr} + \frac{1+\nu}{r}(\sigma_l - \sigma_\varphi) - E\,\alpha\,\frac{d\vartheta}{dr} = 0\,, \tag{88}$$

$$\frac{d}{dr}(r\,\sigma_r^b) - \sigma_\varphi^b = 0\,, \tag{89}$$

$$\nu\,\frac{d\sigma_r^b}{dr} - \frac{d\sigma_\varphi^b}{dr} + \frac{1+\nu}{r}(\sigma_r^b - \sigma_\varphi^b) = 0\,, \tag{90}$$

die die Differentialgleichungspaare für die rotierende und ungleichmäßig erwärmte Scheibe und für die kreissymmetrisch gebogene Scheibe darstellen. Der Dickensprung wird wie bei den Verfahren zur Berechnung der Scheiben durch entsprechende Bedingungen am Übergang von einer

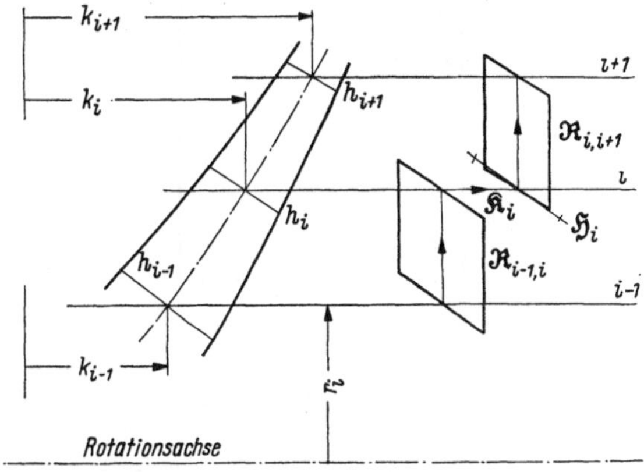

Abb. 77. Ersatz des Schalenprofils durch ein Stufenprofil (nach JÄGER)

Teilscheibe zur nächsten erfaßt; ebenso läßt sich nun auch die Verschiebung der Teilscheiben in Achsrichtung an der Übergangsstelle berücksichtigen. Beide Sprünge ermitteln wir in zwei getrennten Schritten aus den Differenzengleichungen (83) bis (86), indem wir dort zuerst $k = 0$ bei veränderlicher Dicke h und im nächsten Schritt bei gleichbleibender Dicke die Größe k variieren. Jeder Abschnitt wird somit durch drei Schritte erfaßt: 1. dem Übergang vom Innenradius r_{i-1} zum Außenradius r_i (in radialer Richtung), den wir durch eine Matrix $\mathfrak{R}_{i,\,i-1}$ ausdrücken, 2. dem Sprung beim Radius r_i von der Dicke h_{i-1} zur Dicke h_i, für welchen wir eine Sprungmatrix $\mathfrak{H}_i$

einführen, und 3. der Verschiebung der Teilscheibe an der Stelle r_i in axialer Richtung um die Größe Δk, der durch die Matrix $\mathfrak{K}_i$ bestimmt sei. Da die von den Kopplungsgliedern befreiten Gln. (87) und (88) die Differentialgleichungen der Scheibe gleicher Dicke darstellen, können wir die bei der Behandlung der Scheiben aufgestellten Matrizen (S. 76ff.) übernehmen. Wegen der bereits dargelegten Analogie zwischen Flieh- und Biegespannungszustand der Scheibe ist es möglich, für den letzteren die gleichen Beziehungen zwischen Außen- und Innenrand zu verwenden wie für die Fliehspannungen, so daß insbesondere die in der $\mathfrak{R}$-Matrix stehenden Koeffizienten s_{jk} auch für die Biegespannungen eingesetzt werden dürfen. Die Eigenart der Matrizen gestattet nun, die Matrix für die Fliehspannungen und diejenige für die Biegespannungen in eine einzige zusammenzufassen, in welcher sich die beiden Spannungszustände gegenseitig nicht beeinflussen, was sie ja entsprechend den Gln. (87) bis (90) auch nicht dürfen.

Für den Spannungszustand am Innenrand eines Abschnitts definieren wir nun den Zustandsvektor $\mathfrak{t}_{i-1}$ in nachstehender Form:

$$\mathfrak{z}_{i-1} = \begin{bmatrix} \sigma_r \\ \sigma_\varphi \\ \sigma_r^b \\ \sigma_\varphi^b \\ \dfrac{\gamma}{g}\,\omega^2 r^2 \\ E_{i-1}\,\alpha_{i-1}\,\dfrac{\vartheta_i - \vartheta_{i-1}}{\dfrac{r_i}{r_{i-1}} - 1} \end{bmatrix}_{i-1}. \tag{91}$$

Damit lassen sich die $\mathfrak{R}$-Matrix und die zugehörige Matrizengleichung anschreiben; sie lauten:

$$\begin{bmatrix} \sigma_r \\ \sigma_\varphi \\ \sigma_r^b \\ \sigma_\varphi^b \\ \dfrac{\gamma}{g}\,\omega^2 r^2 \\ S_\vartheta \end{bmatrix}_{i1} = \begin{bmatrix} s_{rr} & s_{\varphi r} & 0 & 0 & s_{\omega r} & s_{\vartheta r} \\ s_{r\varphi} & s_{\varphi\varphi} & 0 & 0 & s_{\omega\varphi} & s_{\vartheta\varphi} \\ 0 & 0 & s_{rr} & s_{\varphi r} & 0 & 0 \\ 0 & 0 & s_{r\varphi} & s_{\varphi\varphi} & 0 & 0 \\ 0 & 0 & 0 & 0 & \left(\dfrac{r_i}{r_{i-1}}\right)^2 & 0 \\ 0 & 0 & 0 & 0 & 0 & s_{\vartheta\vartheta} \end{bmatrix} \begin{bmatrix} \sigma_r \\ \sigma_\varphi \\ \sigma_r^b \\ \sigma_\varphi^b \\ \dfrac{\gamma}{g}\,\omega^2 r^2 \\ S_\vartheta \end{bmatrix}_{i-1}, \tag{92}$$

oder

$$\mathfrak{z}_i = \mathfrak{R}_{i,\,i-1}\,\mathfrak{z}_{i-1},$$

worin

$$S_{\vartheta_{i1}} = E_i\,\alpha_i\,\frac{\vartheta_{i+1} - \vartheta_i}{\dfrac{r_{i+1}}{r_i} - 1}$$

und
$$S_{\vartheta_{i-1}} = E_{i-1}\alpha_{i-1}\frac{\vartheta_i - \vartheta_{i-1}}{\frac{r_i}{r_{i-1}} - 1}$$
ist.

Der Index $i1$ bedeutet, daß am Radius r_i noch weitere Operationen folgen. Die Koeffizienten s_{jk} sind bekannt und können aus der Aufstellung (A. 143), S. 77ff., entnommen werden.

Um die Bedingungen für den Übergang zur nächsten Teilschale ermitteln zu können, multiplizieren wir die Differenzengleichungen (83) bis (86) mit Δr durch und setzen dann $\Delta r = 0$ und $\Delta k = 0$. Wir haben damit einen Ring mit der radialen Dicke $\Delta r = 0$, weshalb auch $r_i = r_{i-1}$ und $E_i\,\alpha_i\,\vartheta_i = E_{i-1}\,\alpha_{i-1}\,\vartheta_{i-1}$ ist. Die Gleichungen liefern somit der Reihe nach folgende Bedingungen, in welchen wir an Stelle von $i-1$ und i die Indizes $i1$ und $i2$ setzen:
$$r_i h_{i2}\sigma_{r_{i2}} - r_i h_{i1}\sigma_{r_{i1}} = 0,$$
$$\nu\left(\sigma_{r_{i2}} - \sigma_{r_{i1}}\right) - \left(\sigma_{\varphi_{i2}} - \sigma_{\varphi_{i1}}\right) = 0,$$
$$r_{i2}h_{i2}^2\sigma^b_{r_{i2}} - r_{i1}h_{i1}^2\sigma^b_{r_{i1}} = 0,$$
$$\nu\left(\frac{\sigma^b_{r_{i2}}}{h_{i2}} - \frac{\sigma^b_{r_{i1}}}{h_{i1}}\right) - \left(\frac{\sigma^b_{\varphi_{i2}}}{h_{i2}} - \frac{\sigma^b_{\varphi_{i1}}}{h_{i1}}\right) = 0.$$
Daraus ergeben sich die Spannungen nach dem Dickensprung, ausgedrückt in denjenigen vor dem Sprung, in der Form:
$$\left.\begin{aligned}
\sigma_{r_{i2}} &= \frac{h_{i1}}{h_{i2}}\sigma_{r_{i1}},\\
\sigma_{\varphi_{i2}} &= \sigma_{\varphi_{i1}} + \nu\left(\frac{h_{i1}}{h_{i2}} - 1\right)\sigma_{r_{i1}},\\
\sigma^b_{r_{i2}} &= \left(\frac{h_{i1}}{h_{i2}}\right)^2\sigma^b_{r_{i1}},\\
\sigma^b_{\varphi_{i2}} &= \frac{h_{i2}}{h_{i1}}\sigma^b_{\varphi_{i1}} + \nu\left[\left(\frac{h_{i1}}{h_{i2}}\right)^2 - \frac{h_{i2}}{h_{i1}}\right]\sigma^b_{r_{i1}}.
\end{aligned}\right\}\qquad(93)$$
Zieht man von diesen Spannungen σ_{i2} jeweils den zugehörigen Wert σ_{i1} ab, so erhält man Spannungssprünge $\Delta\sigma = \sigma_{i2} - \sigma_{i1}$, die mit denjenigen übereinstimmen, die für die Scheibe gefunden wurden, s. Gln. (A. 51) und (A. 52) (S. 20) und Gln. (C. 12) und (C. 14) (S. 131). Wir schreiben die Gln. (93) wieder in Matrizenform und erhalten:
$$\begin{bmatrix}\sigma_r\\ \sigma_\varphi\\ \sigma^b_r\\ \sigma^b_\varphi\\ \frac{\gamma}{g}\omega^2 r^2\\ S_\vartheta\end{bmatrix}_{i2} = \begin{bmatrix} h_{11} & 0 & 0 & 0 & 0 & 0\\ h_{21} & 1 & 0 & 0 & 0 & 0\\ 0 & 0 & h_{33} & 0 & 0 & 0\\ 0 & 0 & h_{43} & h_{44} & 0 & 0\\ 0 & 0 & 0 & 0 & 1 & 0\\ 0 & 0 & 0 & 0 & 0 & 1\end{bmatrix}\cdot\begin{bmatrix}\sigma_r\\ \sigma_\varphi\\ \sigma^b_r\\ \sigma^b_\varphi\\ \frac{\gamma}{g}\omega^2 r^2\\ S_\vartheta\end{bmatrix}_{i1},\qquad(94)$$
oder
$$\mathfrak{s}_{i2} = \mathfrak{H}_i\,\mathfrak{s}_{i1},$$

worin
$$h_{11} = \frac{h_{i1}}{h_{i2}}, \qquad h_{43} = \nu\left[\left(\frac{h_{i1}}{h_{i2}}\right)^2 - \frac{h_{i2}}{h_{i1}}\right],$$
$$h_{21} = \nu\left(\frac{h_{i1}}{h_{i2}} - 1\right), \qquad h_{44} = \frac{h_{i2}}{h_{i1}},$$
$$h_{33} = \left(\frac{h_{i1}}{h_{i2}}\right)^2$$
und
$$S_\vartheta = E_i \alpha_i \frac{\vartheta_{i+1} - \vartheta_i}{\frac{r_{i+1}}{r_i} - 1}$$
ist.

Im dritten Schritt berücksichtigen wir die Neigung der Schale als Verschiebung der Teilscheiben in Richtung der Drehachse. Die Übergangsbedingungen bestimmen sich wieder aus den Differenzengleichungen (83) bis (86), indem wir wie vorher mit Δr durchmultiplizieren, dann $\Delta r = 0$ setzen, jetzt aber die Dicke h konstant lassen; wir erhalten, wenn der Zustand nach der Verschiebung an der Stelle i mit dem Index $i3$ gekennzeichnet werde, folgende vier Gleichungen:

$$\sigma_{r_{i3}} - \sigma_{r_{i2}} = 0,$$
$$-\sigma_{\varphi_{i3}} + \sigma_{\varphi_{i2}} + 2\frac{\Delta k}{h_{i2}\cos\delta}\left(\sigma^b_{\varphi_{i2}} - \nu\,\sigma^b_{r_{i2}}\right) = 0,$$
$$\frac{3\Delta k}{\cos\delta}\left(\sigma_{r_{i3}} + \sigma_{r_{i2}}\right) + h_{i2}\left(\sigma^b_{r_{i3}} - \sigma^b_{r_{i2}}\right) = 0,$$
$$\nu\,\sigma^b_{r_{i3}} - \nu\,\sigma^b_{r_{i2}} - \sigma^b_{\varphi_{i3}} + \sigma^b_{\varphi_{i2}} = 0.$$

Hieraus ermitteln wir die Spannungen nach der Verschiebung in Abhängigkeit derjenigen vor der Verschiebung und erhalten:

$$\left.\begin{aligned}
\sigma_{r_{i3}} &= \sigma_{r_{i2}},\\
\sigma_{\varphi_{i3}} &= \sigma_{\varphi_{i2}} + 2\frac{\Delta k}{h_{i2}\cos\delta}\left(\sigma^b_{\varphi_{i2}} - \nu\,\sigma^b_{r_{i2}}\right),\\
\sigma^b_{r_{i3}} &= \sigma^b_{r_{i2}} - 6\frac{\Delta k}{h_{i2}\cos\delta}\,\sigma_{r_{i2}},\\
\sigma^b_{\varphi_{i3}} &= \sigma^b_{\varphi_{i2}} - 6\nu\frac{\Delta k}{h_{i2}\cos\delta}\,\sigma_{r_{i2}}.
\end{aligned}\right\} \tag{95}$$

In Matrizenform geschrieben, lauten diese Gleichungen:

$$\begin{bmatrix}\sigma_r\\ \sigma_\varphi\\ \sigma^b_r\\ \sigma^b_\varphi\\ \frac{\gamma}{g}\omega^2 r^2\\ S_\vartheta\end{bmatrix}_{i3} = \begin{bmatrix}1&0&0&0&0&0\\ 0&1&k_{23}&k_{24}&0&0\\ k_{31}&0&1&0&0&0\\ k_{41}&0&0&1&0&0\\ 0&0&0&0&1&0\\ 0&0&0&0&0&1\end{bmatrix}\cdot\begin{bmatrix}\sigma_r\\ \sigma_\varphi\\ \sigma^b_r\\ \sigma^b_\varphi\\ \frac{\gamma}{g}\omega^2 r^2\\ S_\vartheta\end{bmatrix}_{i2}, \tag{96}$$

oder
$$\mathfrak{S}_{i3} = \mathfrak{K}_i\,\mathfrak{S}_{i2},$$

worin
$$k_{23} = -2\nu \frac{\Delta k}{h_i \cos\delta}, \qquad k_{31} = -6 \frac{\Delta k}{h_i \cos\delta},$$
$$k_{24} = 2 \frac{\Delta k}{h_i \cos\delta}, \qquad k_{41} = -6\nu \frac{\Delta k}{h_i \cos\delta}$$

und
$$S_\vartheta = E_i \alpha_i \frac{\vartheta_{i+1} - \vartheta_i}{\frac{r_{i+1}}{r_i} - 1}$$
ist.

Für eine rasche Aufstellung der Koeffizienten der $\mathfrak{H}$- und der $\mathfrak{K}$-Matrizen empfiehlt sich eine von JÄGER vorgeschlagene schematische Ermittlung. Sind h_{i-1}, h_i und h_{i+1} die wirklichen Dicken der Schale an den Radien r_{i-1}, r_i und r_{i+1}, s. Abb. 77, so ergeben sich die mittleren Dicken zweier benachbarter Teilschalen zu
$$h_{i1} = \frac{h_{i-1} + h_i}{2} \quad \text{und} \quad h_{i2} = \frac{h_i + h_{i+1}}{2};$$
damit wird das in der $\mathfrak{H}$-Matrix stehende Verhältnis dieser Dicken:
$$\frac{h_{i1}}{h_{i2}} = \frac{h_{i-1} + h_i}{h_i + h_{i+1}} = h_m. \tag{97}$$
Ebenso erhält man die der Profilneigung entsprechenden Koeffizienten; wenn man die Abstände der Schalenmittelfläche an den Radien r_{i-1}, r_i und r_{i+1} von einer beliebigen, senkrecht zur Rotationsachse stehenden Ebene mit k_{i-1}, k_i und k_{i+1} bezeichnet, so gilt nach Abb. 77:
$$k_{i2} = \frac{k_{i-1} + k_i}{2} \quad \text{und} \quad k_{i3} = \frac{k_i + k_{i+1}}{2};$$
hieraus erhält man
$$\Delta k = k_{i3} - k_{i2} = \frac{k_{i+1} - k_{i-1}}{2}.$$
Für die in der $\mathfrak{K}$-Matrix stehenden Koeffizienten verwenden wir die Abkürzung
$$2 \frac{\Delta k}{h \cos\delta} = \frac{k_{i+1} - k_{i-1}}{(h_i + h_{i-1}) \cos\delta} = k_m. \tag{98}$$

Greift an der Sprungstelle noch eine äußere Fliehkraft an, die wie bei der Berechnung von Scheiben als Zusatzspannung eingeführt und auf die Dicke der nächstfolgenden Teilschale bezogen werden muß, also in der Größe
$$\sigma_z = \frac{P}{2\pi r_i h}$$
auftritt, so wird diese in die erste Zeile der $\mathfrak{H}$-Matrix, in die Spalte der Fliehkräfte, eingesetzt; sie erscheint dort in dem Koeffizient
$$c_z = -\frac{\sigma_z}{\frac{\gamma}{g} \omega^2 r_i^2}$$

und in der zweiten Zeile, ebenfalls bei den Fliehkräften mit:

$$\nu c_z = -\nu \frac{\sigma_z}{\frac{\gamma}{g}\omega^2 r_i^2}.$$

Diese Koeffizienten sind negativ, wenn die Rechnung von innen nach außen durchgeführt wird, wie wir bei der betreffenden Ableitung für die Zusatzspannungen bei den Scheiben gesehen haben, s. Gl. (A. 51). Ebenso läßt sich eine durch den Flüssigkeitsdruck p entstehende Zusatzbiegespannung in die $\mathfrak{H}$-Matrix einbauen. Dieser Druck erzeugt zusammen mit der am Schalenrand wirkenden Axialkraft P_s (Schaufelkraft) nach Gl. (C. 10) eine Zusatz-Biegespannung von

$$\sigma_z^b = 3\,\frac{\Delta l}{r_i h^2}\left[\frac{P_s}{\pi} + p\left(r_a^2 - \frac{1}{2} r_i^2 - \frac{1}{2} r_{i-1}^2\right)\right],$$

die also bei den Biegespannungen in der 3. und 4. Zeile der $\mathfrak{H}$-Matrix unterzubringen ist. Man könnte nun im Vektor eine entsprechende Größe einführen und die Matrizen um dieses Element erweitern; wir wollen sie aber nicht allzu umfangreich machen und zunächst bei den Sechser-Matrizen bleiben, weshalb wir die Biege-Zusatzspannung mit der Fliehkraftbelastung behandeln, sie also in der Fliehkraftspalte $\frac{\gamma}{g}\omega^2 r^2$ unterbringen. Der entsprechende Koeffizient tritt dort in der Form

$$c_z^b = -\frac{\sigma_z^b}{\frac{\gamma}{g}\omega^2 r^2}$$

auf und ist negativ, wenn das erzeugende Moment gleichsinnig mit dem durch die Konizität der Schale bedingten Fliehkraftmoment ist.

Mit den beschriebenen Änderungen werden die beiden Matrizen $\mathfrak{H}$ und $\mathfrak{K}$ der Sprungstelle:

$$\mathfrak{H}_m = \begin{bmatrix} h_m & 0 & 0 & 0 & c_z & 0 \\ \nu(h_m - 1) & 1 & 0 & 0 & \nu c_z & 0 \\ 0 & 0 & h_m^2 & 0 & c_z^b & 0 \\ 0 & 0 & \nu(h_m^2 - h_m^{-1}) & h_m^{-1} & \nu c_z^b & 0 \\ 0 & 0 & 0 & 0 & 1 & 0 \\ 0 & 0 & 0 & 0 & 0 & 1 \end{bmatrix} \qquad (99)$$

$$\mathfrak{K}_m = \begin{bmatrix} 1 & 0 & 0 & 0 & 0 & 0 \\ 0 & 1 & -2\nu k_m & 2k_m & 0 & 0 \\ -6k_m & 0 & 1 & 0 & 0 & 0 \\ -6\nu k_m & 0 & 0 & 1 & 0 & 0 \\ 0 & 0 & 0 & 0 & 1 & 0 \\ 0 & 0 & 0 & 0 & 0 & 1 \end{bmatrix}. \qquad (100)$$

Die zugehörigen Matrizengleichungen lauten:

$$\mathfrak{z}_{i2} = \mathfrak{H}_{m,i}\,\mathfrak{z}_{i1} \tag{101}$$

und

$$\mathfrak{z}_{i3} = \mathfrak{K}_{m,i}\,\mathfrak{z}_{i2}. \tag{102}$$

Die drei Matrizen $\mathfrak{R}_{i,\,i-1}$, $\mathfrak{H}_{m,i}$ und $\mathfrak{K}_{m,i}$ lassen sich nunmehr durch Multiplikation (von rechts nach links) zu der Abschnittsmatrix

$$\mathfrak{S}_{i,\,i-1} = \mathfrak{K}_{m,i}\,\mathfrak{H}_{m,i}\,\mathfrak{R}_{i,\,i-1} \tag{103}$$

zusammenfassen.

Durch Aneinanderfügen aller Abschnittsmatrizen vom Innenradius r_0 bis zur Stelle r_i erhält man für diese Stelle den Spannungszustand vor dem Sprung durch den Vektor

$$\mathfrak{z}_{i1} = \mathfrak{R}_{i,\,i-1}\,\mathfrak{S}_{i-1,\,i-2}\ldots\mathfrak{S}_{1,0}\,\mathfrak{z}_0 = \mathfrak{M}_{i1}\,\mathfrak{z}_0 \tag{104}$$

und nach dem Sprung durch

$$\mathfrak{z}_{i3} = \mathfrak{K}_{m,i}\,\mathfrak{H}_{m,i}\,\mathfrak{M}_{i1}\,\mathfrak{z}_0 = \mathfrak{M}_{i3}\,\mathfrak{z}_0. \tag{105}$$

Durch weiteres Aneinanderfügen von Abschnittsmatrizen erhält man schließlich den Außenrandvektor in der Form:

$$\mathfrak{z}_a = \mathfrak{S}_{n,\,n-1}\,\mathfrak{S}_{n-1,\,n-2}\ldots\mathfrak{S}_{i,\,i-1}\ldots\mathfrak{S}_{1,\,0}\,\mathfrak{t}_0 = \mathfrak{M}_a\,\mathfrak{z}_0. \tag{106}$$

Damit haben wir eine Beziehung zwischen Außen- und Innenrand der Schale, in welche die Randbedingungen für σ_r und σ_r^b eingeführt werden können. Zu diesem Zweck zergliedern wir die Matrix $\mathfrak{M}_a$ und ziehen die Spannungen σ_r und σ_r^b heraus, indem wir sie durch die (in der 1. und 3. Zeile stehenden) Koeffizienten a_1, b_1, ..., f_1 und a_3, b_3, ..., f_3 ausdrücken; damit erhält man zwei Gleichungen von der Form:

$$\begin{aligned} \sigma_{r_a} &= a_1\,\sigma_{r_0} + b_1\,\sigma_{\varphi_0} + c_1\,\sigma_{r_0}^b + d_1\,\sigma_{\varphi_0}^b + e_1 + f_1, \\ \sigma_{r_a}^b &= a_3\,\sigma_{r_0} + b_3\,\sigma_{\varphi_0} + c_3\,\sigma_{r_0}^b + d_3\,\sigma_{\varphi_0}^b + e_3 + f_3, \end{aligned} \tag{107}$$

worin σ_{r_0}, $\sigma_{r_0}^b$, σ_{r_a} und $\sigma_{r_a}^b$ durch die Randbedingungen gegeben sind. Die unbekannten tangentialen Innenrandspannungen σ_{φ_0} und $\sigma_{\varphi_0}^b$ können nun aus diesen beiden Gleichungen berechnet werden, und zwar getrennt für die Fliehkraft- und die Wärmebelastung, indem man bei der Auflösung der Gleichungen die Wärmespannungskoeffizienten f_1 und f_3 bzw. die Fliehkraftkoeffizienten e_1 und e_3 wegläßt.

Mit den Größen σ_{φ_0} und $\sigma_{\varphi_0}^b$ ist der Innenrandvektor $\mathfrak{z}_{0(\omega)}$ bzw. $\mathfrak{z}_{0(\vartheta)}$ für beide Spannungszustände bekannt; durch Multiplikation aller Matrizen $\mathfrak{M}_i$ mit diesen Vektoren erhält man an jedem Radius r_i jeweils zwei Spannungsvektoren

$$\begin{aligned} \mathfrak{z}_{i1(\omega)} &= \mathfrak{M}_{i1}\,\mathfrak{z}_{0(\omega)} \\ \mathfrak{z}_{i3(\omega)} &= \mathfrak{M}_{i3}\,\mathfrak{z}_{0(\omega)} \end{aligned} \quad \text{und} \quad \begin{aligned} \mathfrak{z}_{i1(\vartheta)} &= \mathfrak{M}_{i1}\,\mathfrak{z}_{0(\vartheta)} \\ \mathfrak{z}_{i3(\vartheta)} &= \mathfrak{M}_{i3}\,\mathfrak{z}_{0(\vartheta)}, \end{aligned} \tag{108}$$

aus welchen schließlich noch die Mittelwerte gebildet werden müssen, um die Spannungen in der Mitte der Stufe zu erhalten. Dabei tritt eine kleine Ungenauigkeit auf, weil der algebraische Mittelwert nur für die linear mit der Dicke sich verändernden Zugspannungen richtig ist, nicht aber für die quadratisch veränderlichen Biegespannungen. Dieser Fehler ist, wie man nachprüfen kann, verhältnismäßig klein; er läßt sich aber vermeiden, wenn man die $\mathfrak{H}$- und die $\mathfrak{K}$-Matrizen jeweils für zwei halbe Schritte aufstellt, die mit $\mathfrak{H}_{\frac{1}{2}}$ und $\mathfrak{H}'_{\frac{1}{2}}$ bzw. mit $\mathfrak{K}_{\frac{1}{2}}$ und $\mathfrak{K}'_{\frac{1}{2}}$ bezeichnet werden mögen. Die Abschnittsmatrix lautet damit

$$\mathfrak{S}_{i,\,i-1} = \mathfrak{K}'_{i\frac{1}{2}}\,\mathfrak{H}'_{i\frac{1}{2}} \;\vdots\; \mathfrak{K}_{i\frac{1}{2}}\,\mathfrak{H}_{i\frac{1}{2}}\,\mathfrak{R}_{i,\,i-1}. \tag{109}$$

Der Spannungszustand an der Stelle i ist dann durch die Gleichung

$$\mathfrak{s}_i = \mathfrak{K}_{i\frac{1}{2}}\,\mathfrak{H}_{i\frac{1}{2}}\,\mathfrak{R}_{i,\,i-1}\,\mathfrak{S}_{i-1,\,i-2}\ldots\mathfrak{S}_{1,0}\,\mathfrak{s}_0 = \mathfrak{M}'_i\,\mathfrak{s}_0 \tag{110}$$

gegeben, so daß man am Schluß der Rechnung mit den Produkten

$$\mathfrak{s}_i = \mathfrak{M}'_i\,\mathfrak{s}_0$$

die richtigen Spannungen ohne nachträgliche Mittelwertbildung erhält.

Das beschriebene Verfahren ist im Grunde das gleiche wie das auf S. 152ff. behandelte x, y-Verfahren, mit dem Unterschied, daß die Durchrechnung nunmehr mit Hilfe der Übertragungsmatrizen erfolgt. Zwar wurde beim x, y-Verfahren das Rechenschema von Grammel benutzt, doch können die in den Matrizen stehenden Koeffizienten auch aus dem Grammelschen Verfahren hergeleitet werden, was auch schon wegen der gleichen Grundlagen, nämlich der exakten Lösung der Differentialgleichungen für die Scheibe gleicher Dicke, der Fall sein muß. Bei der Durchrechnung mit Hilfe des x, y-Verfahrens tritt nur eine einzige wohl nicht sehr einschneidende Abweichung auf, die von der Mittelwertbildung zwischen Innen- und Außenrandwerten der Teilschale bei dem Kopplungsglied $2\frac{\Delta r}{h}(\sigma_\varphi^b - \nu\,\sigma_l^b)_{\mathrm{mi}}$ in Gl. (37) herrührt und die bei der Rechnung mit Matrizen nicht durchführbar ist.

Da die Matrizenmultiplikation zweifellos sehr zeitraubend ist, wird empfohlen, die Durchrechnung mit Hilfe eines Rechenautomaten zu erledigen, wofür man sowohl die Aufstellung der Koeffizienten als auch die Matrizen- und Vektormultiplikation programmiert. Dabei spielt es keine Rolle, wenn die Stufenmatrizen $\mathfrak{H}_i$ und $\mathfrak{K}_i$ in halben Schritten aufgestellt werden; auf diese Weise spart man am Schluß der Rechnung die Mittelwertbildung, was dem Programmierer zweifellos willkommen ist.

b) Das Differenzenverfahren. Die Matrizen lassen sich mit Hilfe der Differenzengleichungen (83) bis (86) rasch aufstellen. Definiert man als Spannungsvektor

$$\mathfrak{S}_i = \begin{bmatrix} \sigma_r \\ \sigma_\varphi \\ \sigma_r^b \\ \sigma_\varphi^b \\ \frac{\gamma}{g}\omega^2 r^2 \\ E\alpha\vartheta \end{bmatrix}, \tag{111}$$

so lautet der Zusammenhang zwischen Außen- und Innenrand einer Teilschale, in Matrizenform ausgedrückt:

$$\begin{bmatrix} b_{11} & b_{12} & 0 & 0 & b_{15} & 0 \\ b_{21} & b_{22} & b_{23} & b_{24} & 0 & b_{26} \\ b_{31} & 0 & b_{33} & b_{34} & 0 & 0 \\ 0 & 0 & b_{43} & b_{44} & 0 & 0 \\ 0 & 0 & 0 & 0 & 1 & 0 \\ 0 & 0 & 0 & 0 & 0 & 1 \end{bmatrix} \cdot \begin{bmatrix} \sigma_r \\ \sigma_\varphi \\ \sigma_r^b \\ \sigma_\varphi^b \\ \frac{\gamma}{g}\omega^2 r^2 \\ E\alpha\vartheta \end{bmatrix}_i$$

$$= \begin{bmatrix} a_{11} & a_{12} & 0 & 0 & a_{15} & 0 \\ a_{21} & a_{22} & a_{23} & a_{24} & 0 & a_{26} \\ a_{31} & 0 & a_{33} & a_{34} & 0 & 0 \\ 0 & 0 & a_{43} & a_{44} & 0 & 0 \\ 0 & 0 & 0 & 0 & a_{55} & 0 \\ 0 & 0 & 0 & 0 & 0 & a_{66} \end{bmatrix} \cdot \begin{bmatrix} \sigma_r \\ \sigma_\varphi \\ \sigma_r^b \\ \sigma_\varphi^b \\ \frac{\gamma}{g}\omega^2 r^2 \\ E\alpha\vartheta \end{bmatrix}_{i-1}, \tag{112}$$

wofür die Koeffizienten a und b aus nachstehender Aufstellung entnommen werden können.

$$\left.\begin{aligned}
b_{11} &= \frac{r_i h_i}{\Delta r} & a_{11} &= \frac{r_{i-1} h_{i-1}}{\Delta r} \\
b_{12} &= -\frac{h_i}{2} & a_{12} &= \frac{h_{i-1}}{2} \\
b_{15} &= \frac{h_i}{2} & a_{15} &= -\frac{h_{i-1}}{2} \\
b_{21} &= \left(\frac{\nu}{\Delta r} + \frac{1+\nu}{2r_i}\right)\cos\delta & a_{21} &= \left(\frac{\nu}{\Delta r} - \frac{1+\nu}{2r_{i-1}}\right)\cos\delta \\
b_{22} &= -\left(\frac{1}{\Delta r} + \frac{1+\nu}{2r_i}\right)\cos\delta & a_{22} &= -\left(\frac{1}{\Delta r} - \frac{1+\nu}{2r_{i-1}}\right)\cos\delta
\end{aligned}\right\} \tag{113}$$

$$\left.\begin{aligned}
b_{23} &= -\frac{\nu}{h_i}\frac{\Delta k}{\Delta r} & a_{23} &= \frac{\nu}{h_{i-1}}\frac{\Delta k}{\Delta r}\\
b_{24} &= \frac{1}{h_i}\frac{\Delta k}{\Delta r} & a_{24} &= -\frac{1}{h_i}\frac{\Delta k}{\Delta r}\\
b_{26} &= -\frac{1}{\Delta r} & a_{26} &= -\frac{1}{\Delta r}\\
b_{31} &= 3h_i\frac{r_i}{\cos\delta}\frac{\Delta k}{\Delta r} & a_{31} &= -3h_{i-1}r_{i-1}\frac{1}{\cos\delta}\frac{\Delta k}{\Delta r}\\
b_{33} &= \frac{r_i h_i^2}{\Delta r} & a_{33} &= \frac{r_{i-1}h_{i-1}^2}{\Delta r}\\
b_{34} &= -\frac{1}{2}h_i^2 & a_{34} &= \frac{h_{i-1}^2}{2}\\
b_{43} &= \left(\frac{\nu}{\Delta r\, h_i}+\frac{1+\nu}{2h_i r_i}\right) & a_{43} &= -\left(\frac{\nu}{\Delta r\, h_{i-1}}-\frac{1+\nu}{2h_{i-1}r_{i-1}}\right)\\
b_{44} &= -\left(\frac{1}{\Delta r\, h_i}+\frac{1+\nu}{2h_i r_i}\right) & a_{44} &= \left(\frac{1}{\Delta r\, h_{i-1}}-\frac{1+\nu}{2h_{i-1}r_{i-1}}\right)\\
& & a_{55} &= \left(\frac{r_i}{r_{i-1}}\right)^2\\
& & a_{66} &= \frac{(E\,\alpha\,\vartheta)_i}{(E\,\alpha\,\vartheta)_{i-1}}.
\end{aligned}\right\}\ \text{Zu (113)}$$

Die Gl. (112) hat die Form

$$\mathfrak{B}_i\,\mathfrak{s}_i = \mathfrak{A}_i\,\mathfrak{s}_{i-1}; \tag{112a}$$

hieraus ergibt sich der Spannungsvektor an der Stelle i zu

$$\mathfrak{s}_i = \mathfrak{B}_i^{-1}\,\mathfrak{A}_i\,\mathfrak{s}_{i-1} = \mathfrak{D}_{i,\,i-1}\,\mathfrak{s}_{i-1}, \tag{114}$$

worin die Kehrmatrix $\mathfrak{B}_i^{-1}$ erscheint. Durch Aneinanderfügen der Matrizen für die Abschnitte von r_0 bis r_i erhält man den Vektor an der Stelle i zu

$$\mathfrak{s}_i = \mathfrak{D}_{i,\,i-1}\,\mathfrak{D}_{i-1,\,i-2}\ldots\mathfrak{D}_{2,1}\,\mathfrak{D}_{1,0}\,\mathfrak{s}_0 = \mathfrak{M}_i\,\mathfrak{s}_0, \tag{115}$$

und ebenso den Vektor am Außenrand der ganzen Schale:

$$\mathfrak{s}_a = \mathfrak{D}_{n,\,n-1}\,\mathfrak{D}_{n-1,\,n-2}\ldots\mathfrak{D}_{i,\,i-1}\ldots\mathfrak{D}_{2,1}\,\mathfrak{D}_{1,0}\,\mathfrak{s}_0 = \mathfrak{M}_a\,\mathfrak{s}_0, \tag{116}$$

der gleichzeitig wieder die Beziehung zwischen Außen- und Innenrand der Schale darstellt. Die Einführung der Randbedingungen in diese Gleichung führt dann in genau gleicher Weise wie beim Stufenverfahren (s. S. 181) zu zwei Gleichungen, aus welchen die unbekannten tangentialen Innenrandspannungen errechnet werden können. Mit dem nunmehr bekannten Innenrandvektor $\mathfrak{s}_0$ werden dann vollends alle Matrizen $\mathfrak{M}_i$ multipliziert, wodurch man die Spannungen an allen Abschnittsradien erhält.

Bei der Durchrechnung treten hier außer den Matrizenmultiplikationen nach Gl. (115) auch Matrizeninversionen auf, die eine Behandlung mit den herkömmlichen Rechenhilfsmitteln (Rechenschieber und Tischrechenmaschine) von vornherein ausschließen, weil die wiederholt durchzuführende Matrizeninversion einen untragbaren Rechenaufwand mit sich bringt. Die Lösung der Differentialgleichungen durch Überführung in Differenzengleichungen erfordert zudem eine verhältnismäßig feine Unterteilung in Teilschalen, so daß schon die Aufstellung sämtlicher Koeffizienten (113) dazu ausreicht, auch dem gewandesten Rechner die Freude an dem Verfahren zu verderben. Wie wir aber noch sehen werden, lassen sich bei der Anwendung des Differenzenverfahrens irgendwelche seitliche Anhängsel, insbesondere radiale Rippen (Schaufeln bei Radialverdichtern und -turbinen), wesentlich schöner einbauen als in das Stufenverfahren, bei dem gerade die Rippen den schematischen Rechenablauf erheblich stören. Eine programmierte automatische Durchrechnung vorausgesetzt, birgt das Differenzenverfahren unzweifelhaft wesentliche Vorteile gegenüber dem Stufenverfahren in sich; die Anwendung der Matrizenrechnung gestattet dabei eine verhältnismäßig einfache Programmierung, weil man sich auf vorhandene Programme für die Matrizenmultiplikation und -inversion stützen kann, so daß lediglich die Aufstellung der Koeffizienten zu programmieren ist.

c) Zahlenbeispiele für die Berechnung von Schalen mit Hilfe von Übertragungsmatrizen. Es soll nun die in Abb. 67a dargestellte Schale, von der die analytische Lösung bekannt ist, und die auch mit Hilfe des x, y-Verfahrens berechnet wurde, als Zahlenbeispiel für die Rechendurchführung mit Matrizen verwendet werden. Diese Schale hat eine nur geringe Unsymmetrie, so daß ihre Dicken h näherungsweise in Richtung der Drehachse — statt quer zur Schalenmittelfläche — abgegriffen werden können. Ebenso wird näherungsweise mit der radialen Koordinate r, mit der Zugspannung σ_r und der Biegespannung σ_r^b an Stelle von σ_l und σ_l^b gerechnet, um auch hier die Ergebnisse mit der analytischen Lösung vergleichen zu können, welcher diese Vereinfachungen zugrunde liegen. Wärmespannungen sollen bei diesen Rechenbeispielen nicht berücksichtigt werden, so daß die Matrizen an Stelle von sechs nur noch fünf Elemente besitzen, was die Rechnung erheblich vereinfacht.

Stufenverfahren. Die Unterteilung der Schale wurde wie bei der Berechnung nach dem x, y-Verfahren vorgenommen, s. Abb. 67 und 78. Das Profil liefert die Eingangsdaten der Tab. 6, aus welchen die zur Aufstellung der Matrizen erforderlichen Werte der Tab. 7 gewonnen wurden.

Tabelle 6

i	0	1	2	3	4	5	6	7	8	9	10
r_i	2,54	5,08	5,50	6,00	6,50	7,50	8,50	9,50	10,5	11,5	12,7
k_i	0,995	0,995	1,145	1,280	1,385	1,535	1,635	1,705	1,755	1,795	1,83
h_i	1,99	1,99	1,69	1,42	1,21	0,91	0,71	0,57	0,47	0,39	0,32

Tabelle 7

Abschnitt	k_m	h_m	$\left(\frac{r_{i+1}}{r_i}\right)^2$
0— 1			4,0000
1— 2	0,037 69	1,0815	1,1722
2— 3	0,077 45	1,1833	1,1901
3— 4	0,077 20	1,1825	1,1736
4— 5	0,096 96	1,2406	1,3313
5— 6	0,117 90	1,3086	1,2844
6— 7	0,104 94	1,2656	1,2491
7— 8	0,093 75	1,2308	1,2216
8— 9	0,086 54	1,2093	1,1995
9—10	0,087 21	1,2113	1,2196
10	0,047 89	1,1094	—

Der Abschnitt von $i = 0$ bis $i = 1$ stellt eine Scheibe gleicher Dicke dar und kann mit einer einzigen $\mathfrak{R}$-Matrix erfaßt werden; diese lautet nach Gl. (92):

$$\mathfrak{R}_{1,0} = \begin{bmatrix} 0{,}625 & 0{,}375 & 0 & 0 & -1{,}3035 \\ 0{,}375 & 0{,}625 & 0 & 0 & -0{,}6469 \\ 0 & 0 & 0{,}625 & 0{,}375 & 0 \\ 0 & 0 & 0{,}375 & 0{,}625 & 0 \\ 0 & 0 & 0 & 0 & 4{,}0000 \end{bmatrix}.$$

Hieran schließen sich die Matrizen $\mathfrak{H}_1$ und $\mathfrak{K}_1$ entsprechend Gln. (94) und (96) und dann die nächste Matrix $\mathfrak{R}_{12}$:

$$\mathfrak{K}_1 = \begin{bmatrix} 1 & 0 & 0 & 0 & 0 \\ 0 & 1 & -0{,}0226 & 0{,}0754 & 0 \\ -0{,}2261 & 0 & 1 & 0 & 0 \\ -0{,}0678 & 0 & 0 & 1 & 0 \\ 0 & 0 & 0 & 0 & 1 \end{bmatrix}$$

$$\mathfrak{H}_1 = \begin{bmatrix} 1{,}0815 & 0 & 0 & 0 & 0 \\ 0{,}0245 & 1 & 0 & 0 & 0 \\ 0 & 0 & 1{,}1696 & 0 & 0 \\ 0 & 0 & 0{,}0735 & 0{,}9246 & 0 \\ 0 & 0 & 0 & 0 & 1 \end{bmatrix}$$

$$\mathfrak{R}_{12} = \begin{bmatrix} 0{,}9265 & 0{,}0735 & 0 & 0 & -0{,}0840 \\ 0{,}0735 & 0{,}9265 & 0 & 0 & -0{,}0280 \\ 0 & 0 & 0{,}9265 & 0{,}0735 & 0 \\ 0 & 0 & 0{,}0735 & 0{,}9265 & 0 \\ 0 & 0 & 0 & 0 & 1{,}1722 \end{bmatrix}.$$

In gleicher Weise werden die folgenden Matrizen bis zum Schalenrand, also $\mathfrak{R}_{10,9}$, $\mathfrak{H}_{10}$, $\mathfrak{K}_{10}$, aufgestellt. Multipliziert man die Matrizen nach Gln. (103) und (106), so ergibt sich als Produkt aller Abschnittsmatrizen

$$\mathfrak{M}_{10,0} = \begin{bmatrix} 2{,}3501 & 1{,}8937 & 0{,}3415 & 0{,}4109 & -22{,}5473 \\ -0{,}1185 & 0{,}1669 & 0{,}9958 & 0{,}8390 & -5{,}7075 \\ -37{,}2233 & -26{,}4714 & 13{,}7346 & 8{,}4424 & 163{,}9301 \\ -15{,}6288 & -11{,}0848 & 5{,}9586 & 3{,}7075 & 67{,}5083 \\ 0 & 0 & 0 & 0 & 24{,}9969 \end{bmatrix}.$$

Die Spannungen am Innenrand werden nun durch Einführen der Randbedingungen aus einem System mit zwei Gleichungen berechnet, das der Matrix $\mathfrak{M}_{10,0}$, 1. und 3. Zeile entnommen wird. Die Randbedingungen sind:

$$\text{für} \quad r = r_0, \quad \sigma_r = 0, \quad \sigma_r^b = 0,$$
$$r = r_a, \quad \sigma_r = 0, \quad \sigma_r^b = 0.$$

Damit fallen in der weiteren Rechnung alle Werte, die in der ersten und dritten Spalte stehen, heraus, und wir erhalten folgende Gleichungen:

$$1{,}8937\, \sigma_{\varphi_0} + 0{,}4109\, \sigma_{\varphi_0}^b = 22{,}5473 \frac{\gamma}{g} \omega^2 r_0^2,$$

$$26{,}4714\, \sigma_{\varphi_0} - 8{,}4424\, \sigma_{\varphi_0}^b = 163{,}9301 \frac{\gamma}{g} \omega^2 r_0^2,$$

woraus sich mit $\frac{\gamma}{g} \omega^2 = 15{,}7$ die Innenrandspannungen

$$\sigma_{\varphi_0} = 972 \text{ kp/cm}^2 \quad \text{und} \quad \sigma_{\varphi_0}^b = 1080 \text{ kp/cm}^2$$

ergeben. Damit ist der Innenrandvektor bekannt, so daß jetzt die Spannungen an allen Abschnittsradien berechnet werden können. Sie ergeben sich aus den vier ersten Zeilen der Matrizen $\mathfrak{M}_i$, jeweils in der Form

$$\sigma = a\, \sigma_{\varphi_0} + b\, \sigma_{\varphi_0}^b + c \frac{\gamma}{g} \omega^2 r_0^2.$$

Die so erhaltenen Spannungen sind in Tab. 8 zusammengestellt und in Abb. 78b und 79a und b über dem Radius der Schale, zusammen mit den analytisch errechneten Spannungen, aufgetragen. Um die Größe der Sprünge deutlich zu machen, wurden sie als senkrechte Striche eingezeichnet, in deren Mitte die Spannungsmittelwerte liegen.

Tabelle 8. Nach dem Stufenverfahren

Stelle	0	1		2		3		4	
σ_r	0	232	250	241	285	269	319	293	364
σ_φ	972	542	588	552	641	598	675	632	719
σ_r^b	0	405	412	429	443	451	454	457	439
σ_φ^b	1080	675	636	620	547	539	477	476	406

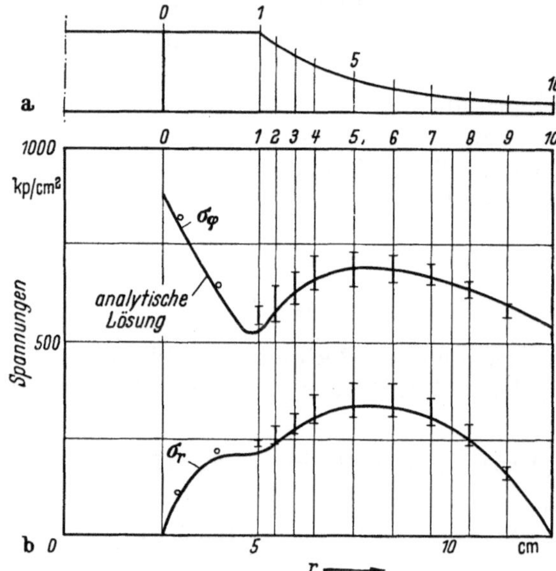

Abb. 78a u. b. Zugspannungen in der rotierenden Schale mit Exponentialprofil, nach dem Stufenverfahren berechnet (nach JÄGER)

Differenzenverfahren. Die aus der Zeichnung des Profils entnommenen Daten sind in Tab. 9 aufgestellt; die Schale wurde nach Abb. 80 unterteilt.

Tabelle 9 (Längen in cm)

i	0	1	2	3	4	5	6	7	8	9
r_i	2,55	3,05	3,65	4,40	5,10	6,30	7,55	9,05	10,90	12,70
h_i	2,0	2,0	2,0	2,0	2,0	1,31	0,91	0,63	0,44	0,32
k_i	1,0	1,0	1,0	1,0	1,0	1,345	1,545	1,685	1,78	1,84

Die Koeffizienten a und b wurden für die Matrizen $\mathfrak{A}$ und $\mathfrak{B}$ aller Abschnitte nach (113) berechnet; nachstehend seien die beiden

errechnete Spannungen in kp/cm²

5		6		7		8		9		10	
304	396	313	396	292	360	239	289	151	183	0	0
636	730	652	722	642	696	613	653	565	594	481	488
435	377	371	278	276	167	171	68	73	−8	0	0
409	326	332	257	259	195	192	138	131	87	79	70

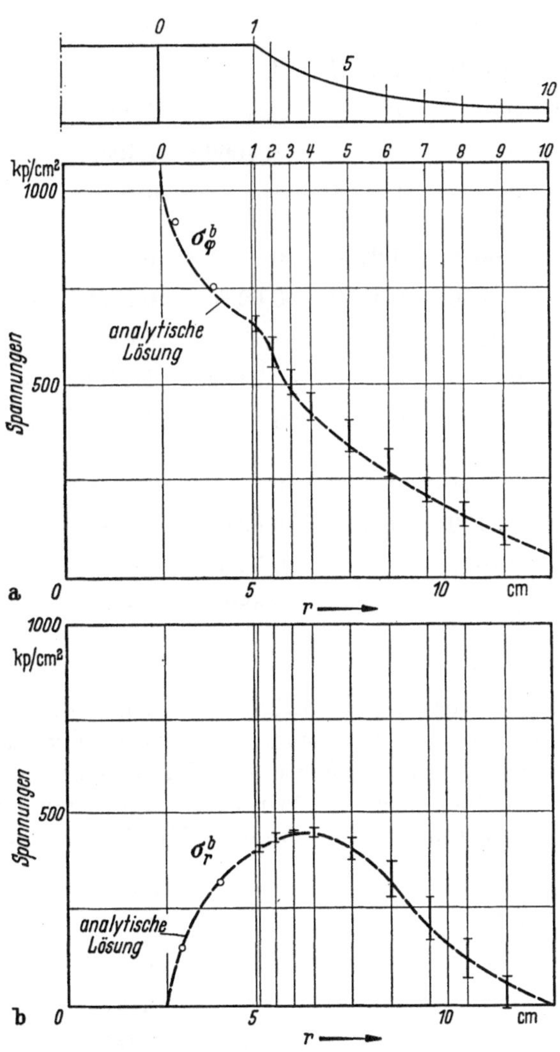

Abb. 79a u. b
Biegespannungen in der Schale, nach dem Stufenverfahren berechnet (nach JÄGER)

Matrizen für den ersten und den letzten Abschnitt angeschrieben:

$$\mathfrak{A}_1 = \begin{bmatrix} 10{,}2000 & 1 & 0 & 0 & -2{,}4306 \\ -0{,}3451 & 1{,}7451 & 0 & 0 & 0 \\ 0 & 0 & 20{,}4000 & 2{,}0000 & 0 \\ 0 & 0 & -0{,}1725 & 0{,}8725 & 0 \\ 0 & 0 & 0 & 0 & 1{,}4306 \end{bmatrix}$$

$$\mathfrak{B}_1 = \begin{bmatrix} 12{,}2000 & -1 & 0 & 0 & 0 \\ -0{,}8131 & 2{,}2131 & 0 & 0 & 0 \\ 0 & 0 & 24{,}4 & -2{,}00 & 0 \\ 0 & 0 & 0{,}4066 & 1{,}1066 & 0 \\ 0 & 0 & 0 & 0 & 1 \end{bmatrix}$$

$$\mathfrak{A}_9 = \begin{bmatrix} 2{,}6645 & 0{,}2200 & 0 & 0 & -0{,}4372 \\ -0{,}1070 & 0{,}4959 & -0{,}0227 & 0{,}0758 & 0 \\ -0{,}4791 & 0 & 1{,}1723 & 0{,}0968 & 0 \\ 0 & 0 & -0{,}2433 & 1{,}1271 & 0 \\ 0 & 0 & 0 & 0 & 1{,}2577 \end{bmatrix}$$

$$\mathfrak{B}_9 = \begin{bmatrix} 2{,}2578 & -0{,}1600 & 0 & 0 & 0 \\ -0{,}2179 & 0{,}6067 & 0{,}0313 & -0{,}1041 & 0 \\ 0{,}4064 & 0 & 0{,}7225 & -0{,}0512 & 0 \\ 0 & 0 & -0{,}6807 & 1{,}8965 & 0 \\ 0 & 0 & 0 & 0 & 1 \end{bmatrix}.$$

Nun wird mit der Multiplikation nach Gl. (114) begonnen, in welcher insbesondere die Inversion der Matrix $\mathfrak{B}$ vorkommt; die rechnerische Durchführung erfolgte mit Hilfe eines elektronischen Rechenautomaten (bei dem die Matrizenmultiplikation und die -inversion als Standardprogramm vorlag). Für den ersten Abschnitt ergab sich:

$$\mathfrak{M}_{01} = \begin{bmatrix} 0{,}8488 & 0{,}1511 & 0 & 0 & -0{,}2054 \\ 0{,}1559 & 0{,}8441 & 0 & 0 & -0{,}0755 \\ 0 & 0 & 0{,}8488 & 0{,}1511 & 0 \\ 0 & 0 & 0{,}1560 & 0{,}8440 & 0 \\ 0 & 0 & 0 & 0 & 1{,}4306 \end{bmatrix},$$

und als Produkt aller Abschnittsmatrizen erhielt man:

$$\mathfrak{M}_{0,9} = \begin{bmatrix} 2{,}2511 & 1{,}8079 & 0{,}3960 & 0{,}4292 & -21{,}6997 \\ -0{,}4323 & -0{,}0664 & 1{,}1249 & 0{,}9172 & -4{,}0684 \\ -37{,}5201 & -26{,}5374 & 13{,}7975 & 8{,}7223 & 165{,}7277 \\ -15{,}9987 & -11{,}2891 & 6{,}0658 & 3{,}8728 & 69{,}5234 \\ 0 & 0 & 0 & 0 & 24{,}8069 \end{bmatrix}.$$

In die letzte Matrizengleichung, die die Beziehung zwischen Außen- und Innenrand darstellt, führen wir wieder die Randbedingungen ein und berechnen den Spannungsvektor am Innenrand der Schale. Mit den Bedingungen $\sigma_{r_0} = \sigma_{r_a} = 0$ und $\sigma^b_{r_0} = \sigma^b_{r_a} = 0$ erhalten wir die beiden Gleichungen mit den Unbekannten σ_{φ_0} und $\sigma^b_{\varphi_0}$; sie lauten mit $\frac{\gamma}{g}\,\omega^2 = 15{,}7$:

$$1{,}8079\,\sigma_{\varphi_0} + 0{,}4292\,\sigma^b_{\varphi_0} - 21{,}6997 \cdot 15{,}7 \cdot 2{,}55^2 = 0\,,$$

$$-26{,}5374\,\sigma_{\varphi_0} + 8{,}7223\,\sigma^b_{\varphi_0} + 165{,}7277 \cdot 15{,}7 \cdot 2{,}55^2 = 0\,,$$

woraus sich schließlich die tangentialen Innenrandspannungen zu

$$\sigma_{\varphi_0} = 978{,}8\ \text{kp/cm}^2 \quad \text{und} \quad \sigma^b_{\varphi_0} = 1038{,}4\ \text{kp/cm}^2$$

ergeben. Mit dem nunmehr bekannten Vektor $\mathfrak{s}_0$ werden alle Vektoren gemäß $\mathfrak{s}_i = \mathfrak{M}_i\,\mathfrak{s}_0$ durch Multiplikation ermittelt. Die so erhaltenen Spannungen sind in Tab. 10 zusammengestellt und in Abb. 80b über

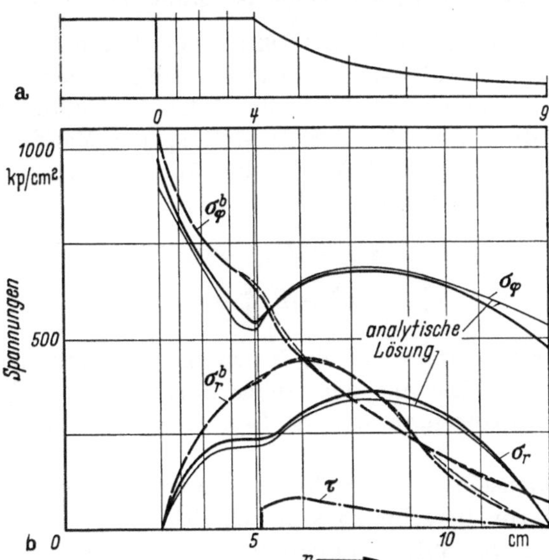

Abb. 80a u. b. Tangentiale und *radiale* Spannungen in der Schale, nach dem Differenzen-Verfahren berechnet (nach JÄGER) (die eingezeichneten Schubspannungen wurden einer anderen Berechnung entnommen)

dem Radius aufgetragen; die dünnen Kurven sind wieder die aus der analytischen Lösung gewonnenen Spannungen. Um einen Vergleich zu den in dieser Rechnung nicht berücksichtigten Schubspannungen (τ) zu ermöglichen, wurde die aus einer anderen Rechnung (s. S. 222) gewonnene Schubspannungsverteilung in die Abb. 80 mit aufgenommen.

Tabelle 10. Nach dem Differenzenverfahren vermittelte Spannungen in kp/cm²

Stelle	0	1	2	3	4	5	6	7	8	9
σ_r	0	127	201	234	231	305	351	345	227	0
σ_φ	979	818	699	602	536	640	672	665	595	472
σ_r^b	0	157	266	344	386	444	398	258	80	0
σ_φ^b	1038	875	763	682	630	445	343	239	133	68

Sowohl die Ergebnisse, die mit Hilfe des Stufenverfahrens gewonnen wurden, als auch die mit dem Differenzenverfahren ermittelten zeigen eine recht gute Übereinstimmung mit der analytischen Lösung, so daß die beiden Verfahren als für die Praxis ausreichend genau bezeichnet werden dürfen.

2. Die Berücksichtigung von überkragenden Ringen, von Bohrungen und von radialen Rippen bei der Rechnung mit Matrizen

a) Stufenverfahren. Die auf den S. 162ff. abgeleiteten Ausdrücke (47) und (48) für die von radialspannungsfreien Ringen hervorgerufenen Zusatzspannungen können auch in die Matrizenrechnung eingebaut werden, so wie dies schon bei der Aufstellung der Matrizen zur Berechnung von Scheiben in A. VI durchgeführt wurde. Die Zusatzspannungen haben die Form

$$\sigma_z = a\,\sigma_r + b\,\sigma_\varphi + c$$

bzw.

$$\sigma_z^b = A\,\sigma_r^b + B\,\sigma_\varphi^b + C, \qquad (117)$$

weshalb die Koeffizienten a, b, A, B usw. in mehreren Spalten der $\mathfrak{H}$-Matrix auftreten. Die aus der früher durchgeführten Herleitung entnommenen Koeffizienten sind in Tab. 11 auf S. 195 bis 197 zusammengestellt.

Bei Vorhandensein von ringförmig verteilten Bohrungen verwenden wir die zur Berechnung von Scheiben mit Hilfe von Übertragungsmatrizen (S. 80ff.) aufgestellten Koeffizienten s_{jk} nach Gl. (A. 151), die im Bohrungsabschnitt an die Stelle der Koeffizienten s_{rr}, $s_{\varphi r}$ usw. treten; auch sie sind in der Tab. 11 zu finden.

Zur Berücksichtigung von radialen Rippen ergab sich in Gl. (53), S. 164, die Zusatzspannung in der Form:

$$\sigma_z = \eta_1 \sigma_{r_{i-1}} + \eta_2 \sigma_{\varphi_{i-1}} + \eta_3 (1+\nu) q, \tag{118}$$

worin η_1, η_2 und η_3 von h, h' und ν abhängige Sprunggrößen sind. Der Ausdruck (118) enthält im Endglied die Größe q aus dem GRAMMELschen Verfahren, die den Übergang vom Radius r_{i-1} zum Radius r_i verkörpert. Dieser Teil müßte also sinngemäß in der Matrix $\mathfrak{R}$ untergebracht werden, während weitere Größen aus den beiden Zusatz-Biegespannungen nach Gl. (64) und (66), die als gesamte Zusatzspannung in der Form

$$\sigma_z^b = \frac{\varDelta r \operatorname{tg}\delta}{w_i}(h_i + h_i')\,\sigma_r - \nu \frac{\varDelta r \operatorname{tg}\delta}{w_i}(h_i + h_i')\,\sigma_\varphi + \frac{2\varDelta r}{r_i + r_{i-1}} \frac{h_i s_i}{w_i} \sigma_{\varphi_i} \tag{119}$$

auftritt, innerhalb der Matrix $\mathfrak{H}$ eingebaut werden müssen. Da die Rippen häufig auch noch eine andere Neigung als die Schale besitzen, üben sie auch einen gewissen Einfluß auf die gesamte Neigung aus, so daß auch die Matrix $\mathfrak{K}$ von den Rippen herrührende Glieder bekommen müßte. Die ganze Lösung wird leider recht unübersichtlich, weshalb auf ihre Wiedergabe verzichtet sei. Die Rippen lassen sich nur sehr gequält in das Stufenverfahren einfügen, weil sie im Gegensatz zu den Ringen sich radial sehr weit erstrecken und deshalb nicht wie jene allein durch Zusatzspannungen berücksichtigen lassen. Es erscheint daher vernünftiger, gleich die Differentialgleichungen für die verrippte Schale aufzustellen und die Lösung mit Hilfe der Differenzengleichungen durchzuführen, was zu einer wesentlich klareren Darstellung führt.

In Tab. 11 sind die zur Aufstellung der Matrizen $\mathfrak{R}$, $\mathfrak{H}$ und $\mathfrak{K}$ unter Berücksichtigung von Ringen und Bohrungen erforderlichen Koeffizienten und nachstehend die drei Matrizen selbst wiedergegeben.

$$\mathfrak{R}_{i,\,i-1}$$

$$\begin{bmatrix} s_{rr} & s_{r\varphi} & 0 & 0 & s_{\omega r} & s_{\vartheta r} & 0 \\ s_{\varphi r} & s_{\varphi\varphi} & 0 & 0 & s_{\omega\varphi} & s_{\vartheta\varphi} & 0 \\ 0 & 0 & s_{rr} & s_{r\varphi} & 0 & 0 & 0 \\ 0 & 0 & s_{\varphi r} & s_{\varphi\varphi} & 0 & 0 & 0 \\ 0 & 0 & 0 & 0 & \left(\frac{r_i}{r_{i-1}}\right)^2 & 0 & 0 \\ 0 & 0 & 0 & 0 & 0 & s_{\vartheta\vartheta} & 0 \\ 0 & 0 & 0 & 0 & 0 & 0 & 1 \end{bmatrix}$$

$$\mathfrak{H}_m = \begin{bmatrix} h_{11} & h_{12} & 0 & 0 & h_{15} & 0 & 0 \\ h_{21} & h_{22} & 0 & 0 & h_{25} & 0 & 0 \\ h_{31} & h_{32} & h_{33} & h_{34} & h_{35} & 0 & h_{37} \\ h_{41} & h_{42} & h_{43} & h_{44} & h_{45} & 0 & h_{47} \\ 0 & 0 & 0 & 0 & 1 & 0 & 0 \\ 0 & 0 & 0 & 0 & 0 & 1 & 0 \\ 0 & 0 & 0 & 0 & 0 & 0 & 1 \end{bmatrix}$$

$$\overset{\mathfrak{K}_m}{\begin{bmatrix} 1 & 0 & 0 & 0 & 0 & 0 & 0 \\ k_r & 1 & -2v\,k_m & 2\,k_m & 0 & 0 & 0 \\ -6\,k_m & 0 & 1 & 0 & 0 & 0 & 0 \\ -6\,v\,k_m & 0 & 0 & 1 & 0 & 0 & 0 \\ 0 & 0 & 0 & 0 & 1 & 0 & 0 \\ 0 & 0 & 0 & 0 & 0 & 1 & 0 \\ 0 & 0 & 0 & 0 & 0 & 0 & 1 \end{bmatrix}} \cdot \overset{\mathfrak{z}_{i-1}}{\begin{bmatrix} \sigma_r \\ \sigma_\varphi \\ \sigma_r^b \\ \sigma_\varphi^b \\ \frac{\gamma}{g}\,\omega^2 r^2 \\ S_\vartheta \\ p \end{bmatrix}}_{i-1}.$$

Die Abschnittsmatrix lautet:

$$\mathfrak{S}_{i,\,i-1} = \overleftarrow{\mathfrak{K}_m \mathfrak{H}_m \mathfrak{R}_{i,\,i-1}},$$

worin wieder

$$S_{\vartheta_{i-1}} = E_{i-1}\,\alpha_{i-1}\,\frac{\vartheta_i - \vartheta_{i-1}}{\frac{r_i}{r_{i-1}} - 1}$$

ist.

Diese Matrizen schließen auch den Fall der Scheibe mit allen Besonderheiten ein: durch Weglassen der Zeilen und Spalten für σ_r^b, σ_φ^b und p und ohne die $\mathfrak{K}$-Matrix zu benutzen, kommt man auf die in A. VI aufgestellten Matrizen für die Scheibe, und ebenso erhält man durch Weglassen der Elemente σ_r, σ_φ und $\frac{\gamma}{g}\,\omega^2 r^2$ die Matrizen zur Berechnung von auf Biegung belasteter Kreisplatten. Selbstverständlich läßt sich auch jede nicht rotierende Schale berechnen, indem man die Elemente für $\frac{\gamma}{g}\,\omega^2 r^2$ und unter Umständen auch diejenigen für die Wärmebelastung wegläßt.

b) Differenzenverfahren. Während beim Stufenverfahren alle Besonderheiten einer Schale fast ausschließlich innerhalb der Sprungstelle, also in der $\mathfrak{H}$-Matrix, berücksichtigt werden mußten, damit die einfache Lösung der Differentialgleichungen der Scheibe gleicher Dicke angewandt werden konnte, lassen sich beim Differenzenverfahren

Tabelle 11

Matrix	Koeff.	glatte Schale	Bohrungszone
$\mathfrak{R}$	s_{rr}	$\frac{1}{2}\left[1+\left(\frac{r_{i-1}}{r_i}\right)^2\right]$	$\frac{r_{i-1}}{r_i}$
	$s_{\varphi\varphi}$	$\frac{1}{2}\left[1+\left(\frac{r_{i-1}}{r_i}\right)^2\right]$	
	$s_{\varphi r}$	$1 - s_{rr}$	$S_{\varphi r} = 2\,\frac{r_{i-1}}{t}\left(1-\frac{r_{i-1}}{r_i}\right)$
	$s_{r\varphi}$	$1 - s_{rr}$	$S_{r\varphi} = 0$
	$s_{\omega r}$	$-\frac{3+\nu}{8}\left(\frac{r_i}{r_{i-1}}\right)^2+\frac{1+\nu}{4}+\frac{1-\nu}{8}\left(\frac{r_{i-1}}{r_i}\right)^2$	0
	$s_{\omega\varphi}$	$-\frac{1+3\nu}{8}\left(\frac{r_i}{r_{i-1}}\right)^2+\frac{1+\nu}{4}-\frac{1-\nu}{8}\left(\frac{r_{i-1}}{r_i}\right)^2$	0
	$s_{\vartheta r}$	$-\frac{1}{3}\,\frac{r_i}{r_{i-1}}+\frac{1}{2}-\frac{1}{6}\left(\frac{r_{i-1}}{r_i}\right)^2$	0
	$s_{\vartheta\varphi}$	$-\frac{2}{3}\,\frac{r_i}{r_{i-1}}+\frac{1}{2}+\frac{1}{6}\left(\frac{r_{i-1}}{r_i}\right)^2$	$\frac{r_{i-1}}{r_i}+\frac{r_i}{r_{i-1}}-2$
	$s_{\vartheta\vartheta}$	$\frac{E_i\,\alpha_i}{E_{i-1}\,\alpha_{i-1}}\;\frac{\vartheta_{i+1}-\vartheta_i}{\vartheta_i-\vartheta_{i-1}}\;\frac{\frac{r_i}{r_{i-1}}-1}{\frac{r_{i+1}}{r_i}-1}$	0

Matrix	Koeff.	glatte Schale	äußere Zusatzlast σ_z	auskragender Ring
$\mathfrak{H}$	h_{11}	$\frac{h_{i-1}+h_i}{h_{i+1}+h_i}$		$-\nu\,b$
	h_{12}			b
	h_{15}		$-\frac{\sigma_z}{\frac{\gamma}{g}\,\omega^2\,r^2}$	$-b$

Tabelle 11. (Fortsetzung)

Matrix	Koeff.	glatte Schale	äußere Zusatzlast σ_z	auskragender Ring
$\mathfrak{H}$	h_{21}	$\nu(h_{11}-1)$		$-\nu^2 b$
	h_{22}	1		νb
	h_{25}		$-\nu \dfrac{\sigma_z}{\frac{\gamma}{g}\omega^2 r^2}$	$-\nu b$
	h_{31}			$-\nu b C$
	h_{32}			$b C$
	h_{33}	h_{11}^2		$-\nu B$
	h_{34}			B
	h_{35}			$-b C$
	h_{37}	$-3\left(\frac{\Delta r}{h}\right)^2$		
	h_{41}			$-\nu^2 b C$
	h_{42}			$\nu b C$
	h_{43}	$\nu\left(h_{11}^2-\frac{1}{h_{11}}\right)$		$-\nu^2 B$
	h_{44}	$\frac{1}{h_{11}}$		νB
	h_{45}			$-\nu b C$
	h_{47}	$-3\nu\left(\frac{\Delta r}{h}\right)^2$		

Tabelle 11. (Fortsetzung)

Matrix	Koeff.	glatte Schale	äußere Zusatzlast σ_z	auskragender Ring
$\mathfrak{K}$	k_m	$\frac{k_{i+1} - k_{i-1}}{(k_i + k_{i-1}) \cos\delta} = \frac{2 \Delta h}{h_{i,2} \cos\delta}$		
	k_τ	$2(1+\nu) \frac{\Delta r}{r_i} \operatorname{tg}^2 \delta$		
				$b = \frac{L_{\text{eff}}}{h_{i,2}} \frac{\Delta r}{r} \cos\delta$ $B = 3 \frac{(2 L_s + h_{i,2})^2 L_{\text{eff}}}{h_{i_2}^3 \cos\delta} \frac{\Delta r}{r} + \left(\frac{L_{\text{eff}}^h}{h_{i,2}}\right)^3 \ln \frac{r_i}{r_{i-1}}$ $C = +/- 3 \left(\frac{2 L_s}{h_{i,2}} + 1\right)$ positiv, wenn Ring auf konvexer Seite der Schale

auch solche Differentialgleichungen verarbeiten, in denen noch von konstruktiven Besonderheiten stammende Glieder vorkommen. Zweifellos ließen sich die in a) aufgestellten Sprunggrößen auch im Differenzenverfahren unterbringen; dies würde aber den zügigen Ablauf der Durchrechnung stören, was wir um so mehr vermeiden wollen, als die Behandlung der Besonderheiten durch Einbeziehen in die Differentialgleichungen das Ergebnis genauer werden läßt. Es ist deshalb unsere Aufgabe, die vollständigen Differentialgleichungen für den Fall mit Zusatzlasten, mit axial auskragenden Ringen und mit radial verlaufenden Rippen aufzustellen und schließlich auch noch einen tangentialspannungsfreien Bereich (ringförmig verteilte Bohrungen) zu erfassen, der eine eigene Behandlung erfordert.

Diese Differentialgleichungen stellen wir für die einzelnen Fälle getrennt auf, formen sie in Differenzengleichungen um und ermitteln aus diesen die Koeffizienten zur Aufstellung der Matrizen. Da beim Differenzenverfahren die Zahl der Variablen nicht begrenzt ist, führen wir auch die Schubspannungen ein; zu diesem Zweck bauen wir auf den Gln. (68) bis (70) auf, die den einzelnen Fällen entsprechend ergänzt werden müssen. Damit die Matrizen nicht zu umfangreich werden, bringen wir die mit dem axialen Druck p zusammenhängenden Koeffizienten bei den Fliehkräften unter; es ist aber nicht schwierig, sie bei Bedarf getrennt zu behandeln, indem man für den Druck ein zusätzliches Element in die Matrix einführt.

Wir schreiben nun die Matrizengleichung in allgemeinster Form an; sie lautet:

$$\begin{bmatrix} b_{11} & b_{12} & 0 & 0 & 0 & b_{16} & 0 \\ b_{21} & b_{22} & b_{23} & b_{24} & b_{25} & 0 & b_{27} \\ b_{31} & b_{32} & b_{33} & b_{34} & b_{35} & b_{36} & 0 \\ 0 & 0 & b_{43} & b_{44} & 0 & b_{46} & 0 \\ b_{51} & b_{52} & 0 & 0 & b_{55} & b_{56} & 0 \\ 0 & 0 & 0 & 0 & 0 & 1 & 0 \\ 0 & 0 & 0 & 0 & 0 & 0 & 1 \end{bmatrix} \cdot \begin{bmatrix} \sigma_l \\ \sigma_\varphi \\ \sigma_l^b \\ \sigma_\varphi^b \\ \tau \\ \frac{\gamma}{g}\,\omega^2 r^2 \\ E\,\alpha\,\vartheta \end{bmatrix}_i$$

$$= \begin{bmatrix} a_{11} & a_{12} & 0 & 0 & 0 & a_{16} & 0 \\ a_{21} & a_{22} & a_{23} & a_{24} & a_{25} & a_{26} & a_{27} \\ a_{31} & a_{32} & a_{33} & a_{34} & a_{35} & a_{36} & 0 \\ a_{41} & 0 & a_{43} & a_{44} & 0 & 0 & 0 \\ a_{51} & a_{52} & 0 & 0 & a_{55} & a_{56} & 0 \\ 0 & 0 & 0 & 0 & 0 & a_{66} & 0 \\ 0 & 0 & 0 & 0 & 0 & 0 & a_{77} \end{bmatrix} \cdot \begin{bmatrix} \sigma_l \\ \sigma_\varphi \\ \sigma_l^b \\ \sigma_\varphi^b \\ \tau \\ \frac{\gamma}{g}\,\omega^2 r^2 \\ E\,\alpha\,\vartheta \end{bmatrix}_{i-1} \tag{120}$$

oder

$$\mathfrak{B}\,\mathfrak{s}_i = \mathfrak{A}\,\mathfrak{s}_{i-1}.$$

In den Matrizen $\mathfrak{B}$ und $\mathfrak{A}$ sind alle Koeffizienten enthalten, die in den verschiedenen Fällen auftreten können; ihre Größe soll nun durch die nachstehenden Betrachtungen ermittelt werden.

Äußere Zusatzlasten. Eine an beliebiger Stelle der Schale angebrachte äußere Zusatzlast muß schon bei der Aufstellung der Gleichgewichtsbedingungen für die Kräfte berücksichtigt werden. Eine solche durch

$$\sigma_z = \frac{P_z}{2\pi\, r_i h_i} \cos\delta$$

gegebene und am Außenrand r_i eines Schalenelementes angreifende Kraft führen wir in die Gleichgewichtsbedingungen ein und erhalten anstelle von Gl. (68)

$$d(\sigma_l\, h\, r\, d\varphi) - \sigma_\varphi\, h\, dl \cdot d\varphi \cos\delta + \tau\, h\, r\, d\varphi\, d\delta + h\, dl \cdot r\, d\varphi \frac{\gamma}{g} r\, \omega^2 \cos\delta + \\ + \sigma_z r_i\, d\varphi\, h_i = 0.$$

Nach Division durch $dl\,d\varphi$ ergibt sich hieraus die neue Differentialgleichung:

$$\frac{d}{dl}(h\,r\,\sigma_l) - h\,\sigma_\varphi \cos\delta + h\,r\,\tau\frac{d\,\delta}{dl} + \frac{\gamma}{g}\,\omega^2 r^2 h\cos\delta + \frac{1}{dl}\,r_i h_i \sigma_z = 0\,. \quad (121)$$

Man beachte, daß in dem Endglied dieser Gleichung die Größen r_i, h_i und σ_z konstante Werte sind, so daß bei der Umformung in die Differenzengleichung für das Endglied der Ausdruck

$$\frac{1}{\Delta l}\,r_i h_i \sigma_z$$

entsteht. Da dieser Ausdruck die Außenrandgrößen der Teilschale enthält, wird er auf die linke Seite der Gleichung gebracht, wo die Glieder mit i stehen. Wir erhalten so den zusätzlichen Koeffizienten

$$b_{16} = \frac{r_i h_i}{\Delta l}\,\frac{\sigma_z}{\frac{\gamma}{g}\,\omega^2 r_i^2} = \frac{P_z}{2\pi\,\Delta l\,\frac{\gamma}{g}\,\omega^2 r_i^2}\,. \quad (122)$$

In gleicher Weise führen wir die Normalkomponente $P_z \sin\delta$ dieser Zusatzlast in die Gleichgewichtsbedingung Gl. (70) für die Kräfte in Schubrichtung ein, wo sie mit

$$\tau_z = \frac{P_z \sin\delta}{2\pi\,r_i h_i}$$

in der Form

$$\tau_z\,r_i\,d\varphi\,h_i$$

auftritt. Die zugehörige Differentialgleichung (75) verändert sich dadurch und wird:

$$\frac{d}{dl}(\tau\,h\,r) - h\,\sigma_\varphi \sin\delta - h\,r\,\sigma_l\frac{d\,\delta}{dl} + \frac{\gamma}{g}\,\omega^2 r^2 h\sin\delta + p\,r + \tau_z\frac{r_i h_i}{dl} = 0\,. \quad (123)$$

Aus dieser Gleichung ziehen wir die beiden Endglieder heraus, da ja auch der Flüssigkeitsdruck p eine äußere Zusatzlast darstellt. Diese Glieder werden in der Differenzengleichung zu:

$$\frac{1}{2}\,p\,(r_i + r_{i-1}) + \frac{r_i h_i}{\Delta l}\,\tau_z\,.$$

Wir setzen die Glieder mit i auf die linke, und diejenigen mit $i-1$ auf die rechte Seite der Gleichung und erhalten damit folgende Koeffizienten:

$$b_{56} = \frac{P_z \operatorname{tg}\delta}{2\pi\,\Delta l\,\frac{\gamma}{g}\,\omega^2 r_i^2} + \frac{r_i\,p_i}{2\,\frac{\gamma}{g}\,\omega^2 r_i^2}\,, \qquad a_{56} = -\frac{r_{i-1}\,p_{i-1}}{2\,\frac{\gamma}{g}\,\omega^2 r_{i-1}^2}\,. \quad (124)$$

Greift die Zusatzlast im Abstand k vom Flächenschwerpunkt des betreffenden Schnittes an, so erzeugt sie am Schalenelement ein Moment von der Größe

$$M_z = \sigma_z\,r_i\,d\varphi\,h_i\,k\,.$$

Die Gleichgewichtsbedingung (69) ändert sich damit in

$$d\left(\sigma_l^b \frac{h^2}{6} r\, d\varphi\right) - \sigma_\varphi^b \frac{h^2}{6} dl\, d\varphi \cos\delta + \tau\, h\, dl \cdot r\, d\varphi \frac{\sin d\delta}{d\delta} + \sigma_z r_i\, d\varphi\, h_i\, k = 0\,.$$

Diese Bedingung führt, mit $dl\, d\varphi$ dividiert, auf die neue Differentialgleichung

$$\frac{d}{dl}(h^2 r \sigma_l^b) - h^2 \sigma_\varphi^b \cos\delta + 6 h r \tau \frac{\sin d\delta}{d\delta} + 6 \frac{r_i h_i}{dl} k \sigma_z = 0\,. \tag{125}$$

Das Endglied dieser Gleichung liefert dann den zusätzlichen Koeffizienten

$$b_{36} = 6 \frac{r_i h_i}{\Delta l} k \frac{\sigma_z}{\frac{\gamma}{g} \omega^2 r_i^2}\,, \tag{126}$$

bei welchem beachtet werden muß, daß die Größe k positiv oder negativ sein kann, je nach der Seite, auf welcher die Zusatzlast angreift.

Radialspannungsfreie Ringzone. Wir stellen zunächst wieder die Gleichgewichtsbedingung für die längsgerichteten Kräfte in einer Zone

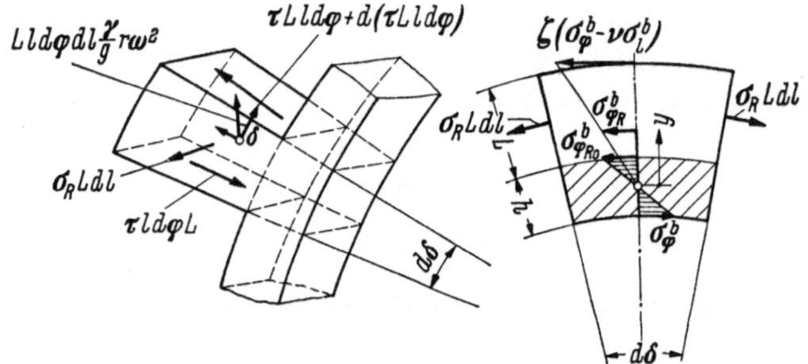

Abb. 81. Kräfte und Spannungen im auskragenden Ring[1]

auf, innerhalb der sich ein seitlich der Schale angebrachter Ring befindet. Ist L die axiale Länge dieses Ringes, in welchem die Ringspannung

$$\sigma_{\varphi_R} = \sigma_\varphi - \nu\, \sigma_l$$

herrscht, so lautet die Gleichgewichtsbedingung der Kräfte in Längsrichtung nach Abb. 60 und 81:

$$d(\sigma_l h\, r\, d\varphi) - \sigma_\varphi h\, dl\, d\varphi \cos\delta + \tau\, h\, r\, d\varphi\, d\delta - (\sigma_\varphi - \nu\,\sigma_l) L\, dl\, d\varphi \cos\delta +$$
$$+ \tau L\, r\, d\varphi\, d\delta + \frac{\gamma}{g} r\, d\varphi\, (h + L)\, dl\, r\, \omega^2 \cos\delta = 0\,.$$

Nach Division durch $dl\, d\varphi$ erhalten wir die Differentialgleichung

$$\frac{d}{dl}(\sigma_l r h) + \nu L \sigma_l \cos\delta - (h + L)\sigma_\varphi \cos\delta + (h + L) r \tau \frac{d\delta}{dl} +$$
$$+ (h + L) \frac{\gamma}{g} \omega^2 r^2 \cos\delta = 0\,. \tag{127}$$

[1] In Abb. 81 ist $l\, d\varphi$ durch $r\, d\varphi$ zu ersetzen.

Um die Bedingung für das Gleichgewicht der Momente um die Tangentenrichtung aufstellen zu können, ermitteln wir das Integral der Momente über den ganzen Querschnitt, einschließlich des Ringes. An der Nahtstelle zwischen Ring und Schale ist die Biegespannung auf der Seite des radialspannungsfreien Ringes

$$\sigma^b_{\varphi_{R_0}} = \sigma^b_\varphi - \nu\,\sigma^b_l .$$

Nach Abb. 81 gilt für eine beliebige Stelle des Ringes, die von der Schalenmitte den Abstand y hat,

$$\frac{\sigma^b_{\varphi_R}}{\sigma^b_{\varphi_{R_0}}} = \frac{y}{\frac{h}{2}} \quad \text{und damit} \quad \sigma^b_{\varphi_R} = \frac{2y}{h}(\sigma^b_\varphi - \nu\,\sigma^b_l).$$

Das Moment um die Längsrichtung bezüglich der Schalenmitte ist:

$$dM_1 = \sigma^b_{\varphi_R}\,dy\,dl\,y = 2\frac{y^2}{h}(\sigma^b_\varphi - \nu\,\sigma^b_l)\,dy\,dl,$$

und dasjenige, das von den Tangentialspannungen in der Schale verursacht wird:

$$dM_2 = \sigma_{\varphi_S}\,dy\,dl\,y = 2\frac{y^2}{h}\sigma^b_\varphi\,dy\,dl .$$

Damit können wir die Integrale dieser beiden Momente über den jeweiligen Querschnitt bilden und erhalten so das Gesamtmoment

$$M_\varphi = \int dM_1 + \int dM_2 = 2\frac{dl}{h}\int\limits_{\frac{h}{2}}^{L+\frac{h}{2}} (\sigma^b_\varphi - \nu\,\sigma^b_l)\,y^2\,dy + 2\frac{dl}{h}\int\limits_{-\frac{h}{2}}^{+\frac{h}{2}} \sigma^b_\varphi\,y^2\,dy .$$

σ^b_φ und σ^b_l stellen die Biegespannungen an den Schalenbegrenzungsflächen dar und sind somit von y unabhängig. Nach Auflösung der Integrale und Einsetzen der Integralgrenzen erhalten wir hieraus:

$$M_\varphi = \sigma^b_\varphi\left[\left(1 + 2\frac{L}{h}\right)^3 + 1\right]\frac{h^2}{12}\,dl - \nu\,\sigma^b_l\left[\left(1 + 2\frac{L}{h}\right)^3 - 1\right]\frac{h^2}{12}\,dl .$$

Führt man hier die Abkürzung

$$\zeta = \frac{1}{2}\left[\left(1 + 2\frac{L}{h}\right)^3 - 1\right]$$

ein, so vereinfacht sich der Ausdruck zu

$$M_{\varphi_1} = \frac{h^2}{6}\left[(\zeta + 1)\,\sigma^b_\varphi - \nu\,\zeta\,\sigma^b_l\right]dl . \tag{128}$$

Ein weiteres Moment wird durch die Radialkomponente der im Ring herrschenden Zugspannungen verursacht, weil diese im Abstand $\frac{1}{2}(L+h)$ von der Schalenmittelfläche wirken. Dieses Moment ist positiv oder negativ, je nachdem auf welcher Seite sich der Ring befindet; auf der konvexen Seite der Schale üben die radial nach innen gerichteten Spannungskomponenten ein Moment aus, das die von den Fliehspannungen erzeugten Momente unterstützt, weshalb wir es in diesem Fall als positiv einsetzen. Die Größe dieses Momentes ist:

$$M_{\varphi_2} = \left(\sigma_\varphi - \nu\,\sigma_l - \frac{\gamma}{g}\,\omega^2 r^2\right) L\,dl\,\frac{L+h}{2}. \tag{129}$$

Nimmt man nun noch vereinfachend an, daß die Schubspannungen $\tau_{(\mathrm{mi})}$ auch im Ring herrschen, so lautet die Gleichgewichtsbedingung der Momente um die Tangentenrichtung:

$$d\,M - M_{\varphi_1}\,d\varphi\cos\delta \underset{(-)}{+} M_{\varphi_2}\,d\varphi\cos\delta + \tau\,(h+L)\,dl\cdot r\,d\varphi\,\frac{\sin d\,\delta}{d\,\delta} = 0, \tag{130}$$

oder, wenn die einzelnen Ausdrücke für die Teilmomente eingesetzt werden:

$$d\left(\sigma_l^b\,r\,d\varphi\,\frac{h^2}{6}\right) - \frac{h^2}{6}\,[(\zeta+1)\,\sigma_\varphi^b - \nu\,\zeta\,\sigma_l^b]\,dl\,d\varphi\cos\delta \pm$$

$$\pm\left(\sigma_\varphi - \nu\,\sigma_l - \frac{\gamma}{g}\,\omega^2 r^2\right) L\,dl\,\frac{L+h}{2}\,d\varphi\cos\delta + \tau\,(h+L)\,dl\cdot r\,d\varphi\,\frac{\sin d\,\delta}{d\,\delta} = 0,$$

woraus sich schließlich die Differentialgleichung

$$\frac{d}{dl}\,(r\,h^2\sigma_l^b) - h^2\sigma_\varphi^b\cos\delta - \zeta\,h^2\sigma_\varphi^b\cos\delta + \nu\,\zeta\,h^2\sigma_l^b\cos\delta -$$

$$- 3\nu\,L\,(L+h)\,\sigma_l\cos\delta + 3L\,(L+h)\,\sigma_\varphi\cos\delta + 6\,(L+h)\,r\,\tau\,\frac{\sin d\,\delta}{d\,\delta} -$$

$$- 3\,(L+h)\,L\,\frac{\gamma}{g}\,\omega^2 r^2\cos\delta = 0 \tag{131}$$

ergibt.

Wir stellen nun noch die Gleichgewichtsbedingung der Kräfte in Richtung der Schubspannungen auf; mit den Bezeichnungen von Abb. 81 lautet diese

$$d\,[r\,d\varphi\,(h+L)\,\tau] - [\sigma_\varphi\,h\,dl\,d\varphi + (\sigma_\varphi - \nu\,\sigma_l)\,L\,dl\,d\varphi]\sin\delta -$$

$$- \sigma_l\,h\,r\,d\varphi\,d\delta + \frac{\gamma}{g}\,r\,d\varphi\,(h+L)\,dl\,r\,\omega^2\sin\delta = 0,$$

woraus wir die dritte Differentialgleichung für die Schale mit angebautem Ring erhalten:

$$\frac{d}{dl}\,[(h+L)\,r\,\tau] - (h+L)\,\sigma_\varphi\sin\delta + \nu\,L\,\sigma_l\sin\delta -$$

$$- h\,r\,\sigma_l\,\frac{d\,\delta}{dl} + \frac{\gamma}{g}\,\omega^2 (h+L)\,r^2\sin\delta = 0. \tag{132}$$

Da sich an den Beziehungen zwischen den Spannungen in der Schale und den Dehnungen bzw. den Neigungen durch den Ring nichts ändert, stellen die Differentialgleichungen (72) und (74) zusammen mit den Gln. (127), (131) und (132) die fünf Differentialgleichungen der Schale mit seitlich auskragendem Ring dar. Die Umformung in Differenzengleichungen werden wir gemeinsam mit derjenigen für die übrigen Besonderheiten vornehmen.

Die beschriebene Ableitung wurde für den kegeligen Ring nach Abb. 81 durchgeführt, dessen halber Kegelwinkel δ_R gleich dem Schalenneigungswinkel δ ist; sind diese Winkel nicht gleich, was insbesondere bei dem häufig vorkommenden zylindrischen Ring der Fall ist, so muß die Ringlänge L durch $L\cos(\delta - \delta_R)$ in allen Gliedern mit Ausnahme derjenigen ersetzt werden, die von der im Ring herrschenden tangentialen Spannung σ_R herrühren, die wegen der Gleichheit der radialen Verschiebungen in Ring und Schale:

$$\sigma_R = \sigma_\varphi - \nu\,\sigma_l$$

unverändert bleiben. Auf die Wiedergabe der entsprechenden Gleichungen kann verzichtet werden; bei der Aufstellung der Koeffizienten (Anlage III) wurde aber der Fall des beliebigen, kegeligen Rings berücksichtigt.

Radiale Rippen.[1] Wir stellen zunächst wieder die Gleichgewichtsbedingung der Kräfte in Längsrichtung auf; dabei beachten wir, daß die Längsspannung in der tangentialspannungsfreien Rippe

$$\sigma_R = \sigma_l - \nu\,\sigma_\varphi$$

ist. Mit der Ersatzdicke

$$h' = z\,\frac{F_R}{2\pi r}$$

für die als gleichmäßig über den Umfang verteilt angenommene Fläche F_R der Rippen, deren Anzahl $= z$ ist, erhalten wir nach Abb. 82 die Gleichgewichtsbedingung

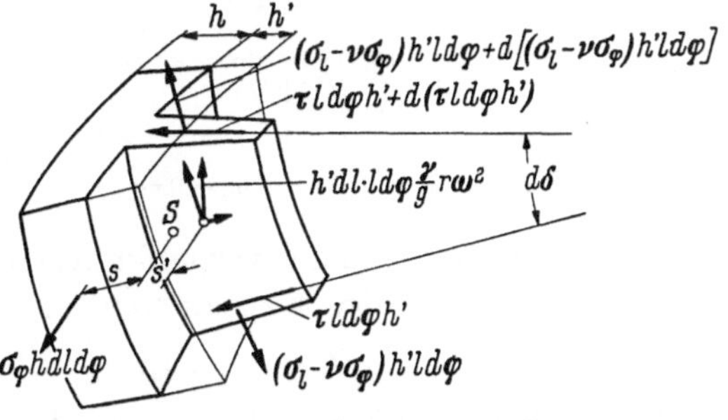

Abb. 82. Kräfte am verrippten Schalenelement[2]

$$d(\sigma_l h r\,d\varphi) - \sigma_\varphi h\,dl\,d\varphi\cos\delta + \tau h r\,d\varphi\,d\delta + d[(\sigma_l - \nu\,\sigma_\varphi)\,r\,d\varphi\,h'] + \\ + \tau h' r\,d\varphi\,d\delta + (h + h')\,dl\cdot r\,d\varphi\,\frac{\gamma}{g}\,\omega^2 r\cos\delta = 0,$$

und, wenn man wieder durch $dl\,d\varphi$ dividiert, die Differentialgleichung:

$$\frac{d}{dl}\,[r(h + h')\,\sigma_l] - \nu\,\frac{d}{dl}\,(r\,h'\,\sigma_\varphi) - h\,\sigma_\varphi\cos\delta + (h + h')\,r\,\tau\,\frac{d\delta}{dl} + \\ + (h + h')\,\frac{\gamma}{g}\,\omega^2 r^2\cos\delta = 0. \quad (133)$$

Die Gleichgewichtsbedingung für die Momente um die Tangentenrichtung ist wieder

$$dM_l - M_\varphi\,d\varphi\cos\delta - dM = 0.$$

[1] Siehe auch F. Jaburek: Die Festigkeit von radial beschaufelten Laufrädern. Öst. Ing.-Arch. VI, Nr. 3 (1953).

[2] In Abb. 82 ist $l\,d\varphi$ durch $r\,d\varphi$ zu ersetzen.

Mit dem auf die Längeneinheit in Umfangsrichtung bezogenen Widerstandsmoment w des verrippten Querschnittes wird:

$$M_l = \sigma_l^b \, r \, d\varphi \, w,$$

$$M_\varphi = \sigma_\varphi^b \, dl \, \frac{h^2}{6}.$$

Nach Abb. 82 wird ferner:

$$dM = \tau \, r \, d\varphi \, h \, dl \frac{\sin d\delta}{d\delta} + \tau \, r \, d\varphi \, h' \, dl' \frac{\sin d\delta}{d\delta} - \sigma_\varphi \, h \, dl \, d\varphi \, s \cos\delta + \\ + d(\sigma_l \, r \, d\varphi \, h \, s) - d[(\sigma_l - \nu \, \sigma_\varphi) \, r \, d\varphi \, h' \, s'].$$

In diesem Ausdruck stellen die ersten beiden Glieder die Momente infolge der Schubkräfte in Schale und Rippe dar; das dritte Glied ist das durch die Radialkomponente der Tangentialspannungen in der Schale bezüglich dem Flächenschwerpunkt des Gesamtquerschnitts erzeugte Moment, und die letzten beiden Glieder verkörpern die Zuwachse der von den längsgerichteten Kräften in bezug auf den Schwerpunkt hervorgerufenen Momente. Faßt man diese beiden Glieder zusammen, so erhält man

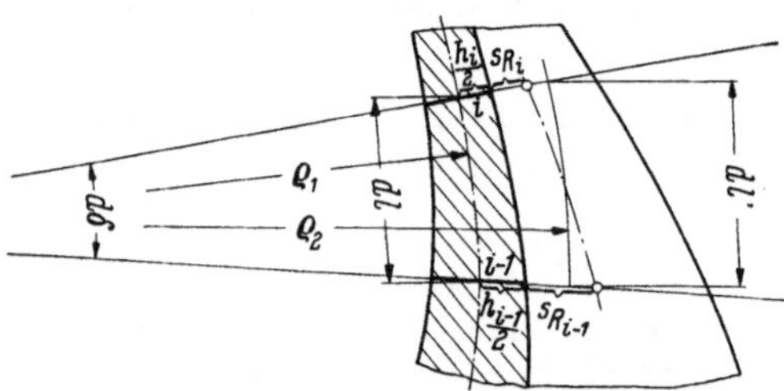

Abb. 83. Bestimmung der mittleren Rippenlänge dl'

$$d\{\sigma_l[r \, d\varphi(h \, s - h' \, s')]\} - \nu \, d(\sigma_\varphi \, r \, d\varphi \, h' \, s');$$

der Ausdruck $(h \, s - h' \, s')$ wird wegen der Gleichheit der statischen Momente um den Schwerpunkt zu Null, so daß wir für dM den Ausdruck

$$dM = \tau[r \, d\varphi(h \, dl + h' \, dl')] \frac{\sin d\delta}{d\delta} - \sigma_\varphi \, h \, dl \, d\varphi \, s - \nu \, d(\sigma_\varphi \, r \, d\varphi \, h' \, s') \qquad (134)$$

bekommen.

Die in Gl. (134) erscheinende Größe dl' ist die mittlere Länge der Rippe, die λmal so groß ist wie die zugehörige Länge dl der Schale, jeweils in dem betrachteten Element. Der Faktor λ kann aus den geometrischen Beziehungen abgeleitet werden; mit den Bezeichnungen von Abb. 83 ergibt sich

$$\varrho_2 = \varrho_1 + \frac{1}{2}\left(\frac{h_{i-1} + h_i}{2} + s_{R_{i-1}} - s_{R_i}\right),$$

$$dl' = \varrho_2 \, d\delta, \qquad \varrho_1 = \frac{dl}{d\delta},$$

$$dl' = dl + \frac{1}{2}\left(\frac{h_{i-1} + h_i}{2} + s_{R_{i-1}} + s_{R_i}\right) d\delta,$$

$$\lambda \approx \frac{\Delta l'}{\Delta l} = 1 + \frac{1}{2}\left(\frac{h_{i-1} + h_i}{2} + s_{R_{i-1}} + s_{R_i}\right)\frac{\Delta\delta}{\Delta l}, \qquad (135)$$

worin $s_{R_{i-1}}$ und s_{R_i} die Abstände der Rippenschwerpunkte von der Schalenbegrenzungsfläche an den Stellen $i-1$ und i bedeuten.

Ebenso können wir den im Ausdruck für dM vorkommenden Abtand s' des Rippenschwerpunktes vom Gesamtschwerpunkt durch

$$s' = s_R - s + \frac{h}{2} \tag{136}$$

ersetzen, damit er in den auch an anderer Stelle benötigten Größen ausgedrückt wird.

Wir erhalten damit für das Gleichgewicht der Momente:

$$d(r\,d\varphi\,w\,\sigma_l^b) - \frac{h^2}{6}\sigma_\varphi^b\,dl\,d\varphi\cos\delta + (h+\lambda h')\,dl\cdot r\,d\varphi\,\tau\frac{\sin d\delta}{d\delta} - \\ - h\,dl\,\sigma_\varphi\,d\varphi\,s\cos\delta + \nu\,d(r\,h'\,s'\,\sigma_\varphi\,d\varphi) = 0 \tag{137}$$

und nach Division durch $dl\,d\varphi$ die Differentialgleichung:

$$6\frac{d}{dl}(\sigma_l^b\,r\,w) - h^2\sigma_\varphi^b\cos\delta + 6(h+\lambda h')\,r\,\tau\frac{\sin d\delta}{d\delta} - \\ - 6\sigma_\varphi\,h\,s\cos\delta + 6\nu\frac{d}{dl}(r\,h'\,s'\,\sigma_\varphi) = 0. \tag{138}$$

Die Gleichgewichtsbedingung der Kräfte in Schubrichtung läßt sich nach Abb. 82 mit Abb. 60 sofort anschreiben; sie lautet:

$$d[\tau\,r\,d\varphi(h+h')] - \sigma_\varphi\,h\,dl\,d\varphi\sin\delta - \sigma_l\,h\,r\,d\varphi\,d\delta - \\ - h'\,r\,d\varphi(\sigma_l - \nu\,\sigma_\varphi)\,d\delta + (h+h')\,dl\,r\,d\varphi\frac{\gamma}{g}r\,\omega^2\sin\delta + p\,r\,d\varphi\,dl = 0,$$

woraus sich die Differentialgleichung

$$\frac{d}{dl}[r(h+h')\tau] - (h+h')\,r\,\sigma_l\frac{d\delta}{dl} - h\,\sigma_\varphi\sin\delta + \\ + \nu\,h'\,r\,\sigma_\varphi\frac{d\delta}{dl} + (h+h')\frac{\gamma}{g}\omega^2 r^2\sin\delta + p\,r = 0 \tag{139}$$

ergibt.

Die Gln. (133), (138) und (139) beherrschen zusammen mit den Spannungs-Dehnungs-Beziehungen (72) und (74) das Problem der Schale mit radialen Rippen. Die für die Lösung interessierenden Differenzengleichungen werden wir am Schluß dieser Betrachtungen aufstellen.

Ringförmig verteilte Bohrungen. Da wir eine Bohrungszone als tangentialspannungsfrei betrachten, können wir die Spannungen an der Stelle i ohne Differentialgleichungen durch diejenigen an der Stelle $i-1$ ausdrücken. Die für die Zugspannungen geltenden Beziehungen übernehmen wir aus früheren Ableitungen (s. S. 163); sie lauten in der für die Matrizenrechnung geeigneten Form:

$$\sigma_{l_i} = \frac{r_{i-1}}{r_i}\,\frac{h_{i-1}}{h_i}\,\sigma_{l_{i-1}} - \frac{r_{i-1}}{r_i}\,\frac{h_{i-1}}{h_i}\,\sigma_{\mathrm{sp}}, \tag{140}$$

$$\sigma_{\varphi_i} = \frac{r_{i-1}}{r_i}\,\sigma_{\varphi_{i-1}} + \frac{r_{i-1}}{r_i}\left[\nu\left(\frac{h_{i-1}}{h_i} - 1\right) + 2\,\frac{h_{i-1}}{h_{\mathrm{sp}}}\,\frac{r_i - r_{i-1}}{t}\right]\sigma_{l_{i-1}} - \\ - \frac{r_{i-1}}{r_i}\,\frac{h_{i-1}}{h_i}\,\frac{(r_i - r_{i-1})}{t}\,\frac{h_i}{h_{\mathrm{sp}}}\,\sigma_{z_{\mathrm{sp}}}\cos\delta + \frac{r_i - r_{i-1}}{r_i}\,E_i\,\alpha_i(\vartheta_i - \vartheta_{i-1}). \tag{141}$$

Hierin sind die Größen $\sigma_{z_{\mathrm{sp}}}$ und t durch folgende Ausdrücke gegeben:

$$\sigma_{z_{\mathrm{sp}}} = \frac{P_{\mathrm{sp}} + P_{\mathrm{schr}}}{2\pi\, r\, h_{\mathrm{sp}}}\cos\delta,$$

$$t = r_i + r_{i-1} - (r_i - r_{i-1})\,\frac{n}{4}.$$

P_{sp} und P_{schr} sind die Fliehkräfte der „Speichen" und der Schrauben.

Die Biegespannungen an der Stelle i erhalten wir durch eine Betrachtung, wie wir sie bei der Biegung der Scheiben angestellt haben; jedoch drücken wir nunmehr das durch die Speichenkräfte erzeugte Moment durch die Schubspannung aus:

$$M_{\mathrm{sp}} = \tau_i\, h_i\, 2\pi\, r_i\, \Delta l = \frac{r_{i-1}\, h_{i-1}}{r_i\, h_i}\, h_i\, 2\pi\, r_i\, \Delta l\, \tau_{i-1}.$$

Damit erhält man die Biegespannung an der Stelle i zu

$$\sigma^b_{l_i} = \frac{r_{i-1}\, h^2_{i-1}}{r_i\, h^2_i}\,\sigma^b_{l_{i-1}} - 6\,\frac{r_{i-1}\, h_{i-1}}{r_i\, h^2_i}\,\Delta l\, \tau_{i-1}. \tag{142}$$

Durch Betrachtung der Neigung an der Stelle i, die wir wie bei der Biegung der Scheiben (s. S. 139) mit

$$\psi_i = \psi_{i-1} + \Delta\psi$$

ansetzen, worin $\Delta\psi$ die Neigungsänderung innerhalb der Speiche ist, kommen wir mit

$$\Delta\psi = \frac{\sigma^b_{l_{i-1}} - 2\pi\, r_{i-1}\,\frac{h^2_{i-1}}{6} + \sigma_{l_i}\, 2\pi\, r_i\,\frac{h^2_i}{6}}{2E\,\pi\, t\,\frac{h^3_{\mathrm{sp}}}{12}}$$

und

$$\psi_{i-1} = \frac{2r_{i-1}}{E\, h_{i-1}}\left(\sigma^b_{\varphi_{i-1}} - \nu\,\sigma^b_{l_{i-1}}\right),$$

$$\psi_i = \frac{2r_i}{E\, h_i}\left(\sigma^b_{\varphi_i} - \nu\,\sigma^b_{l_i}\right)$$

auf

$$\frac{2r_i}{E\, h_i}\left(\sigma^b_{\varphi_i} - \nu\,\sigma^b_{l_i}\right) = \frac{2r_{i-1}}{E\, h_{i-1}}\left(\sigma^b_{\varphi_{i-1}} - \nu\,\sigma^b_{l_{i-1}}\right) + \frac{2\Delta l}{E\, t\, h^3_{\mathrm{sp}}} \times \\ \times \left(r_{i-1}\, h^2_{i-1}\,\sigma^b_{l_{i-1}} + r_i\, h^2_i\,\sigma^b_{l_i}\right),$$

was mit dem Ausdruck (142) für $\sigma^b_{l_i}$ nach geeigneter Umformung auf

$$\sigma^b_{\varphi_i} = \frac{r_{i-1} h_{i-1}}{r_i h_i} \sigma^b_{\varphi_{i-1}} + \left[2 \frac{\Delta l}{t} \frac{h^2_{i-1} h_i}{h^3_{sp}} + \nu \left(\frac{h^2_{i-1}}{h^2_i} - \frac{h_i}{h_{i-1}}\right)\right] \frac{r_{i-1}}{r_i} \sigma^b_{l_{i-1}} - $$

$$- 6 \frac{r_{i-1}}{r_i} \frac{h_{i-1}}{h_i} \Delta l \left(\frac{\Delta r}{t} \frac{h^3_i}{h^3_{sp}} + \nu\right) \tau_{i-1} \tag{143}$$

führt.

Die Gln. (140) bis (143) lassen sich in einfacher Weise als Matrizengleichungen schreiben. Wir ersetzen die Ausgangsgleichungen durch

$$\left.\begin{aligned}
\sigma_{l_i} &= a_{11} \sigma_{l_{i-1}} + a_{16} \frac{\gamma}{g} \omega^2 r^2, \\
\sigma_{\varphi_i} &= a_{21} \sigma_{l_{i-1}} + a_{22} \sigma_{\varphi_{i-1}} + a_{26} \frac{\gamma}{g} \omega^2 r^2 + a_{27} E \alpha \vartheta, \\
\sigma^b_{l_i} &= a_{33} \sigma^b_{l_{i-1}} + a_{35} \tau_{i-1}, \\
\sigma^b_{\varphi_i} &= a_{43} \sigma^b_{l_{i-1}} + a_{44} \sigma^b_{\varphi_{i-1}} + a_{45} \tau_{i-1}, \\
\tau_i &= a_{55} \tau_{i-1}
\end{aligned}\right\} \tag{144}$$

und stellen die entsprechende Matrizengleichung auf:

$$\begin{bmatrix} 1 & 0 & 0 & 0 & 0 & 0 & 0 \\ 0 & 1 & 0 & 0 & 0 & 0 & 0 \\ 0 & 0 & 1 & 0 & 0 & 0 & 0 \\ 0 & 0 & 0 & 1 & 0 & 0 & 0 \\ 0 & 0 & 0 & 0 & 1 & 0 & 0 \\ 0 & 0 & 0 & 0 & 0 & 1 & 0 \\ 0 & 0 & 0 & 0 & 0 & 0 & 1 \end{bmatrix} \cdot \begin{bmatrix} \sigma_l \\ \sigma_\varphi \\ \sigma^b_l \\ \sigma^b_\varphi \\ \tau \\ \frac{\gamma}{g} \omega^2 r^2 \\ E \alpha \vartheta \end{bmatrix}_i$$

$$= \begin{bmatrix} a_{11} & 0 & 0 & 0 & 0 & a_{16} & 0 \\ a_{21} & a_{22} & 0 & 0 & 0 & a_{26} & 0 \\ 0 & 0 & a_{33} & 0 & a_{35} & 0 & 0 \\ 0 & 0 & a_{43} & a_{44} & a_{45} & 0 & 0 \\ 0 & 0 & 0 & 0 & a_{55} & 0 & 0 \\ 0 & 0 & 0 & 0 & 0 & a_{66} & 0 \\ 0 & 0 & 0 & 0 & 0 & 0 & a_{77} \end{bmatrix} \cdot \begin{bmatrix} \sigma_l \\ \sigma_\varphi \\ \sigma^b_l \\ \sigma^b_\varphi \\ \tau \\ \frac{\gamma}{g} \omega^2 r^2 \\ E \alpha \vartheta \end{bmatrix}_{i-1}. \tag{145}$$

Diese Gleichung tritt für den Bereich von ringförmig verteilten Bohrungen an die Stelle der Matrizengleichung (121).

Die zur Berücksichtigung von Bohrungen hergeleiteten Gleichungen und die daraus entnommenen Koeffizienten a_{jk} dürfen nicht in solchen

Fällen angewandt werden, wo sich Bohrungen zwischen den Rippen befinden. Da dieser Fall wohl selten auftritt, sei die erwähnte Anordnung von Bohrungen ausdrücklich aus dieser Berechnung ausgenommen. Die Aufstellung auch hiefür gültiger Koeffizienten bereitet zwar keinerlei Schwierigkeiten, nur werden sie wesentlich komplizierter als die bereits gefundenen, weshalb wir auf die Darstellung einer solchen allgemeinen Betrachtung für die Bohrungszone verzichten.

Zusammenstellung. Wir schreiben nun die Differentialgleichungen in einer allgemeinen Form an, die gleichermaßen für den Fall von Zusatzlasten, von Ringen und von Rippen gültig ist. Zu diesem Zweck fügen wir die dem jeweiligen Spezialfall eigenen Glieder den Ausgangsgleichungen (71), (73) und (75) bei, was wegen der vollständig gleichartigen Herleitung aus den Gleichgewichtsbedingungen zulässig ist. Damit erhalten wir die fünf Differentialgleichungen (146) bis (150):

$$\frac{d}{dl}[r(h+h')\sigma_l] + \nu L \sigma_l \cos\delta - \nu \frac{d}{dl}(r h' \sigma_\varphi) - (h+L)\sigma_\varphi \cos\delta + $$
$$+ (h+h'+L) r \tau \frac{d\delta}{dl} + (h+h'+L)\frac{\gamma}{g}\omega^2 r^2 \cos\delta +$$
$$+ \frac{1}{dl} r_i h_i \sigma_z = 0, \qquad (146)$$

$$\nu \frac{d\sigma_l}{dl} + \frac{1+\nu}{r}\sigma_l \cos\delta - \frac{d\sigma_\varphi}{dl} - \frac{1+\nu}{r}\sigma_\varphi \cos\delta - 2\frac{\nu}{h}\sin\delta\,\sigma_l^b +$$
$$+ \frac{2}{h}\sin\delta\,\sigma_\varphi^b + \frac{2(1+\nu)}{r}\sin\delta - E\alpha\frac{d\vartheta}{dl} = 0, \qquad (147)$$

$$-3\nu(h+L) L \sigma_l \cos\delta + [3(h+L)L - 6hs]\sigma_\varphi \cos\delta + 6\nu\frac{d}{dl}(r h' s' \sigma_\varphi) +$$
$$+ 6\frac{d}{dl}(r w \sigma_l^b) + \nu h^2 \zeta \sigma_l^b \cos\delta - h^2(1+\zeta)\sigma_\varphi^b \cos\delta + 6\frac{\sin d\delta}{d\delta} r(h+\lambda h'+L)\tau -$$
$$- 3(h+L) L \frac{\gamma}{g}\omega^2 r^2 \cos\delta - 6(k_0 - s)\frac{r_i h_i}{dl}\sigma_z = 0, \qquad (148)$$

$$\nu \frac{d}{dl}\left(\frac{1}{h}\sigma_l^b\right) + \frac{1+\nu\cos\delta}{hr}\sigma_l^b - \frac{d}{dl}\left(\frac{1}{h}\sigma_\varphi^b\right) - \frac{\cos\delta+\nu}{hr}\sigma_\varphi^b -$$
$$- \frac{E\alpha}{2}\frac{d}{dl}\left(\frac{\Delta\vartheta}{h}\right) = 0, \qquad (149)$$

$$\nu L \sin\delta\,\sigma_l - (h+h') r \sigma_l \frac{d\delta}{dl} - (h+L)\sin\delta\,\sigma_\varphi +$$
$$+ \nu h' r \sigma_\varphi \frac{d\delta}{dl} + \frac{d}{dl}[r(h+h'+L)\tau] + p r +$$
$$+ (h+h'+L)\frac{\gamma}{g}\omega^2 r^2 \sin\delta + \frac{r_i h_i}{dl}\tau_z = 0. \qquad (150)$$

Diese Gleichungen formen wir in bekannter Weise in Differenzengleichungen um, verzichten aber auf die langweilige Wiedergabe derselben und schreiben gleich die Koeffizienten b_{jk} an, die bei den Spannungen σ_{l_i}, σ_{φ_i}, $\sigma^b_{l_i}$, $\sigma^b_{\varphi_i}$ und τ_i auf der linken Seite, und die Koeffizienten a_{jk}, die bei den Spannungen $\sigma_{l_{i-1}}$, $\sigma_{\varphi_{i-1}}$, $\sigma^b_{l_{i-1}}$, $\sigma^b_{\varphi_{i-1}}$ und τ_{i-1} auf der rechten Seite der Gleichungen stehen. Diese Koeffizienten sind in Tab. 12 (Anlage III) in übersichtlicher Form zusammengestellt, ihre Bezeichung entspricht der Matrizengleichung in Tab. 13. Die Koeffizienten wurden für die glatte Schale und für die verschiedenen Spezialfälle getrennt angeschrieben, so daß sich der gesamte Koeffizient als Summe der Teilwerte ergibt.

Die Tabelle der Koeffizienten (Anlage III) gilt für Matrizen mit acht Elementen; in ihnen ist auch ein Temperaturgradient in Querrichtung einbezogen. Die Zahl der Elemente kann auf sieben und äußerstenfalls auf sechs verringert werden, wenn ein Temperaturgradient in Querrichtung nicht zu berücksichtigen ist bzw. wenn auch der Gradient in Schalenlängsrichtung zu Null wird. Von dieser Möglichkeit wird man insbesondere dann Gebrauch machen, wenn die Anzahl der

Tabelle 13

$$b_{z_1} = \frac{G r_s}{2\pi \Delta l \gamma r_i^2}, \qquad b_{z_2} = \frac{P_{ax}}{2\pi \Delta l \frac{\gamma}{g} \omega^2 r_i^2}, \qquad h' = \frac{h_R(a+b)}{4\pi r} z,$$

$$\zeta = \left\{\frac{1}{2}\left[\left(1 + 2\frac{L_x}{h}\right)^3 - 1\right] + \frac{1}{2}\left[\left(1 + 2\frac{L_v}{h}\right)^3 - 1\right]\right\}\cos^2\delta_*, \quad \text{(L_x und L_v sind effektive Längen)}$$

für Rippen mit trapezförmigem Querschnitt nach Abb. 85b:

$$\lambda = 1 + \frac{1}{2}\left(\frac{h_i}{2} + \frac{h_{i-1}}{2} + s_{R_i} + s_{R_{i-1}}\right)\frac{\Delta\delta}{\Delta l},$$

$$s_R = \frac{h_R}{3}\,\frac{a+2b}{a+b},$$

$$s = \frac{h_R(a+b)\left(s_R + \frac{h}{2}\right)}{h_R(a+b) + \frac{4\pi r h}{z}},$$

$$s' = s_R - s + \frac{h}{2},$$

$$w = \frac{\frac{2\pi r h}{z}\left(\frac{h^2}{12} + s^2\right) + \frac{h_R^3}{36}\,\frac{a^2+4ab+b^2}{a+b} + \frac{a+b}{2} h_R s'^2}{\frac{2\pi r}{z}\left(s + \frac{h}{2}\right)},$$

$$c = \frac{\sigma_{sp}}{\frac{\gamma}{g}\omega^2 r_{i-1}^2} = \frac{h_{mi}\, t\, \Delta l + \frac{G_{schr}}{\pi\gamma}}{4 r_{i-1}^2 h_{i-1}}\left(1 + \frac{r_i}{r_{i-1}}\right)\cos\delta,$$

$$h_{mi} = \frac{1}{2}(h_{i-1} + h_i), \qquad t = r_i + r_{i-1} - \frac{n}{4}\Delta l.$$

Tabelle 13. (Fortsetzung)

$$\mathfrak{B} \qquad\qquad\qquad\qquad \mathfrak{z}_i$$

$$\begin{bmatrix} b_{11} & b_{12} & 0 & 0 & b_{15} & b_{16} & 0 & 0 \\ b_{21} & b_{22} & b_{23} & b_{24} & b_{25} & 0 & b_{27} & 0 \\ b_{31} & b_{32} & b_{33} & b_{34} & b_{35} & b_{36} & 0 & 0 \\ 0 & 0 & b_{43} & b_{44} & 0 & 0 & 0 & b_{48} \\ b_{51} & b_{52} & 0 & 0 & b_{55} & b_{56} & 0 & 0 \\ 0 & 0 & 0 & 0 & 0 & 1 & 0 & 0 \\ 0 & 0 & 0 & 0 & 0 & 0 & 1 & 0 \\ 0 & 0 & 0 & 0 & 0 & 0 & 0 & 1 \end{bmatrix} \cdot \begin{bmatrix} \sigma_l \\ \sigma_\varphi \\ \sigma_l^b \\ \sigma_\varphi^b \\ \tau \\ \frac{\gamma}{g}\omega^2 r^2 \\ E\alpha\vartheta \\ \frac{1}{2}E\alpha\Delta\vartheta \end{bmatrix}_i$$

$$\mathfrak{A} \qquad\qquad\qquad\qquad \mathfrak{z}_{i-1}$$

$$= \begin{bmatrix} a_{11} & a_{12} & 0 & 0 & a_{15} & a_{16} & 0 & 0 \\ a_{21} & a_{22} & a_{23} & a_{24} & a_{25} & a_{26} & a_{27} & 0 \\ a_{31} & a_{32} & a_{33} & a_{34} & a_{35} & a_{36} & 0 & 0 \\ 0 & 0 & a_{43} & a_{44} & a_{45} & 0 & 0 & a_{48} \\ a_{51} & a_{52} & 0 & 0 & a_{55} & a_{56} & 0 & 0 \\ 0 & 0 & 0 & 0 & 0 & a_{66} & 0 & 0 \\ 0 & 0 & 0 & 0 & 0 & 0 & a_{77} & 0 \\ 0 & 0 & 0 & 0 & 0 & 0 & 0 & a_{88} \end{bmatrix} \cdot \begin{bmatrix} \sigma_l \\ \sigma_\varphi \\ \sigma_l^b \\ \sigma_\varphi^b \\ \tau \\ \frac{\gamma}{g}\omega^2 r^2 \\ E\alpha\vartheta \\ \frac{1}{2}E\alpha\Delta\vartheta \end{bmatrix}_{i-1}$$

$$\mathfrak{B}\,\mathfrak{z}_i = \mathfrak{A}\,\mathfrak{z}_{i-1}$$

Speicherplätze der zur Verfügung stehenden elektronischen Rechenanlage die Aufstellung der Koeffizienten für Matrizen mit acht Elementen nicht erlauben sollte.

In den Koeffizienten für seitlich auskragende Ringe treten zwei verschiedene Ringlängen, $L_{v_{\text{eff}}}$ und $L_{x_{\text{eff}}}$, auf. $L_{v_{\text{eff}}}$ ist die effektive Länge, die ein auf der konka<u>v</u>en Seite, und L_x diejenige, die ein auf der konve<u>x</u>en Seite der Schale angebrachter Ring besitzt. Die Trennung der beiden Längen in den Koeffizienten ist notwendig, weil sie verschieden gerichtete Momente bewirken, was in den Koeffizienten a_{31}, a_{32}, b_{31} und b_{32} zum Ausdruck kommt.

In der Tab. 13 sind außer der vollständigen Matrizengleichung alle in den Koeffizientenformeln vorkommenden Größen, soweit sie nicht durch das Schalenprofil gegeben sind, durch Formeln ausgedrückt, die nur die Abmessungen des Profils nach Abb. 84 und 85 enthalten. Die zur automatischen Berechnung erforderlichen Eingabedaten sind nachstehend aufgestellt:

$$r,\ \Delta l,\ h,\ f,\ G r_s,\ k_0,\ a,$$
$$b,\ h_R,\ L_{v_{\text{eff}}},\ L_{x_{\text{eff}}},\ \delta_*,\ n$$
$$\text{und } G_{\text{schr}};$$

sie werden für jeden Abschnittsradius ermittelt; zu ihnen kommen noch die für die Belastung maßgeblichen Größen

$$\frac{\gamma}{g},\ \omega^2,\ p,\ E\,\alpha\,\vartheta,$$
$$E\,\alpha\left(\frac{\Delta\vartheta}{h}\right),\ P_{ax}.$$

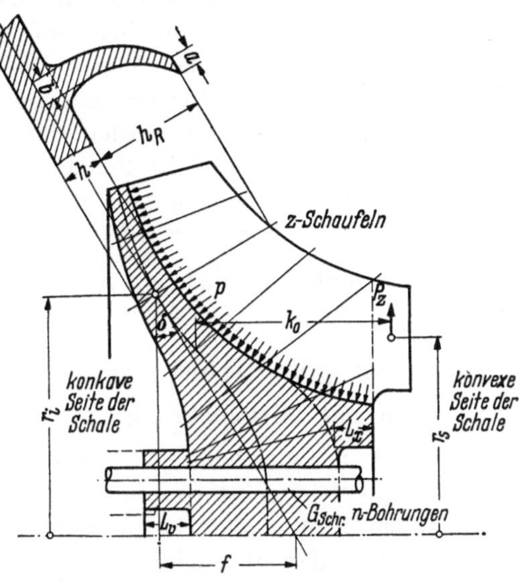

Abb. 84. Ermittlung der zur Schalenberechnung erforderlichen Ausgangsdaten

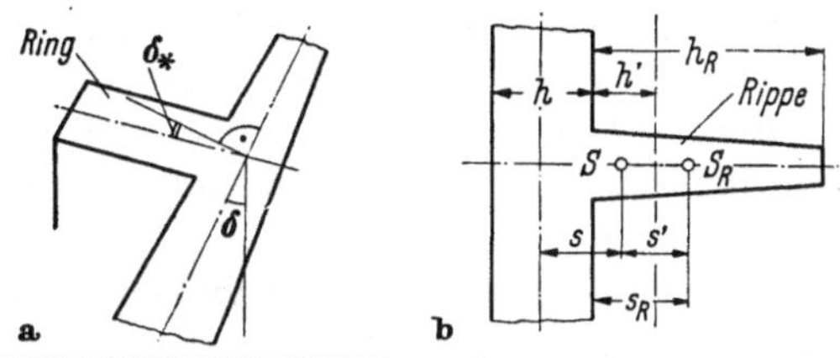

Abb. 85
Zur Ermittlung der Ausgangsdaten für Ring und Rippe

Zur Berücksichtigung einer an beliebiger Stelle angreifenden Zusatzlast wird ebenso wie bei der Randlast lediglich die Größe $G r_s$, also das Produkt aus Gewicht und Schwerpunktsradius der angehängten Teile benötigt, und zur Berücksichtigung von Bohrungen, die sich zwischen den Radien r_{i-1} und r_i befinden, ist nur die Angabe der Zahl der Löcher (n) erforderlich und das Gewicht G_{schr} der in den Löchern angebrachten Schrauben oder Paßbolzen.

Fallen Bohrungen in den Bereich eines aus der Schale herauswachsenden Ringes, wie es in der Praxis häufig vorkommt, so unterteilt man diesen Bereich nach Abb. 86, wobei zwischen r_1 und r_2 und ebenso zwischen r_3 und r_4 jeweils mit einem Ring gerechnet wird, während der Bereich r_2 bis r_3 Bohrungszone ist, in welcher der zwischen den Löchern liegende Teil als Zusatzpannung eingeführt wird; in diesem Fall muß an Stelle der Schalendicke h die gesamte

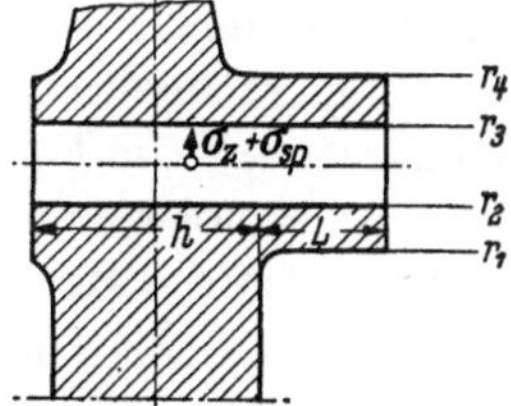

Abb. 86. Überkragender Ring mit Bohrungen

Dicke $h + L$ eingesetzt werden. Im Bereich der Bohrungen fällt damit die Addition von Teilkoeffizienten der Tab. 12 weg, weshalb die für den Bohrungsbereich maßgebenden Koeffizienten in dieser Tabelle von den anderen abgetrennt eingeschrieben sind.

Abb. 84 zeigt, in welcher Weise die Daten aus der vorgelegten Zeichnung des Schalenprofils entnommen werden. Bei der Wahl der Schnitte darf nicht vergessen werden, daß man mit einem Differenzenverfahren rechnen will, und die Schale daher genügend fein unterteilt werden muß. Um dem Benützer dieses Verfahrens Anhaltspunkte hierüber geben zu können, wurden einige Rechnungen für Scheiben gleicher Dicke mit verschiedenen Aufteilungsverhältnissen $\frac{r_{i+1}}{r_i}$ durchgeführt. Dabei zeigte sich, daß bei Vollscheiben mit einem Verhältnis $\frac{r_{i+1}}{r_i} = 1{,}5$ der größte Fehler (bei $r = 0$) unter 3% bleibt, während bei Scheiben mit Mittelbohrung (gewählt wurde $\frac{r_0}{r_a} = 0{,}2$) das Verhältnis $\gtreqless 1{,}25$ bei gleichem zu erwartenden Fehler in σ_{φ_0} sein muß. Es genügt, die feine Unterteilung am Innenrand einzuhalten; mit zunehmendem Radius darf sie allmählich gröber werden, ohne daß die Genauigkeit darunter leidet.

Das dargelegte Rechenverfahren ist zwar bis zu den Schalenwinkeln von $\delta = 90°$ anwendbar, es sei jedoch darauf hingewiesen, daß das Ergebnis bei Fällen, in welchen sehr lange, zylindrische (oder auch wenig konische) Schalenteile vorkommen, fehlerhaft wird, weil die durchgeführte Herleitung der Differentialgleichungen für die Rotationsschale die Zylinderschale aus den auf S. 149 angegebenen Gründen nicht exakt erfaßt.

Bei der Berechnung einer Schale ohne Mittelbohrung muß beachtet werden, daß $r_0 \neq 0$ gesetzt werden darf, weil sonst eine Anzahl von Koeffizienten zu ∞ würde. Man hilft sich in diesem Fall so, daß als Innenradius ein kleiner Wert, z. B. 10^{-1} cm, eingesetzt wird, wobei aber die Innenrandbedingung $\sigma_{l_0} = \sigma_{\varphi_0}$ und $\sigma_{l_0}^b = \sigma_{\varphi_0}^b$ erhalten bleibt. Wegen der horizontalen Tangente bei $r = 0$ im Verlauf der Spannungen σ_l und σ_φ bzw. σ_l^b und σ_φ^b entsteht durch diese Maßnahme ein nur geringfügiger Fehler.

Aus dem gleichen Grund darf $E\,\alpha\,\vartheta$ bei $r = r_0$ nicht gleich Null gesetzt werden. Man rechnet deshalb bei diesem Verfahren nicht mit den Temperaturdifferenzen in bezug auf r_0, sondern mit den wirklichen Temperaturen (im Fall, daß dort zufällig die Temperatur 0° herrschen sollte, ist es notwendig, eine beliebige kleine Temperatur, z. B. 1°, einzusetzen, um die Rechnung durchführen zu können).

Sind alle Koeffizienten a und b berechnet, so müssen sie an die vorgeschriebenen Plätze innerhalb der Matrizen $\mathfrak{A}$ und $\mathfrak{B}$ gebracht werden, damit die Durchrechnung der Matrizen beginnen kann.

Die Matrizenrechnung umfaßt die Inversion ($\mathfrak{B}^{-1}$) und die Matrizenmultiplikation $\mathfrak{S} = \mathfrak{B}^{-1}\,\mathfrak{A}$. Daran schließt sich die weitere Multiplikation gemäß

$$\mathfrak{M}_i = \mathfrak{S}_i\,\mathfrak{S}_{i-1}\,\mathfrak{S}_{i-2}\ldots\mathfrak{S}_1. \tag{151}$$

Diese Matrizen benötigen wir für alle Abschnitte bis zum Außenrand, wo wir die Matrix $\mathfrak{M}_a$ erhalten. Mit dieser Matrix stellen wir die Gleichung

$$\mathfrak{z}_a = \mathfrak{M}_a\,\mathfrak{z}_0 \tag{152}$$

auf, die den Zusammenhang zwischen den Spannungen am Innenrand und denjenigen am Außenrand darstellt. In diese Gleichung setzen wir die Randbedingungen ein, wobei wieder σ_{l_0} und $\sigma_{l_0}^b$ bekannte, vorgeschriebene Größen sind bzw. bei Schalen ohne Mittelbohrung durch $\sigma_{l_0} = \sigma_{\varphi_0}$ und $\sigma_{l_0}^b = \sigma_0^b$ an die Tangentialspannung im Schalenmittelpunkt gebunden sind. Weiterhin sind σ_{l_a} und $\sigma_{l_a}^b$ und schließlich noch τ_a durch etwaige Randkräfte oder -momente gegeben. Wir zerlegen daher sowohl die in radialer Richtung wirkende Kraft P_r als auch die in axialer Richtung wirkende Kraft P_{ax} in ihre beiden Komponenten P_l und P_q und erhalten daraus die Randspannungen

$$\sigma_a = \frac{P_r\cos\delta_a + P_{ax}\sin\delta_a}{2\pi\,r_a\,h_a},$$

$$\tau_a = \frac{P_r\sin\delta_a - P_{ax}\cos\delta_a}{2\pi\,r_a\,h_a}.$$

Die aus Gl. (152) gewonnenen Gleichungen lauten für $\Delta\vartheta = 0$:

$$\sigma_{l_a} = a_1\,\sigma_{l_0} + b_1\,\sigma_{\varphi_0} + c_1\,\sigma_{l_0}^b + d_1\,\sigma_{\varphi_0}^b + e_1\tau_0 + f_{1,\omega} + g_{1,\vartheta}, \tag{153}$$

$$\sigma_{l_a}^b = a_3\,\sigma_{l_0} + b_3\,\sigma_{\varphi_0} + c_3\,\sigma_{l_0}^b + d_3\,\sigma_{\varphi_0}^b + e_3\tau_0 + f_{3,\omega} + g_{3,\vartheta}, \tag{154}$$

$$\tau_a = a_5\,\sigma_{l_0} + b_5\,\sigma_{\varphi_0} + c_5\,\sigma_{l_0}^b + d_5\,\sigma_{\varphi_0}^b + e_5\tau_0 + f_{5,\omega} + g_{5,\vartheta}. \tag{155}$$

Die in diesen Gleichungen auftretende Schubspannung τ_0 am Innenrand einer Schale mit Mittelbohrung ist nun ebenfalls vorgeschrieben; sie ergibt sich z. B. aus der Bedingung, daß die axiale Kraft am Innenrand gleich der gesamten auf die Schale wirkenden Axialkraft ist, so daß die Schubspannung τ_0 durch

$$\tau_0 = \frac{P_{ax}}{2\pi\,r_0\,h_0}\cos\delta_0$$

gegeben ist; wenn die Axialkraft an irgendeinem Radius der Schale aufgenommen wird, wo sie in der Rechnung als Zusatzspannung angesetzt wird (sie ist im Koeffizient b_{56} enthalten), oder, wenn überhaupt keine äußere Kraft in axialer Richtung wirkt, dann ist die Schubspannung am Innenrand $\tau_0 = 0$. Gl. (155) ist in diesem Fall überzählig; sie muß, wenn die Rechnung genau durchgeführt wird, von selbst erfüllt werden. Wir können deshalb τ_0 als gegeben betrachten und aus den Gln. (153) und (154) die unbekannten Innenrandspannungen σ_{φ_0} und $\sigma_{\varphi_0}^b$ berechnen. Bei einer Vollschale kann aber im Mittelpunkt wohl eine Schubspannung herrschen, die sich als dritte Unbekannte aus den drei Gln. (153) bis (155) ergibt. Damit erhalten wir die beiden Innenrandvektoren $\mathfrak{s}_{0,\omega}$ und $\mathfrak{s}_{0,\vartheta}$, die sich getrennt ergeben, wenn man zuerst die Glieder $g_{1,\vartheta}$, $g_{3,\vartheta}$ und $g_{5,\vartheta}$ und dann die Glieder $f_{1,\omega}$, $f_{3,\omega}$ und $f_{5,\omega}$ in den Gleichungen wegläßt. Diese Vektoren lauten dann:

$$\mathfrak{s}_{0,\omega} = \begin{bmatrix} \sigma_{l_0} \\ \sigma_{\varphi_0} \\ \sigma_{l_0}^b \\ \sigma_{\varphi_0}^b \\ \tau_0 \\ \frac{\gamma}{g}\,\omega^2 r_0^2 \\ 0 \end{bmatrix}_{(\omega)} \quad \text{und} \quad \mathfrak{s}_{0,\vartheta} = \begin{bmatrix} \sigma_{l_0} \\ \sigma_{\varphi_0} \\ \sigma_{l_0}^b \\ \sigma_{\varphi_0}^b \\ \tau_0 \\ 0 \\ (E\,\alpha\,\vartheta)_0 \end{bmatrix}_{(\vartheta)} \tag{156}$$

Mit diesen Vektoren multiplizieren wir schließlich alle Matrizen gemäß

$$\mathfrak{s}_{i,\omega} = \mathfrak{M}_i\,\mathfrak{s}_{0,\omega}, \qquad \mathfrak{s}_{i,\vartheta} = \mathfrak{M}_i\,\mathfrak{s}_{0,\vartheta} \tag{157}$$

durch, woraus wir die Spannungen an allen Abschnittsradien erhalten. Dabei ergibt sich für den Innenrand eine Schubspannung, die mit dem bekannten Sollwert übereinstimmen muß, wenn die Rechnung genau durchgeführt worden ist.

Die Aufstellung des Rechenprogramms zur Ermittlung der Koeffizienten a und b, zur Durchführung der Matrizeninversion und -multiplikation, ferner zur Berechnung der Unbekannten aus den Beziehungen zwischen Außen- und Innenrand und schließlich zur Endauswertung der Matrizen durch Vektormultiplikation sei dem fachkundigen Leser überlassen, der die Programmierung an das ihm zur Verfügung stehende Rechensystem anpassen muß.

Bei der Betrachtung der Koeffizientenversammlung der Tab. 12 hat der Leser das Recht, zu fragen, ob denn das hier beschriebene Verfahren noch als leicht verständlich angesehen werden kann, wie es der Verfasser in der Einleitung versprochen hat. Nun, das Verfahren an sich ist einfach, es wurde nur dadurch erschwert, daß wir versuchten, die vom Konstrukteur (in Nichtkenntnis der mit seinen Konstruktionen verbundenen Festigkeitsprobleme) hinterlassenen Aufgaben zu lösen. Leider fragen die Naturgesetze nicht nach den Lösungsverfahren, die dem Festigkeitsrechner zur Verfügung stehen. Letzterer kann sich aber von der ganzen Rechenlast durch die fleißige Arbeit eines elektronischen Rechenautomaten befreien, der die beschriebene Lösung überhaupt erst ermöglicht und der auch ob jenen Koeffizientenhaufens den er vielleicht für 20 Abschnitte verarbeiten muß, nicht in das dem menschlichen Rechner eigene Murren verfällt.

Neigungssprünge (*Koordinatentransformation*). Es soll nun noch darauf hingewiesen werden, daß es auch möglich ist, eine sprunghafte Änderung des Konuswinkels sowohl bei dem soeben beschriebenen Verfahren als auch in einem Verfahren mit Aufteilung der Schale in kegelige

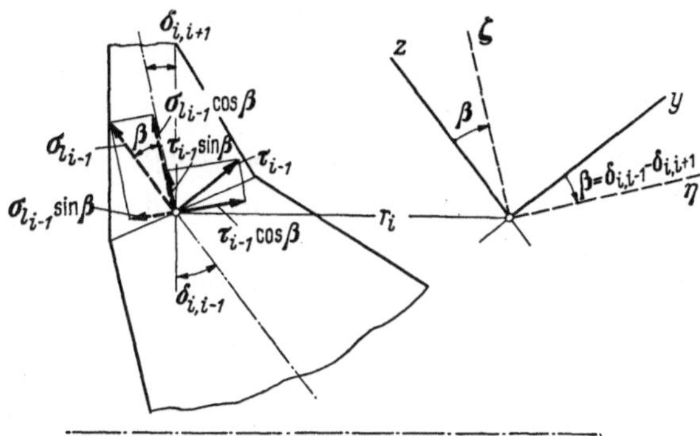

Abb. 87. Sprunghafte Änderung des Neigungswinkels

Teilschalen einzuführen. Die Winkeländerung muß dann nach Abb. 87 am Übergang von einer Teilschale zur nächsten berücksichtigt werden. Durch die Drehung des Ringschnittes an dieser Stelle ändert sich nur die Längs- und die Schubspannung. Um diese Änderung zu berücksichtigen, führen wir die in der Matrizenrechnung gebräuchliche Koordinatentransformation[1] nach folgendem Schema durch:

$$\mathfrak{B}_i \mathfrak{z}_i = \mathfrak{A}_{i-1} \mathfrak{C}' \mathfrak{z}_{i-1}, \tag{158}$$

worin

$$\mathfrak{C}' = \begin{bmatrix} \cos\beta & 0 & 0 & 0 & \sin\beta & 0 & 0 \\ 0 & 1 & 0 & 0 & 0 & 0 & 0 \\ 0 & 0 & 1 & 0 & 0 & 0 & 0 \\ 0 & 0 & 0 & 1 & 0 & 0 & 0 \\ -\sin\beta & 0 & 0 & 0 & \cos\beta & 0 & 0 \\ 0 & 0 & 0 & 0 & 0 & 1 & 0 \\ 0 & 0 & 0 & 0 & 0 & 0 & 1 \end{bmatrix} \tag{159}$$

mit

$$\beta = \delta_{i,\,i-1} - \delta_{i,\,i+1}$$

[1] ZURMÜHL, R.: Matrizen, 2. Aufl. Berlin/Göttingen/Heidelberg: Springer 1958, 5.5, S. 55.

ist. Das Matrizenprodukt $\mathfrak{A}_{i-1}^{\prime\prime} = \mathfrak{A}_{i-1}\,\mathfrak{C}'$ liefert dann nachstehende, neue Form der Matrix

$$\mathfrak{A}_{i-1}' = \begin{bmatrix} a_{11}' & a_{12} & a_{13} & a_{14} & a_{15}' & a_{16} & a_{17} \\ a_{21}' & \cdot & \cdot & \cdot & a_{25}' & \cdot & \cdot \\ a_{31}' & \cdot & \cdot & \cdot & a_{35}' & \cdot & \cdot \\ a_{41}' & \cdot & \cdot & \cdot & a_{45}' & \cdot & \cdot \\ a_{51}' & \cdot & \cdot & \cdot & a_{55}' & \cdot & \cdot \\ \cdot & \cdot & \cdot & \cdot & \cdot & \cdot & \cdot \\ \cdot & \cdot & \cdot & \cdot & \cdot & \cdot & \cdot \end{bmatrix} \tag{160}$$

mit den neuen Koeffizienten

$$\begin{aligned} a_{11}' &= a_{11}\cos\beta - a_{15}\sin\beta, \quad & a_{15}' &= a_{15}\cos\beta + a_{12}\sin\beta, \\ a_{21}' &= a_{21}\cos\beta - a_{25}\sin\beta, \quad & a_{25}' &= a_{25}\cos\beta + a_{21}\sin\beta \end{aligned} \tag{161}$$

usw.

Die Beziehung zwischen Außen- und Innenrand der nächstfolgenden Teilschale lautet dann

$$\mathfrak{s}_i = \mathfrak{B}^{-1}\,\mathfrak{A}_{i-1}'\,\mathfrak{s}_{i-1}. \tag{162}$$

Die Differentialgleichungen für ein kegeliges, mit Ring und Rippe versehenes Schalenelement erhält man aus den allgemeinen Gln. (146) bis (150), indem man dort $\frac{d\delta}{dl} = 0$ setzt. Die zur Auflösung mit Hilfe der Differenzengleichungen aufgestellten Koeffizienten der Tab. 12 können daher bis auf diejenigen, die Glieder mit $\delta_i - \delta_{i-1}$, welche wegfallen, auch für die Kegelschale verwendet werden; dafür müssen aber die Koeffizienten $a_{11}\,a_{21}\ldots, a_{15}, a_{25}\ldots$ nach Gl. (161) neu aufgestellt werden. Man erkennt, daß die Ermittlung dieser Koeffizienten mehr Arbeit erfordert als die Aufstellung in allgemeiner Form nach Tab. 12, weshalb wir uns mit dem Hinweis auf die Möglichkeit einer Berechnung unter Verwendung von kegeligen Teilschalen begnügen.

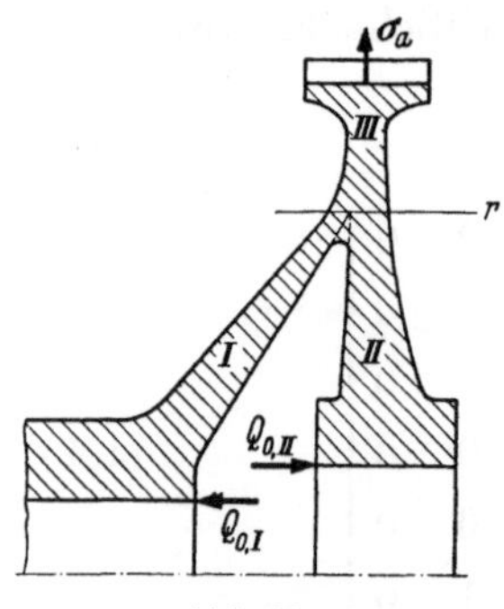

Abb. 88
Aus drei Schalen zusammengesetzter Rotationskörper

3. Zusammengesetzte Schalen

Ein Körper, wie er in Abb. 88 dargestellt ist, kann als mehrfach zusammengesetzte Schale betrachtet werden, deren drei Teile I, II und III am Radius r miteinander verbunden sind. Dieses Gebilde läßt sich in der Weise behandeln, daß man die drei Teile voneinander löst und zunächst die drei einzelnen Schalen berechnet. In jedem dieser drei Rechengänge treten drei Unbekannte, nämlich die jeweiligen Innenrandspannungen σ_{φ_0}, $\sigma^b_{\varphi_0}$ und τ_0, auf, die wir im folgenden mit x_1, y_1, z_1, x_2, y_2, z_2 und x_3, y_3, z_3 bezeichnen wollen. Um die drei Schalen an der Stelle r wieder zusammenfügen zu können, führen wir die einzelnen Rechnungen so durch, daß sie an der Stelle r endigen, was bedeutet, daß die Schale III von außen nach innen berechnet wird. Aus diesen drei Rechengängen erhalten wir nun an der Stelle r jeweils fünf Gleichungen für die Spannungen in nachstehender Form:

Schale I

$$\left.\begin{aligned} \sigma_{l_I} &= a_1 x_1 + b_1 y_1 + c_1 z_1 + d_1 = f_{I,1}(x_1, y_1, z_1), \\ \sigma_{\varphi_I} &= a_2 x_1 + b_2 y_1 + c_2 z_1 + d_2 = f_{I,2}(x_1, y_1, z_1), \\ \sigma^b_{l_I} &= a_3 x_1 + b_3 y_1 + c_3 z_1 + d_3 = f_{I,3}(x_1, y_1, z_1), \\ \sigma^b_{\varphi_I} &= a_4 x_1 + b_4 y_1 + c_4 z_1 + d_4 = f_{I,4}(x_1, y_1, z_1), \\ \tau_I &= a_5 x_1 + b_5 y_1 + c_5 z_1 + d_5 = f_{I,5}(x_1, y_1, z_1) \end{aligned}\right\}, \tag{163}$$

und ebenso bei Schale II und III

$$\begin{aligned} \sigma_{l_{II}} &= a'_1 x_2 + b'_1 y_2 + \cdots = f_{II,1}(x_2, y_2, z_2), \\ \sigma_{\varphi_{II}} &= a'_2 x_2 + b'_2 y_2 + \cdots = f_{II,2}(x_2, y_2, z_2) \text{ usw.} \end{aligned} \tag{164}$$

$$\begin{aligned} \sigma_{l_{III}} &= f_{III,1}(x_3, y_3, z_3) \\ \sigma_{\varphi_{III}} &= f_{\mathrm{III},2}(x_3, y_3, z_3) \end{aligned} \tag{165}$$

usw.

Damit nun die drei Schalen ihren Zusammenhang behalten, müssen folgende Bedingungen erfüllt werden:

1. Alle Verformungen u_r in radialer Richtung sind gleich; diese Bedingung liefert zwei Gleichungen

$$u_1 = u_2, \qquad u_1 = u_3,$$

worin die Größen u durch

$$u = (\sigma_\varphi - \nu\,\sigma_l)\frac{r}{E}$$

und die zugehörigen Spannungen durch die Gln. (163) bis (165) gegeben sind.

2. Alle Neigungen ψ^* sind gleich; hieraus ergeben sich zwei weitere Gleichungen

$$\psi_1^* = \psi_2^*, \qquad \psi_1^* = \psi_3^*,$$

wobei die Größen ψ^* auch die Schubdeformation β enthalten und daher durch

$$\psi^* = \psi + \beta = 2\frac{r}{E\,h}(\sigma^b_\varphi - \nu\,\sigma^b_l) + 2(1+\nu)\frac{\tau}{E}$$

und durch die Gln. (163) bis (165) gegeben sind.

3. Die Summe aller radial gerichteten Kräfte ist gleich Null; dies führt auf

$$P_I + P_{II} + P_{III} = \sigma_{l_I} \frac{h_1}{\cos \delta_1} + \sigma_{l_{II}} \frac{h_2}{\cos \delta_2} + \sigma_{l_{III}} \frac{h_3}{\cos \delta_3} = 0,$$

worin h_1, h_2 und h_3 die Dicken der Schalen an der Stelle r darstellen, und δ_1, δ_2 und δ_3 die zugehörigen Winkel bedeuten.

4. Die Summe aller Momente ist gleich Null; daraus erhält man

$$M_I + M_{II} + M_{III} = \sigma^b_{l_I} \frac{h_1^2}{6} + \sigma^b_{l_{II}} \frac{h_2^2}{6} + \sigma^b_{l_{III}} \frac{h_3^2}{6} = 0.$$

5. An der Stelle r ist die axialgerichtete Kraft in jeder einzelnen Schale gleich der gesamten an der betreffenden Schale angreifenden Axialkraft, also

$$Q_{I,r} = Q_I, \qquad Q_{II,r} = Q_{II}, \qquad Q_{III,r} = Q_{III}.$$

Auf diese Weise gewinnen wir insgesamt neun Gleichungen, aus denen die neun unbekannten Innenrandspannungen errechnet werden können, was im Zusammenhang mit der übrigen Aufgabe durch eine programmierte Rechnung erledigt wird.

Hat man an Stelle der einzelnen Schalen Scheiben, die durch Ringe miteinander verbunden sind, so rechnet man die Scheiben für Fliehkraft und Biegung durch, auch wenn keine äußere Biegebelastung vorherrscht. Die Durchrechnung in der beschriebenen Weise liefert uns dann auch die durch die Kopplung der Scheiben entstehenden Biegespannungen, von welchen schon auf S. 67 die Rede war. Das Biegemoment, das von einer Scheibe auf die andere übertragen wird, ist um so kleiner, je geringer der Unterschied der Aufweitungen der einzelnen Scheiben an der Verbindungsstelle ist; außerdem wird es noch durch die Ringverbindung zwischen den Scheiben herabgesetzt. Hier tritt eine ähnliche Erscheinung auf wie bei der Übertragung der Kraft P, die nach den Darlegungen von Kap. A. V. 2c und d (S. 67) am andern Ende des Ringes in der Größe

$$P' = \mu P$$

wirkt, wobei der Übertragungsfaktor μ durch die Kurve (4a), S. 233, gegeben ist. Wir definieren nun sinngemäß das über die Ringverbindung übertragene Moment durch

$$M' = \mu^b M,$$

worin der wieder von Dicke, Radius und Länge des Ringes abhängige Faktor μ^b aus der Kurve (4b) S. 233 entnommen werden kann.[1]

Schreibt man nun die Kräfte- und die Momentengleichung für eine Seite der Ringverbindung an, so müssen die von der anderen Seite

[1] Siehe Fußn. 2, S. 62.

stammenden Größen mit den entsprechenden Faktoren μ und μ^b multipliziert eingesetzt werden, was zu den Gleichungen

$$P_I + \mu P_{II} + P_{III} = 0$$

und

$$M_I + \mu^b M_{II} + M_{III} = 0$$

führt, wenn zwischen den Scheiben (oder Schalen) I und II eine Ringverbindung besteht.

Ist eine Schale am Rand eingespannt, so läßt sich dies in einfacher Weise dadurch berücksichtigen, daß man als Randbedingung wegen

$$u = \frac{r}{E} (\sigma_\varphi - \nu \sigma_l) = 0$$

und

$$\psi = \frac{2r}{hE} (\sigma_\varphi^b - \nu \sigma_l^b) = 0$$

die Forderung

$$\sigma_l = \frac{1}{\nu} \sigma_\varphi$$

$$\sigma_l^b = \frac{1}{\nu} \sigma_\varphi^b$$

vorschreibt, was sowohl für den Innen- als auch für den Außenrand gilt.

Da hier der Fall eintreten kann, daß eine der Schalen von außen nach innen durchgerechnet werden muß, sei erwähnt, daß das Koeffizientenschema der Tab. 12 bis auf die Koeffizienten b_{55} und a_{55} unverändert übernommen werden darf. Die Vorzeichen dieser Koeffizienten sind umzukehren, weil der in der Gleichgewichtsbedingung der Schubkräfte, Gl. (3), auftretende Kraftzuwachs $d(r\, d\varphi \cdot h\, \tau)$ nach Abb. 60, S. 144, die Richtung des zur Drehachse weisenden Pfeils $\tau\, r\, d\varphi \cdot h$ hat und daher negativ eingesetzt werden muß.

Diese Betrachtungen gelten nur für solche Fälle, bei welchen die Ränder der Schalen unabhängig voneinander in axialer Richtung frei beweglich sind. Wenn aber einzelne Schalen an ihrem Innen- oder Außenrand gegeneinander abgestützt sind, dann treten dort statisch unbestimmte axiale Stützkräfte auf. Um diesen Fall behandeln zu können, muß die Bedingung gleicher axialer Auslenkungen an der Stelle r der gegeneinander abgestützten Teilschalen eingeführt werden. Ist z. B. Schale I gegen Schale II (Abb. 88) am Innenrand gestützt, dann gilt am Radius r für die axialen Auslenkungen f:

$$f_I = f_{II};$$

ferner ist

$$Q_{0,I} = -Q_{0,II}$$

oder

$$\tau_{0,I}\, h_{0,I} = -\tau_{0,II}\, h_{0,II},$$

während die Bedingung

$$Q_{r,III} = Q_{III}$$

unverändert bestehenbleibt.

Die gesamte axiale Auslenkung einschließlich der Deformation durch Schub einer Schale an der Stelle $r = l\cos\delta$ ist:

$$f = \int_0^r \psi^* \, dl \cos\delta \approx \sum_0^r \frac{r_i \Delta l_i}{E_i e_i} \cos\delta_i (\sigma_{\varphi_i}^b - \nu\,\sigma_{l_i}^b) + \frac{2(1+\nu)}{E_i} \Delta l_i \cos\delta_i \tau_i .$$

Die hier auftretende Summe muß mit Hilfe aller Matrizen $\mathfrak{M}_0$ bis $\mathfrak{M}_l$ ausgerechnet werden, wodurch das Rechenprogramm wesentlich erweitert wird (bisher genügten die Endmatrizen allein zur Ermittlung des Innenrandvektors der einzelnen Schalen).

Schreibt man die Matrizen $\mathfrak{M}_i$ in der üblichen Art

$$\mathfrak{M}_i = \begin{bmatrix} m_{11} & m_{12} & m_{13} \cdots \\ m_{21} & m_{22} & \cdot \;\cdots \\ m_{31} & \cdot & \cdot \;\cdots \\ \cdot & \cdot & \cdot \;\cdots \\ \cdot & \cdot & \cdot \;\cdots \\ \cdot & \cdot & \cdot \;\text{usw.} \end{bmatrix}$$

so ergibt sich die axiale Auslenkung mit den Abkürzungen

$$p_i = \frac{r_i \Delta l_i \cos\delta_i}{E_i\left(s_i + \frac{h_i}{2}\right)} \quad \text{und} \quad q_i = \frac{2(1+\nu)\Delta l_i \cos\delta_i}{E_i}$$

zu

$$\begin{aligned} f = {} & \sigma_{l_0} \sum_0^r [p_i(m_{41} - \nu\, m_{31}) + q_i m_{51}] + \sigma_{\varphi_0} \sum_0^r [p_i(m_{42} - \nu\, m_{32}) + q_i m_{52} + \\ & + \sigma_{l_0}^b \sum_0^r [p_i(m_{43} - \nu\, m_{33}) + q_i m_{53}] + \sigma_{\varphi_0}^b \sum_0^r [p_i(m_{44} = \nu\, m_{34}) + q_i m_{54}] + \\ & + \tau_0 \sum_0^r [p_i(m_{45} - \nu\, m_{35}) + q_i m_{55}] + \\ & + \frac{\gamma}{g}\omega^2 r_0^2 \sum_0^r [p_i(m_{46} - \nu\, m_{36}) + q_i m_{56}] + \\ & + (E\alpha\vartheta)_0 \sum_0^r [p_i(m_{47} - \nu\, m_{37}) + q_i m_{57}] . \end{aligned} \tag{166}$$

Die einzelnen Summen werden für die Schalen I und II berechnet, so daß die Gleichung $f_I = f_{II}$ die Form

$$\begin{aligned} & m_1 \sigma_{l_{0,I}} + m_2 \sigma_{\varphi_{0,I}} + m_3 \sigma_{l_{0,I}}^b + m_4 \sigma_{\varphi_{0,I}}^b + m_5 \tau_{0,I} + \\ & \quad + m_6 \frac{\gamma}{g}\omega^2 r_{0,I}^2 + m_7 (E\alpha\vartheta)_{0,I} = n_1 \sigma_{l_{0,II}} + n_2 \sigma_{\varphi_{0,II}} + n_3 \sigma_{l_{0,II}}^b + \\ & \quad + n_4 \sigma_{\varphi_{0,II}}^b + n_5 \tau_{0,II} + n_6 \frac{\gamma}{g}\omega^2 r_{0,II}^2 + m_7 (E\alpha\vartheta)_{0,II} \end{aligned} \tag{167}$$

erhält, worin

$$m_1 = \sum_0^r [p_i(m_{41} - \nu\, m_{31}) + q_i m_{51}]_I\,,$$

und analog m_2, m_3, usw. und ferner

$$n_1 = \sum_0^r [p_i(m_{41} - \nu\, m_{31}) + q_i m_{51}]_{II}$$

und analog n_2, n_3, usw. gesetzt wurde.

4. Vergleich von Schalenberechnungen mit und ohne Berücksichtigung der Schubspannungen

Um den Einfluß der Schubspannungen auf die Spannungsverteilung zu zeigen, sollen für einige Beispiele die mit Hilfe eines Rechenautomaten gewonnenen Ergebnisse wiedergegeben werden.

a) Exponentialschale. Diese bereits in verschiedenen Verfahren behandelte Schale wurde nach Abb. 89a für eine neue Rechnung derart

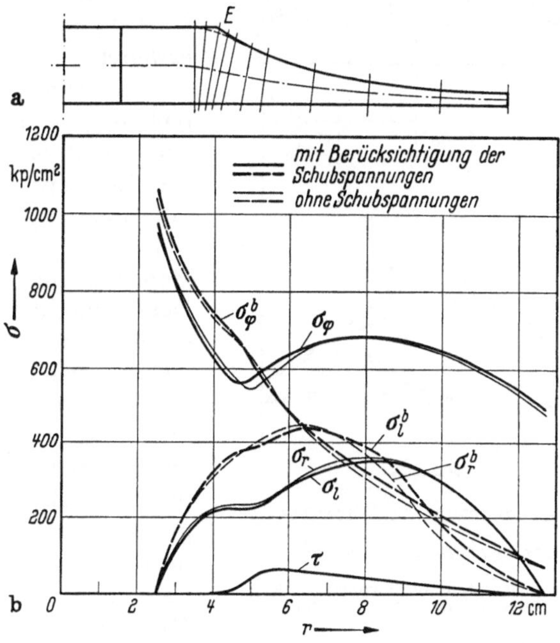

Abb. 89a u. b. Profil und Spannungsverteilung der Schale mit Exponentialprofil, mit und ohne Berücksichtigung der Schubspannungen

in Teilschalen unterteilt, daß die Schnitte stets senkrecht zur Schalenmittelfläche liegen. Da am Übergang vom inneren Teil mit gleicher Dicke zum exponentiellen Teil der Schale eine Sprungstelle herrscht, die aber wegen des zügigen Kraftflusses bei den Spannungen nicht auftritt, wurde die Ecke E in Abb. 89a als abgerundet angenommen

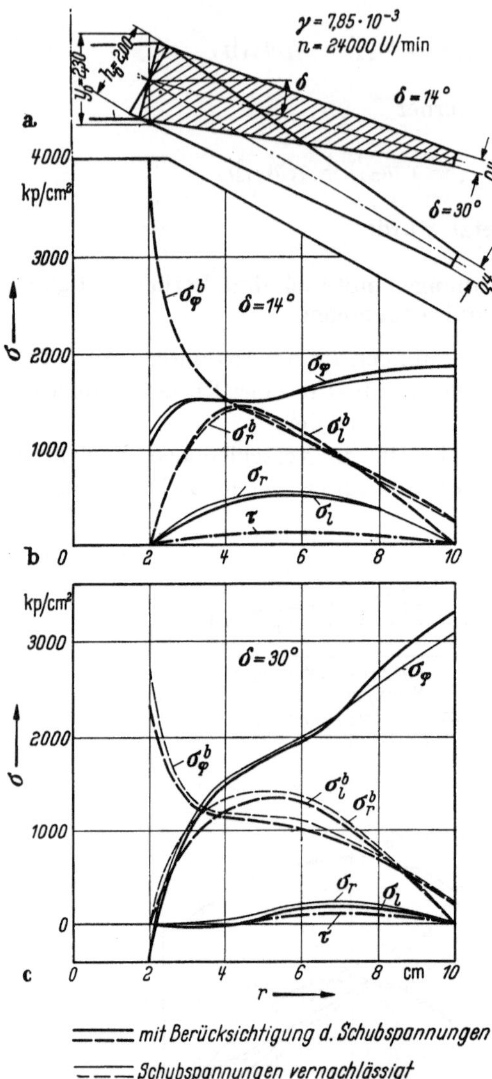

Abb. 90a—c. Spannungsverteilung in konischen Kegelschalen mit Neigungswinkel 14° und 30°

und die Schale für die neue Form berechnet. Eine Rechnung für die wirkliche Form, die den Winkelsprung bei $r = 5{,}1$ cm einschließt, müßte an dieser Stelle die auf S. 215 beschriebene Matrizentransformation enthalten, die sich ins Rechenprogramm nach der Matrizengleichung (158) einbauen läßt[1]. Wegen des tatsächlichen Kraftflusses an derartigen Sprungstellen ist aber eine solche Behandlung, die das Rechenprogramm unnötig erweitert, nicht sinnvoll.

Das Ergebnis der Berechnung ist in Abb. 89b der ohne Berücksichtigung der Schubspannungen ermittelten Spannungsverteilung gegenübergestellt. Man erkennt aus dieser Darstellung, daß die Schubspannungen verhältnismäßig gering sind, und ihr Einfluß auf das Ergebnis nicht sehr groß ist. Dies ist an sich erfreulich, weil uns dadurch die Möglichkeit gegeben ist, Schalen, bei denen nicht zu große Winkel δ vorkommen, auch mit Hilfe eines der früher beschriebenen Verfahren zu berechnen, die zur Durchführung nicht unbedingt einen Rechenautomaten erfordern (Stufenverfahren, x, y-Verfahren).

b) Kegelschalen mit $\delta = 14°$ und $\delta = 30°$. Die in Abb. 90a dargestellten Schalen besitzen eine verhältnismäßig große Neigung, und

[1] Auf diese Weise wurde die in Abb. 80 dargestellte Schubspannungsverteilung gewonnen, die bei $r = 5{,}1$ cm einen Sprung aufweist.

insbesondere bei der Schale mit $\delta = 30°$ treten schon erhebliche Unterschiede zwischen den Dicken h und den in der Horizontalen des Schalenprofils abgegriffenen Werten y auf. Die Berechnung wurde einmal mit und einmal ohne Berücksichtigung der Schubspannungen durchgeführt. Die Ergebnisse sind in Abb. 90b und c wiedergegeben. Während bei der Schale mit $\delta = 14°$ der Einfluß der Schubspannungen noch recht gering ist, treten im Fall $\delta = 30°$ insbesondere bei den Biegespannungen schon erhebliche Unterschiede zwischen den auf verschiedene Art gewonnenen Ergebnissen auf. Wir folgern hieraus, daß man die Anwendung der vereinfachten Verfahren auf Fälle mit Neigungswinkeln unter etwa 20° beschränken sollte.

c) Schale mit Rippen nach Abb. 91a. Bei der Berechnung dieses Schaufelrads wurde für den Radkörper das in Abb. 91a gestrichelt

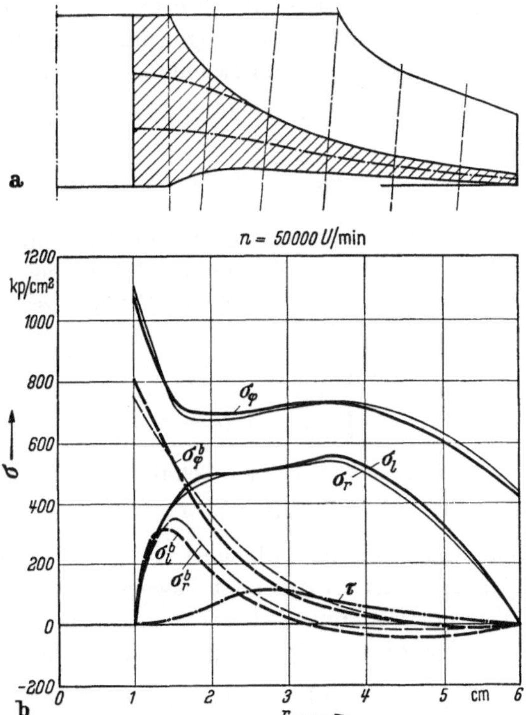

Abb. 91a u. b. Spannungsverteilung in einem Radial-Lader

eingezeichnete Ersatzprofil angenommen und der außerhalb liegende Teil als radialspannungsfreier Ring betrachtet. Diese in der Praxis häufig vorkommende Form liefert auch bei Berechnung ohne Schubspannungen recht gute Werte, verglichen mit einer genaueren Berechnung nach dem Differenzen-Verfahren, wie aus Abb. 91b zu erkennen ist. Solche Gebilde haben zwar im eigentlichen Schalenteil oft ziemlich große Neigungen δ; durch die Rippen (Schaufeln) werden jedoch die Schwerpunktskreise der einzelnen Schnitte erheblich aus der Schalenmittelfläche herausgezogen; man ist dabei bestrebt, diese Kreise in eine senkrecht auf der Drehachse stehende Ebene zu legen, wodurch die Biegemomente klein gehalten werden können. Die ermittelten Biegespannungen sind Zugspannungen auf der den Schaufeln abgewandten Fläche des Radkörpers.

5. Die Bruchdrehzahl der rotierenden Schale

Um die Drehzahl zu bestimmen, bei welcher eine Schale bricht, gehen wir wie bei der Scheibe von der Annahme aus, daß der Bruch in vollplastischem Zustand des Werkstoffes eintritt. Dies bedeutet, daß die Schale biegeschlaff geworden ist, in ihr also nur noch Zugspannungen herrschen, die sich aus den Fliehspannungen und den Membranspannungen zusammensetzen. Die Gleichgewichtsbedingung der Kräfte in einem Meridianschnitt lautet damit

$$2\int_{r_0}^{r_a} \sigma_\varphi\, y\, dr = P_r,$$

worin P_r die Komponente aller Fliehkräfte in der Senkrechten zum Meridianschnitt bedeutet. Diese Bedingung führt uns zur gleichen Formel für die Bruchdrehzahl wie sie für die Scheibe gefunden wurde, [s. Gl. (A. 225) bis (A. 227)]:

$$n_B = \frac{30}{\pi}\sqrt{\frac{F_{\min}\,\sigma_B}{\frac{2}{3}\,\frac{\gamma}{g}\,\Sigma\,(r_i^3 - r_{i-1}^3)\,y_i}}\,. \tag{168}$$

Dies bedeutet, daß die Bruchzahl einer Schale die gleiche ist wie diejenige einer Scheibe, deren Profil durch $y = \frac{h}{\cos\delta}$ gegeben ist.

Diese Tatsache läßt sich in einfacher Weise mit Hilfe der Tangentialspannungen in einer rotierenden biegeschlaffen Kegelschale bestätigen. Die Tangentialspannung dieser Schale kann aus der Gleichgewichtsbedingung für die Kräfte in Normalrichtung, die auf die Gl. (75) führte, mit $\frac{d\delta}{dl} = 0$ und $p = 0$ sofort angeschrieben werden. Da bei der biegeschlaffen Schale keine Schubspannungen auftreten, geht diese Gleichung über in

$$h\,\sigma_\varphi \operatorname{tg}\delta = \frac{\gamma}{g}\,\omega^2 r^2 h \operatorname{tg}\delta$$

oder:

$$\sigma_\varphi = \frac{\gamma}{g}\,\omega^2 r^2\,. \tag{169}$$

Die Tangentialspannung in einer biegeschlaffen rotierenden Kegelschale ist also an jeder Stelle gleich der sogenannten Ringspannung. Damit wird die Gleichgewichtsbedingung für die Kräfte in einem Flächenelement des Meridianschnittes

$$dP_r = \int_{r_{i-1}}^{r_i} \sigma_\varphi\, y\, dr = \frac{\gamma}{g}\,\omega^2\, y \int_{r_{i-1}}^{r_i} r^2\, dr = \frac{\gamma}{g}\,\omega^2\, y\, \frac{r_i^3 - r_{i-1}^3}{3}$$

und

$$P_r = \frac{2}{3}\,\frac{\gamma}{g}\,\omega^2 \sum_{r_0}^{r_a} y\,(r_i^3 - r_{i-1}^3)\,,$$

woraus sich die Bruchdrehzahl nach Gl. (168) ableitet.

Diese Betrachtungen gelten nur für Schalen, an welchen keine äußeren, axialen Kräfte angreifen. Erfährt die Schale auch eine axiale Belastung, so können die Biegespannungen einen örtlichen Anriß herbeiführen; eine einfache Betrachtung für die Bruchbelastung ist dann nicht mehr möglich.

E. Die Beurteilung der durch Rechnung ermittelten Spannungsverteilung

I. Vergleichsspannungen

Da die Spannungen in einer Scheibe oder in einer Schale verschiedene Richtungen haben, und auch verschiedener Natur sind (Zug-, Biege- oder Schubspannungen), so muß zur Beurteilung der Festigkeit die Vergleichsspannung nach einer der bekannten Festigkeitshypothesen herangezogen werden. Dabei tritt die Frage auf, welche Hypothese für unsere Probleme überhaupt brauchbar ist. Diese Hypothesen gehen davon aus, daß eine durch die Spannungen gegebene Größe, z. B. die Normalspannung, die Schubspannung oder die Gestaltänderungsarbeit, einen Grenzwert nicht überschreiten darf. Würde an irgendeinem Punkt der Scheibe oder der Schale dieser Wert überschritten, so müßte der Bruch eintreten. Dies trifft aber insbesondere dann nicht zu, wenn der Körper aus einem dehnbaren Werkstoff hergestellt ist. In Abschn. A. IX (S. 114ff.) wurde auf Versuche mit rotierenden Scheiben hingewiesen, die ergeben haben, daß die Bruchdrehzahl viel höher liegt, als es der errechneten Höchstspannung entspricht. Diese Tatsache rührt daher, daß bei Erreichen der Fließgrenze die betreffende Stelle entlastet wird, wenn ihre Umgebung kleineren Beanspruchungen ausgesetzt ist. Dies gilt insbesondere für Scheiben mit Mittelbohrung, die nach jeder Bruchhypothese viel früher brechen müßten als sie es tatsächlich tun. Wollte man eine Scheibe nach diesem Gesichtspunkt auslegen, so müßte man auch die Spannungsspitzen an den Rändern aller in der Scheibe angebrachten Bohrungen berücksichtigen. Die nach Gl. (A. 24) für den Innenrand einer Scheibe mit kleiner Mittelbohrung errechnete Tangentialspannung, die doppelt so groß ist wie die größte Spannung der ungebohrten Scheibe, s. Abb. 2, kann ja auch als eine durch Kerbwirkung erhöhte Spannung aufgefaßt werden, für die der Kerbfaktor $\alpha_k = 2$ ist.

Es wurde nun gefunden, daß die Scheibe erst dann bricht, wenn die Bruchspannung an allen Punkten erreicht wird; wegen des Spannungsausgleiches im Fließbereich tritt sie vorher nirgends auf. Diese Tatsache ermutigt uns, zur Festigkeitsbeurteilung von Scheiben aus dehnbarem Werkstoff jene Bruchdrehzahl heranzuziehen, die sich aus einer Betrachtung für den vollplastischen Zustand ergibt, gegen welche wir eine ausreichende Sicherheit vorsehen müssen. Es ist aber zu bedenken, daß diese Sicherheit keine Gewähr dafür bietet, daß die Scheibe nicht im Betrieb schon bleibende Verformungen erleidet.

Im Bereich der elastischen Verformungen ist für die Beanspruchung die Vergleichsspannung maßgebend, die gegenüber einem Grenzwert des Werkstoffes eine ausreichende Sicherheit bieten muß. Zur Beurteilung der Spannungen in rotierenden Scheiben und Schalen wird die Hypothese der größten Gestaltänderungsarbeit (auch Mises-Hencky-Theorie genannt) angewandt, weil diese den hier vorliegenden Verhältnissen am besten gerecht wird, wie auch durch Versuche bestätigt wurde. Die Vergleichsspannung für den zweiachsigen Spannungszustand lautet nach dieser Theorie:

$$\sigma_v = \sqrt{\frac{1}{2}\left[(\sigma_1 - \sigma_2)^2 + \sigma_1^2 + \sigma_2^2\right]} = \sqrt{\sigma_1^2 + \sigma_2^2 - \sigma_1 \sigma_2}\,, \tag{1}$$

Diese Vergleichsspannung muß genügend weit unter der Streckgrenze $\sigma_{0,2}$ bzw. der Kriechgrenze des Werkstoffes liegen, für welche beispielsweise der Wert $\sigma_{0,1-1000}$ gewählt wird, was bei einer bestimmten Temperatur einer bleibenden Dehnung von 0,1 % nach 1000 Stunden Betriebszeit entspricht. Eine zweite Vorschrift ist dann durch die Bruchdrehzahl nach Gl. (A. 227) bzw. (D. 168) gegeben, gegen die z. B. eine Sicherheit von 1,35 vorgeschrieben werden kann, was einer 1,8fachen Sicherheit gegen die Bruchfestigkeit gleichkommt.

Bei den Schalen treten neben den Zugspannungen noch Biegespannungen auf; will man auch hier plastische Verformungen ganz vermeiden, dann muß zur Beurteilung des Spannungszustandes die Summe der Zug- und der Biegespannungen herangezogen werden. Die Schubspannungen beeinflussen die Vergleichsspannung im allgemeinen nur unerheblich; sie können höchstens bei sehr großen Schalenwinkeln δ

wesentlich werden, bei welchen aber mindestens eine der Zugspannungen sehr klein wird (vgl. hierzu das Ergebnis der Berechnung der Kegelschale mit $\delta = 30°$, Abb. 90c). Die Vergleichsspannung nach der Hypothese der größten Gestaltänderungsarbeit lautet für den Fall des zweiachsigen Spannungszustandes, bei dem noch eine Schubspannung senkrecht zu den beiden Zugspannungen auftritt;

$$\sigma_v = \sqrt{\sigma_1^2 + \sigma_2^2 - \sigma_1 \sigma_2 + 3\tau^2}\,. \tag{2}$$

II. Dicke Scheiben und Schalen

Um die nach den beschriebenen Rechenverfahren ermittelten Spannungen beurteilen zu können, müssen wir noch untersuchen, welche Fehler durch die Annahme von über den Querschnitt konstanten Längsspannungen auftreten können. Wir haben eingangs allen Ableitungen zugrunde gelegt, daß die zu behandelnden Profile „schlank" sind; in der Praxis kommen aber oft recht dicke Profile vor (als Beispiel sei das in Abb. 91a dargestellte Profil genannt), die sich um unsere vereinfachende Voraussetzung nicht kümmern. Daher wollen wir am Beispiel der zylindrischen Scheibe zeigen, wie sich die Spannungen über den Querschnitt bei nicht mehr als schlank zu bezeichnenden Profilen ändern können, um hiernach die Genauigkeit unserer Verfahren bei der Anwendung auf verhältnismäßig dicke Scheiben oder Schalen abschätzen zu können.

Wir gehen dabei von der strengen Lösung für den rotierenden Zylinder aus, auf deren Herleitung verzichtet sei[1]. Zu den Spannungen, die wir für die Scheibe gleicher Dicke [Gln. (23) und (24)] ermittelt haben, tritt noch ein Glied, das die Veränderlichkeit in der Achsrichtung z berücksichtigt. Die vollständigen Gleichungen lauten für $\sigma_a = 0$:

$$\sigma_r = \left[\frac{3+\nu}{8}\, r_a^2 \left(1 + \psi^2 - \frac{\psi^2}{\varrho^2} - \varrho^2\right) + \frac{\nu}{6}\,\frac{1+\nu}{1-\nu}\left(\frac{y^2}{4} - 3z^2\right)\right]\frac{\gamma}{g}\,\omega^2, \tag{3}$$

$$\sigma_\varphi = \left[\frac{3+\nu}{8} r_a^2 \left(1 + \psi^2 + \frac{\psi^2}{\varrho^2} - \frac{1+3\nu}{3+\nu}\,\varrho^2\right) + \frac{\nu}{6}\,\frac{1+\nu}{1-\nu}\left(\frac{y^2}{4} - 3z^2\right)\right]\frac{\gamma}{g}\,\omega^2. \tag{4}$$

Diese Gleichungen schreiben wir in der Form

$$\sigma = \left(f_1(\varrho, \psi) + f_2(y, z)\right)\frac{\gamma}{g}\,\omega^2$$

oder auch

$$\sigma = f_1(\varrho, \psi)\left[1 + \frac{f_2(y, z)}{f_1(\varrho, \psi)}\right]\frac{\gamma}{g}\,\omega^2, \tag{5}$$

worin der Klammerausdruck eine Funktion darstellt, die die Veränderlichkeit der Spannungen über den Querschnitt verkörpert. Die Funktion $f(y, z)$ stellt eine Parabel mit Scheitel in der Mittelebene

[1] Malkin, J.: Festigkeitsberechnung rotierender Scheiben, S. 13. Berlin 1935.

dar, s. Abb. 92; ihr Größtwert liegt bei $z = 0$ und wird für $\nu = 0{,}3$:

$$f(y, z)_{\max} = 0{,}0232\, y^2.$$

Da der Ausdruck

$$1 + \frac{f_2(y, z)}{f_1(\varrho, \psi)}$$

in (5) um so größer wird, je kleiner die im Nenner stehende Spannungsfunktion $f_1(\varrho, \psi)$ ist, beschränken wir uns auf den Fall der Vollscheibe,

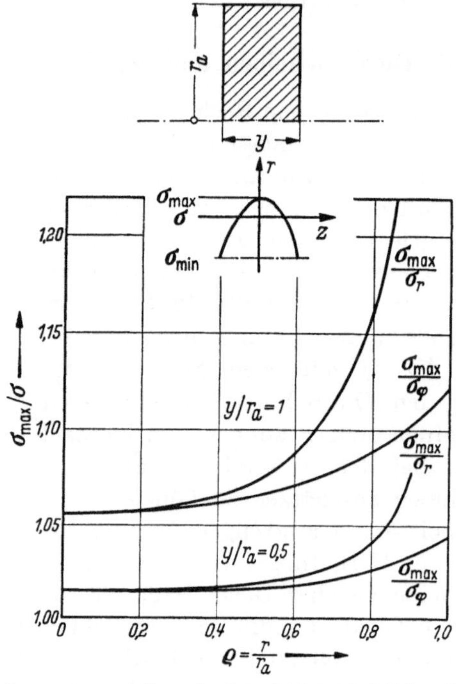

Abb. 92. Spannungsverteilung in Achsrichtung bei dicken Vollscheiben

die bei gegebenen Halbmesser r_a die geringsten Spannungen aufweist, weshalb sich bei ihr der Einfluß der Dicke am stärksten auswirkt. Für $\psi = 0$ und $\nu = 0{,}3$ wird nach Gln. (A. 21) und (A. 22):

$$\sigma_r = 0{,}4125\,(1 - \varrho^2)\,\frac{\gamma}{g}\,\omega^2 r_a^2$$

und

$$\sigma_\varphi = 0{,}4125\,(1 - 0{,}5757\,\varrho^2)\,\frac{\gamma}{g}\,\omega^2 r_a^2.$$

Damit lassen sich zwei Funktionen $\frac{\sigma_{r\max}}{\sigma_r}$ und $\frac{\sigma_{\varphi\max}}{\sigma_\varphi}$ aufstellen; diese werden:

$$\frac{\sigma_{r,\max}}{\sigma_r} = 1 + \frac{0{,}0232}{0{,}4125\,(1 - \varrho^2)}\,\frac{y^2}{r_a^2} \tag{6}$$

und

$$\frac{\sigma_{\varphi,\max}}{\sigma_\varphi} = 1 + \frac{0{,}0232}{0\,4125\,(1 - 0{,}5757\,\varrho^2)}\,\frac{y^2}{r_a^2}. \tag{7}$$

In Abb. 92 sind diese beiden Funktionen für zwei Verhältnisse $\frac{y}{r_a} = 1$ und $\frac{y}{r_a} = 0{,}5$ über dem dimensionslosen Radius ϱ aufgetragen. Sie weisen einen starken Anstieg für große Werte von ϱ auf; dabei ist aber zu bedenken, daß die Spannungen σ_r und σ_φ mit zunehmendem ϱ kleiner werden und damit die erhöhende Wirkung bei der Beurteilung der ganzen Scheibe weniger ins Gewicht fällt. Am radialspannungsfreien Außenrand würde $\frac{\sigma_{r,\,\max}}{\sigma_r} = \infty$; wegen $\sigma_r = 0$ wird aber auch $\sigma_{r,\,\max} = 0$. Für den Scheibenmittelpunkt, $\varrho = 0$, ist der Einfluß nicht übermäßig groß; bei der schon sehr dicken Scheibe mit $y = r_a$ wird die Spannung um nur 5,5% größer als diejenige, die sich nach den üblichen Rechenmethoden ergibt, und bei $y = 0{,}5\,r_a$ ist der Anstieg nur noch 1,5%. Damit haben wir wenigstens einen Anhaltspunkt über die möglichen Fehler, die sich bei der Berechnung dicker Scheiben oder Schalen einschleichen können; nach den gezeigten Ergebnissen sind die Abweichungen erträglich.

Hierzu mag noch bemerkt sein, daß beim Überschreiten der Fließgrenze des Werkstoffes auch die über den Querschnitt veränderlichen Spannungen eingeebnet werden, so daß die Bruchdrehzahl von dieser Veränderlichkeit ebensowenig beeinflußt wird wie von den Biegespannungen bei rotierenden Schalen, sofern diese keinen axialen äußeren Belastungen unterliegen.

III. Stark konische Profile

Als letztes ist nun noch eine Betrachtung über den Einfluß der Dickenänderung eines Profils auf die Genauigkeit des Rechenergebnisses notwendig. Bei stark konischen Profilabschnitten weicht nämlich die Richtung der Außenmeridiane erheblich von derjenigen des Mittelmeridians ab, für welchen die in den Lösungen auftretenden Spannungen gelten. Dies bedeutet, daß auch Spannungen in Achsrichtung z auftreten, die über den Querschnitt nicht konstant sind, und daß, damit verbunden, die Längs- und Tangentialspannungen sich ebenfalls über den Querschnitt verändern. Ebenso wird bei den Biegespannungen die lineare Verteilung gestört. Eine strenge Behandlung des Problems, welche auch die unter II. dargelegte Veränderlichkeit der Spannungen über den Querschnitt einschließen müßte, würde auf eine so komplizierte Lösung führen, die, sofern sie überhaupt möglich ist, für die praktische Anwendung auf beliebige Profilformen nicht eingerichtet werden könnte. Bei den Schalen wären zudem noch die über den Querschnitt sehr stark veränderlichen Schubspannungen einzubeziehen, für die wir in allen Ableitungen vereinfachend nur den Mittelwert verwendet haben.

Bei solchen Körpern, die natürlich die Voraussetzung nicht erfüllen, daß ihre axiale Erstreckung klein gegenüber ihrem Außenradius ist, bleiben bei der Verformung die Querschnitte nicht eben, was allgemein für alle Umdrehungskörper[1] gilt, insbesondere für die plumpen, einschließlich der Schalen und Scheiben, die mit axial auskragenden Ringen und mit radialen Rippen versehen sind. Wir haben aber durch die von der Berechnung der eigentlichen Scheibe oder Schale getrennte Behandlung solcher Anhängsel gezeigt, wie die Schwierigkeiten in häufig vorkommenden Fällen umgangen werden können, und zweifellos wird man auch manche andere Form durch die Annahme eines sinnvollen Verlaufes der Spannungslinien in der dargelegten Art wenigstens näherungsweise behandeln können.

In der Praxis ist es nicht immer angebracht, derartig schwierige Probleme exakt lösen zu wollen, weil die Annahmen, die dafür zugrunde gelegt werden müssen, oft noch ungenauer sind als die Ergebnisse einer Näherungslösung, die, wie wir gesehen haben, schon kompliziert genug wird, und mit welcher man sich nach den Erfahrungen des Verfassers begnügen kann. Wir sind dabei vorläufig noch auf die klassische Elastizitätslehre angewiesen und damit auf die immer willkommene Bedingung, daß die Querschnitte eben zu bleiben haben, wohl wissend, daß die Querschnitte selbst sich häufig nicht nach unseren Wünschen richten.

[1] Föppl, L.: Drang und Zwang. § 84, S. 162ff. Berlin/München 1944.

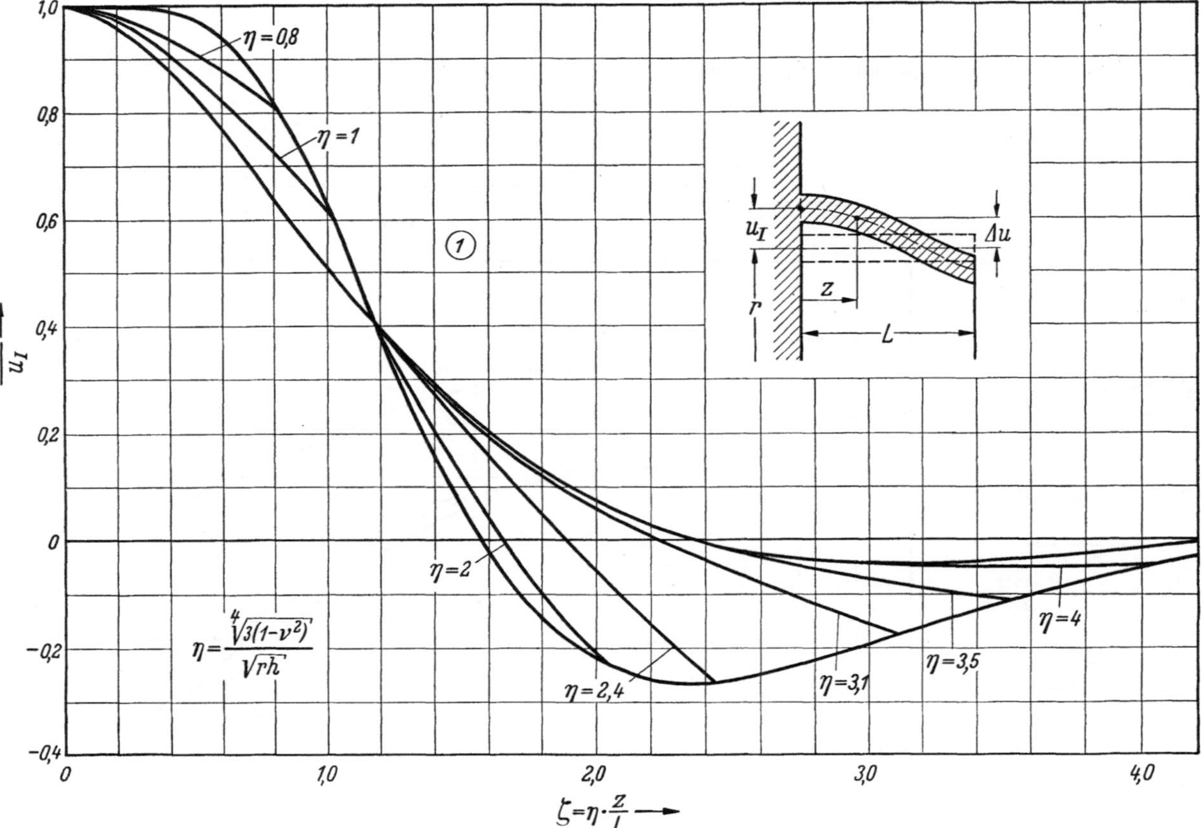

Kurvenblatt 1. Radiale Verschiebung entlang einem einseitig eingespannten und gedehnten zylindrischen Ring

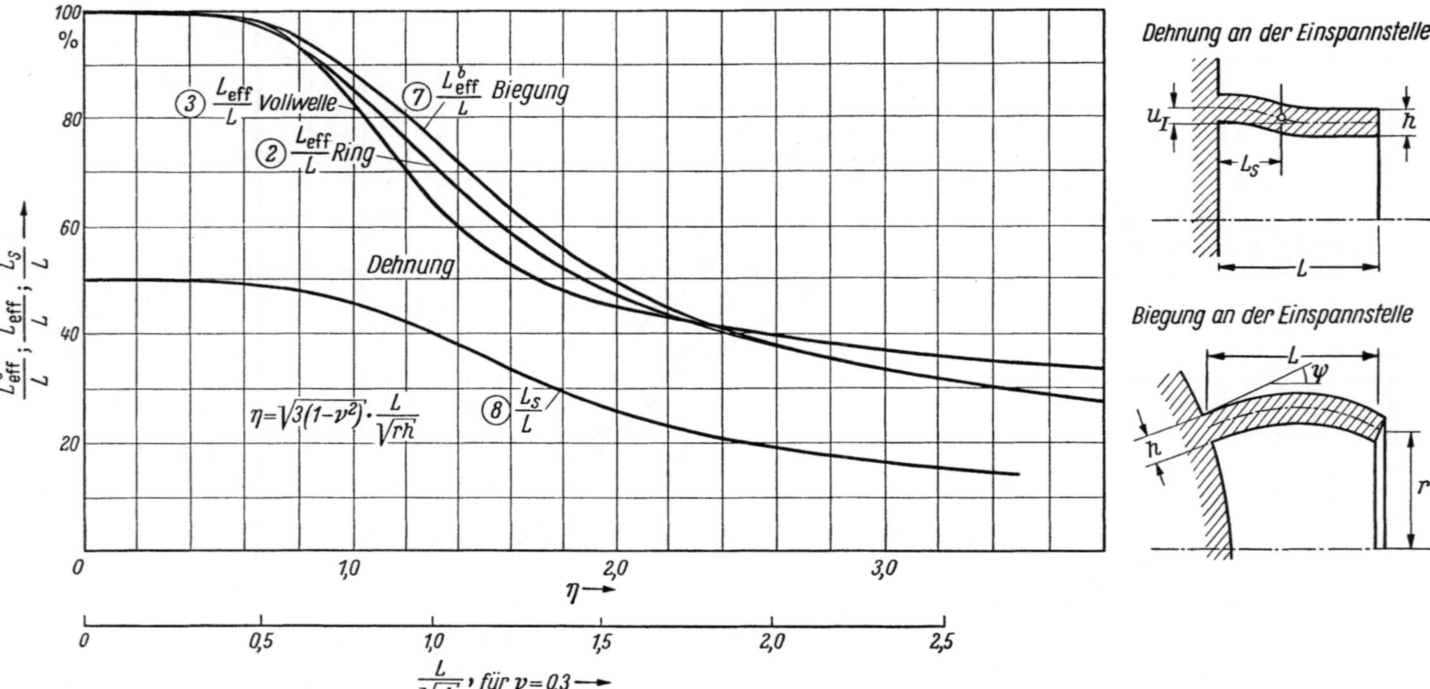

Kurvenblatt 2. Effektive Längen und zugehörige Schwerpunktslage von einseitig eingespannten und gedehnten Ringen und der Vollwelle

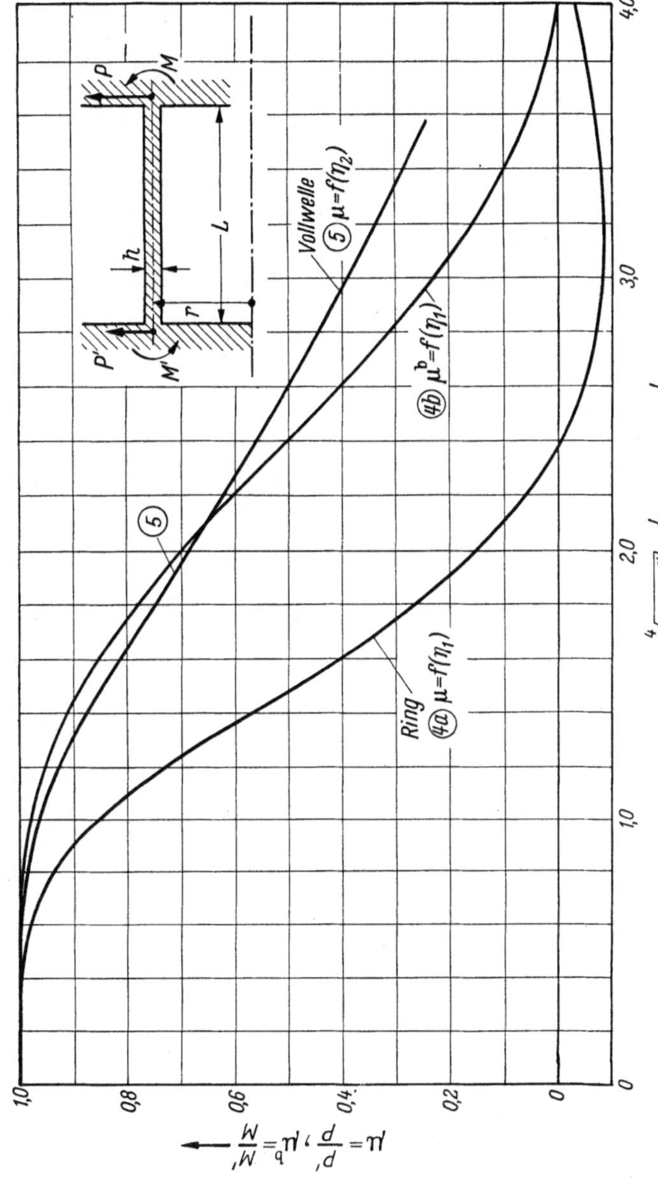

Kurvenblatt 3. Übertragungsfaktoren für die Kräfte und Momente bei beidseitig eingespannten Ringen und Vollwellen

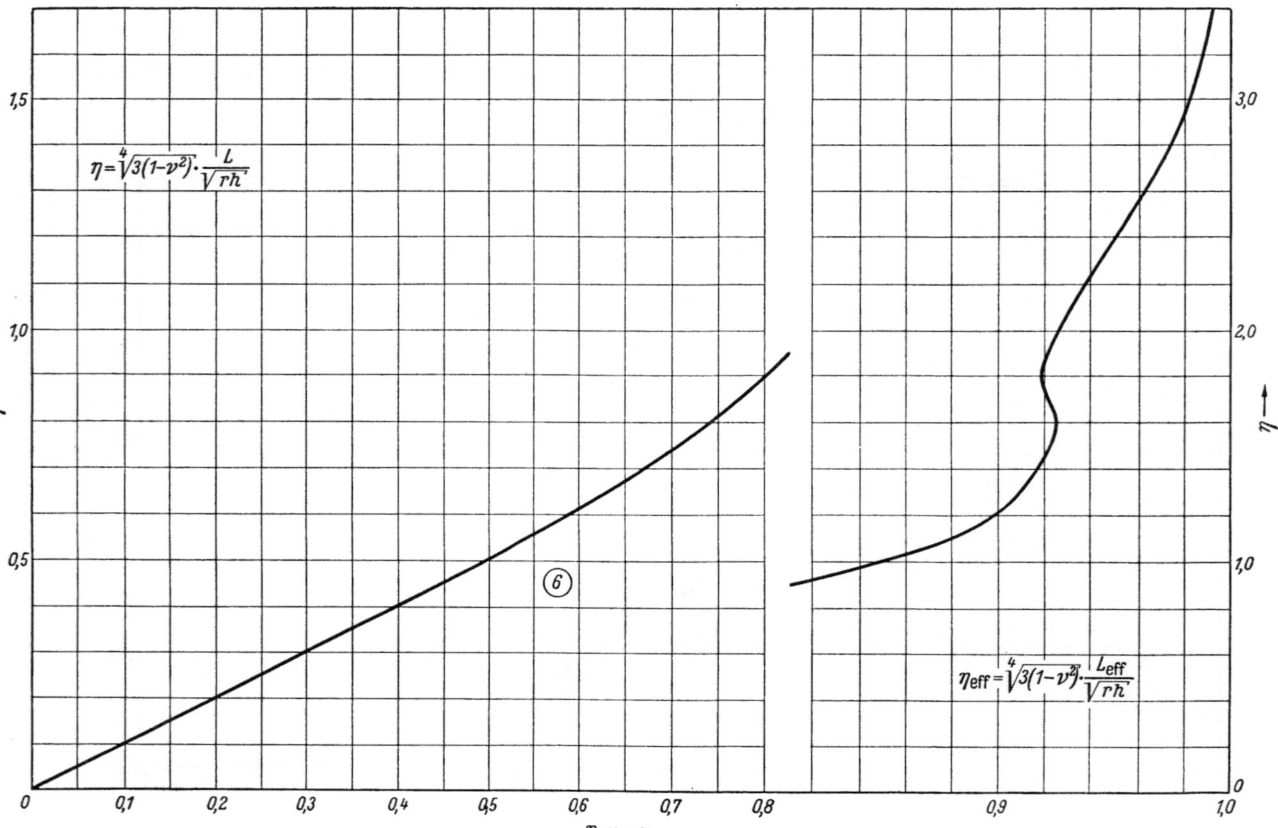

Kurvenblatt 4. Die zur Ermittlung der wirklichen Ringlänge erforderliche Funktion $\eta = f(\eta_{eff})$

Schrifttum

A. Rotierende Scheiben

ADAMS, E. W.: Festigkeitsrechnung der Mittelscheiben rotierender axialer Turboläufer mit beliebigem drehsymmetrischem Scheibenprofil unter Berücksichtigung der Spannungserhöhung durch die Flügel. Diss. Darmstadt 1956.

— Durch die Flügel verursachte Spannungserhöhung in Mittelscheiben axialer Turboläufer. Diss. Darmstadt 1956 und Jahrbuch 1957 WGL (verkürzte Fassung.)

— Der ebene Spannungszustand in einer durch beliebige ebene Randlasten beanspruchten rotierenden Vollscheibe mit dem Stärkenprofil $h(r) = 1/(a r^2 + b)$ Teil I, Z. Flugwiss. Bd. 5 (1957) Nr. 11, S. 331; Teil II, Z. Flugwiss. Bd. 6 (1958) Nr. 3, S. 77.

— Der ebene Spannungszustand in einer am Rand drehsymmetrisch belasteten rotierenden Scheibe mit dem Stärkenprofil $h(r) = \frac{1}{(ar^{2/3} + b)}$. Z. Flugwiss. Bd. 6 (1958) Nr. 5, S. 151.

BAER, H.: Vereinfachte Berechnung umlaufender Scheiben. Forschung Bd. 7 (1936) S. 187.

BARNHART, K. E., A. L. HALE u. I. L. MERIAM: Stresses in rotating disks due to noncentral holes; Cleveland 1950.

BIEZENO, C. B., u. R. GRAMMEL: Technische Dynamik, Bd. 1 u. 2, 2. Aufl., Berlin/Göttingen/Heidelberg: Springer 1953.

BOGDANOFF, J. L., J. E. GOLDBERG u. H. E. HELMS: Lateral buckling of rimmed rotating disks. Proc. of the third U. S. National Congress of Applied Mechanics S. 253 (1958).

BOSCH, M. TEN: Berechnung der Maschinenelemente. 3. Aufl., Berlin/Göttingen/Heidelberg: Springer 1951, Abschnitt 14.

BRIGHT, P. N.: Structural design problems in gas turbine engines. Proc. SESA Vol. XIII, Nr. 1.

CONWAY, H. D.: Nonaxial bending of ring plates of varying thickness. J. appl. Mech. Bd. 25 (1958) Nr. 3, S. 386.

DONATH, M.: Die Berechnung rotierender Scheiben und Ringe nach einem neuen Verfahren. Berlin 1929.

EICHHORN, K.: Zur Trennbruchempfindlichkeit großer Turbowellen; Konstruktion 9. Jahrgang (1957) S. 225.

FISCHER, A.: Beitrag zur genauen Berechnung der Dampfturbinenscheibenräder mit veränderlicher Dicke. Z. öst. Ing.-Archit.-Ver. Bd. 74 (1922) S. 46.

FÖPPL, L.: Analogie zwischen rotierender Scheibe und belasteter Platte. Z. angew. Math. Mech. (1922) S. 92.

— Drang und Zwang, 2. Bd., 7. Abschn.: Der Umdrehungskörper. München/Berlin: 1944.

GIOVANOZZI, R.: Untersuchung der Wärmespannungen in konischen Scheiben, in Scheiben mit konstanter Dicke und in Scheiben mit beliebigem Profil, durch Zerlegung in Teilscheiben (ital.). Aerotecnica Vol. 30 (1950) S. 308.

GOODIER, I. N.: On the integration of the thermoelastic equations. Phil. Mag. Bd. 23 (1937) Nr. 157, S. 1017.

— (TIMOSCHENKO-): s. TIMOSCHENKO.

GRAMMEL, R.: Ein neues Verfahren zur Berechnung rotierender Scheiben. Dinglers polytechn. J. Bd. 338 (1923) S. 217.

GRAMMEL, R.: Neue Lösungen des Problems der rotierenden Scheibe. Ing.-Arch. Bd. 7 (1936) S. 137.
— (BIEZENO-): S. BIEZENO.
— Die Erklärung des Problems der hohen Sprengfestigkeit umlaufender Scheiben. Ing.-Arch. Bd. 16 (1947/48) S. 1.
GRAN OLSSEN, R.: Über einige Lösungen des Problems der rotierenden Scheibe. Ing.-Arch. Bd. 8 (1937) S. 373.
GRUBER, W.: Berechnung umlaufender Scheiben. Forschung Bd. 10 (1939) S. 142.

HEARLE, H.: The strength of rotating disks. Engineering Vol. 106 (1918) S. 131.
HAUSENBLAS, H.: Berechnung rotierender Scheiben. Konstruktion Bd. 8 (1956) S. 18.
HELD, A.: Lösungen des Problems der rotierenden Scheibe zu vorgegebenen Spannungsverteilungen. Diss. Stuttgart 1939.
HELMS, H. E. u. R. N. MCLOED: Thermally induced lateral buckling of turbine wheels — analytical and experimental correlation. Proc. S.E.S.A. Vol. XVII, Nr. 1 (1959).
HENGST, H.: Beitrag zur Beurteilung des Spannungszustands einer gelochten Scheibe. Diss. T.H. Dresden 1937.
HODKINSON, B.: Rotating disks of conical profile. Engineering Vol. 116 (1923) S. 274.
HOLMS, A. G. (JENKINS, J. E., u.): S. JENKINS.
HOLZER, H.: Die Berechnung der Scheibenräder bei ungleichmäßiger Erwärmung. Z. ges. Turbinenw. Bd. 12 (1915) Nr. 1—4.
HONEGGER, E.: Festigkeitsberechnung von rotierenden konischen Scheiben. Z. angew. Math. Mech. Bd. 7 (1927) S. 120.

JENKINS, J. E., u. A. G. HOLMS: Effect of strength and ductility on burst characteristics of rotating disks. NACA TN 1667 (1948).
JOHNSON, A. E.: Turbine disks for jet propulsion units. Aircr. Engng. (1956) Nr. 6—10.

KARAS, K.: Zur Berechnung rotierender Scheiben vorgegebenen Profils. Österr. Ing.-Arch. Bd. IX (1955) S. 157.
— Beanspruchung und Verformung rotierender Scheiben durch axiale Drehstöße. Erscheint demnächst in Ing.-Arch.
— Die Berechnung der Schrumpfspannungen bei Berücksichtigung des Scheibenkranzes; Verschärfungen, Kontrollen, Ergänzungen. Erscheint demnächst in Forsch. Ing.-Wes.
KASPAREK: Wärmespannungen in Dampfturbinenrädern. Z. ges. Turbinenw. Bd. XIV (1917) Nr. 4, S. 32.
KELLER, C.: Beitrag zur analytischen Berechnung hoch belasteter Radscheiben. Festschrift Prof. Dr. A. STODOLA, Zürich (1929) S. 342.
— Die Berechnung rotierender Scheiben mit Hilfe von konischen Ringen. Escher Wyss Nachr. (1932) Nr. 1/2, S. 22.
KISSEL, W. (SALZMANN, F., u.): S. SALZMANN.
KNÖRNSCHILD, E. (LEIST, K., u.): S. LEIST.
KRUG, H. J.: Das Festigkeitsverhalten spröder Körper bei gleichförmiger und ungleichförmiger Beanspruchung. Diss. Stuttgart 1938.

LASZLO, F: Geschleuderte Umdrehungskörper im Gebiet bleibender Deformation. Z. angew. Math. Mech. Bd. 5 (1925) S. 281.
LEIST, K.: Der Laderantrieb durch Abgasturbinen. Jb. dtsch. Luftfahrtforsch. (1937) S. II, 137.
LEIST, K., u. E. KNÖRNSCHILD: Temperaturmessung an rasch umlaufenden Maschinenteilen. Jb. dtsch. Luftfahrtforsch. (1937) S. II, 289.

Leist, K., u. J. Weber: Spannungsoptische Untersuchungen an rotierenden Scheiben mit exzentrischen Bohrungen. DVL-Bericht Nr. 57. Köln/Opladen: April 1958.

Löffler, K.: Wärmespannungen in einer Kreisscheibe. Konstruktion Bd. 11 (1959) S. 190.

Love, A. E. H., u. A. Timpe: Theory of elasticity. 1927.

MacGregor, C. W., u. W. D. Tierney: Developments in high speed rotating disks research at MIT. Weld. J. Suppl. Vol. 27 (Juni 1948) S. 303.

Malkin, J.: Festigkeitsberechnung rotierender Scheiben. Berlin 1935.

Manson, S.: Determination of elastic stresses in gas turbine disks. NACA-Report Nr. 871.

— Determination of elastic stresses in gas turbine disks. NACA-Report Nr. 871 und NACA TN 1279.

— Stress investigations in gas turbine disks and blades. SAE-Quaterly, Trans. Vol. 3 (April 1949) Nr. 2, S. 229.

— Direct method of design and stress analysis of rotating disks with temperature gradient. NACA-Report Nr. 952 (1949).

Marguerre, K.: Temperaturverlauf und Wärmespannungen in platten- und schalenförmigen Körpern. Ing.-Arch. Bd. 7 (1937) S. 216.

Meinignhaus, U.: Über die Berechnung von druckfesten Ringscheiben. Diss. T.H. Hannover 1936.

Meissner, E.: Graphische Integration von totalen Differentialgleichungen. Schweiz. Bauztg. Bd. 62 (1913) S. 199 u. 121; Bd. 98 (1931) S. 287 u. 333; Bd. 99 (1932) S. 27, 41 u. 67.

Melan, E., u. H. W. Parkus: Wärmespannungen infolge stationärer Temperaturfelder. Wien: Springer 1953.

Meyer, J.: Zur Berechnung der Festigkeit durchbohrter rotierender Scheiben. Konstruktion Bd. 10 (1958) Nr. 7, S. 280.

Newton, R. E.: A photoelastic study of stresses in rotating disks. J. appl. Mechan. Vol. 7 (1940) S. 57.

Parkus, H. W. (Melan, E., u.): S. Melan.

Popov, E. P.: Stresses in turbine disks. J. Franklin Inst. 243 (1947) S. 365.

Reissner, H.: Über die unsymmetrische Biegung dünner Kreisringplatten. Ing.-Arch. Bd. 1 (1929) S. 72.

Robinson, E. L.: Bursting test of steam-turbine disk wheels; Transactions ASME 66 (1944), S. 373.

Salzmann, F.: Kurvenscharen zur Berechnung rotierender Radscheiben mittels konischer Teilringe nach dem Verfahren von Keller. Escher Wyss Mitt. Nr. 3 (1938) S. 63.

Salzmann, F., u. W. Kissel: Kurvenscharen zur Berechnung der Spannungen in rotierenden und ungleichmäßig erwärmten Scheiben nach dem Verfahren von Keller. Escher Wyss-Dampfturbinen (1950/51) S. 69.

Schmidt, D.: Belastung der Turbinenscheiben durch Fliehkraft und Temperaturgradient. Escher Wyss Mitt. 31 (1958) Nr. 1.

Schraud, A: Über spannungsoptische Untersuchungen von Festigkeitsproblemen des Turbomaschinenbaus; Diss. T. H. München 1950.

Schultz-Grunow, F.: Der Spannungsverlauf in umlaufenden Scheiben mit exzentrischen Löchern. Z. angew. Math. Mech. Bd. 16 (1936) S. 366.

Skidmore, W. E.: Bursting tests of rotating disks typical of small gas turbine design. Proc. SESA Vol. 2 (1951) S. 29.

Stodola, A.: Dampf- und Gasturbinen. Berlin: Springer 1924.

STRAUSS, E.: Festigkeitsrechnung umlaufender Scheiben, mit Berücksichtigung von Wärmespannungen. Bericht des Instituts für Gasdynamik der DVL Adlershof.

SUHARA, S.: Über die Spannungen in einer Kreisscheibe veränderlicher Dicke, deren Elastizitäts- und Wärmeausdehnungskoeffizienten Funktionen der Temperatur sind (Japanisch). Proc. Fac. Eng. Keiogijuku Univ. 1, 43 (1948).

SUHARA, T.: On the stresses in a rotating circular disk. Trans. Soc. mechan. Engr. Japan Bd. 3 (1937) Nr. 10, S. 1.

TIERNEY, W. D. (MACGREGOR, C. W., u.): S. MACGREGOR.

TIMOSCHENKO, S.: Strength of materials.

TIMOSCHENKO, S., u. J. N. GOODIER: Theory of elasticity. London, N. J. Toronto 1951.

TUMARKIN, S.: Methods of stress calculation in rotating disks. NACA TN 1064.

VÖLCKERS, J.: Wärmespannungen in einer Kreisscheibe. Konstruktion Bd. 10 (1958) Nr. 4, S. 155.

WEIRICH, H.: Spannungsermittlung in umlaufenden Scheiben vorgegebenen Profils mit Hilfe konischer Teilscheiben. Energie Bd. 8 (1956) Nr. 2, S. 41.

WHITCOMB, K. F.: Grits and Grinds. Worcester, Mass. (USA): Norton Co. Sept. 1930.

B. Spannungen im Bereich plastischer und Kriech-Dehnungen

BAILEY, R. W.: The utilization of creep test data in engineering design. Inst. mech. Engr., London Vl. 131 (Nov. 1935) S. 260.

DONELL, L. H. (NADAI, A., u.): S. NADAI.

HODGE, P. G. JR.: The rigid plastic analysis of symmetrically loaded cylindrical shells. J. appl. Mechan. Vol. 21; Trans. ASME Vol. 76 (1954) S. 336—342.

JOHNSON, A. E.: Creep under complex stress systems of elev. temperatures. Instn. mechan. Engr., Proc. Vol. 164 (1951) S. 432.

LEE WU, M. H.: General plastic behaviour and approximate solution of rotating disk in strain hardening range. NACA TN 2367 (Mai 1951).

— A simple method of determining plastic stresses and strains in rotating disks with nonuniform metal properties. J. appl. Mechan. (Dez. 1952) S. 489.

MANJOINE (WAHL, ...): S. WAHL.

MARTIN, O.: Rotierende Radscheibe im Kriechzustand. Schweiz. Bauztg. Bd. 72 (1954) Nr. 6, S. 75.

MILLENSON, M. B., u. S. S. MANSON: Determination of stresses in gas turbine disks subjected to plastic flow and creep. NACA-Report 906 (1948).

NADAI, A., u. L. H. DONELL: Stress distribution in rotating disks of ductile material after the yield point has been reached. Trans. ASME Vol. 51, Paper APM 51.16 (1929) S. 173.

NADAI, A.: On the creep of solids at elevated temperatures. J. appl. Physics Vol. 8 (1937) S. 418.

ODQUIST, F.: Influence of primary creep on stresses in structural parts. Royal Inst. Technology Nr. 66, Stockholm 1953.

RIMROTT, F. P. J.: Creep of thick-walled tubes under internal pressure considering large strains. J. appl. Mechan. Vol. 26, Ser. E (Juni 1959) Nr. 2, S. 271. Trans. ASME.

SANKEY (WAHL, ...): S. WAHL.

SHOEMAKER (WAHL, ...): S. WAHL.

Wahl, Sankey, Manjoine, Shoemaker: Creep tests of rotating disks at elevated temperature and comparison with theory. J. appl. Mechan. (Sept. 1954).

— Analysis of creep in rotating disks based on the Tresca criterion an associated flow rule. J. appl. Mech. Vol. 23 (1956) Nr. 2, S. 231.

Wahl, Sankay, Manjoine, Shoemaker: Stress distribution in rotating disks subjected to creep at elevated temperature. J. appl. Mechan. Vol. 24 (1957) Nr. 2, S. 299.

— Further studies of stress distribution in rotating disks and cylinders under elevated temperature creep conditions. J. appl. Mechan. Vol. 25 (1958) Nr. 2, S. 243.

Weir, C. D.: The creep of thick tubes under internal pression. J. appl. Mechan. Vol. 24; Trans. ASME Vol. 79 (1957) S. 464.

C. Schalen

Eckström, J. E.: Studien über dünne Schalen von rotationssymmetrischer Form und Belastung mit konstanter und veränderlicher Wandstärke. Ing. Vensk. Akad. Handl. Nr. 121 (1933) S. 1.

Flügge, W.: Statik und Dynamik der Schalen. Berlin: Springer 1934.

— Stresses in Shells. Berlin/Göttingen/Heidelberg: Springer 1960.

Föppl, A., u. L. Föppl: Drang und Zwang. S. 21ff. München/Berlin: 1944.

Föppl, L.: Drang und Zwang, 2. Bd., 7. Abschn.: Der Umdrehungskörper. München/Berlin: 1944.

Geckeler, J. W.: Über die Festigkeit achsensymmetrischer Schalen. Forsch.-Arb. Ing.-Wes. (1926) H. 276.

— Theorie der Elastizität flacher, rotationssymmetrischer Schalen. Ing.-Arch. Bd. 1 (1930) S. 255.

Hodge, P. G., u. J. Papa: Rotating disks with no plane of symmetry. J. Franklin Inst. (Juni 1957).

Honegger, E.: Festigkeitsrechnung von rotierenden konischen Scheiben. Z. angew. Math. Mech. Bd. 7 (1927) S. 120.

Horner, J. T.: Numerical calculation procedure for problems in aircraft engine development. Engr. Rept. 510, Allison Div. G.M.C.

Jaburek, F.: Die Festigkeit von radialbeschaufelten Laufrädern. Österr. Ing.-Arch. VII (1953) Nr. 3.

Lichtenstein, E.: Die biegungsfeste Kegelschale mit linear veränderlicher Wandstärke. Z. angew. Math. Mech. Bd. 12 (1932) S. 347.

Meissner, E.: Über das Elastizitätsproblem einer dünnen Schale von Kugel-, Kegel- oder Ringflächenform. Z. Math. Physik Bd. 61 (1913) S. 434.

— Zur Schalenfestigkeit. Festschrift zum 70. Geburtstag von Prof. Dr. A. Stodola. S. 406. Zürich 1929.

Müller, K. J.: Die Festigkeit rein radial beschaufelter Kreiselverdichter-Laufräder. Österr. Ing.-Arch. Bd. II (1948) S. 138.

Papa, J. (Hodge, P. G., u. —): S. Hodge.

Parkus, H.: Wärmespannungen in Rotationsschalen bei drehsymmetrischer Temperaturverteilung. S.-B. österr. Akad. Wiss., Abt. II, 2, 160, I (1951).

Pucher, A.: Die Berechnung von doppelt gekrümmten Schalen mittels Differenzengleichungen. Bauingenieur Bd. 18 (1937) S. 118.

Schultz-Grunow, F.: Über die Berechnung von Kegelschalen mit linear veränderlicher Wandstärke. Z. angew. Math. Mech. Bd. 13 (1933) S. 458.

— Zur Schalentheorie. Schweiz. Bauztg. Bd. 107 (1936) S. 265—268.

Timoschenko, S.: Theory of plates and shells. New York/London 1940.

TÖLKE, F.: Zur Integration der Differentialgleichungen der drehsymmetrisch belasteten Rotationsschale bei beliebiger Wandstärke. Ing.-Arch. Bd. 9 (1938) S. 282.

TREFFZ, E.: Ableitung der Schalenbiegungsgleichungen mit dem CASTIGLIANOschen Prinzip. Z. angew. Math. Mech. Bd. 15 (1935) S. 101.

D. Übertragungsmatrizen

FALK, S.: Die Abbildung eines allgemeinen Schwingungssystems auf eine einfache Schwingerkette. Ing.-Arch. Bd. 23/5 (1955).

— Die Knickformen für den Stab mit n Teilstücken konstanter Biegefestigkeit. Ing.-Arch. Bd. 24/2 (1956).

— Die Berechnung des beliebig gestützten Durchlaufträgers nach dem Reduktionsverfahren. Ing.-Arch. Bd. 24/3 (1956).

— Berechnung von Rahmentragwerken mit Hilfe von Übertragungsmatrizen. Z. angew. Math. Mech. Bd. 37 (1957) H. 7—8.

— Berechnung offener Rahmentragwerke nach dem Reduktionsverfahren. Ing.-Arch. Bd. 26/1 (1958).

— Berechnung geschlossener Rahmentragwerke nach dem Reduktionsverfahren. Ing.-Arch. Bd. 26/2 (1958).

FALK, S., u. H. SCHAEFER: Die Biegeschwingungen ebener Rahmentragwerke mit unverschieblichen Knoten. Abh. braunschweig. wiss. Ges. Bd. IX (1957).

FUHRKE, H.: Exakte und näherungsweise Bestimmung von Stabwerk-Schwingungen. Diss. Darmstadt 1953.

— Massen-Reduktion zur näherungsweisen Bestimmung der Eigenfrequenzen von Mehrmassen-Systemen. Stahlbau, Jahrg. 23 (1954) H. 8.

— Bestimmung von Balkenschwingungen mit Hilfe des Matrizenkalküls. Ing.-Arch. Arch. Bd. 23/5 (1955).

— Bestimmung von Rahmenschwingungen mit Hilfe des Matrizenkalküls. Ing.-Arch. Bd. 24/1 (1956).

— Eigenwertbestimmung mit Hilfe von abgeleiteten Übertragungsmatrizen. VDI-Bericht Bd. 30 (1958).

— Eigenwertbestimmung mit Hilfe von abgeleiteten Übertragungsmatrizen. VDI-Bericht Bd. 35 (1959).

JÄGER, B.: Die Eigenfrequenzen verwundener Schaufeln. Ing.-Arch. Bd. 28 (1960) S. 111.

MAHRENHOLTZ, O. (PESTEL, E., u. —): S. PESTEL.

MARGUERRE, K.: Vibration and stability problems of beams treated by matrices. J. Math. Phys. Vol. XXXV (April 1956) No. 1.

MYKLESTAD, N. O.: New method of calculating natural modes of uncoupled bending vibrations. J. aeronaut. Sci. No. 11 (1944) S. 153—162.

PESTEL, E.: Ein allgemeines Verfahren zur Berechnung freier und erzwungener Schwingungen von Stabwerken. Abh. braunschweig. wiss. Ges. Bd. IV (1954).

— Anwendung von Übertragungsmatrizen auf die Torsion eines Kastenprofils. Z. angew. Math. Mech. Bd. 38/11—12 (1958).

PESTEL, E., u. G. SCHUMPICH: Beitrag zur Schwingungsberechnung einfacher und gekoppelter Stabzüge. Schiffstechnik Bd. 20/4 (1957).

— VDI-Berichte Bd. 30, S. 55—56. Düsseldorf 1958.

PESTEL, E., u. O. MAHRENHOLTZ: Zum numerischen Problem der Eigenwertbestimmung mit Übertragungsmatrizen. Ing.-Arch. Bd. 28 (1959).

PESTEL, E., G. SCHUMPICH u. S. SPIERIG: Katalog von Übertragungsmatrizen zur Berechnung technischer Schwingungsprobleme. VDI-Bericht Bd. 35 (1959).

SCHNELL, W.: Berechnung der Stabilität mehrfeldriger Stäbe mit Hilfe von Matrizen. Z. angew. Math. Mech. Bd. 35/6—7 (1955).

— Krafteinleitung in versteifte Kreiszylinder-Schalen. Z. Flugwiss. Jahrg. 5. (1957) H. 1.

SCHUMPICH, G.: Beitrag zur Kinetik und Statik ebener Stabwerke mit gekrümmten Stäben. Österr. Ing.-Arch. Bd. XI/3 (1957).

SCHUMPICH, G. (PESTEL, E., u. —): S. PESTEL.

SPIERIG, S.: Programmierung der Berechnung rotierender Scheiben mit Hilfe von Übertragungsmatrizen. VDI-Berichte Bd. 30, S. 61. Düsseldorf 1958.

SPIERIG, S. (PESTEL, E., u. —): S. PESTEL.

THOMSON, W. T.: Matrix solution for the vibration of nonuniform beams. J. appl. Mechan. (Sept. 1950) S. 337.

UNGER, H.: Matrizenverfahren bei linearen Differentialgleichungsproblemen. Internat. Kolloquium über Probleme der Rechentechnik. Dresden 1955.

ZURMÜHL, R.: Matrizen. 2. Aufl. Berlin/Göttingen/Heidelberg: Springer 1958.

721/6/60—III/18/203